Springer-Lehrbuch

Friedrich L. Bauer

Kryptologie

Methoden und Maximen

Zweite, verbesserte Auflage
Mit 149 Abbildungen und 3 Tabellen

Springer-Verlag
Berlin Heidelberg New York
London Paris Tokyo
Hong Kong Barcelona
Budapest

Dr. rer. nat. Dr. ès sc. h.c. Dr. rer. nat. h.c. Friedrich L. Bauer
Professor emeritus der Mathematik und Informatik
an der Technischen Universität München
Institut für Informatik
Arcisstraße 21, D-80333 München
Bundesrepublik Deutschland

Computing Reviews Classification (1991): E.3, D.4.6, K.6.5, E.4
Mathematics Subject Classification (1991): 94A60, 68P25

ISBN 3-540-57771-8 Springer-Verlag Berlin Heidelberg New York
ISBN 3-540-56356-3 1.Auflage Springer-Verlag Berlin Heidelberg New York

Die Deutsche Bibliothek - CIP-Einheitsaufnahme
Bauer, Friedrich L.: Kryptologie: Methoden und Maximen - 2., verb. Auflage; mit 3 Tabellen / Friedrich Ludwig Bauer. - Berlin; Heidelberg; New York; London; Paris; Tokyo; Hong Kong; Barcelona; Budapest: Springer, 1994 (Springer-Lehrbuch) ISBN 3-540-57771-8

Printed in Germany

Umschlaggestaltung: Struve & Partner, Atelier für Grafik Design, Heidelberg
Satz: Reproduktionsfertige Vorlagen vom Autor in TEX
Druck- und Bindearbeiten: Druckhaus Beltz, Hemsbach/Bergstraße
SPIN 10427327 45/3140 – 5 4 3 2 1 0 – Gedruckt auf säurefreiem Papier

Vorwort

Das vorliegende Werk entstand aus Vorlesungen, die ich, gestützt vornehmlich auf das reichhaltige und zuverlässige Buch "The Codebreakers" (1967) von *David Kahn*, an der Technischen Universität München erstmals 1977/78, sowie dann 1981 (unter Mitarbeit von *Manfred Broy*), 1986/87 (unter Mitarbeit von *Herbert Ehler*) und seit 1990/91 wiederholt (unter Mitarbeit von *Anton Gerold*) gehalten habe. Die Vorlesung im Wintersemester 1977/78 war ein Versuchsballon. Ich kündigte sie deshalb an als ‚Spezielle Probleme der Informationstheorie' und war damit sicher, daß weder zu viele Studenten noch Interessenten von außerhalb der Universität kommen würden. In diesen Jahren waren die Informatiker dabei, die Kryptologie zu entdecken, nachdem *Horst Feistel*[1] und andere bei IBM in Yorktown Heights seit 1968 mit LUCIFER Vorarbeiten für maschinelle Daten-Chiffrierung geleistet hatten, die sich 1975 im Data Encryption Standard (DES) niederschlugen[2]. Es war mir sofort klar, daß das Fehlen einschlägiger Kenntnisse (bei den meisten Informatikern) über die lange Entwicklung und den hohen Stand der professionellen Kryptologie nachteilig für die kommerzielle und wissenschaftliche Entwicklung war und daß die amtlichen Dienste in einer Vorteilsposition waren, die sie auch (zunächst) ausnützten: Folgt man *Alan G. Konheim*[3], so wies die National Security Agency (NSA) der USA die Entwerfer von DES darauf hin, daß sie gewisse Entwurfskriterien als '*sensitive*' betrachte; IBM wurde 'ersucht', diese Kriterien nicht zu publizieren.

Nachdem meine nullte Vorlesung 1977/1978 im Kreis von weniger als sechs Hörern abgelaufen war und mir einige didaktische Erfahrungen eingebracht hatte, kündigte ich im Sommersemester 1981 eine Vorlesung an unter dem

---

[1] Ein erster Übersichtsartikel von *Feistel* erschien bereits 1973: Scientific American, May 1973, p. 15–23.

[2] Publiziert im US Federal Register March 17, 1975.

[3] [KONHEIM], p. 249.

offenen Titel ‚Kryptologie'. Es war sicher die erste öffentliche Vorlesung über dieses Thema an einer deutschen, wenn nicht kontinentaleuropäischen Universität[4]. Ich hielt es für gut möglich, daß die amtlichen Dienste aufmerksam würden; allerdings hatte ich keine Ahnung, wie schnell und in welcher Art und Weise sie sich bemerkbar machen würden. Es geschah nichts. Als ich dann im Wintersemester 1986/87 die Vorlesung wieder hielt, sagte ich trotzdem in der ersten Stunde, als ich über den „heimlichen" (*clandestine*) Charakter der Kryptologie sprach, scherzend zu meinen Studenten: „Wenn Sie eines Tages in der Vorlesung die Ihnen bisher unbekannten Gesichter zweier mittelalterlicher Herren mit Anzügen, die sich von den Ihren abheben, bemerken sollten, so denken Sie sich etwas." Wie es der Zufall wollte, platzten nach etwa sechs Wochen zwei Gestalten, auf die meine Beschreibung paßte, in die Vorlesung — eine Viertelstunde nach Beginn; aber der Seminarraum 1229, in dem sie stattfand, ist schwer zu finden. Geistesgegenwärtig begrüßte ich sie mit: „Grüß Gott, die Herren, kommen's direkt aus Pullach?" Großes Gelächter bei den Studenten und verlegene Gesichter bei den beiden, die mir eine Antwort schuldig blieben. Ich wiege mich weiterhin in der Hoffnung, daß meine Tätigkeit die amtlichen Dienste nicht stört.

Aus der Vorlesung 1986/87 entstand dann sogar ein Skriptum. Das Drängen der Studierenden nach einer regelmäßigen Kryptologie-Vorlesung wurde dadurch vielleicht sogar verstärkt, und so kam es nach meiner Emeritierung noch zur Vorlesung 1990/91 und zu einer um die Kryptanalyse erweiterten, die ich für das Sommersemester 1993 und Wintersemester 1993/94 ankündigen werde.

Ich bin es dem Leser nun doch schuldig, zu erklären, wo mein Interesse an der Kryptologie und meine Vertrautheit mit ihr herrührt. Vorab: mein größter Vorteil ist, daß ich nie Angehöriger eines Dienstes war. Ich stehe also unter keiner irgendwie gearteten Schweigepflicht. Wohl konnte ich jedoch meine Augen und Ohren offenhalten und gebrauchen; mein wissenschaftliches Metier war auch ein günstiger Ausgangspunkt für mancherlei Gespräche. Trotzdem weiß ich nie, ob ich das, was ich weiß, auch wissen darf. Jedoch fing es zunächst ganz harmlos an: 1951 erzählte ich *Wilhelm Britzelmayr*, meinem ehemaligen Logikprofessor an der Ludwig-Maximilians-Universität München, von meiner Erfindung eines fehlerkorrigierenden Codes für Fernschreibverbindungen[5]. Das löste bei ihm eine falsche Assoziation aus, und er gab mir ein paar Tage darauf ein Exemplar des eben erschienenen Buches von *Sacco*[6]. Ich hatte insofern Glück, als es das beste Buch war, das ich damals bekommen konnte — was ich allerdings nicht wußte —, und ich verschlang es. Dann legte mir mein Mitassistent und (fast väterlicher) Freund *Paul August Mann*, der von meinem Interesse an *Shannons* Arbeiten über redundanzmindernde

---

[4] *Konheim* wurde 1978 durch *J. Schwartz* aufgefordert, eine einsemestrige Vorlesung über kryptographische Methoden am Courant Institute der New York University zu halten.

[5] DBP Nr. 892767, angemeldet 21. Januar 1951.

[6] *Général Luigi Sacco*, Manuel de Cryptograhie. Payot, Paris 1951.

Codierung wußte, eines Tages im Jahr 1950 die inzwischen berühmte, aber damals als Bell System Technical Report nur schwer zugängliche Arbeit von *Claude Shannon* "Communication Theory of Secrecy Systems" auf den Tisch[7]. Ich war fasziniert von diesem Hintergrund der mir bereits geläufigen mathematischen Informationstheorie *Shannons*. Dies prägte mein Interesse für Kryptologie als einem Seitengebiet der Theorie der Codierung und der formalen Sprachen im weitesten Sinn; einem Gebiet, das mich lange Jahre wissenschaftlich beschäftigte. Merkwürdige Zufälle führten mich dann immer wieder zu Berührungen mit Persönlichkeiten, die der Kryptologie näher standen: mit *Willi Jensen* (Flensburg) 1955, mit *Karl Stein* (München) 1955, mit *Hans Rohrbach*, meinem Mainzer Kollegen 1959, mit *Helmut Grunsky* und *Ernst Witt*. Auch mit *Erich Hüttenhain*[8] (Bad Godesberg) wurde ich 1957 bekannt; unsere Gespräche über maschinelle Kryptologie konnten aber den Umständen gemäß nicht in gewisse Details gehen. Unter den amerikanischen und britischen Berufskollegen, mit denen ich engeren wissenschaftlichen Kontakt hatte, waren sicher einige, die der Kryptologie nahe standen; doch darüber „sprach man nicht".

Dieses Buch enthält im ersten Teil die krypto*graphischen* Methoden. Über Kryptanalyse bringt es im zweiten Teil vor allem Hinweise, die für die Verfahrensbeurteilung wichtig sind.

Eingedenk der Maxime von *Kerckhoffs* bemühte ich mich stets, meinen Studierenden auch grundlegende Erfahrungen in der Kryptanalyse zu vermitteln. Eine theoretische Vorlesung erschien mir blutleer, deshalb hielt ich im Sommersemester 1988 ein Seminar über kryptanalytische Methoden, in dem von dem guten Dutzend Teilnehmern eigene Programme zur rechnerunterstützten Kryptanalyse vorgeführt wurden. Hier sind aber Grenzen zu beachten: Der Spaß, den der Studierende zunächst daran hat, könnte ihn vergessen lassen, daß professionelle Kryptanalyse ein hartes Geschäft ist. Auch kann man ihm keinen Höchstleistungsrechner unbeschränkt zur Verfügung stellen — es ist aber erstaunlich, wie viel man schon mit einem Arbeitsplatzrechner machen kann. Am bedrückendsten ist, daß die amtlichen Dienste ein solches Unternehmen entweder als uninteressant einstufen müssen — wozu sollte man sich dann die Mühe machen — oder als gefährlich ('*sensitive*'); es gibt kaum Spielraum dazwischen.

Meine intellektuelle Freude an der maschinellen Kryptologie konnte ich dann ab 1984 so richtig ausleben beim Aufbau des kryptologischen Kabinetts in der von mir konzipierten Sammlung „Informatik und Automatik" des Deutschen Museums München. Der Besuch der Ausstellung sei dem Leser wärmstens

---

7 Bell Systems Technical Journal **28**, Oct. 1949, p. 656–715.

8 *Erich Hüttenhain* (26. 1. 1905 - 1. 12. 1990) hatte in Münster Mathematik und Astronomie studiert und bei *Heinrich Behnke* promoviert. 1936 wurde er Referent in der Chiffrierabteilung des Oberkommandos der Wehrmacht (OKW); er war zuletzt Leiter der Gruppe IV Analytische Kryptanalyse in der Hauptgruppe Kryptanalyse des seit 1922 dort tätigen Ministerialrats *Wilhelm Fenner*. Nach dem Krieg leitete *Hüttenhain* eine Dienststelle der Bundesregierung in Bad Godesberg.

empfohlen. Mit freundlicher Genehmigung des Generaldirektors *Dr. Otto Mayr* ist im Anhang der einschlägige Ausschnitt aus dem Führer durch die Ausstellung „Informatik und Automatik" abgedruckt.

Meinen Dank möchte ich abstatten den Herren *Manfred Broy*, *Herbert Ehler* und *Anton Gerold* sowie Herrn *Hugh Casement*, die mir in vielerlei Weise behilflich waren; mit Herrn *Karl Stein*, Herrn *K. O. Widman* und Herrn *Fritz-Rudolf Güntsch* hatte ich anregende Gespräche. Frau *Monika Markl* schrieb das Vorlesungsskriptum und unterstützte mich tatkräftig bei der Erstellung der Druckvorlage. Herrn *Hans Wössner* und dem Springer-Verlag danke ich für die gute Zusammenarbeit.

Grafrath, Januar 1993 F. L. Bauer

Vorwort zur zweiten Auflage

Die zweite Auflage wurde durch das rege Interesse, das das Buch auch außerhalb der Fachwelt gefunden hat, frühzeitig notwendig. Bei dieser Gelegenheit konnten einige kleinere Verbesserungen vorgenommen und Druckfehler korrigiert werden.

In einer lobenden Besprechung des Buches schrieb *Thomas v. Randow* in der ZEIT: „... daß der Text in dem Maße, in dem er sich den Verfahren der modernen Wissenschaft nähert, an Trockenheit zunimmt. So werden die meisten Leser, die Kryptologie nicht studieren müssen, ... die Lektüre vorzeitig beenden. Dennoch wird niemand den Kauf bereuen. Geraten sei allerdings jenen, die den ersten Buchteil nicht bis zur Neige ausschöpfen möchten oder können, mit dem zweiten Teil „Kryptanalyse" erneut zu beginnen. Dort findet sich nicht nur viel Leichtverständliches, ... sondern auch Anregendes." Diese den Kern treffende Anregung soll dem Käufer des Buches nicht vorenthalten werden.

Grafrath, Januar 1994 F. L. Bauer

* * *

Für Abkürzungen von Quellenangaben sei auf das Literaturverzeichnis (S. 342ff.) verwiesen.

Inhaltsverzeichnis

Teil I: Kryptographie

'ars ipsi secreta magistro'
Jean Robert du Carlet, 1644

Vor wenigen Jahren noch war die Kryptologie, die Lehre von den Geheimschriften und ihrer unberufenen Entzifferung, ein recht im Verborgenen blühendes Gebiet – blühend, weil von alters her ihre professionellen Vertreter gut ernährend. Denn die Kryptologie ist eine echte ‚Wissenschaft': Es geht um Wissen, um erfahrenes (‚tradiertes') ebenso wie um erprobtes. Ihrer Natur nach handelt sie nicht nur von Geheimschriften, sondern bleibt auch selbst etwas im Geheimen – gelegentlich auch im Obskuren. Sie ist fast eine Geheimwissenschaft. Die klassische offene Literatur ist spärlich und schwierig aufzufinden: Mit dem Aufkommen allmächtiger Staatsgewalten müssen sich die professionellen Kryptologen weitgehend in die Anonymität begeben oder doch wenigstens eine Zensur ihrer Veröffentlichungen hinnehmen. Dementsprechend gab die offene Literatur nie völlig den Wissensstand wieder – man darf annehmen, daß es heute nicht anders ist. Verschiedene Staaten sind dabei verschieden zurückhaltend: Während die Vereinigten Staaten von Amerika – wen wundert das – recht großzügig Informationen über die Situation im 2. Weltkrieg herausließen, hüllte sich die Sowjetunion in Schweigen. Aber auch Großbritannien pflegt eine Geheimniskrämerei, die lemanchmal – so in der Sache 'COLOSSUS' – unangemessen erscheint. Lediglich über den Stand der Kryptologie im Deutschen Reich wurde nach dem Zusammenbruch 1945 offen berichtet.[1]

Die Kryptologie ist eine Jahrtausende alte Wissenschaft. Ihre Entwicklung stand mit der Entwicklung der Mathematik zumindest personell gelegentlich in Berührung – Namen wie *Viète*[2] und *Wallis*[3] tauchen auf. In einer modernen mathematischen Betrachtungsweise zeigt sie statistische (*William F. Friedman*, 1920), algebraisch-kombinatorische (*Lester S. Hill*, 1929) und stochastische Züge (*Claude E. Shannon*, 1941).

---

1 *Hans Rohrbach* (1948), Mathematische und maschinelle Methoden beim Chiffrieren und Dechiffrieren. In: FIAT Review of German Science 1939–1941: Applied Mathematics, Part I, Wiesbaden.

2 *François Viète, Seigneur de la Bigotière* (1540–1603), französischer Mathematiker.

3 *John Wallis* (1616–1703), englischer Mathematiker.

Der 2. Weltkrieg brachte endgültig die Mathematiker an die kryptologische Front: Beispielsweise standen sich gegenüber *Hans Rohrbach*[4] in Deutschland,[5] *Alan Turing*[6] in England; in den USA waren der große Algebraiker *A. A. Albert* sowie *Barkley Rosser* und *Willard Van Orman Quine* engagiert. Auch der Vater von *Christopher Strachey*, *Oliver Strachey*, war Kryptologe[7].

Mathematische Disziplinen, die nach dem heutigen Stand für die Kryptologie von Belang sind, umfassen unter anderem

Zahlentheorie[8]

Gruppentheorie

Kombinatorik

Komplexitätstheorie

Ergodentheorie

Informationstheorie .

„Das Schlüssel- und Entzifferungswesen ist bereits praktisch als Untergebiet der Angewandten Mathematik anzusehen“ *(K. H. Kirchhofer)*. Für den Informatiker gewinnt die Kryptologie zusehends praktische Bedeutung in Verbindung mit Datenbasen und Datenübermittlung.

Man kennt also die Namen einiger Mathematiker der neuesten Zeit, die kürzere oder längere Zeit kryptologisch tätig waren — neben den Genannten in England *Newman*[9] und *Welchman*[10] sowie *Peter Hilton*, in den USA *Sinkov*[11] und *Kullback*[12].

Im allgemeinen ist es aber verständlich, wenn hoheitliche Geheimdienste selbst die Namen führender Kryptologen nicht der Öffentlichkeit preisgeben. Zu sehr lebt die professionelle Kryptologie unter den Gefahren nachrichtendienstlicher Bemühungen. Es ist bedeutsam, den potentiellen Gegner über die eigenen Ansichten zur Auswahl von Verfahren (die ‚Chiffrierphilosophie‘) ebenso im unklaren zu lassen wie über die eigenen Fähigkeiten zum unbefugten Entziffern. So blieben die Deutschen bis 1944 überzeugt, die Chiffrierung ihrer ENIGMA-Maschine sei nicht zu brechen. Gelingt aber

---

4 *Hans Rohrbach* (∗ 1903), deutscher Mathematiker.

5 Eine nennenswerte Anzahl bekannter deutscher Mathematiker könnte hier aufgelistet werden, darunter *Georg Hamel* (1877–1954), *Karl Stein* (∗ 1913), *Gisbert Hasenjäger* (∗ 1919), *Wolfgang Franz* (∗ 1905), *Gottfried Köthe* (1905–1989), *Ernst Witt* (1911–1991), *Helmut Grunsky* (1904–1986), zeitweilig auch *Oswald Teichmüller* (1913–1943).

6 *Alan Turing* (1912–1954), britischer Logiker.

7 *Oliver Strachey* ersetzte 1941 in Kanadischen Diensten den ehemaligen US Major *Herbert O. Yardley*, der in den Vereinigten Staaten in Ungnade gefallen war.

8 Von den elementaren Gegenständen der Zahlentheorie, mit denen der Leser vertraut sein sollte, seien genannt: Kongruenzen, Eulerscher Satz, primitive Wurzeln, Faktorisierung, größter gemeinsamer Teiler.

9 *Maxwell Herman Alexander Newman* (1897–1984), britischer Mathematiker.

10 *Gordon Welchman* (∗ 1906), britischer Mathematiker.

11 *Abraham Sinkov* (∗ 1907), amerikanischer Mathematiker und Kryptologe.

12 *Solomon Kullback* (∗ 1907), amerikanischer Statistiker und Kryptologe.

eine unberufene Entzifferung – den Engländern gelang dies 1940 für die ENIGMA-Chiffrierung –, so ist es wichtig, diesen Sachverhalt vor dem Gegner zu verbergen und sich nicht durch Reaktionen zu verraten, wobei im Krieg Material und sogar Menschen geopfert werden müssen, um anderweitig größere Verluste zu ersparen.

Berührung hat die Kryptologie auch mit der Kriminalistik. Hinweise auf kryptographische Methoden finden sich in einigen Lehrbüchern der Kriminalistik, meist begleitet von Berichten über geglückte Entzifferung der Botschaften von noch nicht gefaßten Verbrechern – Schmugglern, Rauschgifthändlern, Schiebern, Erpressern, Wettbetrügern – und von bereits einsitzenden, denen es um Geldbeschaffung, Ausbruchspläne und Zeugenbeeinflussung geht. Vor Gericht mag für die Überführung der Angeklagten das Gutachten von Kryptologen ausschlaggebend sein. Hierin erwarb sich zur Zeit der Prohibition in den USA besondere Verdienste Mrs. *E. S. Friedman*, die Frau des berühmten *W. F. Friedman* und selbst eine professionelle Kryptologin. Sie hatte es vor Gericht nicht immer leicht; die Verteidigung versuchte einmal darzulegen, daß man aus einer Geheimschrift alles herauslesen könne und daß ihre Entzifferung nichts als "an opinion" sei. Auch der schwedische Kryptologe *Yves Gyldén* half 1934 der Polizei, Schmuggler einzufangen. Nur wenige Kriminal-Kryptologen werden bekannt, wie *Abraham P. Chess* aus New York anfangs der fünfziger Jahre.

Neben der staatlichen steht insbesondere seit dem Beginn der Aufklärung die amateurhafte Kryptologie. Angefangen von der Aufdeckung historischer Begebenheiten durch pensionierte Professionelle wie *Étienne Bazeries*[13] bis zum Salonvergnügen, dem sich *Wheatstone*[14] und *Babbage*[15] widmeten, mit journalistischem Hintergrund von *Edgar A. Poe* bis zum *Cryptoquip* der heutigen Los Angeles Times, mit Ausblicken auf Okkultismus, Marsmännchen und Terrorismus, bietet sich ein bunter Teppich, durchsetzt mit Geschichten aus einer der ältesten Sparten der Kryptographie, dem Austausch geheimer Botschaften zwischen Liebenden. Vermischt mit sensationsbehafteten Details aus dem 1. und 2. Weltkrieg, trat ein solches spannendes Bild der Kryptologie in kompakter Form erstmals einer breiten Öffentlichkeit entgegen in *David Kahns* journalistischer und populärwissenschaftlicher Meisterleistung "The Codebreakers" von 1967. Ende der siebziger Jahre folgten einige Ergänzungen aus inzwischen freigegebener britischer Sicht, insbesondere in "The Secret War" von *Brian Johnson*. Ihrer vielen Anzüglichkeiten wegen ist die Historie der Kryptologie besonders vergnüglich zu studieren.

Das kommerzielle Interesse an Kryptologie war nach der Erfindung des Telegraphen auf die Produktion von Codebüchern und etwa seit Anfang des Jahr-

---

[13] *Étienne Bazeries* (1846–1924), wohl der bedeutendste französische Kryptologe unserer Zeit.

[14] *Charles Wheatstone* (1802–1875), englischer Physiker (‚Wheatstone'sche Brücke').

[15] *Charles Babbage* (1792–1871), englischer Gelehrter, am bekanntesten durch seine beiden Maschinen 'Difference Engine' und 'Analytical Engine'.

hunderts auf die Konstruktion von mechanischen und elektromechanischen Chiffriermaschinen konzentriert. Elektronische Rechenanlagen wurden in Weiterführung der Ansätze aus dem 2. Weltkrieg schon bald zum Brechen von Kryptogrammen eingesetzt. Als Chiffriermaschine genügt durchaus ein programmierbarer Taschenrechner. Aber erst um die Mitte der siebziger Jahre wurde ein weitverbreitetes kommerzielles Interesse an der Chiffrierung von privaten Nachrichtenkanälen manifest, wobei die Möglichkeiten, die mikrominiaturisierte Schaltungen (‚Chips') bieten, mit den Notwendigkeiten, die in rechnergestützten Nachrichtensystemen (‘*electronic mail*’) auftraten, zusammentrafen. Ein weiteres tat die Verunsicherung, die allerorten durch Gesetze zum Datenschutz einerseits, durch Skandalmeldungen über angezapfte Verbindungen und breitflächige Industriespionage andererseits hervorgerufen wurde. So sind plötzlich private, kommerzielle Anwendungen der Kryptologie in den Vordergrund gerückt.

Die kommerzielle Verwendung kryptologischer Methoden zeigt dabei einige nichtorthodoxe Züge (‚öffentliche Schlüssel'). Das Fehlen ausreichenden Quellenschutzes für Programme legt ferner den Einsatz von Chiffriermethoden für kommerziell zu verwertende Software nahe.

„Kryptologie für jedermann" tritt aber als eine in sich widersprüchliche Forderung auf. Eine Beschäftigung zahlreicher Wissenschaftler mit diesem Gebiet wirft in den Großstaaten Probleme der nationalen Sicherheit auf, und man begann in den Vereinigten Staaten darüber nachzudenken, ob nicht ein Verbot der privaten Forschung auf dem Gebiet der Kryptologie — entsprechend dem bestehenden Verbot der privaten Forschung auf dem Gebiet der nuklearen Waffen — erlassen werden sollte. Es scheint sich zu bestätigen, daß durch freiwillige Selbstkontrolle der Wissenschaft ein solcher Schritt in den USA vermieden werden kann. In der damaligen Sowjetunion wurde dieses Problem selbstverständlich im Rahmen des bestehenden Systems erledigt. In Deutschland sind noch keine Anstrengungen der Bundesregierung oder zuständiger staatlicher Stellen zur Regelung eines sich möglicherweise ergebenden Interessenkonfliktes mit der Wissenschaft bekanntgeworden; es steht zu hoffen, daß beide Seiten alles tun, um einen solchen erst gar nicht entstehen zu lassen.

Der erste Teil dieses Buches (Kapitel 1 bis 11) handelt von den Geheimschriften und ihrem Gebrauch — von der Kryptographie. Im zweiten Teil (Kapitel 12 bis 22) wird das Vorgehen zum unbefugten Eindringen (‚Brechen', ‚Knacken') in eine Geheimschrift besprochen — die Kryptanalyse.

Kryptographie und Kryptanalyse sind die zwei Gesichter der Kryptologie, die sich gegenseitig bedingen und beeinflussen. Erfolge und Mißerfolge zeichnen sich hierin ab. Die Schweigsamkeit der hoheitlichen Dienste hilft auch, ihre Niederlagen zu verbergen. Allen Großmächten des 2. Weltkriegs gelang es zumindest gelegentlich, ihre Gegner aufs Kreuz zu legen, alle hatten sie aber auch Einbrüche hinzunehmen. Im 21. Jahrhundert wird es nicht anders sein.

1 Einleitender Überblick

> *«En cryptographie, aucune règle n'est absolue.»*
> *Étienne Bazeries* (1901)

1.1 Kryptographie und Steganographie

Zu unterscheiden ist zwischen Kryptographie und Steganographie. Der Ausdruck **Kryptographie** (engl. *cryptography*, frz. *cryptographie*) wurde als '*cryptographia*' für *secrecy in writing* 1641 von *John Wilkins*, dem Gründer der Royal Society, eingeführt. Die Methoden der Kryptographie machen eine Nachricht für den Unberufenen unlesbar, unverständlich – '*ars occulte scribendi*'. Im Deutschen spricht man auch von *offenen* (*d.h. offensichtlich als solche erkennbaren*) *Geheimschriften*. Der Ausdruck **Steganographie** (engl. *steganography*, frz. *stéganographie*) wurde von *Caspar Schott*, einem Schüler von *Athanasius Kircher*, in dem Buchtitel *Schola steganographia*, Nürnberg 1665 auch für ‚Kryptographie'verwendet; er findet sich schon in dem von *Trithemius* 1499 begonnenen ersten, noch reichlich obskuren Werk *Steganographia* mit der Bedeutung ‚verdecktes Schreiben'. Die Methoden zielen darauf ab, die bloße Existenz einer Nachricht (wie immer sie abgefaßt ist) zu verbergen (*conceal*) – ‚gedeckte Geheimschriften', '*ars sine secreti latentis suspicione scribendi*'. Um ein Tagebuch zu führen[1] oder um einem Boten zu verwehren, von einer Nachricht Kenntnis zu nehmen, sind kryptographische Methoden angebracht; um eine Nachricht durch Gefängnistore zu schmuggeln[2] , steganographische Methoden.

Die Steganographie zerfällt in zwei Branchen, die linguistische und die technische. Nur die erstere hat mit der Kryptographie innere Berührung. Die **technische Steganographie** ist rasch erledigt. Sie arbeitet seit *Plinius* mit Geheimtinten. Bis heute ist Zitronensaft beliebt und bewährt. Andere klassische Requisiten sind doppelte Böden und hohle Absätze.

---

1 Von *Samuel Pepys* (im 17. Jh.) bis *Alfred C. Kinsey* (1894–1956).

2 Von *Sir John Trevanion* (Abb. 10) unter *Oliver Cromwell* bis zum französischen Bankräuber *Pastoure*, dessen Überführung *André Langie* beschrieb, und zu *Klaus Croissant*.

Von modernen Errungenschaften seien erwähnt: Schnelltelegraphie (engl. *spurts*) — Übertragung vorgespeicherten Morsecodes mit 20 Zeichen per Sekunde — sowie Frequenzbandpermutation bei Sprechfunk (engl. *scrambler*). Für schriftliche Nachrichten wurde revolutionierend die Mikrophotographie; das *microdot* von der Abmessung eines Fliegendrecks nimmt eine ganze Seite (DIN A 4) auf — eine grandiose Entwicklung, ausgehend vom Macrodot des *Histiaeus*,[3] der seinen Sklaven kahl schor, ihm die Nachricht auf die Kopfhaut schrieb und dann erst warten mußte, bis diesem das Haar wieder gewachsen war. Der russische Spion *Abel* stellte die Microdots auf spektroskopischem Filmmaterial her, das er unauffällig kaufen konnte. Sein Kollege *Lonsdale* versteckte die Microdots im Rücken gebundener Zeitschriften. Die im 2. Weltkrieg von deutschen Dienststellen verwendeten Microdots schließlich hatten gerade die Größe, um als Schreibmaschinenpunkt verwendet zu werden.

Die **linguistische Steganographie** (‚gedeckte Geheimschriften') kennt zwei Klassen von Verfahren: entweder eine geheime Nachricht als unverfängliche, offen verständliche Nachricht erscheinen zu lassen (engl. *open code*) oder in (eventuell winzigen, aber) sichtbaren graphischen Details einer Schrift oder Zeichnung auszudrücken (**Semagramm**, engl. *semagram*). Die letztere Klasse ist vor allem bei Amateuren beliebt. Sie erfüllt allerdings viele Wünsche nicht. Zu verräterisch sind graphische Details einem wachsamen Auge. So hat *Francis Bacon's* Verwendung zweier Schriftarten (Abb. 1) aus der ersten englischen Übersetzung von *De augmentis scientarum*, 1623 — für den Code s. [B-G I] S. 35 — keine große praktische Bedeutung erlangt.

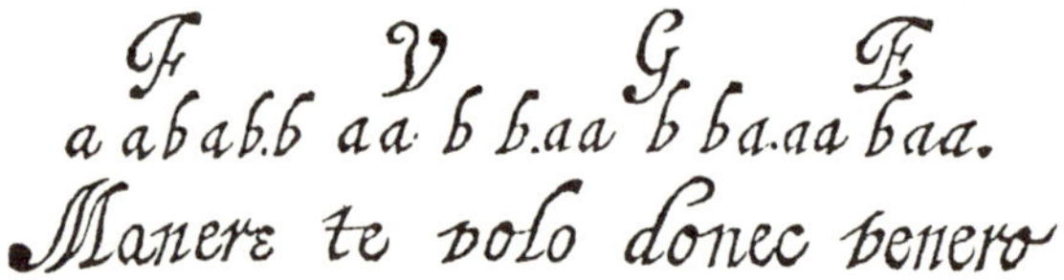

Abb. 1. *Francis Bacon*: Tarnung eines binären Codes ('biliteral cipher') mittels zweier verschiedener Schriftzeichen-Formen. Man beachte die beiden verschiedenen /e/ in *Manere*. Aus: [KAHN], p. 884

Dieses steganographische Prinzip scheint zur selben Zeit auch in Paris bekannt gewesen zu sein und wird auch von *Vigenère* 1586 erwähnt. Es scheint sich über die Jahrhunderte aber gut erhalten zu haben: Die jüngsten mir bekannten Verwendungen stammen von *van Wijngaarden* (kursive und aufrechte Punkte im ALGOL 68 Bericht) und von einem Kollegen in einem Buch über Kombinatorik (Abb. 2).

Ein zweites steganographisches Prinzip besteht im Punktieren ausgewählter Zeichen in einem Buch. Es fällt sehr viel mehr auf als das obige Vorgehen[4], ist aber einfacher zu bewerkstelligen.

---

[3] *Kahn* schreibt S. 81 *Histiaeus*, S. 780 *Histaeius* und im Register gar *Histaieus*. Wahrlich *ars occulte scribendi* !

[4] Wenn es nicht mit einer Geheimtinte geschieht.

In Königsberg i. Pr. gabelt sich der Pregel und umfließt eine Insel, die *Kneiphof* heißt. In den dreißiger Jahren des achtzehnten Jahrhunderts wurde das Problem gestellt, ob es wohl möglich wäre, in einem Spaziergang jede der sieben Königsberger Brücken genau einmal zu überschreiten.

Daß ein solcher Spaziergang unmöglich ist, war für L. EULER der Anlaß, mit seiner anno 1735 der Akademie der Wissenschaften in St. Petersburg vorgelegten Abhandlung *Solutio problematis ad geometriam situs pertinentis* (Commentarii Academiae Petropolitanae 8 (1741) 128-140) einen der ersten Beiträge zur Topologie zu liefern.

Das Problem besteht darin, im nachfolgend gezeichneten Graphen einen einfachen Kantenzug zu finden, der alle Kanten enthält. Dabei repräsentiert die Ecke vom Grad 5 den Kneiphof und die beiden Ecken vom Grad 2 die Krämerbrücke sowie die Grüne Brücke.

Abb. 2. Textsemagramm in einem Lehrbuch der Kombinatorik

Ein drittes Prinzip verwendet bei Handschriften das Absetzen im Wort als Kennzeichnung (Abb. 3). Im Beispiel ist allerdings nicht der Buchstabe gemeint, der vor oder nach der Unterbrechung steht, sondern es wird gezählt, nach wievielen Buchstaben ein Buchstabe mit einem nach oben gerichteten Abschwung steht – also 3 3 5 1 5 1 4 1 2 3 4 3 3 3 5 1 4 5 ..... (mehr darüber s. ‚Anarchistenchiffre', 3.3). Dieses steganographische Prinzip wurde in Frankreich 1895 von *Boetzel* und *O'Keenan* den Autoritäten vorgeführt (die sich nicht zu Unrecht ablehnend verhielten), ebenfalls in Verbindung mit einem numerischen Code. Es scheint jedoch in russischen Anarchistenkreisen bereits bekannt gewesen zu sein, und zwar eben im Zusammenhang mit der oben erwähnten Anarchistenchiffre. Es wurde auch von gefangenen deutschen U-Boot-Offizieren verwendet, die über alliierte U-Boot-Bekämpfungstaktik nach Hause berichteten. In all diesen Fällen handelt es sich um **Text-Semagramme** (‚sichtbar getarnte Geheimschriften').

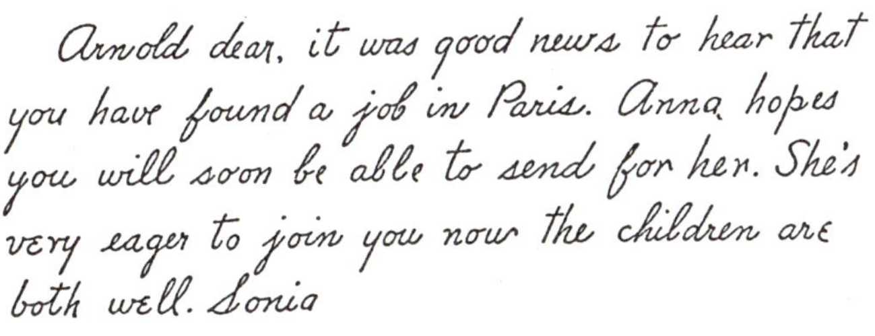
Arnold dear, it was good news to hear that you have found a job in Paris. Anna hopes you will soon be able to send for her. She's very eager to join you now the children are both well. Sonia

Abb. 3. Tarnung eines numerischen Codes mittels Absetzen im Schriftzug. Aus: [SMITH], p. 23

Daneben gibt es aber auch die **echten Semagramme**: Seit der Antike bekannt ist das Astragal des *Aeneas*, bei dem durch Löcher geschlungenes Garn Buchstaben symbolisiert. Eine Schachtel voll Dominosteine mag ebenso eine Nachricht verbergen (durch die Stellung der Steine) wie eine Sendung von Taschenuhren (durch die Stellung der Zeiger). Die tanzenden Männchen von *Sherlock Holmes* ([B-G I] S. 31) tragen ebenso Nachricht wie ein versteckter Morsecode (Abb. 4): "*Compliments of CPSA MA to our chief Col. Harold R. Shaw on his visit to San Antonio May 11*th *1945*". (*H. R. Shaw* war seit 1943 Chef der Technical Operations Division der US-Regierung.)

Abb. 4. Semagramm. Die Nachricht steht im Morsecode, der aus kurzen und langen Grashalmen links von der Brücke entlang des Flusses und auf der kleinen Mauer gebildet wird. Aus: [KAHN], p. 523

Wie man klar Ersichtliches hinter einem Wust von unwesentlichen Details verbirgt, zeigen schlagend die Labyrinthe: Die verschlungenen Wege von Abb. 5 reduzieren sich auf einen Graphen, den man ‚auf den ersten Blick'versteht.

1.2 Maskierung

Von eigentlichem Interesse für uns sind jedoch diejenigen Verfahren der linguistischen Steganographie, die eine geheime Nachricht als unverfänglich und offen verständlich ausgeben (engl. *open code*). Sie stehen methodisch der Kryptographie näher. Dabei gibt es wiederum zwei Unterklassen: Maskierung und unsichtbare Tarnung.

Eine als offene Nachricht **maskierte Geheimschrift** (oder **-sprache**) (engl. *masking*) erfordert vorherige Absprache über die wahre Bedeutung unverfänglicher Floskeln. Hierin dürfte die älteste Form von Geheimhaltungs-

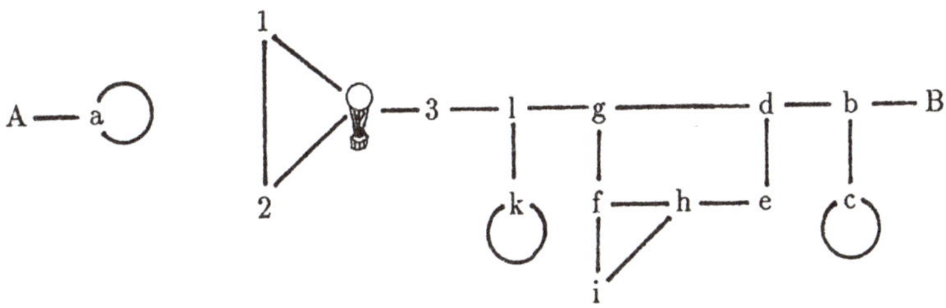

Abb. 5. Labyrinth und zugehöriger Graph

techniken liegen — sie findet sich in allen Kulturen und Subkulturen. Orientalischen und fernöstlichen, aber auch manchen westlichen Händlern und Spielern wird Meisterschaft im Gebrauch von maskierenden Gesten und Ausdrücken nachgesagt. Unter amerikanischen Kartenschwindlern soll folgendes System bekannt sein: Die Art, die Zigarette zu halten und sich zu kratzen, zeigt Farbe oder Hände an. Eine Hand vor die Brust gehalten, mit abgestrecktem Daumen, bedeutet "*I am going to take this game. Anybody want to partner with me?*" Eine rechte Hand, Handfläche nach unten, auf dem Tisch bedeutet "*Yes*", eine Faust "*No, I'm working single, and I discovered this guy first, so scram*".

Der französische Zauberkünstler *Houdin* soll um 1845 ein ähnliches System benutzt haben, mit I , M , S , V für *coeur*, *carreau*, *trèfle*, *pique*; *«il fait chaud»* oder *«il y a du monde»* bedeutet I = „ich habe Herz". In englischen Whist-Clubs der viktorianischen Zeit ging es nicht viel besser zu, "Have you seen old Jones in the past fortnight" würde Herz bedeuten, da es mit /H/ beginnt. Auf der Bridge-Weltmeisterschaft in Buenos Aires 1965 geriet das britische Team in den Verdacht, Signale ausgetauscht zu haben – natürlich konnte nichts bewiesen werden. (Es ist wohl rein zufällig, daß einer meiner Freunde ein sehr guter Bridge-Spieler ist und auch eine Weile in einem Dechiffrierbüro arbeitete.)

Von den Vaganten und Vagabunden des Mittelalters bis zu den Pennern, Tramps und Tippelbrüdern (den ‚Kunden') findet man den Gebrauch von Geheimzeichen. Abb. 6 zeigt einige ‚Zinken', wie man sie in den dreißiger Jahren in der Kleinstadt noch finden konnte: die Warnung vor der Wohnung eines Polizisten und vor einem gewalttätigen Hausbesitzer.

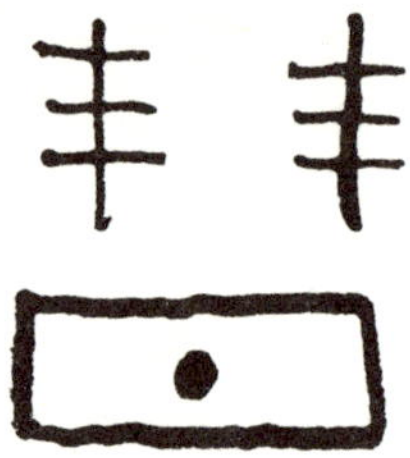

Abb. 6. ‚Zinken', die vor der Wohnung eines Polizisten und vor einem gewalttätigen Hausbesitzer warnen

Sondersprachen beruflicher und gesellschaftlicher Art, allgemein **Jargon** genannt, vor allem aber ihre Spielarten aus dem Milieu der Bettler, Vagabunden und Gauner: Argot (Frankreich), Alemania (Spanien), Cant (England), Rotwelsch (Deutschland), Fourbesque (Italien), Calao (Portugal), die der Abschirmung (und dem Zusammenhalt) einer sozialen Gruppe geradezu dienen, bedienen sich oft der Maskierung. Maskierte Geheimsprachen heißen deshalb auch englisch *jargon codes*. Der älteste päpstliche Code im 14. Jahrhundert benutzte ‚Ägypten' für Ghibellinen, ‚Söhne Israels' für Guelfen.

Ein französischer Code des 17. Jahrhunderts benutzte ausschließlich Jargon: ‚Rittertum' (*écurie*) für Deutschland, ‚Garten' für Rom, ‚Rose' für den Papst, ‚Pflaumenbaum' für den Kardinal, ‚Fenster' für den Bruder des Königs[5]. Steganographisch besonders interessant sind die Sprachen der kriminellen Zirkel. Der französische Argot bietet genügend Beispiele. In die Umgangssprache eingedrungen sind *rossignol* (Nachtigall) für Nachschlüssel (‚Dietrich'), bekannt seit 1406; *mouche* (Fliege) für Spion (‚Spitzel'), bekannt

[5] Auch bei einer bonapartistischen Verschwörung 1831 wurde noch eine simple Maskierung zeitgeschichtlicher Namen verwendet.

seit 1389. Häufig benutzt man sprachlichen Anklang: *rebecca* für *rebellion*, *limace* (Nacktschnecke) für *lime* (Feile) – welch letzteres Fourbesque ist für Hemd; *marquise* für *marque* (Mal, Narbe) – was Alemania ist für Mädchen; oder *frisé* (Lockiger) für Fritz (populär für Deutscher). Nicht so unverfänglich sind die **Metaphern**: *château* (Schloß) für *hôpital*, *mitraille* (Kugelregen) für *monnaie*, oder gar die berüchtigten Metaphern *marmite* (Kochtopf) für die erste Frau des Zuhälters, *sac à charbon* für den Priester. Auch sarkastische Metaphern wie *mouthpiece* für Rechtsanwalt kommen vor.

Wahrhaft international sind ‚Loch' – *trou* für Gefängnis, ‚Schnee' – *neige* – *snow* – für Kokain, dito *sucre* – *sugar* ; ‚heiß' – *hot* für kürzlich gestohlene Ware, ‚abstauben' – *nettoyer* für stehlen, ‚Kies' – *galette* (frz. *galet*, der Kieselstein) – *rock* für Geld. Alle Arten von Wortspielen und Kalauern gehören prinzipiell hierher.

Gut maskierte Geheimschriften für einigermaßen *universellen* Gebrauch sind schwierig zu entwickeln und noch schwieriger richtig zu gebrauchen – der geübte Zensor merkt leicht das ‚Gestelzte'fabrizierter Sprache (engl. *stilted language*). *Trithemius* gab in seiner *Polygraphiae* von 1508 – gedruckt nach seinem Tode (1518) (Abb. 7) – eine Sammlung lateinischer Wörter als Codewörter für Einzelbuchstaben (Abb. 8), den *Ave Maria Code*.

So konnte “*abbe*” als “DEUS CLEMENTISSIMUS CREATOR MAGNUS” maskiert werden. Vielleicht könnten heutige Zensoren nicht mehr genügend Latein, um damit fertig zu werden.

Eine beliebte Sicherheitsmaßnahme der Zensoren ist es, Nachrichten semantisch korrekt umzuformulieren. Im 1. Weltkrieg änderte ein Zensor eine Depesche “*Father is dead*” in “*Father is deceased*”. Zurück kam über die Leitung die Nachricht “*Is father dead or deceased?*”.

Auch **allegorische Sprache** hilft nur wenig. In der Diplomatie *Ludwigs XV.* gab man dem *Chevalier Douglas* für eine geheime Mission nach Rußland ein allegorisches Arsenal aus der Pelzhändlerbranche mit: «*Le renard non était cher*» „der Einfluß der englischen Partei steigt“; «*L'hermine était en vogue*» „der Einfluß der russischen Partei steigt“; «*Le loup-cervier avait son prix*» „die österreichische Partei (unter *Bestuscheff*) behielt ihren überwiegenden Einfluß“. *Bestuscheff* war «*les soboles ou martres zibelines* »; «*Un peau de petit-gris*» waren 3000 Söldner in englischen Diensten.

Hoffentlich war der *Chevalier Douglas* in der Verwendung seines allegorischen Codes geschickter als die deutschen Spione, die im 1. Weltkrieg in der Rolle holländischer Kaufleute Zigarren in Größenordnungen von 10 000 Stück an einem Tag aus Portsmouth, am nächsten Tag aus Plymouth, dann aus Newcastle und so weiter bestellten – 1000 Coronas bedeuteten einen Kreuzer. Sie beendeten am 30. Juli 1915 vorzeitig ihr Leben. Besser erging es einer japanophilen Dame in New York City, die 1944 einen regen Postverkehr über zerbrochene und reparaturbedürftige Puppen unterhielt. Sie wurde entdeckt, als ein unter falschem Absender gesandter Brief an eine Adresse in Portland,

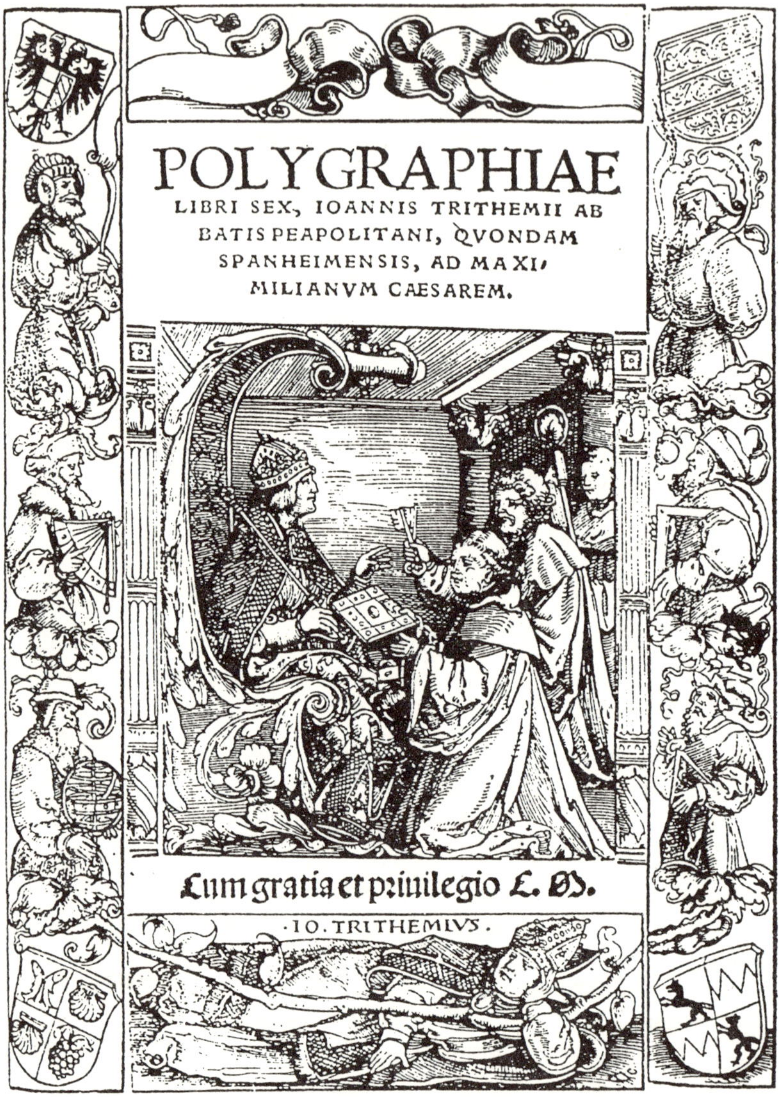

Abb. 7. Titelseite (Holzschnitt) des ersten gedruckten Werkes über Kryptographie (1518). Aus: [KAHN], p. 134

Oregon, zurückkam. Die Dame unterhielt tatsächlich einen exquisiten Puppenladen in New Yorks Madison Avenue. Technical Operations Division (die US Zensurbehörde) und das FBI überführten sie, die mit 10 Jahren Gefängnis und $ 10 000 Strafe davonkam. Und in dem Audrey-Hepburn-Film "Breakfast at Tiffany's" wandert Miss Holly Golightly für eine Nacht hinter Gitter, weil sie einem Gangster hilft, mittels ,Wetternachrichten' seinen Kokainhandel vom Gefängnis aus zu betreiben — ihr fiel lediglich auf, daß “*snow in New Orleans*” recht unwahrscheinlich klang.

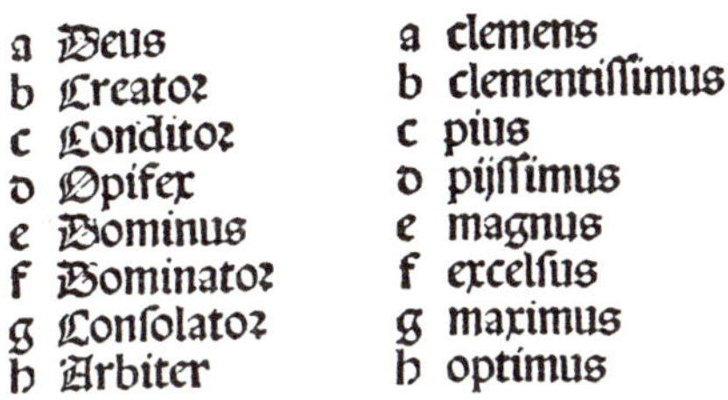

a	Deus	a	clemens
b	Creator	b	clementissimus
c	Conditor	c	pius
d	Opifex	d	piissimus
e	Dominus	e	magnus
f	Dominator	f	excelsus
g	Consolator	g	maximus
h	Arbiter	h	optimus

Abb. 8. Anfang von *Trithemius' Ave Maria Code*. Aus: [KAHN], p. 135

1.3 Stichworte

Wichtigster Spezialfall einer Maskierung ist die Verwendung eines **Stichwortes**, frz. *mot convenue*, engl. *cue*[6] oder eines Satzes, Verses u. dgl. zu einem einzigen vorherbestimmten Zweck. Der Wert der Nachricht ist hier an den Zeitpunkt der Aussendung gebunden, die Nachricht ist ein **Alarm** oder eine **Quittung**. Die Aussendung solcher Nachrichten in großer Zahl geschah durch die BBC an die *résistance* in Westeuropa. Damit fielen auch einige Nachrichten, die an Bedeutung die anderen um Größenordnungen überragten, nicht sonderlich auf, so etwa am 1. Juni 1944 in den 21-Uhr-Nachrichten von BBC einige *personal messages*, darunter die erste Hälfte der ersten Strophe des Gedichts *Chanson d'Automne* von *Verlaine*. Am 5. Juni 1944 kam die zweite Hälfte.[7] *Canaris'* Abwehr war über die Bedeutung informiert (Abb. 9). Alle deutschen Kommandostellen wurden alarmiert — aus bis heute unerklärlichen Gründen erreichte der Alarm jedoch die deutsche 7. Armee, in deren Küstenbereich die Invasion stattfand, nicht.

Auch die Japaner hatten das System 1941 benutzt. Zum Beispiel sollte HIGASHI NO KAZE AME („Ostwind, Regen“), in den Wetterbericht der Überseenachrichten eingeschoben und zweimal wiederholt, ,Krieg mit USA' ankündigen. Die US Navy fing am 19. November einen diesbezüglichen diplomatischen Funkspruch ab und konnte ihn bis zum 28. November 1941 entziffern. Als die Spannung wuchs, überwachten zahlreiche Funkaufklärungsstationen der USA den japanischen Radioverkehr auf das Stichwort hin. Es kam am 7. Dezember 1941 — Stunden nach dem Angriff auf Pearl Harbour — in der Form NISHI NO KAZE HARE („Westwind, klar“), und kündigte, was niemand mehr überraschte, den Ausbruch der Feindseligkeiten

6 *Kahn* benutzt immer *jargon-code message*.

7 Wörtlich: „Die langen Schluchzer der Violinen des Herbstes verwunden mein Herz mit eintöniger Sehnsucht“.

Tag / Uhrzeit / Ort und Art der Unterkunft	Darstellung der Ereignisse (Dabei wichtig: Beurteilung der Lage [Feind- und eigene], Eingangs- und Abgangszeiten von Meldungen und Befehlen)
5.6.44	Am 1., 2. und 3.6.44 ist durch die Nast innerhalb der "Messages personelles" der französischen Sendungen des britischen Rundfunks folgende Meldung abgehört worden : "Les sanglots longs des violons de l'automme ".
	Nach vorhandenen Unterlagen soll dieser Spruch am 1. oder 15. eines Monats durchgegeben werden, nur die erste Hälfte eines ganzen Spruches darstellen und ankündigen, dass binnen 48 Stunden nach Durchgabe der zweiten Hälfte des Spruches, gerechnet von 00.00 Uhr des auf die Durchsage folgenden Tages ab, die anglo-amerikanische Invasion beginnt.
21.15 Uhr	Zweite Hälfte des Spruches "Blessent mon coeur d'une longeur monotone" wird durch Nast abgehört.
21.20 Uhr	Spruch an Ic-AO durchgegeben. Danach mit Invasionsbeginn ab 6.6. 00.00 Uhr innerhalb 48 Stunden zu rechnen.
	Überprüfung der Meldung durch Rückfrage beim Militärbefehlshaber Belgien/Nordfrankreich in Brüssel (Major von Wangenheim).
22.00 Uhr	Meldung an O.B. und Chef des Generalstabes.
22.15 Uhr	Weitergabe gemäss Fernschreiben (Anlage 1) an Generalkommandos. Mündliche Weitergabe an 16. Flak-Division.

Abb. 9. Ausschnitt aus einem Tagebuch der Funkaufklärung der 15. Armee (Oberstleutnant *Meyer*, Feldwebel *Reichling*). Aus: [KAHN], p. 544

mit Großbritannien an. Vielleicht handelte es sich um einen 'Doppelpflanz' der Japaner.

Technisch gehören maskierte Geheimschriften meistens zu chiffrierten Geheimschriften (s. 2.2).

1.4 Unsichtbare Tarnung

Von anderer Natur sind als offene Nachricht **(unsichtbar) getarnte Geheimschriften**. Hier ist die zu übermittelnde Nachricht eingebettet in die offene Nachricht, die durch Hinzufügen von **Blendern**, **Nieten**, **Füllzeichen** (frz. *nonvaleurs*, engl. *nulls*, *dummies*) erreicht wird.

Um die eigentliche Nachricht wiederzufinden, muß der Platz, an dem sie steht, verabredet sein. Dazu bieten sich zwei Möglichkeiten an: Regeln anzugeben (‚Würfel', engl. *null cipher, open-letter cipher*) oder Raster (frz., engl. *grille*) zu verwenden.

Regeln für getarnte Geheimschriften sind häufig von der Art „das x-te Zeichen nach einem bestimmten Zeichen", z.B. „das erste Zeichen nach Zwischenraum" (engl. *family code*, im 2. Weltkrieg von Soldaten gern gebraucht, zum großen Mißvergnügen des Zensors), besser schon „das dritte Zeichen nach Zwischenraum“ oder „das dritte Zeichen nach Interpunktionszeichen“. Solche getarnte Geheimschriften nennt man engl. *acrostics*. Ein geübter Zensor erkennt diese Tarnung meist sogleich an der ‚gestelzten‘ Sprache, und sein scharfes Auge erfaßt sicher, was sich hinter

P̆RESIDENT'S ĔMBARGO R̆ULING S̆HOULD H̆AVE
ĬMMEDIATE N̆OTICE. Ğ RAVE S̆ITUATION ĂFFECTING
ĬNTERNATIONAL L̆AW. S̆TATEMENT F̆ORESHADOWS
R̆UIN ŎF M̆ANY N̆EUTRALS. Y̆ELLOW J̆OURNALS
ŬNIFYING N̆ATIONAL ĔXCITEMENT ĬMMENSELY

verbirgt — eine im 1. Weltkrieg abgefangene Nachricht. Wenn nötig, hilft es, die Nachricht wortweise auszurichten:

↓
I N S P E C T
D E T A I L S
F O R
T R I G L E T H
A C K N O W L E D G E
T H E
B O N D S
F R O M
F E W E L L

Die Tarnung fällt dann ab, der ‚Klartext‘ *springt ins Auge*.
Seine gute Vorstellungskraft rettete *Sir John Trevanion*[8] (Abb. 10) das Leben: Er fand im Brief seines Freundes *R.T.* die Botschaft *“Panel at east end of chapel slides”* und fand auch die Tür.

Worthie Sir John: — Hope, that is ye beste comfort of ye afflicted, cannot much, I fear me, help you now. That I would saye to you, is this only: if ever I may be able to requite that I do owe you, stand not upon asking me. 'Tis not much that I can do: but what I can do, bee ye verie sure I wille. I knowe that, if dethe comes, if ordinary men fear it, it frights not you, accounting it for a high honour, to have such a rewarde of your loyalty. Pray yet that you may be spared this soe bitter, cup. I fear not that you will grudge any sufferings; only if bie submission you can turn them away, 'tis the part of a wise man. Tell me, an if you can, to do for you anythinge that you wolde have done. The general goes back on Wednesday. Restinge your servant to command. — R. T.

Abb. 10. Nachricht an *Sir John Trevanion: Panel at east end of chapel slides* (dritter Buchstabe nach Interpunktionszeichen). Aus: [SMITH], p. 24

[8] Zu *Oliver Cromwells* Zeiten.

Es wird von einem Soldaten der US Army berichtet, der seinen Eltern das Land, in dem er sich aufhielt, durch die jeweils ersten Buchstaben (nach der Anrede) in seinen Briefen mitteilen wollte — kryptographisch und steganographisch zunächst kein schlechter Einfall. Die Sache kam trotzdem heraus, als die Eltern schrieben: „Wo ist Nutsi — wir finden es auf unserem Atlas nicht?“. Denn bei der Post dauert es manchmal auch unterschiedlich lang.

Als **Akrostichon** hat diese Technik sogar in die schöngeistige Literatur Eingang gefunden. Beim klassischen Akrostichon waren die Anfangsbuchstaben, -silben oder -worte aufeinanderfolgender Verse, Strophen, Abschnitte oder Kapitel von Bedeutung. Man chiffrierte so Wörter, Namen oder Sätze (Abb. 11), häufig mit Bezug auf den Autor. Das Akrostichon diente auch als Schutz gegen Auslassungen und Einfügungen; ein früher Fall einer fehlersichernden Codierung. Ähnlich wird beim **Chronogramm** in einer Inschrift eine (römisch geschriebene) Zahl verborgen, meist eine Jahreszahl, zum Beispiel der Anbringung der Inschrift: Auf dem Südportal der barocken Wallfahrtskirche auf dem Gartlberg in Pfarrkirchen steht das Chronogramm

A Ionae VaLent Ino AntonIo HorMaIr De HorttenbVrg CLIente ,

hinter dem sich die Jahreszahl 1715 verbirgt. Auf dem Nordportal steht

Et In SenIo fInIIt eaM DeCanVs et paroChVs Jo. Joachimus Staudacher

Besteht das Chronogramm aus einem Vers oder aus zwei Versen, heißt es **Chronostichon** oder **Chronodistichon**.

LITERATUR

Schnellschreibmethode

Er soll, so berichtet Robert K. Merton, bei all dem, was er schrieb, eine besondere Technik entwickelt haben, die so einfach gewesen sein muß, daß es seine Kollegen und Neider das Staunen lehrte, weil bereits wenige Wochen nachdem seine erste Abhandlung veröffentlicht war, die nächste folgte, kein Wort und keine Seite dünner und von ebensolcher Prägnanz, daß jeder andere Monate, wenn nicht Jahre dazu gebraucht hätte, um Zeile für Zeile zu füllen. Sein Geheimnis soll Thomas Fuller auf Drängen seiner Freunde aber in kleinster abendlicher Runde ein oder zwei Tage vor seinem Tod zugegeben haben auf einem Blatt, auf dem er in einer bestimmten Weise Worte anordnete und das er ihnen vorlegte mit der süffisanten Bemerkung, er füllte ihnen lieber noch einmal ihre Gläser vor der Lösung, hernach würde ihnen keine Ruhe mehr bleiben, bis auch sie den Versuch selbst unternommen hätten, die Methode, die im übrigen in der Poesie schon seit langem einen breiten Raum einnehme, auch auf ihre Wissenschaft anzuwenden, um so aus schönen Worten exakte Aussagen entstehen zu lassen.

LUDGER FISCHER

Abb. 11. Akrostichon aus SZ Magazin, 28.3.1991

Komponisten verbergen manchmal Nachrichten in den Noten, entweder (Beispiel B A C H) direkt hinter den Tonbezeichnungen einer melodischen Floskel oder mit Hilfe eines Zahlenalphabets: Kommt der i-te Ton der Tonleiter k mal vor, ist an i-ter Stelle der k-te Buchstabe des Alphabets hinzuschreiben. *J. S. Bach* bediente sich auch gern dieser Chiffre; so kommt im Orgelchoral ‚Vor deinen Thron', 1750, in der viertaktigen Melodiefloskel, die in G-Dur steht, g zweimal, a einmal, h dreimal und c achtmal vor.

Blender werden auch in manchen Jargons verwendet: Bloßes Anhängen einer Silbe als Blender (**Suffixation**) ist das einfachste und älteste System, im Französischen

FLOUTIERE	für	*flou* , Argot für ‚weg!'
GIROLLE	für	*gis* , Argot für ‚ja'
MEZIS	für	*me* ,
ICICAILLE	für	*ici*

mit hunderten ähnlicher Bildungen. Schon bei *Cartouche* (18. Jh.) findet sich **Vous**ierge **trouv**aille **bon**orgue **ce gigot**mouche.

Tut Latin, eine Schülersprache im Englischen, setzt TUT zwischen alle Silben. Solche Schülerjargons scheinen sehr alt zu sein, schon 1670 wird aus Metz (Lothringen) von einem ‚Stotterer-System' berichtet, wo etwa *undreque foudreque* für *un fou* steht. Hierher gehört auch das aus Südostasien stammende **Javanais**:

LAVE BLAVANC	steht für	*Le blanc*
NAVON	steht für	*non*
JAVE	steht für	*je* (Argot für ‚ja').

Kompliziertere Systeme arbeiten zusätzlich mit einer Buchstabenumstellung[9] (Transposition, s. 6.1). Aus dem Milieu stammt das **Largonij**:

LONBEM	für	*bon* (1821)
OLRAPEM	für	*opéra* (1883).

Das Wort Largonij ist auf diese Weise aus Jargon gebildet. Eine Variante zeigt

NEB-DU-TAC	für	*tabac* (1866).

Phonetische Abarten sind

LINSPR	für	*prince* (*Vidocq* 1837)
LORCEFE	für	*La Force* , ein Pariser Gefängnis.
LICELARGU	für	*cigare* (1915)
LOCROMUCHE	für	*maquerau*
LEAUBICHE	für	*beau*

Das System scheint ebenfalls ostasiatischen Ursprungs zu sein.

---

[9] Reines Rückwärtslesen (‚Krebs') kommt im Cant ebenfalls vor: OCCABOT für *tobacco*; KOOL für *look*; YOB („Lümmel") für *boy*; SLOP für *police*. Reine Silbenumstellung gibt es im *Verlan* (von *l' envers*): NIBERQUE für *bernique* (‚nichts da', ‚weit gefehlt') von frz. *berniches*, kleine Muscheln; LONTOU für *Toulon*; LIBRECA für *calibre*, Schießeisen; DREAUPER („Polizist") für *perdreau*, Rebhuhn.

Pig Latin, eine andere Schülersprache, setzt AY ans Ende eines zyklisch permutierten Wortes: third wird IRDTHAY. Cockneys haben eine Reimsprache mit Blendern: TWIST AND TWIRL für *girl*, JAR OF JAM für *tram*, STORM AND STRIFE für *wife*, BOWL OF CHALK für *talk*, FLEAS AND ANTS für *pants*, APPLES AND PAIRS für *stairs*, PLATES OF MEAT für *feet*, LOAF OF BREAD für *head*. Das eigentliche Reimwort wird dabei häufig auch weggelassen — der Eingeweihte denkt es sich, und LOAF beispielsweise wurde so zum umgangssprachlichen Ausdruck, dessen Herkunft den meisten heute unbekannt ist.

Gedicht in Bi-Sprache

Ibich habibebi dibich,
Lobittebi, sobi liebib.
Habist aubich dubi mibich
Liebib? Neibin, vebirgibib.

Nabih obidebir febirn,
Gobitt seibi dibir gubit.
Meibin Hebirz habit gebirn
Abin dibir gebirubiht.

Abb. 12. Gedicht in Bi-Sprache von *Joachim Ringelnatz*

Andere Systeme verwenden Blender mit Vokalwiederholung, etwa im Deutschen die B-Sprache

GABARTEBENLAUBAUBEBE

und im Französischen das **Cadogan**

CADGADODGOGADGAN .

Joachim Ringelnatz verfaßte ein Gedicht in der Bi-Sprache (Abb. 12).

Wenig Mühe gab sich *Jonathan Swift* in seinem *Journal to Stella*, die in Wirklichkeit die zwölfjährige *Esther Johnson* war: In einem Brief vom 24. Febr. 1711 bestand seine Vorsicht lediglich darin, daß jedes zweite Zeichen ein Blender war.

1.5 Raster

Die auf *Cardano* zurückgehende Methode, **Raster** zu verwenden, ist simpel und hat nur den Nachteil, daß beide Seiten den Raster besitzen und bewahren müssen — bei einem Soldaten oder Gefangenen keine Selbstverständlichkeit. Hätte *Lord Byron* diese Methode benutzt — er war allerdings kein gewöhnlicher Soldat — , so wären ihm seine poetischen Fähigkeiten äußerst zustatten gekommen, um ein Gedicht abzufassen wie das von Abb. 13; wahrscheinlich besaß er auch das Talent, das ganze so hübsch zu schreiben, daß der Klartext zwanglos in die Rasterfenster paßte.

And there was mounting in hot haste the steed,
The mustering squadron and the clattering car,
And swiftly forming in the ranks of war;
And deep the thunder peal on peal afar;
And near, the beat of the alarming drum
Roused up the soldier ere the morning star
While thronged the citizens with terror dumb
Or whispering, with white lips, — 'the
foe! they come, they come!'

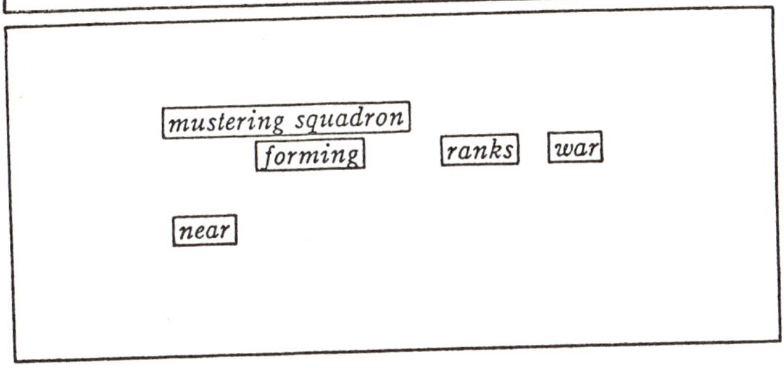

Abb. 13. *Lord Byrons* hypothetische Nachricht. Aus: [SMITH], p. 39

Cardano forderte übrigens, die so gewonnene Nachricht dreimal abzuschreiben, um jede Schreibunregelmäßigkeit zu verwischen. Die Methode wurde im 16. und 17. Jahrhundert im diplomatischen Verkehr häufig benutzt.

Auch raffiniertere Regeln werden in der Literatur erwähnt, etwa die Übermittlung von Dualzahlen (ihrerseits vermutlich gebraucht als Verschlüsselung), wobei die Ziffer **O** durch ein Wort mit gerader Vokalanzahl, die Ziffer **L** durch ein Wort mit ungerader Vokalanzahl ausgedrückt wird.

Bei professioneller Verwendung gehören getarnte Geheimschriften meistens zu den chiffrierten Geheimschriften (s. 2.2).

Wir haben Maskierung und Tarnung so ausführlich behandelt, weil sie uns eine Maxime bieten: Sprache hat Eigengesetzlichkeit, und schwerer noch als es ist, diese (in der Kryptographie) zu unterdrücken, ist es, sie zu imitieren, wie es in der Steganographie geschieht. Die linguistische Steganographie wird deshalb von reinen Kryptographen mit vorsichtiger Distanz behandelt; sie abzuwehren, ist Sache der Zensur. Ihrem Wesen nach ist ihr Gebrauch durch Amateure bereits unschädlich gemacht, wenn er unterbunden oder aufgedeckt wird; eine tatsächliche Entzifferung ist dann oft unwichtig (abgesehen vom Erbringen des Schuldbeweises in einem anschließenden Gerichtsverfahren).

Der professionelle Gebrauch linguistischer Steganographie kann nur in Einzelfällen geboten sein — es sei denn, es handle sich um eine Überlagerung eines kryptographischen Verfahrens, s. 2.3.

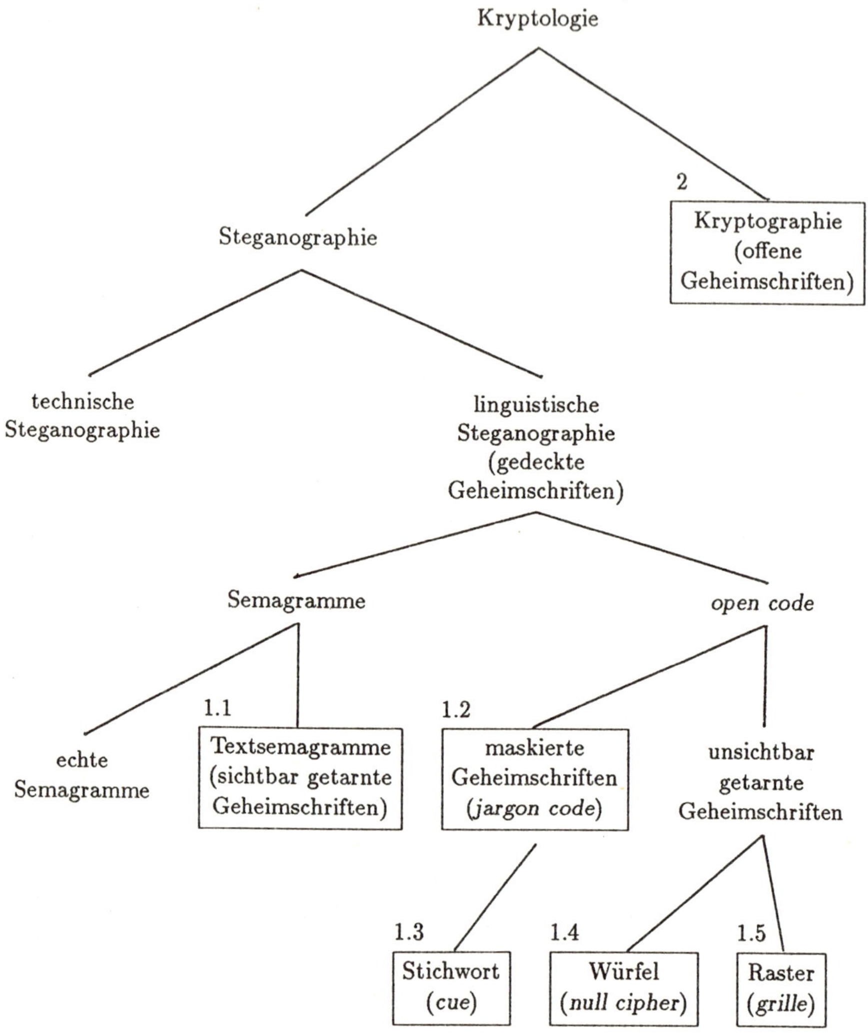

Abb. 14. Klassifizierung der Kryptologie

Eine graphische Übersicht über die in diesem Kapitel gewonnene Klassifizierung der Kryptologie zeigt Abb. 14. Die unsichtbar getarnten Geheimschriften zeigen dabei bereits eine gewisse Verwandtschaft zur Kryptographie, insbesondere in der Verwendung von Blendern.

2 Aufgabe und Methode der Kryptographie

"Nearly every inventor of a cypher[1] *system has been convinced of the unsolvability of his brainchild."*
Kahn

Der nachfolgend zu gebende Überblick über die bekannten kryptographischen Verfahren ist auf den Gesichtspunkt der Sicherung[2] von etablierten Nachrichtenwegen gegen (passives) unbefugtes **Lauschen** und **Mitlesen** (‚Brechen') sowie gegen (aktive) **Fälschung** abgestellt. Die **Geheimhaltung** (engl. *secrecy*) ist das klassische Ziel. Die Sicherung gegen Fälschung und Unterschiebung, die **Authentisierung** (engl. *authenticity*) ist erst neuerdings zu größerer Bedeutung gelangt.

Neben m a t h e m a t i s c h e n spielen für die Kryptologie auch p h i l o l o g i s c h e Fragen eine große Rolle. Hierin besteht eine Verwandtschaft mit dem Gebiet der **Entzifferung verschollener Schriften und Sprachen**[3] , einem reizvollen Grenzgebiet der Archäologie und der Sprachwissenschaft.

2.1 Charakter der Kryptographie

Die klassische Aufgabe der Kryptographie ist es, eine Nachricht oder Aufzeichnung für den Unberufenen unverständlich zu machen. Eine solche Absicht kann leicht übertrieben werden — das macht die Nachricht dann auch für den berufenen Empfänger unleserlich.[4] Es ist fatal, wenn ein Fehler in der Chiffrierung gemacht wird. Der dann regelmäßig stattfindende Versuch, die gleiche Nachricht noch einmal — und diesmal richtig — zu chiffrieren

---

1 *cypher* ist eine veraltete Schreibweise für *cipher*, die aber in den USA noch verbreitet ist.

2 Bloßen Störungen des Nachrichtenweges durch physikalisch-technische Effekte wird seit den Entdeckungen von *Shannon* und *Hamming* um 1950 durch fehleranzeigende und -korrigierende Codierungen entgegengetreten, die hier nicht behandelt zu werden brauchen.

3 *J. Friedrich*, Entzifferung verschollener Schriften und Sprachen, Springer, Berlin 1954.

4 Wem ist es nicht schon passiert, daß er eine eilig niedergeschriebene Notiz nach Wochen oder schon nach Tagen nicht mehr lesen konnte.

und zu übertragen ist ein schweres Sicherheitsrisiko (s. Chiffrierfehler, 10. Kapitel).

2.1.1 Ohnehin darf das Chiffrier- und Dechiffrierverfahren nicht zu kompliziert sein: es muß dem jeweiligen Personenkreis, was dessen Intelligenz und Lebensumstände anbelangt, angemessen sein. Am geringsten sind die Ansprüche hier auf militärischem Gebiet im taktischen Fronteinsatz. Dann kommt sofort das Feld der Diplomatie, jedenfalls wenn man darauf besteht, daß der Botschafter selbst die Ver- und Entzifferung vornimmt. Als *Wheatstone* 1854 dem Unterstaatssekretär des britischen Foreign Office das heute als PLAYFAIR bekannte Verfahren demonstrierte (s. 4.2) und dabei sagte, das könnten drei von vier Knaben der nächstgelegenen Volksschule erlernen, bemerkte dieser trocken "*that is very possible, but you could never teach it to attachés*"!

Auch ist zu bedenken, daß manche Nachricht nicht länger geheimgehalten werden muß, bis das mitgeteilte, beabsichtigte oder stattgefundene Ereignis ohnehin offenkundig geworden ist. Diplomatische Nachrichten geheimzuhalten, kann allerdings noch nach Jahrzehnten geboten sein. Unübertrefflich in dieser Hinsicht und hinsichtlich des Schleiers, den sie über ihr Chiffrierwesen legen, sind die Briten, von den Russen ganz zu schweigen. Jedenfalls kommt es nur darauf an, zu wissen, wie lange der **unberufene Entzifferer** (engl. *unauthorized decipherer*) mindestens zu tun hat, um die Nachricht herauszulesen[5] — die Chiffre zu brechen — und es ist dann nicht nötig zu behaupten, ein gewisses Verfahren sei absolut sicher. Die quantitative Bewertung der Verfahren wurde allerdings erst durch die bahnbrechenden Ideen von *Claude E. Shannon* (s. 22.2) möglich. Wie wenig tief das Wissen um die Brauchbarkeit der Methoden noch im 1. Weltkrieg ging, zeigte sich darin, daß 1914 der deutsche Generalstab, als *Le Matin* publizierte, daß Frankreich ‚mitlesen' würde, sein Chiffriersystem am 18. November plötzlich radikal änderte. Der Übergang von sog. doppelter Spaltentransposition (s. 6.2) zu einer Trithemius-Substitution (s. 8.1.2) mit nachfolgender Spaltentransposition war eine *complication illusionaire* für das französische Dechiffrierbüro.

Ganz sicher glaubten sich ihrer Sache auch die Liebespaare zu sein, die im London von 1850 in chiffrierten Zeitungsannoncen ihre Gefühle austauschten; eine gewisse Londoner Gesellschaft machte sich jedoch ein Vergnügen daraus, ‚mitzulesen', darunter *Wheatstone* und *Playfair*, die in einen solchen Liebes-Brief-Wechsel mit einer eigenen, geeignet chiffrierten Nachricht ‚einbrachen' und die Reaktion „Wir sind entdeckt" der jungen Dame hervorriefen, und — s. 2.4.1 — *Babbage*. Übrigens, trotz — oder vielleicht aufgrund — *Shannon*'s verdienstvoller Aufklärung sollen noch heute in Londoner Tageszeitungen verschlüsselte Anzeigen zu finden sein.

---

[5] Ein von den Deutschen 1917 an der Westfront verwendeter Code (von den Franzosen KRUSA genannt, weil alle Codegruppen mit einem dieser fünf Buchstaben begannen) war solcherart auf ‚geplante Veralterung' angelegt — die Franzosen hatten allerdings meist nach 14, manchmal nach 2 Tagen den Code, der alle Monate wechselte, herausgefunden.

Eine andere Dame fand sich gar zutiefst beeindruckt von einem Mann, dem sie ein Rezept, Gold zu machen, übergeben hatte, das chiffriert war und wozu sie allein den Schlüssel wußte — als er ihr nicht nur mitteilte, daß er es entziffert hatte, sondern ihr auch das Schlüsselwort nannte. Der Mann mußte hexen können, mußte G e d a n k e n l e s e n können, dachte sie und schloß ihn folglich lieber gleich ganz in ihr Herz. Es war, 1757, die wohlhabende *Madame d'Urfé*, und der Kavalier, der sie übrigens bald verließ, war — *Giacomo Girolamo Casanova, Chevalier de Seingalt*, dessen kryptanalytische Beflissenheit offenbar nicht genügend bekannt ist.

Auch *Marie Antoinette* wußte Liebe und Kryptographie zu verbinden, ebenso der britische König *Eduard* VIII. So hat die Kryptographie neben diplomatischen und militärischen auch ihre zivilen und privaten Anwendungen, ganz zu schweigen von den kommerziellen, etwa der Kaufmanns-Chiffre zur Preisauszeichnung und der (jetzt abgeschafften) verschlüsselten Angabe des Abpackungsdatums der Butter (s. 3.1) oder dem Verschlüsselungssystem der Reifen-Hersteller (Abb. 15).

Amüsante Geschichten gibt es auch über die angebliche Unbrechbarkeit einer Chiffrierung. Von der Überschätzung der eigenen Klugheit profitiert regelmäßig die Gegenseite. Ein Beispiel solcher Übertreibung ist es, wenn von *Paul Schilling von Cannstatt*, einem der Erfinder des elektromagnetischen Telegraphen (1832) gesagt wird, er „stellte für das russische Ministerium ein so geheimes Alphabet zusammen, die sogenannte Chiffre, daß sogar ein derart ausgeklügeltes Geheimkabinett wie das österreichische es in 50 Jahren nicht durchlesen wird“ (*F.P. Fonton*, nach *A.V. Jarozkij*). Und noch 1917 wurde in dem so angesehenen *Scientific American* die VIGENÈRE-Methode (s. 7.3) als unbrechbar bezeichnet.

Eine besondere Ironie des Schicksals wollte es, daß *Étienne Bazeries*, der große französische Kryptologe (1846–1931), der eine ganze Reihe von sogenannten unbrechbaren Chiffriersystemen, die dem französischen Sicherheitsbüro vorgelegt worden waren, niedergeschmettert hatte, schließlich selbst vermessen genug war zu glauben, er habe ein absolut sicheres Verfahren (*«Je suis indéchiffrable»*, Abb. 16) gefunden. Es bereitete seinem Gegenspieler, dem *Marquis de Viaris* — der erste moderne Kryptologe übrigens, der die Mathematik ins Spiel brachte — kein geringes Vergnügen, sich zu rächen und einige Chiffren, die *Bazeries* ihm sandte, zu brechen (s. 7.4.3).

2.1.2 Ein lukrativer Seitenast der Kryptographie ist die Erfindung und finanzielle Auswertung von Chiffrier- und Dechiffriermaschinen. Bis zum 19. Jahrhundert waren es mechanische Geräte, seit Beginn des Jahrhunderts setzte auch hier die Automatisierung, Elektronisierung und neuerdings Mikrominiaturisierung ein. Mikrorechner — von Größe, Gewicht und Preis eines Taschenrechners — können heute die Leistungen der besten Chiffriermaschinen des 2. Weltkriegs erbringen. Damit ist die frühere Bedeutung guter Verfahren, die durch das Vorhandensein ‚riesengroßer‘ Rechner in den

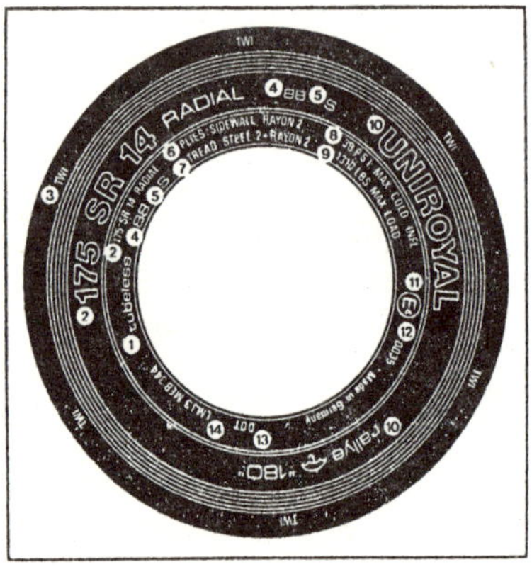

Reifen-Zeichen

Der Platz auf den Reifenflanken wird langsam knapp: Denn außer der Marken-, Typ- und Größenbezeichnung müssen noch diverse andere Angaben untergebracht werden.

(1) tubeless = schlauchlos, mit Schlauch heißt es tube type. (2) Größenbezeichnung: 175 ist die Reifenbreite in mm; S steht für speed (Geschwindigkeit), bei Sommerreifen die Geschwindigkeitsklasse bis 180 km/h; R bedeutet radialer Fadenverlauf der Karkasse, die bei Gürtelreifen übliche Konstruktion; 14 = Felgendurchmesser in Zoll; das Wort Radial weist zusätzlich auf die Karkassenkonstruktion hin. (3) TWI: tread wear indicator = Profilabnutzungsanzeiger; sechs Querstege in den Profilrillen, die bei 1,6 mm Restprofil hervortreten. (4)(5) Eine der neu hinzugekommenen europäischen Reifenkennzeichnungen: 88 ist der sogenannte Tragfähigkeitsindex, der verschlüsselt die Maximallast pro Rad angibt, S ist das Geschwindigkeitssymbol für 180 km/h. (6) Plies: Sidewall Rayon 2: Karkasse besteht aus zwei Lagen Rayon, einer Kunstfaser. (7) Tread Steel 2 + Rayon 2: Unter der Lauffläche zwei Stahlgürtel- und zwei Rayon-Lagen. (8) 36 P. S. I. Max Cold Infl = maximal cold inflatable, maximaler Luftdruck in Pfund pro Quadratzoll (ca. 2,5 atü), kalt aufgeblasen; gilt nur für die Klassifizierung in USA; Reifen darf in Europa stärker aufgepumpt werden, nicht zu verwechseln mit dem Gebrauchsluftdruck. (9) 1310 Lbs. Max Load = maximale Last pro Rad in Pfund, gilt nur für die Klassifizierung in Amerika; für europäische Fahrbedingungen Tragfähigkeit geringer. (10) Hersteller. (11)(12) Zertifikat der Bauartprüfung nach Europanorm, die Zahl steht für das Land, in dem die Prüfung durchgeführt wurde, 4 ist Holland. (13) DOT = Department of Transport, das amerikanische Verkehrsministerium; Zertifikat, daß der Reifen den US-Bestimmungen entspricht. (14) Hersteller-Code: LM = Fabrik, J3 = Größencode, MEB = Typencode, 344 = Datumscode, 34. Produktionswoche 1974. (SZ)

Abb. 15. Verschlüsselungssystem der Reifenhersteller (Aus: Süddeutsche Zeitung)

Abb. 16. *Bazeries'* Zylinder mit der Nachricht «je suis indéchiffrable»

kryptanalytischen Zentralen stark abgewertet worden sind, nicht nur wiederhergestellt worden: es kann mit einem handelsüblichen Rechner der $100-Klasse auch eine weitaus komplexere Verzifferung vorgenommen werden, als es die klassischen Maschinen taten.

Im übrigen muß man bei der Beurteilung eines auf Unterlagen irgendwelcher Art gestützten Verfahrens, also auch von maschinellen Verfahren, davon ausgehen, daß diese Unterlagen in g e g n e r i s c h e Hände fallen können (*Kerckhoffs'* Maxime, s. 10.2.3). Ein lediglich mit einer Magnetkarte gefütterter Mikrorechner hat aber keinerlei „verräterische" kryptographische Struktur — außer vielleicht Alphabettastatur und Buchstabenanzeige.

Bei den sogenannten öffentlichen Schlüsseln (engl. *public keys*), die heute für kommerzielle Verbindungen propagiert werden, werden das Chiffrier- und das Dechiffrierverfahren sogar veröffentlicht, lediglich der Schlüssel zum Dechiffrieren bleibt geheim; *Kerckhoffs'* Maxime wird also auf die Spitze getrieben (s. 11.1.2).

Dabei führt der zunehmende Gebrauch offener Nachrichtenwege dazu, daß neben die klassische Geheimhaltung die Authentisierung als erklärtes Ziel der Kryptographie tritt (s. 11.6).

2.1.3 Ein besonderes Problem stellen die **angeblichen Geheimtexte** dar. *Balzac* hat in *La physiologie du mariage* (1829) eine Stelle «*La Bruyère a dit très spirituellement: 'C'est trop contre un mari que la dévotion et la galanterie: une femme devrait opter.' L'auteur pense que La Bruyère s'est trompé. En effet: ---* ». Was dann kommt, ist ein Mischmasch durcheinandergepurzelter Buchstaben, so als ob ein Setzkasten ausgeschüttet worden wäre. In der Tat finden sich in vier Auflagen — darunter wenigstens drei zu Lebzeiten von *Balzac* — vier v e r s c h i e d e n e solcher Texte. *Balzac* hat sich wohl einen Scherz geleistet. Nichtsdestotrotz untersuchte *Bazeries* ein solches Kryptogramm 1901 gründlich und fand, daß es in kein bekanntes System paßte, daß es «une facétie de l'auteur» sei.

Viel Aufregung gab es, seit *Ignatius Donelly*, amerikanischer Provinzpolitiker und einfallsreicher pseudowissenschaftlicher Kopf, der schon über Atlantis und den Zusammenstoß der Erde mit einem Meteor spekuliert hatte, sich 1878 daran machte, in *Shakespeare*'s Werk steganographische Hinweise, daß *Sir Francis Bacon* der Autor sei,[6] zu finden. Nun kann man aus einem genügend langen Text, wenn man nur genügend viel Zeichen als belanglos erklärt (und vielleicht auch noch die verbleibenden Zeichen permutiert) alles herauslesen — man nehme nur die hypothetische Nachricht *Lord Byrons* in 1.5. So gelangen auch *Donelly* einige scheinbare Erfolge. Eine Flut von Amateuren schloß sich an. Das wäre alles nicht bemerkenswert, wäre nicht ein *William Frederick Friedman*,[7] der Genetik studiert hatte, 1915 von einem reichen Textilhändler und Mäzen namens *George Fabian* angeheuert worden, der neben einem biologischen, einem chemischen und einem akustischen Laboratorium auch Kryptologen beschäftigte, die nachweisen sollten, daß *Bacon Shakespeare* sei. *Friedman* fand dort Interesse an *Elizebeth Smith*, einer jungen Kryptologin, und an der Kryptologie. Er verheiratete sich mit beiden und wurde der erfolgreichste amerikanische Kryptologe.

---

[6] Dieser Chimäre jagte auch *Georg Cantor*, der Erfinder der modernen Mengenlehre, längere Zeit nach.

[7] Geboren 24. 9. 1891 in Kishinev (Ukraine) als *Wolfe Friedmann*, gestorben 2. 11. 1969, bestattet in Arlington. Die Familie emigrierte 1892 nach den USA.

2.2 Chiffrierung

Fassen wir zusammen: Die **Kryptologie** (engl. *cryptology*) ist die Wissenschaft von den (offenen) Geheimschriften (**Kryptographie**), von ihrer unberufenen Entzifferung (**Kryptanalyse**, engl. *cryptanalysis*) und von den Vorschriften, die dazu dienen sollen, die unberufene Entzifferung zu erschweren (**Chiffriersicherheit**, engl. *signal security*).

2.2.1 Der Zeichenvorrat V, mit dessen Hilfe der **Klartext** (engl. *plain text*[8]) formuliert wird, ist das **Klartextvokabular** oder der **Klartextzeichenvorrat**. Der Zeichenvorrat W, mit dessen Hilfe der **Geheimtext** (engl. *code text*, *cipher text*) formuliert wird, ist das **Geheimtextvokabular** oder der **Geheimtextzeichenvorrat**, kurz auch **Code** oder **Chiffre**. Die einzelnen Zeichen aus W heißen auch **Sigel**[9] oder **Codezeichen**. V und W können verschieden sein, können aber auch zusammenfallen. V^* , W^* sei die Menge der Worte über V , W (**Klartextworte, Geheimtextworte**). ε bezeichne das leere Wort.
Z^n ist die Menge aller n-tupel von Elementen aus dem Zeichenvorrat Z , $Z^{(n)}$ bezeichnet $\{\varepsilon\} \cup Z \cup Z^2 \cup Z^3 \ldots \cup Z^n$.

V und W sind in allen praktischen Fällen (nichtleere) endliche Mengen. Man kann aber theoretisch auch abzählbar unendliche Mengen zulassen, denn auch dann sind V^* und W^* abzählbar unendlich (vgl. [B-G I], S. 82).

2.2.2 Eine **Chiffrierung** wird nun definiert als eine in der Regel injektive Relation $\mathbf{X} :\ V^* \dashrightarrow W^*$. **Injektiv** bedeutet dabei:

$$(x \mapsto z) \wedge (y \mapsto z) \Rightarrow (x = y) \qquad \text{(‚linkseindeutig')} .$$

Man definiert $\mathcal{H}_x = \{y \in W^* : x \overset{\mathbf{X}}{\mapsto} y\}$ als **Rechtsfaser** von x .

Ist die Relation $\dashrightarrow$ auch **eindeutig** (‚rechtseindeutig'):

für alle $x \in V^*$ ist $\mathcal{H}_x$ höchstens einelementig,

so ist $\mathbf{X} :\ V^* \dashrightarrow W^*$ sogar eine (partielle) Funktion $V^* \longrightarrow W^*$ und, falls injektiv, eine eineindeutige (partielle) Zuordnung $V^* \longleftrightarrow W^*$.

Oft wird auch gefordert, daß die Chiffrierung $\mathbf{X}$ **definal** (eine Abbildung) ist, d.h. daß für alle $x \in V^*$ $\mathcal{H}_x$ nicht leer ist.

Man erhält die Durchführung einer Chiffrierung $\mathbf{X} :\ V^* \dashrightarrow W^*$ durch einen nichtdeterministischen Auswahloperator η , $\mathbf{X}(x) = \eta\, \mathcal{H}_x$. Ist die Menge $\mathcal{H}_x$ nicht einelementig oder leer, so heißen ihre Elemente **homophone** Texte für x . Homophone Texte sind also solche Geheimtextworte, die in der Relation $\dashrightarrow$ dem selben Klartextwort zugeordnet sind.

Im funktionalen Fall gibt es keine homophonen Texte, die Chiffrierung ist deterministisch, und also eine eindeutige Abbildung des Klartextbereichs der Relation in den Geheimtextbereich.

---

[8] Engl. *clear text* bedeutet unchiffriert übermittelten Text.

[9] Von lat. sigillum ‚Zeichen', insbesondere für ‚Abkürzungen' wie § , & , % , $, # , @ ; auch in der Stenographie (‚Kürzel').

Meist gilt $\varepsilon \overset{\mathbf{X}}{\mapsto} \varepsilon$. Enthält H_ε auch von ε verschiedene Elemente, also homophone Texte für $\varepsilon \in V^*$, so heißen diese **Blendtexte**.

Beachte, daß die Menge aller Chiffrierungen $V^* \dashrightarrow W^*$ (bei festen nichtleeren V, W) überabzählbar ist.

Eine Chiffrierung $\mathbf{X}: V^* \dashrightarrow W^*$ soll **endlich** heißen, wenn die Menge aller in Relation stehenden Paare eine endliche Menge ist. Es ist dann für geeignete n, m $\mathbf{X}: V^{(n)} \dashrightarrow W^{(m)}$.

Wie aber legt man eine Relation $V^* \dashrightarrow W^*$ fest, wie gibt man sie an? Selbst wenn sie endlich ist, kann es sich praktisch verbieten, die Paare aufzulisten. Man verwendet daher gern eine induktive Festlegung.

2.3 Chiffriersystem

Es sei M , das **Chiffriersystem** oder **Kryptosystem**, eine nichtleere, in der Regel e n d l i c h e Menge $\{\chi_0, \chi_1, \chi_2, \dots, \chi_{\theta-1}\}$ von (injektiven) Relationen $\chi_i : V^{(n_i)} \dashrightarrow W^{(m_i)}$.
Eine Chiffrierung $\mathbf{X} = [\chi_{i_1}, \chi_{i_2}, \chi_{i_3}, \dots]$ heißt (mittels M) **endlich erzeugt**, wenn sie durch eine Folge $(\chi_{i_1}, \chi_{i_2}, \chi_{i_3}, \dots)$ von Relationen $\chi_i \in M$ unter der Wort-Konkatenation .+. **induziert** wird[10] , d.h.
$x \overset{\mathbf{X}}{\mapsto} y$ gilt für $x \in V^*$, $y \in W^*$ genau dann, wenn es Zerlegungen $x = x_1 + x_2 + x_3 + \dots + x_k$ und $y = y_1 + y_2 + y_3 + \dots + y_k$ gibt mit

$x_j \overset{\chi_{i_j}}{\mapsto} y_j$ für $j = 1, 2, \dots k$.

Beispiel:

$\chi_i : V^{(n_i)} \dashrightarrow V^{(n_i)}$: zyklische Transposition von n_i Elementen;
$n_0 = 2$, $n_1 = 3$, $n_2 = 5$, $n_3 = 6$ $(\theta = 4)$

e s w	a r s c h	o n	d u n k e l	$(\chi_1, \chi_2, \chi_0, \chi_3)$
s w e	r s c h a	n o	u n k e l d	

2.3.1 $\theta = |M|$ soll stets die **Kardinalität** des Chiffriersystems bezeichnen. Jede **erzeugende Relation** χ_i ist ein **Chiffrierschritt**, die Zahl n_i heißt die (maximale) **Chiffrierbreite**, die Zahl m_i die (maximale) **Chiffrenbreite** von χ_i . Die Relation χ_i kann auch nichtdeterministisch sein. Wenn man von **Homophonen** (engl. *homophones*, auch *variants*, *optional substitutes*, *multiple substitutes*) und **Blendern, Nieten, Füllzeichen, Blindsignalen** (engl. *nulls*, auch *dummies*, frz. *nonvaleurs*) spricht, meint man meist die des Chiffrierschrittes. Enthält der Geheimtextbereich des Chiffrierschritts Worte verschiedener Länge, so heißt der Chiffrierschritt **gespreizt**.

Die Injektivität der erzeugten Chiffrierung ist nicht ohne weiteres gegeben:

---

[10] Dabei soll jedes Wort aus V^* durch Anfügung belangloser Zeichen geeignet aufgefüllt gedacht werden.

Sei etwa

$$a \mapsto \cdot -$$
$$i \mapsto \cdot\cdot$$
$$l \mapsto \cdot-\cdot\cdot$$

aus einem injektiven $V^1 \longrightarrow W^{(4)}$, so gilt in $V^* \dashrightarrow W^*$

$$ai \mapsto \cdot-\cdot\cdot \quad \text{und} \quad l \mapsto \cdot-\cdot\cdot \ ,$$

es ist also die Injektivität verletzt.

2.3.2 Ein Chiffrierschritt ist wesensgemäß endlich, er kann prinzipiell durch Auflistung angegeben werden (**Chiffriertabelle**). Eine tatsächliche Auflistung wird oft als **Codebuch** (frz. *code*, Gesetzbuch) oder **Satzbuch** bezeichnet, der Chiffrierschritt dann als **Codierschritt**. Die terminologische Grenze zwischen ‚Chiffrierung' und ‚Codierung' ist fließend und im wesentlichen historisch bestimmt (s.a. 4.4).

2.3.3 Eine mittels M endlich erzeugte Chiffrierung $\mathbf{X} = [\chi_{i_1}, \chi_{i_2}, \chi_{i_3}, \ldots]$ heißt **periodisch** (engl. *repeated key*) bzw. **fortlaufend** (engl. *running key*), jenachdem ob die Folge $(\chi_{i_1}, \chi_{i_2}, \chi_{i_3}, \ldots)$ schließlich periodisch ist oder nicht. Sie heißt **monoalphabetisch**, wenn sie lediglich einen einzigen Chiffrierschritt (‚Alphabet') umfaßt oder benutzt, und ist dann notwendigerweise periodisch. (Ist M einelementig ($\theta = 1$), so ist jede mittels M endlich erzeugte Chiffrierung monoalphabetisch). Andernfalls heißt sie **polyalphabetisch**. Eine fortlaufende Chiffrierung ist notwendigerweise polyalphabetisch. Darauf wird in 8.5 näher eingegangen werden.

2.3.4 Eine endlich erzeugte Chiffrierung heißt **monographisch**, falls alle n_i der verwendeten Chiffrierschritte gleich 1 sind, **polygraphisch** sonst.

In einem besonders für maschinelle Durchführung wichtigen Spezialfall sind alle Chiffrierschritte aus M von gleicher maximaler Chiffrierbreite n und gleicher maximaler Chiffrenbreite m . M ist dann notwendigerweise endlich. Gilt sogar für alle χ_i aus M

$$\chi_i : V^n \dashrightarrow W^m \ ,$$

sind also insbesondere alle Chiffrierschritte ungespreizt, heißt die Chiffrierung $[\chi_{i_1}, \chi_{i_2}, \chi_{i_3}, \ldots]$ **Blockchiffrierung** (engl. *block cipher*), ein Wort aus V^n heißt **Block** der Chiffrierung. Selbstverständlich kann die Blockchiffrierung in einem geeigneten Zeichenvorrat von Zeichen-n-tupeln theoretisch als mono*graphisch* aufgefaßt werden.

Chiffriersysteme mit

$$\chi_i : V^n \dashrightarrow W^m$$

liefern für $n = 2, 3, 4, 5$ **Bigramm-, Trigramm-, Tetragramm-, Pentagrammchiffrierungen**, die für $m = 2$, 3 **bipartit, tripartit** (engl. *bipartite, tripartite*, frz. *bifide, trifide*) heißen. Häufig wählt man überdies $V = W$ und $m = n$ (**Blockchiffrierung im engeren Sinn**).

Jede periodische Blockchiffrierung der Periode r kann selbstverständlich theoretisch auch als mono*alphabetisch* aufgefaßt werden, mit

$$\chi_0 \;:\; V^{n\cdot r} \dashrightarrow W^{m\cdot r}$$

als einzigem Chiffrierschritt. Für fortlaufende Chiffrierungen gilt dies nicht: sie gehören prinzipiell einer mächtigeren Verfahrensklasse an.[11]

Ein aktuelles Beispiel einer monoalphabetischen, polygraphischen Blockchiffrierung ist das vom *National Bureau of Standards* der USA seit 1977 propagierte DES-Chiffrierverfahren, eine eineindeutige homogene Relation[12] $V^8 \longleftrightarrow V^8$ mit einem Zeichenvorrat $V = Z_2^8$ (s. 2.5) von 256 verschiedenen 8-Bit-Worten – allerdings nicht durch Auflistung, sondern durch einen Algorithmus definiert. Solche algorithmische Definitionen (s. 9.6) erschweren den Gebrauch von Homophonen.

Von einer polyalphabetischen, polygraphischen Chiffrierung, die aber keine Blockchiffrierung ist, kann man sprechen, wenn ein Klartext Wort für Wort mit Hilfe mehrerer, nach irgend einer Vorschrift periodisch oder nichtperiodisch abwechselnder Codebücher chiffriert wird. Praktische Verwendung kann monoalphabetische und polyalphabetische polygraphische Blockchiffrierung wohl nur, aber gerade auch unter Verwendung von Rechenanlagen bekommen.

2.4 Polyphonie

Die Verwendung von Homophonen und Blendern gehört seit 1400 zum Standard der Kryptologie. Seit 1500 wird auch von Chiffrierungen mit verschieden langen Chiffren Gebrauch gemacht; die Bedeutung der Linkseindeutigkeitsbedingungen bei gespreizten Chiffrierschritten (s. 3.4) wurde spätestens um 1580 von den Gebrüdern *Argenti* klar erkannt. Die moderne Fano-Bedingung („keine Chiffre ist Anfang einer anderen Chiffre") ist eine hinreichende Bedingung, die die Gebrüder *Argenti* anscheinend auch schon kannten. Für ungespreizte Chiffrierschritte ist die Wortfuge durch Abzählen auffindbar.

2.4.1 Polyphone Chiffrierschritte, bei denen verschiedenen Klartextwörtern ein- und dasselbe Geheimtextwort zugeordnet ist, verletzen die Injektivität und sind selten zu finden. 'SA Cipher', ein Code der britischen Admiralität von 1918, (s. 4.4, Abb. 30), sowie die Chiffre der *Duchesse de Berry* mit dem Merkvers LEGOUVERNEMENTPROVISOIRE als Substitutionsalphabet, (s. 3.2.4), sind einige der wenigen Beispiele für echte Polyphonie. Praktisch ausreichende semantische Entscheidbarkeit liegt vor, wenn etwa die Texte „Dieselöl", „Unteroffizier" und „Paris", oder „Rollbahn", „General", „Bodennebel" polyphon sind. Am ehesten kommen anscheinend Amateure auf diese Idee. Ein englisches Liebespaar gab *Babbage* 1853 eine Nuß zu

[11] Ordnet man jedem χ_i aus M die Ziffer i zu, so kann die Folge $(\chi_{i_1}, \chi_{i_2}, \chi_{i_3}, \ldots)$ im Zahlsystem zur Basis θ durch den Bruch $0.i_1\, i_2\, i_3 \ldots$ dargestellt werden. Bei festem M entspricht dann der Menge der periodischen Blockchiffrierungen eine Teilmenge der abzählbaren Menge der rationalen Zahlen; der Menge der fortlaufenden Blockchiffrierungen die überabzählbare Menge der irrationalen Zahlen zwischen 0 und 1.

[12] eine einzige nach Auswahl aus 2^{56} Möglichkeiten.

knacken durch eine polyphone Chiffre mit den Ziffern 0 bis 9 , wobei 1 für *t* und für *u* , 2 für *m* und für *o* , 4 für *e* und für *r* , 8 für *h* und *i* usw. stand. Die Geheimnachricht begann (mit zwei Chiffrierfehlern) mit

1821 82734 29 30 84541

was "Thou image of my heart" bedeutete. Es scheint, daß die Liebenden an der Komplikation des Verfahrens besondere Lust empfanden.

Jedoch ist ein polyphones Chiffrierverfahren schon in den Hochkulturen zwischen Nil und Euphrat verwendet worden: Da dort die Buchstabenzeichen gleichzeitig als Zahlenzeichen dienten, wurden gerne die Zahlwerte der Zeichen eines geheimzuhaltenden Wortes zu einer Zahl (*'gematria'*) zusammengezählt. So könnte das in der Offenbarung des *Johannes* auftretende 666 (Offb. 13, 18) Kaiser *Nero* bedeuten (Abb. 17).

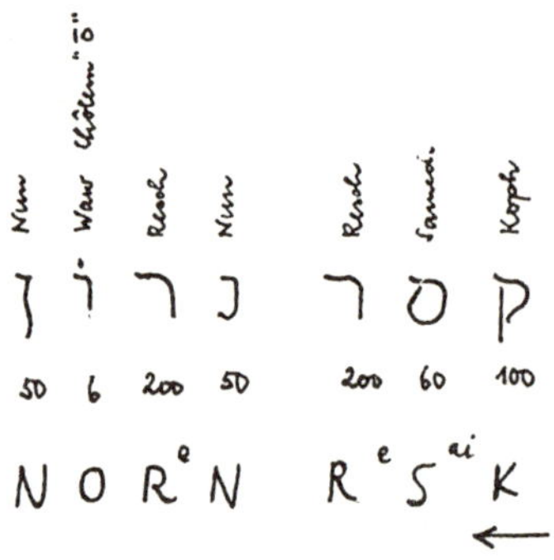

Abb. 17. Zahlwert (hebräisch) von ‚Kaiser *Nero*' (nach *Steinbrüggen*)

Von Polyphonie sollte man, von den indogermanischen Sprachen her gesehen, auch bei der Schreibung des Arabischen (ohne Vokale) sprechen. Was aber *"Pthwndxrclzp"* in *James Joyce*'s "Finnegans Wake" bedeuten soll, wird die Literaturwissenschaftler noch lange beschäftigen.

Technisch gesehen, arbeitet *Bazeries*' Zylinder (Abb. 16), der in 7.4.3 behandelt werden wird, mit Homophonen u n d Polyphonen; die Injektivität wird aber praktisch dadurch hergestellt, daß die ‚illegitimen' polyphonen Texte mit an Sicherheit grenzender Wahrscheinlichkeit keinen Sinn ergeben (Abb. 18).

Auch die Unterdrückung von Wortzwischenräumen und Interpunktionszeichen, die in der klassischen professionellen Kryptographie zu den Grundregeln gehört (man spricht dabei von engl. *formal ciphers*), stellt streng genommen Polyphonie dar. Dabei können allerdings Mißverständnisse aufkommen: der Satz

„Fünf Finger habe ich an jeder Hand zehn insgesamt"

erlaubt grammatikalisch zwei verschiedene Kommasetzungen. Nur eine gibt auch den rechten Sinn. In dem Satz

⋮

G X Y Y S X D B R Z Z B G B B G S I C U
H Z Q X R V P I Y D L D L C C N O U H S
I A R V O T R E B I S G O D D F N A V T
J E S U I S I N D E C H I F F R A B L E
K I T T Q R J H E U O J R G G T B C B L
L O V S P Q U U T P U K E J H H C F D A
M U X R N P G R S R R N M K K U D G F C
N Y Z Q M N V X L O A P T L M B F J G F
O B A P L M B L F T N Q D M O C G K I B

⋮

Abb. 18. Einige polyphone Texte auf *Bazeries'* Zylinder

„Er beschloß nicht in den Wald zu gehen“

kann aber nur der situative Kontext über die richtige Kommasetzung entscheiden. Im Englischen ist es noch schlimmer:

“British Railways hope to have trains running
normally late this afternoon”

könnte leicht sarkastisch gedeutet werden, und

“The Prime Minister called for an end to violence
and internment as soon as possible”

ist ein Leckerbissen für die Opposition.

Auch die Verwischung des Unterschieds zwischen Groß- und Kleinbuchstaben kann Verletzung der Injektivität ergeben:

„die gefangenen fliegen“; „der neue weg“.

Für polyphone Texte, die durch das leere Wort chiffriert werden, besteht kaum ein praktisches Bedürfnis, es sei denn, daß inhaltsleeres Gerede oder Geschreibsel eliminiert werden soll.

2.5 Zeichenvorräte

Mit N soll stets $|V|$, die Mächtigkeit des Zeichenvorrats V, bezeichnet werden. Da der Fall $N = 1$ uninteressant ist, verlangen wir $N \geq 2$.

2.5.1 Die verwendeten Klartext-Zeichenvorräte hängen von der Epoche und von der Sprache ab. Für die auf Hawaii gesprochene Sprache reicht das Alphabet $Z_{12} = \{a, u, i, o, e, w, h, k, l, m, n, p\}$ aus.

Im Mittelalter kam man in der lateinischen Tradition anscheinend meistens mit 20 Buchstaben aus, so 1565 *Porta* (Abb. 20)

$$Z_{20} = \{a, b, \ldots, i, l, \ldots t, v, z\} .$$

Oft wird noch /k/, /x/ und /y/ hinzugenommen oder nur /x/ und /y/ (so anderswo bei *Porta*). Für /w/ wird lange /vv/ geschrieben und so ein Platz gespart, um /& / (*et*) unterzubringen, wie schon auf *Alberti*'s Scheibe, 1466 (Abb. 22). Ab 1600 ist dann europäischer Standard ein Alphabet von 24 Zeichen[13] ,

$$Z_{24} = Z_{20} \cup \{k, w, x, y\}$$

wobei immer noch /v/ für /u/ steht.

Im 18. Jahrhundert wird auch das /u/ mitgenommen,

$$Z_{25}^{uw} = Z_{24} \cup \{u\}$$

wenn man aber auch das /j/ (im Französischen) verfügbar haben will, muß man das /w/ wieder opfern (*Bazeries*, 1891),

$$Z_{25}^{ju} = Z_{20} \cup \{j, k, u, x, y\} .$$

(Im Italienischen sind /j/,/k/,/w/,/x/,/y/, im Französischen /k/,/w/ sehr selten).

Ab 1900 setzt sich unser heutiges Alphabet

$$Z_{26} = Z_{24} \cup \{j, u\} .$$

durch. Aber es gibt Ausnahmen. Die Tschechische Exilregierung verwendete im 2. Weltkrieg einen Zeichenvorrat

$$Z_{45} = \{a, b, c, \check{c}, d, e, \check{e}, f, \ldots\ r, \check{r}, s, \check{s}, t, \ldots\ z, \check{z}, \cdot, ›, 0, 1, \ldots\ 9\} .$$

Das (heutige) kyrillische Alphabet hat 32 Buchstaben. Zur Darstellung von Ziffernzeichen und, wenn nötig, Interpunktionen gibt es Sonderabmachungen verschiedenster Art.

Der Wortzwischenraum wird in der professionellen Kryptographie unterdrückt (er kommt im Deutschen noch häufiger als das /e/ vor).

Z_{256}	$= Z_2^8$	(Bytes; IBM um 1964)
Z_{32}	$= Z_2^5$	(*Francis Bacon* 1605, 1623, *Baudot* 1874)
Z_{10}	$= \{0, 1, 2, \ldots, 9\}$	(denär)
Z_6	$= \{\mathrm{A, D, F, G, V, X}\}$	(senär; zu diesen Buchstaben gehören die gut unterscheidbaren Morsezeichen ·– , –·· , ··–· , ––· , ···– , –··–)
Z_4	$= \{1, 2, 3, 4\}$	(quaternär; *Alberti* 1466, *Caramuel* 1670, *Weigel* 1673)
Z_3	$= \{1, 2, 3\}$	(ternär; *Trithemius* 1518)
Z_2	$= \{\mathbf{O}, \mathbf{L}\}$	(binär; *Francis Bacon* 1605, 1623, *Napier* 1617, *Harriot* vor 1621, *Caramuel* 1670, *Leibniz* 1679)

Abb. 19. Technische Zeichenvorräte

2.5.2 Die verwendeten Geheimtext-Zeichenvorräte sind meist durch technische Zwänge bestimmt; es werden dafür neben den obigen Alphabeten auch

[13] *Trithemius* (1518) verwendet /w/ als 24. Zeichen. In einer französischen Übersetzung von 1561 (*Gabriel de Collange*) ist das 'deutsche' /w/ wieder durch /&/ ersetzt (nach *Eyraud*).

andere (Abb. 19) benutzt[14], aber auch phantastische Zusammenstellungen, vor allem von Amateuren. Ein berühmtes Beispiel liefert *Edgar Allan Poe* in der Erzählung "The Gold-Bug" (siehe 15.10.1).

2.5.3 Fashionable ist die Verwendung von Pentagrammen im Geheimtext. Sie hat ihren Ursprung in den Tarifbestimmungen der Internationalen Telegraphen-Union, die seit 1875 die Wortlänge auf maximal 10 begrenzte (wobei Codes harten Einschränkungen unterlagen), 1904 aber auch die zulässige Codelänge auf 10 Buchstaben ausdehnte (*Whitelaw*: 20 000 aussprechbare Fünfergruppen, daraus 400 000 000 Codewörter) und später generell Fünfergruppen berechnete.

2.5.4 Der unberufene Entzifferer kennt von der Relation $\mathbf{X}: \; V^* \dashrightarrow W^*$ sowohl V wie $\mathbf{X}$ nicht. Aus $\mathbf{X}(V^*)$ kann er jedoch gelegentlich auf das verwendete Verfahren schließen (*Polybius* etc., s. 3.3.1).

2.5.5 Wenn, wie es häufig der Fall ist, Klartext- und Geheimtextzeichenvorrat zusammenfallen ($V \triangleq W$), ist es heute in theoretischen Abhandlungen weithin üblich, Klartext und Klartextzeichen mit Kleinbuchstaben, Geheimtext und Geheimtextzeichen mit Kapitälchen zu schreiben. Kursive Großbuchstaben stehen dann für sogenannte **Schlüssel** zur Verfügung.[15]

2.6. Schlüssel

Schlüssel dienen sowohl der Bildung einzelner Chiffrierschritte wie auch der Auswahl der Chiffrierschritte aus einem Chiffriersystem. Schlüssel erlauben, die Chiffrierung zu wechseln, nach bestimmten vorher verabredeten Regeln, etwa jeden Tag, oder nach jeder Nachricht.

2.6.1 Der anhaltende Gebrauch des selben Schlüssels kommt der Verwendung einer einelementigen Verfahrensklasse gleich; die professionelle Kryptographie arbeitet, abgesehen von Codierungen, kaum mit derartigen **festen Chiffriersystemen**. Der Gebrauch eines Codebuchs über Jahre hinweg im diplomatischen Verkehr ist ein solcher Fall — man kann allerdings die Diplomaten mancher Staaten kaum als professionelle Chiffrierer ansehen: diplomatische Codes wurden zuzeiten in Städten wie Wien in einem regen Untergrundmarkt gehandelt. Besonderen Ruf im Stehlen von Codebüchern genoß die Sowjetunion. Im Sommer 1936 entschlüsselte ein russischer Agent in Haarlem, Niederlande, mit Hilfe eines gestohlenen Codebuches Telegramme zwischen dem japanischen Militärattaché in Berlin und seiner Regierung in Tokyo. Zu Beginn des ersten Weltkrieges besaß vermutlich jede europäische Großmacht Kopien einer oder mehrerer der amerikanischen diplomatischen

---

[14] binär: biliteral, als zweielementiger Zeichenvorrat: *Bacon* 1605, 1623; dual mit expliziten Werten: $a \triangleq 1$, $b \triangleq 2$, $c \triangleq 4$, $d \triangleq 8$, usw.; $abfg \triangleq 99$: *Napier* 1617; dual mit Ziffern, als Stellenwertsystem: *Harriot* vor 1621.

[15] Auf *Alberti*'s Scheibe (Abb. 22a) ist es allerdings möglicherweise anders herum. Auch *Lange-Soudart* zeigt auf einem Schieber als Klartextzeichen Großbuchstaben, als Chiffren Kleinbuchstaben.

Codebücher. Und im August 1941 verschaffte *Loris Gherardi* dem italienischen *Servizio Informazione Militare* unbemerkt eine Kopie des BLACK Code, den US Militärattachés gebrauchten.

Hierher gehört noch die Geschichte von dem amerikanischen Botschafter in Rumänien — wie üblich ein abgehalfterter Politiker —, der sein Codebuch verloren hatte und den Verlust nicht melden wollte; er ließ immer einige Nachrichten zusammenkommen und fuhr dann in die Botschaft im benachbarten Wien, um dort die Arbeit zu verrichten. — Fazit: Auch Codebücher müssen regelmäßig, unter Umständen sogar monatlich, ausgewechselt werden.

Schlüssel, die der Verfahrensauswahl dienen, müssen gegenseitig verabredet sein. Für abgeschnittene Situationen ist der Schlüsselnachschub gefährdet, erschwert oder gar unmöglich. In solchen Fällen greift man oft auf unverfängliches Buchstaben- oder Zahlenmaterial zurück, wie bekannte Romane oder statistische Berichte, Telefonbücher etc. — von *Hašek*'s „Bravem Soldaten Schwejk" bis zum Statistischen Jahrbuch für das Deutsche Reich 1935 wurde schon alles verwendet. Aber auch dieses System ist verwundbar — wird die Schlüsselquelle preisgegeben, öffnet sich ein ganzer Strom von Nachrichten auf einen Schlag.

Die Mächtigkeit einer Verfahrensklasse wird bestimmt durch die Anzahl der verfügbaren Schlüssel. Die Technik der Schlüssel ist individuell; sie wird bei den einzelnen Verfahrensklassen besprochen werden.

2.6.2 Anknüpfend an 2.3 , sei $\mathbf{X}$ eine endlich erzeugte Chiffrierung,

$$\mathbf{X} = [\,\chi_{s_1}\,,\,\chi_{s_2}\,,\,\chi_{s_3}\,,\,\cdots\,]\,, \qquad \text{wobei} \qquad \chi_{s_j} : p_j \mapsto c_j\ .$$

$(p_1, p_2, p_3, \ldots)$, wo $p_j \in V^n$, bezeichnet dabei die Klartext-Zeichenfolge, $(c_1, c_2, c_3, \ldots)$, wo $c_j \in W^m$, die zugehörige Geheimtext-Zeichenfolge.

k_j sei ein Schlüssel, der χ_{s_j} bezeichnet. Dann schreiben wir in Funktionsschreibweise bzw. in Operatorschreibweise mit S_j die **Chiffriergleichung**

$$c_j = \chi_{s_j}(p_j) \qquad \text{oder} \qquad c_j = \mathbf{X}(p_j, k_j) \qquad \text{oder} \qquad c_j = p_j\ S_j \quad .$$

Beachte, daß χ_i den i-ten Chiffrierschritt aus der Abzählung der Chiffrierschritte bezeichnet, während χ_{s_j} derjenige Chiffrierschritt ist, der im j-ten Schritt der Durchführung der Chiffrierung zur Anwendung kommt.

Ist, wie üblich, χ_{s_j} injektiv, so existiert eine Umkehrung $\chi_{s_j}^{-1}$, für die gilt

$$p_j = \chi_{s_j}^{-1}(c_j) \qquad \text{oder} \qquad p_j = \mathbf{Y}(c_j, k_j) \qquad \text{oder} \qquad p_j = c_j\ S_j^{-1} \quad .$$

Es ist also $\chi_{s_j}^{-1}(\chi_{s_j}(p_j)) = p_j$ und damit auch

$$\chi_{s_j}(\chi_{s_j}^{-1}(\chi_{s_j}(p_j))) = \chi_{s_j}(p_j)\ .$$

Ist χ_{s_j} auch surjektiv, so gilt sogar für *alle* $c_j \in W^m$

$$\chi_{s_j}(\chi_{s_j}^{-1}(c_j)) = c_j\ .$$

Beim wechselseitigen Verkehr zweier Partner A, B kann dann der eine eine Folge von χ_{s_j} als Chiffrier- *und* Dechiffrierschritte, der andere eine korrespondierende Folge von $\chi_{s_j}^{-1}$ als Dechiffrier- *und* Chiffrierschritte verwenden.

3 Chiffrierschritte: Einfache Substitution

Unter den Chiffrierschritten betrachtet man vornehmlich die beiden großen Klassen Substitution und Transposition. Beide sind nur Spezialfälle der allgemeinen Chiffrierung $V^{(n)} \dashrightarrow W^{(m)}$. Wir werden zunächst verschiedene Arten der Substitution betrachten und uns erst im 6. Kapitel der Transposition zuwenden.

Für eine **einfache Substitution** (engl., frz. *substitution*, deutsch auch ‚Tauschverfahren' oder ‚Ersatzverfahren') sind alle Chiffrierschritte $\chi_i \in M$ monographisch, d.h. von der Gestalt

$$\chi_i : V^{(1)} \dashrightarrow W^{(m_i)} .$$

Aus M wird im monoalphabetischen Fall ein beliebiges χ_s ausgewählt und mit der Chiffrierung $X = [\chi_s , \chi_s , \chi_s , \ldots]$ gearbeitet. Es genügt dann also, M einelementig zu nehmen.

Wir behandeln zuerst den Fall $m_i = 1$ für alle i.

Abb. 20. Chiffrierscheibe von *Porta*, um 1560.
Aus: [KAHN], p. 141

3.1 Spezialfall $V^{(1)} \dashrightarrow W^{(1)}$.

Im Falle $V^{(1)} \dashrightarrow W^{(1)}$ handelt es sich um eine **monopartite einfache Substitution**, auch **einfache Substitution** schlechthin genannt.

3.1.1 $V \longrightarrow W$, heterogene Chiffrierung ohne Homophone und ohne Blender.

Dieser Fall ist uralt. Für W wird gern ein Alphabet seltsam geformter, unüblicher Zeichen verwendet: In Thailand, Persien, im koptischen Äthiopien und anderswo. Solche Zeichen verwendet *Giovanni Battista Porta* auf seiner Chiffrierscheibe (Abb. 20, vgl. auch Abb. 24). Auch *Karl der Große* soll solche Zeichen benutzt haben (Abb. 21).

Die Freimaurerchiffre fällt hierunter, in ihrer modernen Form lautet sie

a b c d e f g h i j k l m n o p q r s t u v w x y z

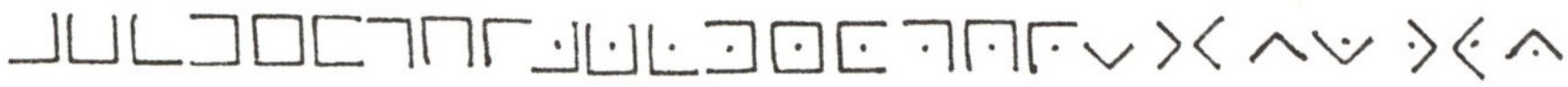

Sie kann memoriert werden durch die Schemata

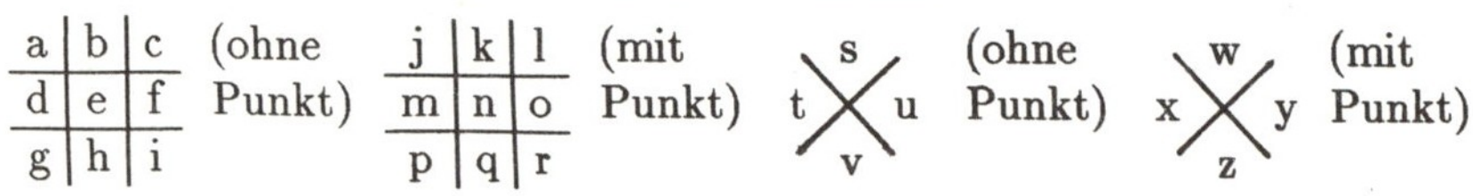

Noch 1728 wurde am Zarenhof (neben Nomenklatoren) eine heterogene Substitution $V \longrightarrow W$ verwendet.

Literarisch berühmt wurde dieser Fall durch *Edgar Allan Poes* Erzählung "The Gold-Bug" (siehe 15.10.1).

Hierunter fällt auch die Kaufmanns-Chiffre für Preisauszeichnung und Datumsverschlüsselung, eine Abbildung $Z_{10} \longrightarrow Z_{26}$, die ebenfalls durch ein Schlüsselwort erzeugt wird; etwa

1 2 3 4 5 6 7 8 9 0
M I L C H P R O B E ,

ein Schlüsselwort, das zur Kennzeichnung des Verpackungsdatums von Butter über Jahre hinweg gebraucht wurde.

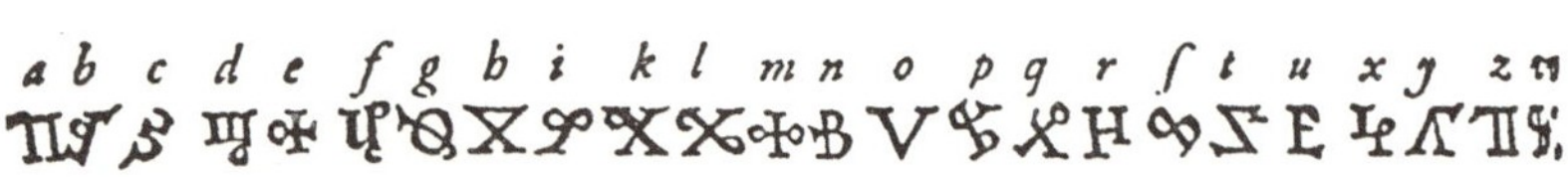

Abb. 21. Geheimzeichen *Karls des Großen*. Aus: [SMITH], p. 18

3.1.2 $V^{(1)} \dashrightarrow W$, Chiffrierung mit Homophonen und Blendern.

Homophone finden sich schon in arabischen Quellen, etwa bei *Qalqashandi* 1412 und in einer Chiffrierung, die der Herzog von *Mantua* 1401 für einen Briefwechsel mit *Simeone de Crema* benutzte. Die Vokale — bezeichnenderweise also die häufiger vorkommenden Zeichen — besaßen Homophone, ein erstes Anzeichen von Überlegungen zur Nivellierung der Häufigkeiten. Dazu wurde W durch Ziffern erweitert. Die Einführung von Homophonen legt praktisch die Einführung von Blendern nahe: Sonst erkennt man zu leicht Homophone am umgebenden gleichbleibenden Wortmuster häufiger Worte.

3.2 Spezialfall $V \longleftrightarrow V$.

Im injektiven Falle $V \longleftrightarrow W$ der Beispiele in 3.1.1 spricht man von einem **umgeordneten Alphabet** W (engl. *mixed alphabet*, frz. *alphabet désordonné*), das einem ‚Klartextalphabet' V von N Zeichen **gegenübersteht**.

Eine neue Situation liegt vor im homogenen Fall $V \equiv W$. Die spezielle eineindeutige Abbildung $V \longleftrightarrow V$ heißt dann **Permutation** von V.

Zur Definition einer Substitution genügt es, die Paarungen von Klartextzeichen und Geheimtextzeichen irgendwie aufzulisten, etwa für $V \equiv W = Z_{26}$ (für die Verwendung von Kleinbuchstaben und Kapitälchen vgl. 2.5.5):

u	d	c	b	m	a	v	g	k	s	t	n	w	z	e	i	h	f	q	l	j	r	o	p	x	y
H	E	W	A	S	R	I	G	T	O	U	D	C	L	N	M	F	Y	V	B	P	K	J	Q	Z	X

Für den Chiffrierer ist es natürlich bequemer, die Klartextzeichen in einer geläufigen Weise geordnet zu haben, wie es in einem **Alphabet** geschieht:

a	b	c	d	e	f	g	h	i	j	k	l	m	n	o	p	q	r	s	t	u	v	w	x	y	z
R	A	W	E	N	Y	G	F	M	P	T	B	S	D	J	Q	V	K	O	U	H	I	C	Z	X	L

In der Mathematik ist diese ‚Substitutionsschreibweise' üblich. Für den Dechiffrierer ist es aber besser, die Geheimtextzeichen nach einem Alphabet anzuordnen:

A	B	C	D	E	F	G	H	I	J	K	L	M	N	O	P	Q	R	S	T	U	V	W	X	Y	Z
b	l	w	n	d	h	g	u	v	o	r	z	i	e	s	j	p	a	m	k	t	q	c	y	f	x

Für Permutationen ist in der Mathematik neben der Substitutionsschreibweise auch die ‚Zyklenschreibweise' gebräuchlich

(a r k t u h f y x h l b) (c w) (d e n) (g) (i m s o j p q v) ,

bei der die unterschiedliche Schreibung mit Kleinbuchstaben und Kapitälchen aufgegeben werden muß. Für den Chiffrierschritt geht man in dem Zyklus, in dem man den Klartextbuchstaben gefunden hat, zum (zyklisch) nachfolgenden Buchstaben, für den Dechiffrierschritt zum vorausgehenden. Einerzyklen werden oft nicht notiert — wir werden dem nicht folgen.

3.2.1 Die ältesten Quellen (wenn man von Ägypten absieht — wir werden unter ‚Code' darauf zurückkommen) zeigen eine **echt involutorische** [1] Abbildung von V in sich, und zwar in Indien: im *Kāma-sūtra* des *Vātsāyana* wird Geheimschrift als eine der 64 Künste erwähnt, als *Mūladevīya* wird bezeichnet die Vorschrift (die übrigen Buchstaben bleiben invariant)

$V \overset{2}{\longleftrightarrow} V$: ↕

a	kh	gh	c	t	ñ	n	r	l	y
k	g	n	ṭ	p	ṇ	m	ṣ	s	ś

[1] Im engl. oft *reciprocal*, frz. *réciproque* genannt.

Im hebräischen Alten Testament wurde eine Substitution verwendet (‚Atbasch'), die im lateinischen Alphabet ($V = Z_{20}$) so lauten würde[2]

$$V \overset{2}{\longleftrightarrow} V : \updownarrow \begin{matrix} a\ b\ c\ d\ e\ f\ g\ h\ i\ l \\ z\ v\ t\ s\ r\ q\ p\ o\ n\ m \end{matrix}$$

Naheliegend ist auch eine involutorische Abbildung wie die von den Gebrüdern *Argenti* 1589 gebrauchte ($V = Z_{20}$)

$$V \overset{2}{\longleftrightarrow} V : \updownarrow \begin{matrix} a\ b\ c\ d\ e\ f\ g\ h\ i\ l \\ m\ n\ o\ p\ q\ r\ s\ t\ v\ z \end{matrix}$$

oder (*Porta* 1563, s. Abb. 40, mit $V = Z_{22}$)

$$V \overset{2}{\longleftrightarrow} V : \updownarrow \begin{matrix} a\ b\ c\ d\ e\ f\ g\ h\ i\ l\ m \\ n\ o\ p\ q\ r\ s\ t\ v\ x\ y\ z \end{matrix}$$

Den allgemeinen Fall zeigt das mit einem Merkwort gebildete ($V = Z_{26}$)

$$V \overset{2}{\longleftrightarrow} V : \updownarrow \begin{matrix} a\ n\ g\ e\ r\ s\ b\ c\ d\ f\ h\ i\ j \\ z\ y\ x\ w\ v\ u\ t\ q\ p\ o\ m\ l\ k \end{matrix}$$

Der Vorteil involutorischer Abbildungen liegt generell in der kompakten Schreibweise und dem von manchen Leuten für wichtig gehaltenen Umstand, daß Chiffrierschritt und Dechiffrierschritt identisch sind.

In der Zyklenschreibweise der Permutationen würden wir die letzten vier Beispiele schreiben (mit alphabetisch geordneten Zyklenanfängen)

(a,z) (b,v) (c,t) (d,s) (e,r) (f,q) (g,p) (h,o) (i,n) (l,m)

(a,m) (b,n) (c,o) (d,p) (e,q) (f,r) (g,s) (h,t) (i,v) (l,z)

(a,n) (b,o) (c,p) (d,q) (e,r) (f,s) (g,t) (h,v) (i,x) (l,y) (m,z)

(a,z) (b,t) (c,q) (d,p) (e,w) (f,o) (g,x) (h,m) (i,l) (j,k) (n,y) (r,v) (s,u)

Echte Involutionen haben lauter Zweierzyklen. Gegen sie gibt es besondere Angriffsmöglichkeiten (s. 14.1) . Diese entfallen, wenn einige der Zyklen einer involutorischen Permutation sogar einelementig sind:

(a,z) (b) (c,q) (d,e) (f) (g,x) (h,m) (i,l) (j,k) (n) (o) (p,w) (r,v) (s,u) (t) (y)

Echte Involutionen verlangen, daß $N = 2\nu$ gerade ist. Die Anzahl aller echten Involutionen ist dann

$$(N-1)!! = (N-1)\cdot(N-3)\cdot \ \ldots \ \cdot 5\cdot 3\cdot 1 = \frac{(2\nu)!}{\nu!2^\nu} \approx \frac{\sqrt{2\nu!}}{\sqrt[4]{\pi\cdot(\nu+\frac{1}{4})}} ;$$

(mit einem relativen Fehler $< 10^{-3}$ für $\nu \geq 3$) .

Grob gerechnet, beträgt die Anzahl $(N!)^{\frac{1}{2}}$, wobei $(N-1)!! < (N!)^{\frac{1}{2}}$

3.2.2 Eine kompakte Notation erlaubt auch die **einfache zyklische Permutation**, die von der Ordnung N ist:

---

[2] Revertiertes Alphabet. Im engl. oft *inverse alphabet*, frz. *alphabet inversé* genannt. Für den Fall der Involution $V \overset{2}{\longleftrightarrow} V : \updownarrow \begin{matrix} a\ b\ c\ d\ e\ f\ g\ h\ i\ l\ m \\ a\ z\ v\ t\ s\ r\ q\ p\ o\ n\ m \end{matrix}$ spricht *Eyraud* dagegen von einem komplementären (Standard-) Alphabet (frz. *alphabet complémentaire*) (siehe 5.5). Es handelt sich aber um keine echte Involution: a und m gehen in sich über.

etwa mit $N = 20$ der **Zyklus des Standard-Alphabets**

$V \overset{N}{\longleftrightarrow} V$: (a b c d ... t v x)

oder dessen dritte Potenz[3]

$V \overset{N}{\longleftrightarrow} V$: (a d g l o r v b e h m p s x c f i n q t) ;

in Substitutionsschreibweise[4]

a b c d ... t v x
B C D E V X A bzw.

a b c d ... t v x
D E F G ... A B C .

Letzteren Chiffrierschritt hat *Julius Caesar* (nach *Suetonius*) benutzt, im Alphabet drei Buchstaben weiterzählend. Sein Nachfolger *Augustus, Caesar* in mancher Hinsicht unterlegen, benutzte die erstere Substitution (vielleicht konnte er nicht bis drei zählen; nach *Suetonius* ersetzte er auch x durch AA). Jede Potenz des Zyklus des Standard-Alphabets liefert ein CAESAR-Alphabet. Wir werden darauf in 7.3.1 (CAESAR-Addition[5]) zurückkommen.

Natürlich genügt ein Ring oder ein zum Ring geschlossener Streifen zur Darstellung eines einfachen Zyklus, etwa $(V = Z_{25}^{ju})$ für den Zyklus

$V \overset{N}{\longleftrightarrow} V$: (e v i t z l s c o u r a n d b f g h j k m p q x y)

Solche Darstellungen benutzten *Jefferson* (um 1795) und (Abb. 16, Abb. 18) *Bazeries* (um 1891). Die q-te Potenz erhält man durch Weiterzählen im Zyklus um jeweils q Zeichen.

3.2.3 Der allgemeinste Fall eines permutierten Alphabets (engl. *mixed alphabet*, frz. *alphabet désordonné*) wird normalerweise in Substitutionsschreibweise notiert:

$V \longleftrightarrow V$:
a b c d e f g h i j k l m n o p q r s t u v w x y z
S E C U R I T Y A B D F G H J K L M N O P Q V W X Z

Zyklenschreibweise ergibt

$V \longleftrightarrow V$: (a s n h y x w v q l f i) (b e r m g t o j) (c) (d u p k) (z) ,

einen Zwölfer-, einen Achter-, einen Viererzyklus nebst zwei Einerzyklen.

---

[3] Die zweite Potenz ist jedoch nur von der Ordnung 10 , und die zehnte Potenz ist nur noch von der Ordnung 2 : es ist eine der oben betrachteten involutorischen Abbildungen. Die (N-1)-te Potenz ist invers zur 1. Potenz und liefert den Dechiffrierschritt.

[4] Man spricht hier — sich auf die zweite Zeile des Substitutionsausdrucks beziehend — auch von Standardalphabeten (engl. *standard alphabet*, frz. *alphabet normalement ordonné*) und entsprechend von einer Standardalphabet-Chiffrierung (engl. *standard alphabet cipher*).

[5] Eine monoalphabetische Substitution mit einem CAESAR-Chiffrierschritt wurde 1915 in der russischen Armee eingeführt, nachdem sich herausgestellt hatte, daß man den Stäben etwas Komplizierteres nicht zumuten konnte. Für den Preußen *Ludwig Deubner* und den Österreicher *Hermann Pokorny* war das ein gefundenes Fressen bzw. ein gmahtes Wiesl.

Weitere permutierte Alphabete bekommt man durch zyklische V e r s c h i e b u n g einer der beiden Zeilen in der Substitutionsschreibweise (**verschobenes permutiertes Alphabet**, frz. *alphabet désordonné parallèle*)

$$V \longleftrightarrow V : \quad \begin{array}{cccccccccccccccccccccccccc} a & b & c & d & e & f & g & h & i & j & k & l & m & n & o & p & q & r & s & t & u & v & w & x & y & z \\ E & C & U & R & I & T & Y & A & B & D & F & G & H & J & K & L & M & N & O & P & Q & V & W & X & Z & S \end{array}$$

$$V \longleftrightarrow V : \quad \begin{array}{cccccccccccccccccccccccccc} a & b & c & d & e & f & g & h & i & j & k & l & m & n & o & p & q & r & s & t & u & v & w & x & y & z \\ C & U & R & I & T & Y & A & B & D & F & G & H & J & K & L & M & N & O & P & Q & V & W & X & Z & S & E \end{array}$$

in Zyklenschreibweise

(a e i b c u q m h) (d r n j) (f t p l g y z s o k) (v) (w) (x)

(a c r o l h b u v w x z e t q n k g) (f y s p m j) (d i) .

Durch P o t e n z i e r u n g erhält man die **potenzierten permutierten Alphabete**, etwa aus der Substitution SECURITY... von oben mit einer zweiten Potenz

(a n y w q f) (b r g o) (c) (d p) (e m t j) (h x v l i s) (k u) (z) ,

in Substitutionsschreibweise

$$V \longleftrightarrow V : \quad \begin{array}{cccccccccccccccccccccccccc} a & b & c & d & e & f & g & h & i & j & k & l & m & n & o & p & q & r & s & t & u & v & w & x & y & z \\ N & R & C & P & M & A & O & X & S & E & U & I & T & Y & B & D & F & G & H & J & K & L & Q & V & W & Z \end{array}$$

Potenzierung einerseits, Verschiebung andererseits liefern i.a. nicht das gleiche; es handelt sich um zwei grundverschiedene Verfahren zur Erzielung einer **Familie** von bis zu N **begleitenden Alphabeten** (s. 7.1, 7.2).

3.2.4 Die obigen Beispiele lassen bereits die Konstruktion der einfachen Substitution $V \longleftrightarrow V$ mittels eines „Schlüssels" erkennen: eine klassische Methode benutzt memorierbare **Kennworte** oder **Kennsätze** (‚Merkwort', engl. *mnemonic key*, auch ‚Losung', engl. *password*), schreibt deren Buchstaben ohne Wiederholung an und fügt sodann die noch nicht verwendeten Buchstaben in Alphabetreihenfolge an. Für den Fall der so definierten Substitution geht die Methode auf die Gebrüder *Argenti*, um 1580, zurück. Sie gehört bis heute zum kryptologischen Standard.[6] So verwundert es nicht, daß *Bazeries* sie auch für die Gewinnung von Zyklen benutzte. Sein Kennsatz für den oben erwähnten Zyklus lautete «évitez les courants d'air», „vermeidet Zugluft".

Diese Konstruktion ist aber anfällig. Zu leicht kann ein fehlender Teil des Kennworts erraten werden (immerhin treffen die häufigen Vokale e und a immer auf einen Kennwort-Buchstaben, wenn das Kennwort wenigstens die Länge 5 hat). Zumindest sollte das Kennwort keine ‚Auffüllung' erfordern. Raffiniertere Methoden benutzen eine Umstellung der Sequenz, beispielsweise indem diese erst zeilenweise geschrieben und dann spaltenweise abgelesen wird[7] (Verfahren von *Wheatstone*, 1854).

---

[6] Läßt man Wiederholungen zu, so kommt man zu Polyphonen, etwa (vgl. 2.4)

$$\begin{array}{ccccccccccccccccccccccccc} a & b & c & d & e & f & g & h & i & j & l & m & n & o & p & q & r & s & t & u & v & x & y & z \\ L & E & G & O & U & V & E & R & N & E & M & E & N & T & P & R & O & V & I & S & O & I & R & E \end{array} .$$

und verkürzt den Geheimtextzeichenvorrat (hier auf 14 Zeichen).

[7] Solch eine Transposition als ein Chiffrierverfahren zur Gewinnung des Geheimalphabetes aus dem Kennwort wird methodisch in 6.2 behandelt werden.

S	E	C	U	R	I	T	Y
A	B	D	F	G	H	J	K
L	M	N	O	P	Q	V	W
X	Z						

a	e	i	l	o	r	u	x
b	f	j	m	p	s	v	y
c	g	k	n	q	t	w	z
d	h						

Damit ergibt sich das Alphabet

a b c d e f g h i j k l m n o p q r s t u v w x y z
S A L X E B M Z C D N U F O R G P I H Q T J V Y K W

bzw. in Zyklenschreibweise

(a s h z w v j d x y k n o r i c l u t q p g m f b) (e)

mit dem Einerzyklus (e).

Ein weiteres Verfahren füllt auch noch die Spalten der Klartextseite in der Alphabetordnung der Buchstaben des Kennworts, also in der Reihenfolge

3. 2. 6. 5. 1. 7. 4. 8.

mit dem Ergebnis

a b c d e f g h i j k l m n o p q r s t u v w x y z
C D N E B M Z I H Q R G P S A L X T J V U F O Y K W

bzw. in Zyklenschreibweise

(a c n s j q x y k r t v f m p l g z w o) (b d e) (h i) (u).

3.2.5 Nachfolgende Tabelle gibt für $N = 10$ und für $N = 26$ einen Überblick über die Anzahl der verfügbaren Alphabete

Anzahl	Formel	für $N = 26$	für $N = 10$
alle Permutationen	$N\,!$	$4.03 \cdot 10^{26}$	3628800
einfach zyklische Permutationen	$(N-1)\,!$	$1.55 \cdot 10^{25}$	362880
involutorische Permutationen	$\approx (N\,!)^{\frac{1}{2}}$	$7.91 \cdot 10^{12}$	945
Permutationen gewonnen aus ‚sinnvollen' Kennwörtern		$10^4 \dots 10^6$	

3.2.6 Zur Mechanisierung einer Substitution kann man die feste Gegenüberstellung der Klartext- und der Geheimtextzeichen, wie sie sich in der Substitutionsschreibweise findet, auch auf einem Streifen (engl. *strip*) oder einer Walze (engl. *cylinder*) unterbringen und durch zwei Fenster die beiden jeweils zusammengehörigen Zeichen sichtbar werden lassen. Diese Fenster können auch so angeordnet werden, daß der Meister nur das Klartextfenster, der Schreiber nur das Geheimtextfenster sieht und damit den Sinn der Nachricht nicht versteht (vgl. 7.4.2, Maschine von *Gripenstierna*, Abb. 41).

Eine Auswahl aus N begleitenden verschobenen Alphabeten erhält man, wenn man etwa das Geheimtextfenster verschiebbar macht. Eine andere

Möglichkeit besteht darin, Klar- und Geheimalphabet gegeneinander verschiebbar zu machen durch Verwendung zweier Streifen (**Schieber**) oder zweier gegeneinander verdrehbarer Scheiben (**Drehscheibe**). Schieber erfordern, daß eines der Alphabete wiederholt wird.

Drehscheiben (engl. *cipher disk*, frz. *cadran*) als mechanische Hilfsmittel für die allgemeine Substitution mit verschobenen Alphabeten wurden schon 1466 von *Leon Battista Alberti* beschrieben[8] (s. Abb. 22). **Schieber** (engl. *cipher slide*, frz. *reglette*) wurden schon im elisabethanischen England, um 1600, verwendet. Im 19. Jahrhundert wurden sie St.Cyr-Schieber genannt, nach der französischen Kriegsschule, auf der ihre Verwendung gelehrt wurde. Dem selben Zweck dienen **Chiffrierstäbchen** (frz. *bâtons*, engl. *rods*).

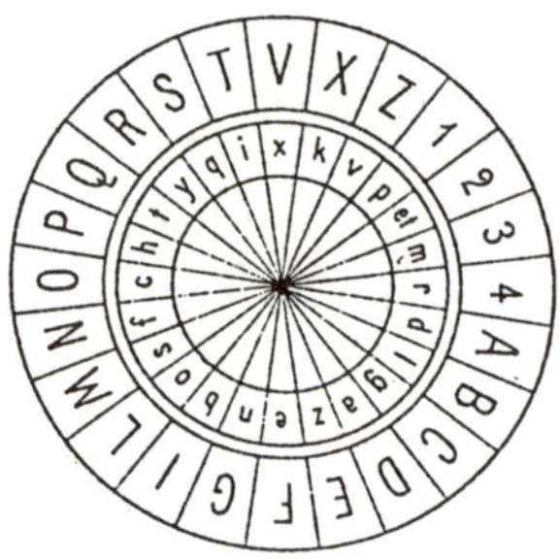

Abb. 22 a. Chiffrierscheibe von *Leon Battista Alberti*.
Aus: [KAHN], p. 128

Abb. 22 b. Chiffrierschieber

Zur Mechanisierung einer zyklischen Permutation kann man auch von der Zyklenschreibweise ausgehen. Man bringt den Zyklus auf einem Streifen unter (das erste Zeichen muß wiederholt werden) oder auf einer Walze und sieht zwei unmittelbar benachbarte Fenster für das Ablesen der Klar- und der Geheimtextzeichen vor.

Eine Auswahl aus N begleitenden **potenzierten** Alphabeten erhält man wieder, wenn man etwa das Geheimtextfenster verschiebbar macht. Im Falle des Streifens muß eines der Alphabete wiederholt werden. Scheiben als mechanische Hilfsmittel für die zyklische Permutation mit potenzierten Alphabeten wurden von *Jefferson* zwischen 1790 und 1800 erfunden, wieder erfunden von *Bazeries* 1891 (vgl. 7.4.3, *Bazeries*' Zylinder).

[8] Bei *Alberti* sind möglicherweise, abweichend vom modernen Gebrauch, Großbuchstaben Klartext, Kleinbuchstaben Geheimtext. et steht vermutlich für das Zeichen & . Die Anfangseinstellung der Scheibe erfolgt durch Gegenüberstellung eines Schlüsselbuchstabens, etwa D , zu einem festen Buchstaben, etwa a .

3.3 Fall $V^{(1)} \dashrightarrow W^m$, $m > 1$

3.3.1 $m = 2$, bipartite einfache Substitution $V^{(1)} \dashrightarrow W^2$.

Mit $|W| = 5$ liegt hier ebenfalls ein uraltes Verfahren vor, das schon *Polybius* gekannt haben soll. In moderner Fassung wird Z_{25} in ein 5×5-Quadrat eingeschrieben:[9]

	1	2	3	4	5
1	a	b	c	d	e
2	f	g	h	i	k
3	l	m	n	o	p
4	q	r	s	t	u
5	v	w	x	y	z

oder

	1	2	3	4	5
1	a	f	l	q	v
2	b	g	m	r	w
3	c	h	n	s	x
4	d	i	o	t	y
5	e	k	p	u	z

Diese spezielle Chiffrierung $Z_{25} \longrightarrow Z_5 \times Z_5$ hat sich als internationaler Klopf-Code bis heute in Haftanstalten gehalten. Die normale Übertragungsgeschwindigkeit beträgt 10 - 15 Worte pro Minute. Im Zarenreich wurde ein solcher Klopf-Code (mit einem 6×6-Quadrat) verwendet und gelangte mit russischen Anarchisten nach Westeuropa (‚Anarchistenchiffre'), wurde auch steganographisch benutzt, vgl. 1.1. Über den heutigen Gebrauch berichtet *Alexander Solschenizyn* in ‚Der Archipel GULAG' .

Im allgemeinen arbeitet man mit einem Kennwort, das zeilenweise ins Quadrat eingeschrieben wird und ergänzt dieses dann. Der *Graf Mirabeau*, ein französischer Revolutionär des 18. Jahrhunderts, verwendete dieses Verfahren schon — er schloß allerdings ein tomographisches Verfahren (siehe 9.5.1) an und nahm 6 7 8 9 0 als Blender hinzu.

Mit $|W| = 6$ und Quadraten wie

	A	D	F	G	V	X
A	c	o	8	x	f	4
D	m	k	3	a	z	9
F	n	w	l	0	j	d
G	5	s	i	y	h	u
V	p	1	v	b	6	r
X	e	q	7	t	2	g

arbeitete ein System, das unter *Ludendorff* 1918 an der Westfront im Funkverkehr eingesetzt wurde (für das Geheimalphabet Z_6 siehe 2.5).

Auch rechteckige Anordnungen werden benutzt. So findet man schon bei *Giovanni Battista Argenti* um 1580 das Schema mit $W = Z_{10}$

	0	1	2	3	4	5	6	7	8	9
1	p	i	e	t	r	o	a	b	c	d
2	f	g	h	l	m	n	q	s	u	z

[9] Nach der Vorschrift rechts ergibt sich für das Textsemagramm
33515141234333514512432411343411343442331144424333
von 1.1, Abb. 3 der Klartext
need money for assassination .

und damit die erste Verwendung eines Kennwort überhaupt. Auch Homophone können so leicht eingeführt werden:

	1	2	3	4	5	6	7	8	9
9, 6, 3	a	b	c	d	e	f	g	h	i
8, 5, 2	j	k	l	m	n	o	p	q	r
7, 4, 1	s	t	u	v	w	x	y	z	

Besser ist es, bei den Homophonen auf die Häufigkeit zu achten. Mit einer Häufigkeitsreihenfolge des Englischen e t a o n i r s h (zusammen etwa 70 %) ergibt sich

	1	2	3	4	5	6	7	8	9	
4,5,6,7,8,9	e	t	a	o	n	i	r	s	h	71.09 %
2,3	b	c	d	f	g	j	k	l	m	19.46 %
1	p	q	u	v	w	x	y	z		9.45 %

In den beiden letzten Beispielen kann 0 als Blender dienen.[10] Eine andere Methode benutzt ein 4-buchstabiges Kennwort und setzt damit den Beginn der Zyklen (00..24), (25..49), (50..74), (75..99) fest (mit $V = Z_{25}$) für eine homophonische Chiffre, etwa mit dem Kennwort *KILO* :

	a	b	c	d	e	f	g	h	i	k	l	m	n	o	p	q	r	s	t	u	v	w	x	y	z
K	16	17	18	19	20	21	22	23	24	00	01	02	03	04	05	06	07	08	09	10	11	12	13	14	15
I	42	43	44	45	46	47	48	49	25	26	27	28	29	30	31	32	33	34	35	36	37	38	39	40	41
L	65	66	67	68	69	70	71	72	73	74	50	51	52	53	54	55	56	57	58	59	60	61	62	63	64
O	87	88	89	90	91	92	93	94	95	96	97	98	99	75	76	77	78	79	80	81	82	83	84	85	86

Eine nicht homophonische bipartite Chiffre über Z_{10} benutzte schon 1786 der schwedische Baron *Fridric Gripenstierna* — möglicherweise auf *Christopher Polheim* zurückgehend. Eine spaßige Form einer bipartiten Chiffre mit Homophonen wurde zwischen Brig. Gen. *Leslie R. Groves* und Lt. Col. *Peer da Silva* in Los Alamos verabredet (Abb. 23), um bei Telefongesprächen besondere Namen und Bezeichnungen geheimhalten zu können. Das raffinierte daran ist, daß man die Buchstaben suchen muß und damit Homophone womöglich mehr zufällig auswählt als sonst, wo die Chiffrierer meist voreingenommen (engl. *biased*) vorgehen.

3.3.2 $m = 3$, tripartite einfache Substitution $V^{(1)} \dashrightarrow W^3$

Mit $|W| = 3$ schlägt schon *Trithemius* in der *Polygraphiae* von 1518 eine solche Abbildung vor, $W = \{1, 2, 3\}$, $|W^3| = 27$. Die **Ternärchiffrierung** wird selten verwandt.

3.3.3 $m = 5$, quinpartite einfache Substitution $V^{(1)} \dashrightarrow W^5$

Mit $|W| = 2$ wird quinpartite Substitution schon von *Francis Bacon* zu steganographischen Zwecken (vgl. S. 4) verwendet. Die **Binärchiffrierung** ($|W^5| = 32$) findet ihre Wiederauferstehung in der Chiffriermaschine von *Vernam* 1918 (s. 8.3.2) und im Siemens-Geheimschreiber (s. 9.1.2).

[10] Null, ursprünglich *nulla ziffra*, wird immer noch nicht überall ernst genommen.

	1	2	3	4	5	6	7	8	9	0
1	I_8	P	I		O	U	O		P	N
2	W	E	U	T	E	K_6		L	O	
3	E	U	G	N	B_4	T	N		S	T
4	T	A	Z_2	M	D		I	O	E	
5	S_9	V	T	J		E		Y		H
6	N_7	A	O	L	N	S	U	G	O	E
7		C	B	A	F	R	S_5		I	R
8	I	C	W	Y_3	R	U	A	M		№
9	M	V	T		H_0	P	D	I	X	Q
0	L	S	R_1	E	T	D	E	A	H	E

Abb. 23. Bipartite Chiffre, in Los Alamos 1944 bei Telefongesprächen verwendet. Aus: [KAHN], p. 546

3.3.4 $m = 8$, octopartite einfache Substitution $V^{(1)} \dashrightarrow W^8$

Mit $|W| = 2$ (binärer EBCDIC-Code oder ASCII-Code mit Sicherungsbit) in den modernen Rechenanlagen verwendet.

3.4 Der allgemeine Fall $V^{(1)} \dashrightarrow W^{(m)}$, Spreizen

Der allgemeine Fall $V^{(1)} \dashrightarrow W^{(m)}$ lädt geradezu zur Verwendung von Blendern und Homophonen ein.

Simeone di Crema in Mantua (1401) benutzte (mit $m = 1$) lediglich Homophone. Mit $m = 2$ wird dann neben Homophonen und Blendern noch ein wichtiger Gedanke ins Spiel gebracht: Das ‚Spreizen' des Alphabets (engl. *straddling*), die Abbildung von V in $W^1 \cup W^2$. Auf *Matteo Argenti* geht eine nach 1590 am päpstlichen Hof verwendete Chiffre zurück, die Homophone, Blender und Spreizen zeigt. Für ein um die Worte et con non che erweitertes Alphabet Z_{24} gibt er (mit Blendern 5, 7) $Z_{24}^{(1)} \dashrightarrow Z_{10}^1 \cup Z_{10}^2$ an als

a	b	c	d	e	f	g	h	i	l	m	n	o
1	86	02	20	62	22	06	60	3	24	26	84	9
				82								

p	q	r	s	t	v	z	et	con	non	che	∅
66	68	28	42	80	04	88	08	64	00	44	5
				40							7

Gespreizte Chiffrierung unterliegt der Einschränkung, daß die dadurch induzierte Chiffrierung injektiv ausfallen muß — dies bedeutet, daß die **Fuge**

AA	BA	CA	DA	...
AB	BB	CB	DB	...
AC	BC	CC	DC	...
AD	BD	CD	DD	...
⋮	⋮	⋮	⋮	

nicht geeignet: es ergibt sich eine monographische 2-alphabetische Chiffrierung (siehe polyalphabetische Chiffrierung, 8.2) mit anschließender paarweiser Buchstabenvertauschung (siehe Transposition, 6.2).

Nachfolgende Tabelle gibt für $N = 26$ einen Überblick über die Anzahl der verfügbaren Matrizes[3]

Anzahl	Formel	für $N = 26$	für $N = 10$
alle Matrizes	$(N^2)\,!$	$1.88 \cdot 10^{1621}$	$9.33 \cdot 10^{157}$
Matrizes für Involutionen	$\approx (N^2\,!)^{\frac{1}{2}}$	$7.60 \cdot 10^{809}$	$2.72 \cdot 10^{78}$

Ein klassisches Beispiel zeigt Abb. 25, eine $V^2 \longleftrightarrow V^2$ zur Verschlüsselung von Rufzeichen des Funknetzes des RSHA in Norwegen. Zehn solcher Tabellen wurden im Amt VI *(Schellenberg)*, der kryptologischen Abteilung *Himmlers*, erstellt, möglicherweise von *Figl*.[4]

Figl, ein sehr fähiger Kryptanalyst, hatte 1911 als Hauptmann das kryptanalytische Büro der k.u.k. Armee aufgebaut, in der besten Tradition des Wiener Hofes. Von *Figl* stammt ein gutes Lehrbuch („Systeme des Chiffrierens", 243 Seiten mit 45 Beilagen, Graz 1926). Eine Fortsetzung „Systeme des Dechiffrierens" wurde während des 2. Weltkrieges nicht zum Druck freigegeben, das Manuskript scheint schwer erreichbar zu sein.

4.1.3 Auch tripartite Bigramm-Substitutionen $V^2 \longrightarrow W^3$ werden gelegentlich benützt, etwa die denäre tripartite Bigramm-Substitution $(W = Z_{10})$

	a	b	c	d	e	...
a	148	287	089	623	094	
b	243	127	500	321	601	
c	044	237	174	520	441	
d	143	537	188	257	347	
⋮						

Kryptanalytisch fällt $V^2 \dashrightarrow W^{(n)}$ für beliebiges n in ein und dieselbe Klasse und kann aufgefaßt werden als $|V|$-fach homophone einfache Substitution der gerade numerierten bzw. der ungerade numerierten Buchstaben.

---

[3] vgl. 3.2.1 und 3.2.5.

[4] Das RSHA hatte 1938 beim Einmarsch in Österreich den General *Andreas Figl*, Leiter des österreichischen Dechiffrierdienstes, zusammen mit Unterlagen „erbeutet". Dies wurde von dem jungen Österreicher *Höttl* (geb. 1915), 1943 Leiter von Amt VI E, „entdeckt". *Figl* konnte sich einigermaßen frei bewegen, er zog vor allem ungarische Kryptologen heran. *Höttl* spielte später noch eine unrühmliche politische Rolle im österreichischen „Verband der Unabhängigen und in der „Wahlpartei der Unabhängigen", die 1949 18 Mandate erzielte, dann aber zerfiel.

Kl Norw.	a	b	c	d	e	f	g	h	i	j	k	l	m	n	o	p	q	r	s	t	u	v	w	x	y	z	
a	ca	fn	bl	ou	ih	oo	il	bv	bw	er	rm	qm	mn	ab	zm	ns	wl	yc	zy	tr	du	wo	oa	ho	ic	pu	a
b	sk	wm	dg	ia	cw	pf	if	vd	da	xz	fo	dh	px	rr	iv	gh	mu	ae	qr	tb	og	sr	vu	qg	zt	pm	b
c	hp	no	ij	xp	ji	yf	eo	xh	zu	pl	ft	yv	qw	am	qp	lz	bg	be	lc	nw	ap	vx	rs	yi	wv	gi	c
d	ov	gg	tk	ys	hm	tx	eq	qa	iu	zo	ud	gj	lh	bn	fm	ta	ej	hi	jc	sv	vp	rd	br	rh	kt	tw	d
e	di	wz	qo	pz	ar	wk	fl	uo	ll	oe	ph	jq	gl	vy	lf	af	vt	cj	vq	yz	rz	fc	ps	pq	ro	aq	e
f	cu	rf	nt	xr	ya	tg	xj	db	sc	hg	zr	hs	em	xv	vr	ul	wn	sh	ku	my	va	ad	fg	zp	ut	lb	f
g	sx	hd	vk	st	lk	xf	gn	lv	yr	yd	xg	kr	hc	xl	xw	pa	au	eb	gb	li	id	rj	tz	xq	wd	rn	g
h	bq	oy	sb	mw	qx	zd	ar	po	on	rx	sj	om	as	mb	vs	ke	yy	xy	uj	hb	rc	jg	co	fq	jr	pe	h
i	cb	sl	ri	cf	qt	ek	un	kl	nx	to	hk	ew	yo	wp	kj	kh	su	xi	jo	of	dt	ml	zi	bk	qq	gu	i
j	vv	tf	fi	mp	ky	hl	qc	iq	na	gd	up	tq	hq	xs	xb	wt	ez	mm	hj	vg	eh	dc	qe	ti	uk	cg	j
k	uv	bt	bf	ux	kz	zw	ex	nh	ac	av	tt	aw	ye	dw	dy	nv	wf	dn	sf	eg	lg	wc	kx	ur	pc	od	k
l	ir	ea	kn	le	jb	nu	at	hu	zl	fw	ce	ka	jv	bm	ev	ak	cp	gm	yn	cd	kd	ue	xm	ig	fy	ht	l
m	mv	el	yg	ny	bu	cq	fk	wq	pk	oo	ms	sz	rl	pr	qi	te	qn	kf	gs	uc	kv	kc	dl	kp	cl	lp	m
n	je	sq	gz	ts	dk	vo	xo	ge	mj	qv	mi	dp	vf	rb	yj	bj	mg	vl	qs	uw	rq	pb	mh	lt	oz	qk	n
o	vc	gk	al	vz	np	vm	by	cm	re	wv	uz	yt	ww	gp	js	en	tv	jn	bo	tm	sp	or	fj	ub	ck	td	o
p	hr	ah	ik	xn	mo	zk	ds	in	dz	ym	ci	qu	dv	df	nk	yk	pt	iz	ef	ws	es	ip	fz	ss	jk	ct	p
q	ec	xc	jj	vb	vh	ot	pg	ib	ty	ch	pd	qz	qf	fd	oh	sa	bc	zj	ba	fp	nq	wa	ie	vi	oq	lw	q
r	wi	uq	ln	ja	gq	lo	rp	ed	ko	iy	si	mc	uu	io	yh	ru	xx	qy	fr	hy	ob	ox	nl	uh	fh	ga	r
s	zg	nf	sy	jw	nn	kq	vn	ld	go	mt	pn	jf	he	un	ua	za	xt	bb	op	qh	gf	yl	md	os	ju	ei	s
t	yw	wg	mx	ol	sw	se	rv	yp	us	rk	dx	zs	bz	dj	cn	mf	hx	de	it	ai	ug	mk	ql	cs	ix	pi	t
u	gy	fa	ow	gr	vw	bh	ly	kw	ry	mz	pj	sg	jz	gt	dd	nd	et	az	tp	jh	cx	iw	la	zq	rw	lm	u
v	gv	bi	oi	ii	zb	lj	hz	zh	nb	ks	cy	yq	jx	dq	ma	hf	wr	lq	jp	ng	gw	jl	rg	tl	lr	wh	v
w	aj	gx	nr	qb	uf	ok	rt	xu	bp	wb	qd	jt	mr	aa	pv	yu	nj	xd	eu	mq	hw	nz	ze	km	uy	tn	w
x	kb	yx	ui	pw	we	xk	fe	vj	gc	pp	ep	hh	zn	ha	zf	ax	do	py	nm	xe	ff	so	tc	sm	fb	fx	x
y	fs	ay	ni	wj	wu	fu	ed	an	fv	xa	cv	cz	bs	ve	th	cc	bx	ra	cr	im	ne	hn	zv	oj	yb	tj	y
z	kg	bd	wx	zz	zx	lu	jy	sn	zc	tu	is	ao	dr	ki	ls	ey	qj	ee	lx	hv	nc	dm	jd	me	jm	kk	z
	a	b	c	d	e	f	g	h	i	j	k	l	m	n	o	p	q	r	s	t	u	v	w	x	y	z	Pnr. 0083

Abb. 25. Bipartite Bigramm-Chiffrierung von Rufzeichen des RSHA-Funknetzes in Norwegen. Aus: [KAHN], p. 451

Entsprechend trivial ist es, die Chiffrierung zu brechen, wenn, wie im obigen Beispiel $V^2 \longleftrightarrow V^2$ von *Helen Fouché-Gaines*, ohne Verwendung eines Kennworts gearbeitet wird und ziemlich viel Material vorliegt. *Eyraud* weist darauf hin, daß insbesondere die Methode, eine Nachricht in zwei Hälften geteilt untereinanderzuschreiben und für spaltenweise Paare Bigramm-Substitution zu verwenden, eine *complication illusionaire* ist.

4.2 Spezialfälle von Playfair und Delastelle: tomographische Verfahren

4.2.1 1854 erfand *Charles Wheatstone* eine spezielle bipartite Bigramm-Substitution (Abb. 26), die sein Freund *Lyon Playfair, Baron of St. Andrews*, hohen Regierungsstellen und Militärs empfahl. Das System wurde erstmals im Krimkrieg verwendet, *Playfairs* Name blieb mit ihm verbunden. Noch im 1. Weltkrieg benutzte das Foreign Office dieses System.

Ein aus einem Kennwort gewonnenes permutiertes Alphabet Z_{25} wird in ein 5×5-Quadrat geschrieben:[5]

P	A	L	M	E
R	S	T	O	N
B	C	D	F	G
H	I	K	Q	U
V	W	X	Y	Z

[5] *Wheatstone* benutzte ursprünglich Alphabete, die nach der in 3.2.4 geschilderten Art besser durchmischt waren, und auch rechteckige Anordnungen. Diese wichtigen Sicherheitsmaßnahmen fielen jedoch bald unter den Tisch.

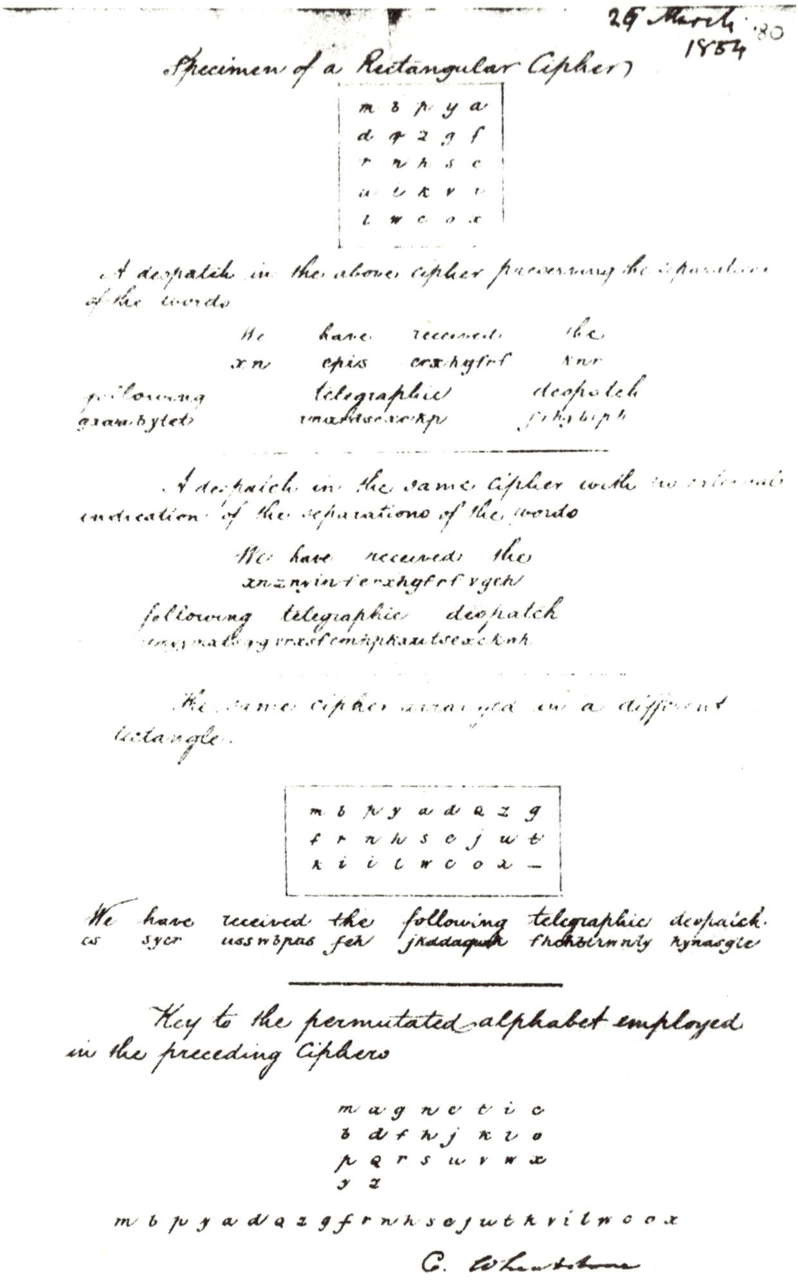
26 March 1854 '80

Specimen of a Rectangular Cipher

m	b	p	y	a
d	q	z	g	f
r	n	h	s	e
u	t	k	v	i
l	w	c	o	x

A despatch in the above cipher preserving the separation of the words

We have received the
xn epis crxhyfrf xnr
following telegraphic despatch

A despatch in the same cipher with no external indication of the separations of the words

We have received the
xnznvinferxhyfrfxgeh
following telegraphic despatch

The same cipher arranged in a different rectangle.

m	b	p	y	a	d	q	z	g
f	r	n	h	s	e	j	u	t
k	v	i	l	w	c	o	x	–

We have received the following telegraphic despatch.
cs syer ussnbpao feh jkddaquk fhkbirnnly hynaegle

Key to the permutated alphabet employed in the preceding Ciphers

m a g n e t i c
b d f h j k l o
p q r s u v w x
y z

m b p y a d q z g f r n h s e j u t k v i l w c o x

C. Wheatstone

Abb. 26. Beschreibung des sogenannten Playfair-Verfahrens, signiert von *Charles Wheatstone*, 26. März 1854. Aus: [KAHN], p. 199

und dieses als Torus geschlossen gedacht. Stehen nun die beiden Buchstaben eines Bigramms in ein und der selben Zeile bzw. Spalte, so nimmt man für jeden den rechten bzw. unteren Nachbarn

am ↦ LE bzw. tx ↦ DL

Ist das aber nicht so, so nimmt man statt des ersten Buchstabens den in der gleichen Zeile, aber in der Spalte des zweiten Buchstabens liegenden und statt des zweiten Buchstabens den in der gleichen Zeile, aber in der Spalte des ersten Buchstabens liegenden Buchstaben,

ag ↦ EC

Durch Einschub von x werden Zeichenverdoppelungen vermieden, less seven wird durch l e s x s x s e v e n ersetzt (gefährlich!). Der PLAYFAIR-Chiffrierschritt besticht ob seiner Einfachheit. Seine kombinatorische Komplexität ist allerdings nicht größer als die einer Monogramm-Substitution.

Im obigen dritten Fall kann das Playfair-Verfahren gedeutet werden als Zusammensetzung von Abbildungen: einer Abbildung des Urtextzeichenpaars in ein Paar von Zeilen- und Spaltenkoordinaten, einer Permutation der Spalten-Koordinaten und einer Rückübersetzung in ein Urtextpaar[6]

a g
12 ╲╱ 35
15 ╱╲ 32
E C

Solche Zusammensetzungen von Chiffrierungen, die eine Zerschneidung und Wiederzusammensetzung beinhalten, heißen **tomographische Verfahren** (engl. *fractionating*), wir werden auf sie in 9.5 zurückkommen.

4.2.2 Ein tomographisches Verfahren in Reinkultur wurde 1901 von *Delastelle* angegeben:[7] Eine bipartite Chiffre, dann eine Transposition über vier Plätze, dann eine Rückübersetzung einer bipartiten Chiffre, etwa

	1	2	3	4	5
1	B	O	R	D	E
2	A	U	X	C	F
3	G	H	I	J	K
4	L	M	N	P	Q
5	S	T	V	Y	Z

o n
12 ╲╱ 43
14 ╱╲ 23
D X

oder

o n
1 4 D
2 3 X

Der Chiffrierschritt ist involutorisch und ergibt eine bipartite Bigramm-Substitution, ähnlich der in 4.1.2. Für die Rückübersetzung kann auch ein anderer, **konjugierter** Chiffrierschritt verwendet werden.

Wiederum muß von einer ***complication illusionaire*** gewarnt werden: eine bloße Verschiebung um eine Stelle (‚Kulissenverfahren‘) bringt nicht den erwarteten Effekt:

---

6 Ähnlich einem Schüttelreim, s. 6.1.2 .

7 *Kahn*: "while searching for a method of digraphic encipherment that did not require cumbersome 26×26 enciphering tables".

...		a		b		s		a		l		o		m		...	
3	2	1	1	1	5	1	2	1	4	1	1	2	4	2	5		
	H		B		E		O		D		B		C		F		

Der unberufene Entzifferer braucht gar nicht das Quadrat zu rekonstruieren: Er betrachtet die Chiffre als $V \dashrightarrow V^2$ mit Homophonen

$$a \mapsto \left.\begin{matrix} O \\ U \\ H \\ M \\ T \end{matrix}\right\} \times \left\{\begin{matrix} B \\ O \\ R \\ D \\ E \end{matrix}\right. , \quad b \mapsto \left.\begin{matrix} B \\ A \\ G \\ L \\ S \end{matrix}\right\} \times \left\{\begin{matrix} B \\ O \\ R \\ D \\ E \end{matrix}\right. \quad \text{usw.},$$

die sich trivial behandeln läßt.

Das früheste Beispiel eines tomographischen Verfahrens findet sich bei *Pliny Earle Chase*, s. 9.7.4

4.3 Der Fall $V^3 \dashrightarrow W^{(m)}$ von Trigramm-Substitutionen

Trigramm-Substitution in voller Allgemeinheit bereitet bereits rein technisch Schwierigkeiten: Papier ist leider nicht dreidimensional, so daß die Auflistung der Trigramme schwieriger wird, und $26^3 = 17576$ Trigramme sind eine beträchtliche Anzahl. Trigramm-Substitutionen sind schwerfällig zu mechanisieren. Spezielle Trigramm-Substitutionen à la PLAYFAIR waren nicht sonderlich erfolgreich, ein Graf *Luigi Gioppi di Türkheim* gab 1897 ein solches System an. *Friedman* beschäftigte sich um 1920 ebenfalls mit Trigramm-Substitutionen.

4.4 Der allgemeine Fall $V^{(n)} \dashrightarrow W^{(m)}$: Codes

Vorteilhafter, als Trigramme zu chiffrieren, ist es allemal, einige Hundert, Tausend oder mehr häufig vorkommende Elemente[8] von $V^{(n)}$ (mit ziemlich großem n) zu chiffrieren mit der Maßgabe, daß jedes Wort aus V^* darstellbar ist. Dies wird etwa dadurch gewährleistet, daß wenigstens V selbst im Vorbereich der Chiffrierung liegt und ausgefallene Wörter wenigstens buchstabenweise chiffriert werden können. Die Idee ist selbstverständlich nicht, jedes Wort in Einzelbuchstaben aufzulösen, sondern erst im Codebuch zu suchen und auch nicht jeden Satz in Worte aufzuspalten, sondern ganze Phrasen zu suchen. So mußte 1918 das Kommando der *American Expeditionary Force* mahnen, daß statt *boche*, mit 5 Codegruppen buchstabiert, besser *German* zu wählen sei und daß statt 18 Codegruppen für *almost before the crack of dawn* lediglich zwei Codegruppen für *day break*

[8] Eine solche Chiffrierung wird nach *Kahn* Codierung genannt, wenn die Auswahl linguistisch bestimmt ist: häufige Diphtonge, Silben, Worte, Phrasen.

benötigt werden. Die Verwendung von Codes erfordert Intelligenz, und ihr mangelnder Gebrauch erleichtert dem unberufenen Entzifferer das Eindringen. Im ersten Weltkrieg erwarb sich ein Leutnant *Jäger* vom Stab der 5. Armee große Verdienste um die gegnerische Seite, als er seine Anweisungen zur ‚Schlüsseldisziplin' stets mit seinem buchstabierten Namen als letztes Wort versah und sie so funken ließ. Nicht besser machte es im zweiten Weltkrieg der amerikanische Sonderbotschafter *Robert Murphy*, der aus Prestigegründen darauf bestand, einen diplomatischen Code zu verwenden; durch die stereotypen Anfänge *"For Murphy"* oder *"From Murphy"* machte er es den Deutschen leicht, den Code zu brechen. Fräulein *Asta Friedrichs*, die daran beteiligt war, sagte, als sie, in Marburg interniert, ihn vorbeifahren sah: „Ich wollte ihn anhalten und ihm die Hand schütteln,— so viel hatte er für uns getan".

4.4.1 Die ältesten Codierungen sind, vom Abendland her gesehen, die chinesischen Ideogramme — von den Chinesen nicht als solche empfunden. Immerhin erklärt man das Fehlen kryptologischer Errungenschaften in der alten Hochkultur Chinas damit, daß geschriebene Nachrichten ohnehin nur für wenige lesbar waren. Die Hieroglyphen jedoch bauen — 2000 Jahre v. Chr. — auf dem Prinzip des Rebus und der Akrophonie auf: Das Bild eines "rer" (Schwein) gibt das Zeichen für den Buchstaben /r/, das Bild einer Schwalbe bedeutet sowohl "wr" (Schwalbe) wie auch "wr" (groß); eigene Zeichen (Determinative) machten, wenn nötig, den Unterschied klar. Die Hieroglyphenschrift ist in starkem Maße eine Codeschrift — wenn nötig, kann ein Wort in Einkonsonantenzeichen zerlegt werden. Lediglich der Geheimhaltungsaspekt fehlt. Aber der fehlt auch, wenn Diplomaten allmählich einen Code auswendig kennen und in der Lage sind, eine Ansprache aus dem Stegreif in diesem Code zu halten.

Gegenüber diesen frühen Ansätzen geschieht lange Zeit kein Fortschritt. Wo in Ägypten Inschriften mit weniger gebräuchlichen Zeichen Seite an Seite mit Klartext zu finden sind, ist keine Geheimhaltung beabsichtigt, ganz im Gegenteil: die Inschrift (etwa auf einem Grabdenkmal) soll pompös wirken (Abb. 27).

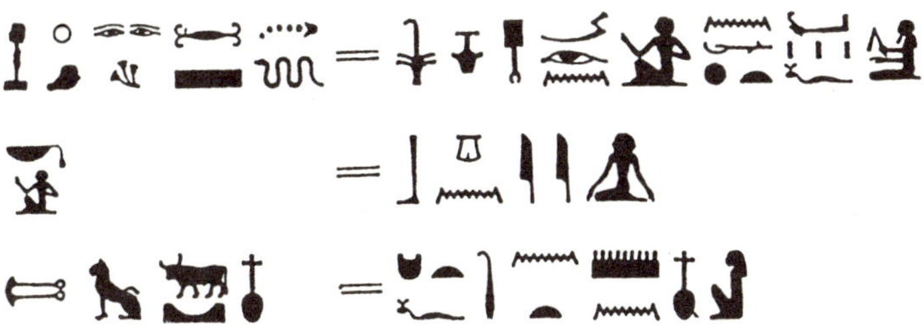

Abb. 27. Hieroglypheninschriften in jeweils zwei Fassungen.
Aus: [KAHN], p. 73

Im Westen findet man um 1380 die ersten Mischungen von einfachen Substitutionen und Codierungen — zunächst nur für einige sehr häufige Wörter, darunter *et* (vgl. Abb. 22a), *con* , *non* , *che* (vgl. 3.4). Als diese Zusammenstellungen etwas umfangreicher wurden, nannte man sie **Nomenklatoren**. Ein frühes Beispiel zeigt Abb. 28.

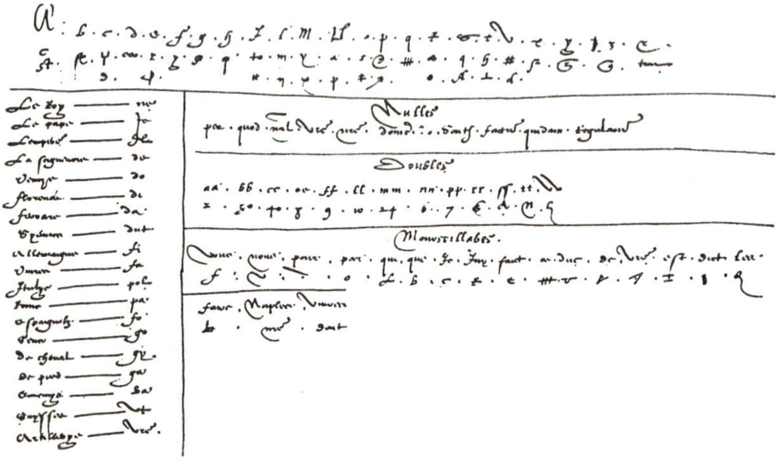

Abb. 28. Ein früher Nomenklator aus Florenz, 1554.
Aus: [KAHN], p. 111

Nomenklatoren behielten ihre große Bedeutung während der ganzen Renaissance. *Charles* I. benutzte einen Nomenklator mit Homophonen, den 1860 *Wheatstone* rekonstruierte: /a/ wurde durch 12 .. 17 , /b/ durch 18 .. 19 , usw., /france/ durch 9476 wiedergegeben.

Philipp II. *von Spanien* gab seinem Gesandten *Juan de Moreo* einen Nomenklator, der etwa 400 Codewörter enthielt. *Viète* arbeitete vom 28. Oktober 1589 bis zum 15. März 1590 an der Entzifferung, dann konnte er seinem König *Henri* IV. die komplette Lösung geben. *Philipp*, der davon erfuhr, beschwerte sich beim Papst, daß *Henri* schwarze Magie verwandt hätte. Der Papst hingegen war besser informiert: Sein treuer Diener *G. B. Argenti* wußte Bescheid.

Im Spiel der politischen Intrigen spielten Codes fortan eine Rolle, von *Mary Stuart*'s Verurteilung 1587 bis zu den französischen Anarchisten, die im Prozeß von Saint-Etienne 1892 auf Grund von Nachrichten, die *Bazeries* entziffert hatte, überführt wurden.

Ab 1600 haben nicht nur die italienischen Staaten, sondern auch jeder der großen europäischen Höfe ihr ‚Geheimkabinett', *Cabinet Noir*, *Black Chamber*. Die Fürsten haben bedeutende Kryptologen als Helfer und Vertraute: *Louis* XIV. hatte *Antoine Rossignol*, *Charles* I. hatte *Wallis* und *Maria Theresia* einen Baron *Ignaz de Koch*. Diese Leute waren gut bezahlt und wußten um ihre Bedeutung. So schreibt *Kahn*:

> "Though Wallis entreated Nottingham not to publicize his solutions for fear France would again change her ciphers, as she had done nine or ten times before (probably under the expert Rossignol tutelage), word of his prowess somehow spread. The King of Prussia gave him a gold chain for solving a cryptogram, and the Elector of Brandenburg a medal for reading 200 or 300 sheets of cipher. The Elector of Hanover, not wanting to depend on a foreign cryptanalyst, got Wallis' fellow intellectual, Baron Gottfried von Leibnitz, to importune him with lucrative offers to instruct several young men in the art. When Wallis put off Leibnitz' query as to how he did these amazing things by saying that there was no fixed method, Leibnitz quickly acknowledged it and, hinting that Wallis and the art might die together, pressed his request that he instruct some younger people in it. Wallis finally had to say bluntly that he would be glad to serve the elector if need be, but he could not send his skill abroad without the king's leave."

Manchmal kamen auch Mißerfolge vor, so wenn unter *de Koch* ein Brief an den Herzog von Modena irrigerweise mit dem Siegel des Herzogs von Parma wieder verschlossen wurde. Aber immerhin las die Kaiserliche Geheime Kabinetts-Kanzlei noch *Napoleon*'s und *Talleyrand*'s Korrespondenz.

Auch in der Neuen Welt wurde Kryptologie bedeutsam: *George Washington* hatte die Hilfe zweier Agenten, *Sam Woodhall* und *Robert Townsend*, die die Decknamen CULPER SR. und CULPER JR. führten. Sie benutzten 1779 einen Nomenklator mit ungefähr 800 Einträgen, der von Major *Benjamin Tallmadge* aufgestellt war. Auch *Jefferson* stellte 1785 einen Nomenklator auf (Abb. 29).

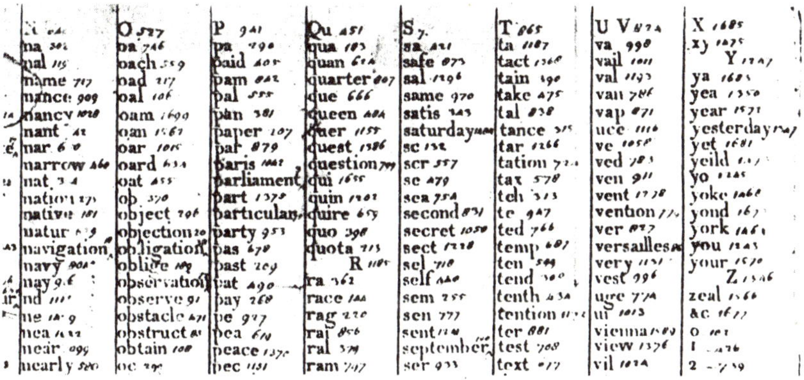

Abb. 29. Nomenklator, 1785 von *Jefferson* für *Madison*.
Aus: [KAHN], p. 185

4.4.2 Der oben erwähnte *Rossignol* brachte um 1630 einen bedeutenden Fortschritt. Abgesehen von den frühesten Beispielen waren alle Nomenklatoren bis dahin ordnungserhaltende Abbildungen der (lexikographisch geordneten) Klartextwörter auf die (lexikographisch geordneten) Codewörter. Damit war es möglich, im praktischen Gebrauch mit e i n e r Aufstellung auszukommen – man konnte sowohl Klartextwörter wie Codegruppen in der lexikographischen Ordnung durchmustern.

Dieses System hatte jedoch einen großen Nachteil: war auch nur für e i n e Codegruppe das Klartextwort bekannt, so konnte jede Codegruppe die dahinter lag, nur ein Klartextwort bedeuten, das ebenfalls dahinter lag. Mit mehreren erkannten Codegruppen läßt sich so eine regelrechte Feineinteilung erreichen. So bedeutete im GREEN Code des US State Department (Codewörter vom Typ CUCUC : $20^3 \cdot 6^2 = 288000$ Möglichkeiten)

department	FYTIG
message	MIHAK
secured	PEDEK

Erstaunlich ist nur, daß noch während des 1. Weltkriegs dieses anfällige System eines **einteiligen Codes** (engl. *one-part code*, *one-part nomenclator*) Verwendung fand.

Rossignol führte nun gründlich durchmischte Codes ein, wobei man allerdings zur Entzifferung auch eine alphabetisch geordnete Aufstellung der Codegruppen brauchte (**zweiteiliger Code**, engl. *two-part code* , *two-part nomenclator*). *Jefferson*'s Nomenklator gehört dazu. Ein modernes Beispiel mit Homophonen wäre im Ausschnitt

⋮	⋮	⋮	⋮
flap	XYMAS	RATPA	ship
	TIBAL	RATPE	quite
flapjack	UPTON	RATPI	enough
flapper	UPABS	RATPO	happy
flare	OHPAP	RATPU	loxodromic
⋮	⋮	⋮	⋮

wobei für ein so häufiges Wort wie army als Homophone TORMA, RAFEM, LABAR, ROMUF, IBEXO zur Verfügung stehen.

Ein Auszug aus einem um 1940 verwendeten deutschen ‚Satzbuch' könnte so ausgesehen haben:

a	0809	xcl
abend	8435	puv
aber	7463	nas
acht	6397	dxl
achtung	1735	aps
an	7958	evg
auf	6734	uno
⋮	⋮	⋮
zyklotron	5116	jld

4.4.3 Um 1700 hatten die Nomenklatoren 2000 bis 3000 Einträge, und sie wuchsen weiter an, obwohl die zweiteiligen Codebücher mehr Platz brauchten. Moderne Codes mit Homophonen und Polyphonen (vgl. 2.2.2, 2.4) zeigen Abb. 30, Abb. 31.

Shershel **268**

- 51648 C...**Shershel**
- 07510 B...**Shetland** Islands
- 18855 B....Shetland Mainland
- 43026 C...**Shetlands**
- 53038 A...**Shiant** Islands
- 04216 C...**Shield**—*for*
- 35998 C...**Shielday**
- 43144 B...**Shielded**
- 35732 B....Shielded by
- 10726 B....Shielded from
- 53124 C...**Shielding**
- 06656 B...**Shields**—*for*—*of*
- 17848 B....Shields, North
- 41802 A....Shields, South
- 28814 C...**Shift-s**

A 10569 B, B 53472 C, C 03917 A } Ship is

- 35613 A....Ship is not
- 50968 C....Ship is not to
- 06679 A....Ship is not to be
- 18641 C....Ship is now—*at*
- 42583 C....Ship is to
- 10247 A....Ship is to be
- 53180 C....Ship must
- 07006 A....Ship must be

A 51738 B, B 41759 C, C 10994 C } Ship of

077

- 07700 B...Spontaneous-ly
- 07701 B...Sow-s-ing
- 07703 B...Rodd
- 07704 C...Vacate-s
- 07705 B...To what
- 07707 A...What time—*is*—*are*

A 07708 C...Hornet, H.M.S.
B 07708 A...Referring
C 07708 B...Wednesday

- 07709 A...Send-s mails for
- 07710 C...Worth
- 07712 B...Riddled by (with)

A 07713 A...Smoke-s—*from*—*of*
B 07713 B...Will be
C 07713 C...13th April

- 07714 A...Tsu Sima
- 07750 A...Dummy group
- 07751 A...Recurrences—*of*
- 07752 B...Report when she
- 07754 A...Rush-es-ing
- 07755 C...Purpose of
- 07756 C...Withdrawn from
- 07758 B...Sheep

A 07759 C...12th April
B 07759 A...Was no-t
C 07759 B...In convoy

- 07760 C...She could
- 07761 A...That every
- 07763 A...Sulen Isles

A 07764 C...Begins
B 07764 B...Spell word of 13 letters
C 07764 A...Acknowledge

Abb. 30. Je eine Seite des Verzifferungs- und des Entzifferungsteils des SA Cipher der britischen Admiralität (1918). Aus: [KAHN], p. 280, 281

Die Geheimkabinette wurden in Europa erst in der Mitte des 19. Jahrhunderts aufgelöst und damit auch das Mitlesen diplomatischer und anderer Post beendet: 1844 in England, 1848 in Wien und Paris. Die Aufklärung hatte gesiegt. Die industrielle Revolution brachte aber den Telegraph und damit kommerzielle Codebücher, deren Hauptaufgabe es war, die Telegramme zu komprimieren und die Kosten zu senken. 1845 veröffentlichte *Francis O. J. Smith* einen Code – "The Secret Corresponding Vocabulary. Adapted for Use to Morse's Electro-Mechanic Telegraph" – noch bevor das Morse-Alphabet eingeführt wurde. *Smith* hatte 50 000 Wörter, und nur 67 Sätze. Seine Codegruppen waren aus Ziffern aufgebaut und sollten (siehe 9.2) Überchiffrierung erlauben. Später ging man zu Codegruppen aus Buchstaben, hauptsächlich Fünfergruppen, über; die Zahl der Sätze stieg in die Hunderte, die Zahl der Wörter bis zu 100 000. Wegen großen Umfangs benutzte man jedoch wieder einteilige Codes, und zwar nun auch im diplomatischen Dienst, wo es auf Geheimhaltung ankam, und in militärischen Stäben. Dadurch gewannen jedoch die echten Chiffrierungen mehr und mehr an Bedeutung.

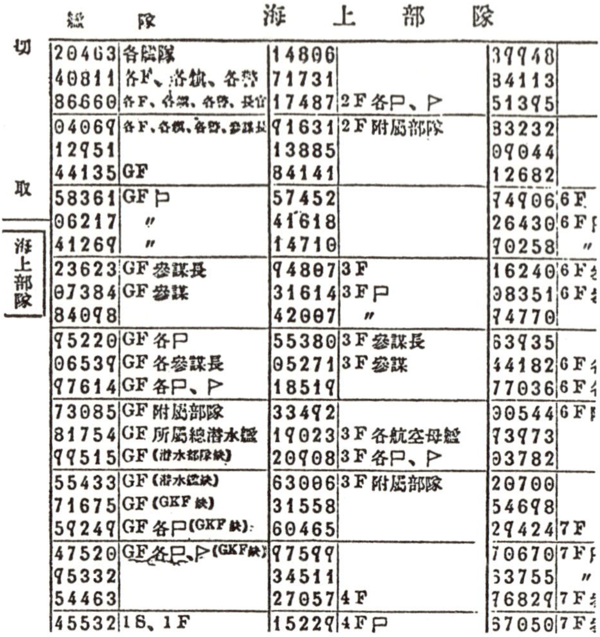

総隊 海上部隊

切 / 取 / 海上部隊

20463	各隊	14806		39948	
40811	各F、各戦、各警	71731		34113	
86660	各F、各戦、各警、長官	17487	2F各P、▷	51395	
04069	各F、各戦、各警、参謀長	91631	2F附属部隊	33232	
12951		13885		09044	
44135	GF	84141		12682	
58361	GF P	57452		74906	6F
06217	〃	41618		26430	6F
41269	〃	14710		90258	〃
23623	GF参謀長	94807	3F	16240	6F
07384	GF参謀	31614	3F P	98351	6F
84098		42007	〃	94770	
95220	GF各P	55380	3F参謀長	63935	
06539	GF各参謀長	05271	3F参謀	44182	6F
97614	GF各P、▷	18519		77036	6F
73085	GF附属部隊	33492		90544	6F
81754	GF所属総潜水艦	19023	3F各航空母艦	93973	
99515	GF(潜水部隊缺)	20908	3F各P、▷	93782	
55433	GF(潜水艦缺)	63006	3F附属部隊	20700	
71675	GF(GKF缺)	31558		54698	
59249	GF各P(GKF缺)	60465		29424	7F
47520	GF各P、▷(GKF缺)	97599		70670	7F
95332		34511		63755	〃
54463		27057	4F	76829	7F
45532	1S、1F	15229	4F P	67050	7F

Abb. 31 Ausschnitt aus dem Entzifferungsteil eines japanischen Marine-Codes (1943). Aus: [KAHN], p. 589

Hunderte kommerzieller Codes entstanden nach und nach, einer von *Henry Rogers* 1847, *John Wills* 1847, dann ab 1866, der Fertigstellung des transatlantischen Kabels, der ABC-Code von *William Clausen-Thue*, ein literaler Fünfer-Code. Ein literaler Vierer-Code wurde 1889 von *Katscher* in Leipzig publiziert, ein Dreier-Code 1874 von *Mamert-Gallian* in Paris. Andere berühmte Namen sind *Hartfield, Harvey, Tibbals* (Western Union), *Lieber* in USA, letzterer auch ins Französische und ins Deutsche übersetzt. Das Bestreben war hauptsächlich, die Telegraphierkosten zu senken. Dies betraf insbesondere den transatlantischen Verkehr.

Innerhalb Europa bevorzugte man, wenn eine kryptographische Absicht vorlag, die numeralen Codes, die einfache Überschlüsselung erlaubten. Weit verbreitetes Vorbild eines numeralen Vierer-Codes war der von *F. J. Sittler* 1868 in Frankreich, daneben *Brunswick*, *Nilac* und *Bazeries* sowie *de Viaris*; *Baravelli* 1896 in Italien; *Friedmann* in Berlin, *Steiner & Stern* in Wien.

Die Tarifpolitik der Internationalen Telegraphen-Union (vgl. 2.5.3) führte ab 1890 zum Aufkommen von numeralen Fünfer-Codes. Schon 1850 hatte *Brachet* in Paris einen solchen publiziert, sowie 1881 *Louis*; 1877 *Niethe* in Berlin. Weitere waren *Airenti*, *Telescand* in Frankreich, *Nuovo Cifrario Mengerini* 1898, *Cicero* 1899 in Italien, *Slater* 1906 in England, *Darhan* 1912 in Spanien.

Um 1890 führt man allgemein die Zwei-Zeichen-Differenz der Codewörter ein (statt $26^5 = 11\,831\,576$ verbleiben noch $26^4 = 456\,976$ Möglichkeiten bei literalen Fünfer-Codes); 1925 führt *Mitchel* auch die Sicherung gegen Zwei-Zeichen-Transposition durch ‚Dreher' (lieber — leiber) ein, was die Möglichkeiten nach *Schauffler* weiterhin auf $\approx 400\,000$ reduziert.

Der japanische Marinecode mit der amerikanischen Bezeichnung JN 25 benutzte fünfstellige Zahlen, die durch 3 teilbar waren. Dies war ein Vorläufer der fehlererkennenden und fehlerkorrigierenden Codes, die *Richard W. Hamming* 1950 einführte und die heute in den Strichcodes der Europäischen Artikel-Nummer (Gewichte abwechselnd 1 und 3, teilbar durch 10) oder in der ISBN-Numerierung (Gewichte der Reihe nach 10, 9, 8, ..., 2, 1; teilbar durch 11) allgegenwärtig sind.

Der Marconi-Code von *James C. H. Macbeth* ist mehrsprachig (9 Sprachen in 4 Bänden), einen alten Traum von *Athanasius Kircher* verwirklichend (Abb. 32). Im Zweiten Weltkrieg benutzten die Alliierten den BAMS Code ("Broadcasting for Allied Merchant Ships"). Der xB-Dienst der deutschen Kriegsmarine hatte bis 1943 mit Hilfe erbeuteter Unterlagen leichtes Spiel, die Überschlüsselung der alliierten Funksprüche abzustreifen.

Bis vor kurzem noch vielbenutzte Codes sind Bentley's, ABC 6th edition, Peterson's 3rd edition, Acme, Rudolf Mosse, Lombard.

M. N. O. P. R. S. T. U. Y. Z.
0 1 2 3 4 5 6 7 8 9

19140	UVVIM	slackness.	relâchement.	flojedad, descuido.
19141	UVVON	Slag(s).	Scorie(s).	Escoria(s).
19142	UVWEO	Slander(s).	Diffame(r), diffamation.	Calumnia(r), calumnia(s).
19143	UVWUP	slandered.	diffamé.	calumniado.
19144	UVWYR	slandering.	diffamant.	calumniando.
19145	UVYBS	slanderous.	diffamatoire.	calumnioso.
19146	UVYCT	Slate(s).	Ardoise(s).	Pizarra(s).
19147	UVYDU	Sleeper(s).	Traverse(s) (chemins de fer).	Traviesa(s), durmiente(s) (f.c.).
19148	UVYFY	Sleeve-valve.	Soupape à manchon.	Válvula de manguito.
19149	UVYMZ	Slide(s).	Glisse(r), glissière(s).	Resbala(r), corredera(s).
19150	UVYUM	slide-valve.	tiroir de distribution.	válvula de distribución, de corredera.
19151	UVYVN	sliding.	glissant, à coulisse.	resbalando, resbalamiento, deslizamiento.
19152	UVYWO	sliding scale.	échelle mobile.	escala móvil.
19153	UVYZP	Slight.	Léger, peu important.	Ligero, leve.
19154	UVZUR	slightest.	le (la) moindre.	lo más ligero, leve.
19155	UVZYS	not the slightest.	pas le (la) moindre.	no lo más ligero, mínimo.

M. N. O. P. R. S. T. U. Y. Z.
0 1 2 3 4 5 6 7 8 9

19140	UVVIM	slackness.	Schlaffheit, Geschäftsstille.	slapheid, stilte.
19141	UVVON	Slag(s).	Schlacke(n).	Schuim, slak(ken), metaalschuim(-slakken).
19142	UVWEO	Slander(s).	Verleumden(-e,-t), Verleumdung(en).	Belasteren, belaster(t), laster.
19143	UVWUP	slandered.	verleumdet.	belasterd.
19144	UVWYR	slandering.	verleumdend.	belasterend.
19145	UVYBS	slanderous.	verleumderisch.	lasterlijk.
19146	UVYCT	Slate(s).	Schiefer, Schiefertafel(n).	Lei(en).
19147	UVYDU	Sleeper(s).	(Bahn-)Schwelle(n).	Dwarsligger(s).
19148	UVYFY	Sleeve-valve.	Muffenventil.	Mofklep.
19149	UVYMZ	Slide(s).	Gleiten(-e, -et), Gleitbahn(en), Gleitführung(en).	Glijden(-t); schuif (schuiven), leibaan (leibanen), windklep(pen).
19150	UVYUM	slide-valve.	Schieberventil, Ventilschieber.	schuif, stoomschuif, schuifklep.
19151	UVYVN	sliding.	gleitend.	verschuifbaar, glijdend.
19152	UVYWO	sliding scale.	Gleitskala.	kalibermaat, proportioneele schaal.
19153	UVYZP	Slight.	Gering, von geringer Wichtigkeit.	Gering, onbeduidend.
19154	UVZUR	slightest.	geringst.	geringste.
19155	UVZYS	not the slightest.	nicht das (der, die) geringste.	niet de (het) geringste.
19156	UWAFT	slightly.	in geringem Masse, leicht.	lichtelijk.
19157	UWAGU	Slime(s).	Schleim(e), Schlamm (Schlämme).	Slijk, slik(ken).
19158	UWAHY	slimy.	schleimig, schlammig.	slikachtig, kleverig.
19159	UWALZ	Slip(s).	Schlüpfen(-e, -t), (aus)gleiten(-e, -t); Fehltritt(e).	Ontglippen, ontglip(t), uitglijden, sleephelling(en), abuis (abuizen).

Abb. 32. Der Marconi-Code: Korrespondierende Buchseiten aus der Englisch-Französisch-Spanischen und der Englisch-Deutsch-Niederländischen Ausgabe

5 Chiffrierschritte: Lineare Substitution

"Although Hill's cipher system saw almost no practical use, it had a great impact upon cryptology."
Kahn

Eine **lineare Substitution** ist eine polygraphische Substitution spezieller Art. Der injektive Chiffrierschritt einer polygraphischen Blockchiffrierung

$$\chi \; : \; V^n \dashrightarrow W^m$$

mit vergleichsweise großem n und m wird auf besondere Weise eingeengt: Die endlichen Zeichenvorräte V und W werden nunmehr w e s e n t l i c h als linear geordnete Alphabete aufgefaßt. In dieser jeweiligen Ordnung kann dann zu jedem Zeichen x das ‚nächste' Zeichen **succ** x angegeben werden, wobei zu einem **letzten Element** ω ein **erstes Element** α ‚nächstes' sein soll. Damit ist auch die Umkehrung **pred** von **succ** definiert. Man sagt dann, man habe ein **Standardalphabet** ausgezeichnet. Es handelt sich dabei um eine endliche zyklische lineare Quasiordnung des Alphabets.

Es wird nun in $V = Z_{|V|}$ bzw. $W = Z_{|W|}$ eine **Addition** eingeführt. Sie kann rekursiv definiert werden: Für $a, b \in V$ bzw. $\in W$ gilt

$$a + b \;=\; \textbf{succ}\; a + \;\textbf{pred}\; b \;,$$
$$a + \alpha \;=\; a \;.$$

Dies bedeutet, daß $Z_{|V|}$ bzw. $Z_{|W|}$ eindeutig und ordnungserhaltend auf $\mathbb{Z}_{|V|}$ bzw. $\mathbb{Z}_{|W|}$ abgebildet worden sind, wo $\mathbb{Z}_N$ die Gruppe der Restklassen von $\mathbb{Z}$ nach der natürlichen Zahl N, geordnet durch Repräsentanten in der Reihenfolge $0, 1, \ldots N-1$, ist; der Addition in V bzw. W entspricht dann die Addition der Restklassen. Weithin ist es üblich, das Alphabet $\{\alpha, \ldots \omega\}$ geradezu mit den **Zykelzahlen** (‚zyklotomische Zahlen') $\{0, \ldots, N-1\}$, wo $N = |V|$ bzw. $N = |W|$ ist, zu identifizieren[1]. Die Addition in V bzw. W wird nun auf V^n bzw. W^m komponentenweise übertragen. Sodann kann von einer Abbildung φ verlangt werden, daß sie injektiv und **additiv** ist:

$$\forall\, x,\, y \in \mathbb{Z}_N^n : \; \varphi(x+y) \;=\; \varphi(x) + \varphi(y) \;,$$

[1] Für Z_{26} und $\mathbb{Z}_{26}$ also die Identifizierung (*'algebraic alphabet'*)

a	b	c	d	e	f	g	h	i	j	k	l	m	n	o	p	q	r	s	t	u	v	w	x	y	z
0	1	2	3	4	5	6	7	8	9	10	11	12	13	14	15	16	17	18	19	20	21	22	23	24	25

.

in Worten: „Das Bild der Summe ist Summe der Bilder". Es gilt dann auch

$$\forall\, x \in \mathbb{Z}_N^n \; : \; \varphi(x + x + \ldots + x) \;=\; \varphi(x) + \varphi(x) + \ldots + \varphi(x) \; ,$$

in Worten: „Das Bild eines Vielfachen ist Vielfaches des Bildes".

In der Tat ist $\mathbb{Z}_N$ ein Ring[2], und $\mathbb{Z}_N^n$ ein Vektorraum mit dem Nullvektor 0, die Forderung der Additivität zusammen mit der Injektivität bewirkt, daß φ eine reguläre lineare Abbildung des Vektorraums $\mathbb{Z}_{|V|}^n$ in den Vektorraum $\mathbb{Z}_{|W|}^m$ ist, die auf ihrem Bild eine eindeutige Umkehrung φ^{-1} besitzt.

Wir setzen im weiteren $W = V$ voraus, die wir mit $\mathbb{Z}_N$ identifizieren und nehmen als Breite $m = n$. Dann ist eine reguläre lineare Abbildung φ sogar bijektiv.

Wir benützen ferner eine quadratische Matrix T über $\mathbb{Z}_N$ zur Darstellung von $\varphi : \varphi(x) = xT$ mit der Umkehrung $\varphi^{-1}(y) = yT^{-1}$.

Eine **lineare Substitution** $\chi : \mathbb{Z}_N^n \to \mathbb{Z}_N^n$ wird nun definiert als Summe aus einem **homogenen Anteil**, dargestellt durch eine reguläre Matrix $T \in \mathbb{Z}_N^{n,n}$ und einer **CAESAR-Addition**, dargestellt durch einen Vektor $t \in \mathbb{Z}_N^n$:

$$\chi(x) = xT + t \; .$$

5.1 Involutorische lineare Substitutionen

Die Frage liegt nahe: Wann ist eine lineare Substitution χ involutorisch? Die Bedingung lautet, daß

$$\chi(x) = xT + t = \chi^{-1}(x)$$

also

$$x = \chi(\chi(x)) = (xT + t)T + t = xT^2 + tT + t \; ,$$

woraus

$$T^2 = I \qquad \text{und} \qquad tT + t = 0$$

folgen. Somit muß die Matrix T des homogenen Anteils involutorisch sein, weswegen als Eigenwerte von T nur 1 oder $N-1$ auftreten können, und der Vektor t der Verschiebung muß, wenn er nicht verschwindet, Eigenlösung von T zum Eigenwert $N-1$ sein. Speziell kann χ eine **Spiegelung** sein mit einer Spiegelebene, die als Normale v hat:

$$\chi(x) = x + (1 - \gamma(x))v \qquad \text{mit} \qquad v \neq 0$$

wobei das lineare Funktional γ der Bedingung $\gamma(v) = 2$ genügt (im Falle $N = 2$ der Bedingung $\gamma(v) = 0$). Dann gilt $\chi(v) = 0$ und $\chi(0) = v$. Daß $\chi^2(x) = x$, bestätigt man durch Einsetzen:

$$\begin{aligned} \chi(\chi(x)) &= \chi(x) + [1 - \gamma(\chi(x))]v \\ &= x + (1 - \gamma(x))v + [1 - \gamma(x) - (1 - \gamma(x))\gamma(v)]v \\ &= x + (1 - \gamma(x))v + [\, (1 - \gamma(x)) - 2(1 - \gamma(x)) \,]v \;=\; x \; . \end{aligned}$$

[2] Falls $N = p$ Primzahl ist, und nur dann, ist $\mathbb{Z}_N$ sogar ein Körper, das Galoisfeld $GF(p)$. Wir werden jedoch im folgenden die Primalität von N nicht benötigen.

Beispiel: $(N = 2\ , n = 2)$

$$\chi(x_1\ ,\ x_2) = (x_1\ ,\ x_2) + (1 - x_1 - x_2)\ (1,\ 1)$$

$$\begin{aligned} \chi(0,\ 0) &= (1,\ 1) \\ \chi(0,\ 1) &= (0,\ 1) \\ \chi(1,\ 0) &= (1,\ 0) \\ \chi(1,\ 1) &= (0,\ 0) \end{aligned}$$

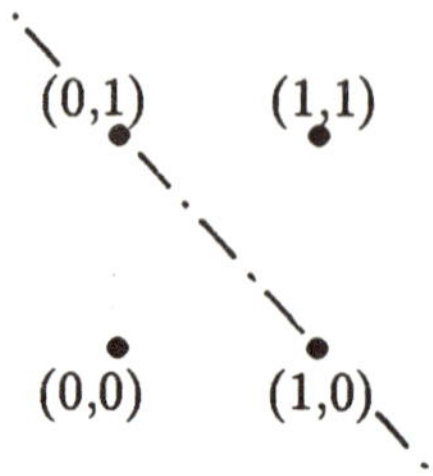

5.2 Homogene und inhomogene lineare Substitutionen

5.2.1 Wir betrachten zunächst den Spezialfall der **homogenen linearen Substitution**, $t = 0$.

Nachfolgend ein Beispiel für eine reguläre (quadratische) Matrix der Determinante $+1$ mit $n = 4$ und ihre Inverse:

$$T = \begin{pmatrix} 8 & 6 & 9 & 5 \\ 6 & 9 & 5 & 10 \\ 5 & 8 & 4 & 9 \\ 10 & 6 & 11 & 4 \end{pmatrix} \qquad T^{-1} = \begin{pmatrix} -3 & 20 & -21 & 1 \\ 2 & -41 & 44 & 1 \\ 2 & -6 & 6 & -1 \\ -1 & 28 & -30 & -1 \end{pmatrix}$$

Bei der Zahlenrechnung spart man sich Rechenarbeit, wenn man auch kleine negative Zahlen als Repräsentanten der Restklassen benutzt, also über $\mathbb{Z}_{26}$

$$T^{-1} \simeq \begin{pmatrix} 23 & 20 & 5 & 1 \\ 2 & 11 & 18 & 1 \\ 2 & 20 & 6 & 25 \\ 25 & 2 & 22 & 25 \end{pmatrix} \quad \text{oder} \quad T^{-1} \simeq \begin{pmatrix} -3 & -6 & 5 & 1 \\ 2 & 11 & -8 & 1 \\ 2 & -6 & 6 & -1 \\ -1 & 2 & -4 & -1 \end{pmatrix} .$$

5.2.2 Mit $t = (3\ \ 8\ \ 5\ \ 20)$ und T ist eine **inhomogene lineare Substitution** χ gegeben

$$\chi(x_1\ x_2\ x_3\ x_4) = (x_1\ x_2\ x_3\ x_4) \begin{pmatrix} 8 & 6 & 9 & 5 \\ 6 & 9 & 5 & 10 \\ 5 & 8 & 4 & 9 \\ 10 & 6 & 11 & 4 \end{pmatrix} + (3\ \ 8\ \ 5\ \ 20)$$

mit der Umkehrung

$$\chi^{-1}(y_1\ y_2\ y_3\ y_4) = (y_1\ y_2\ y_3\ y_4) \begin{pmatrix} 23 & 20 & 5 & 1 \\ 2 & 11 & 18 & 1 \\ 2 & 20 & 6 & 25 \\ 25 & 2 & 22 & 25 \end{pmatrix} + (3\ \ 24\ \ 21\ \ 14) \ .$$

5.2.3 Die Anzahl regulärer n-reihiger Matrizes über $\mathbb{Z}_N$ hängt von der Primalität von N ab. Bekannt ist[3]

---

[3] siehe *Heinz-Richard Halder, Werner Heise*: Einführung in die Kombinatorik, S. 206.

Satz. Sei $N = p$, p prim. Die Anzahl $g(p, n)$ regulärer Matrizes aus $\mathbb{Z}_p^{n,n}$ ist

$$g(p, n) = (p^n - 1)(p^n - p)(p^n - p^2) \ldots (p^n - p^{n-1})$$

Die Anzahl verschiedener Matrizes überhaupt ist p^{n^2} .
Es gilt

$$g(p, n) = p^{n^2} \cdot \rho(p, n)$$

wo

$$\rho(p, n) = \prod_{k=1}^{n} (1 - (\frac{1}{p})^k)$$

Dabei ist (*Euler* 1760)

$$\lim_{n \to \infty} \rho(p, n) = h\,(\frac{1}{p})$$

wo

$$h(x) = 1 + \sum_{k=1}^{\infty} (-1)^k \, [x^{(3k^2-k)/2} + x^{(3k^2+k)/2}]$$
$$= 1 - x - x^2 + x^5 + x^7 - x^{12} - x^{15} + x^{22} + x^{26} \ldots$$

eine lakunäre Reihe ist, die mit Thetareihen[4] zusammenhängt. $h(\frac{1}{p})$ liefert für größere n eine gute Abschätzung für $\rho(p, n)$; einige Werte für primes p sind

$N = p$	$h(\frac{1}{p})$	$\ln h(\frac{1}{p})$
2	0.28879	-1.24206
3	0.56013	-0.57959
5	0.76033	-0.27400
7	0.83680	-0.17817
11	0.90083	-0.10444
13	0.91716	-0.08647
17	0.93772	-0.06430
19	0.94460	-0.05699

Für $p > 10$ gibt $1 - \frac{1}{p} - \frac{1}{p^2}$ bereits 5 genaue Stellen für $h(\frac{1}{p})$; $1/(\frac{3}{2} - p)$ nähert $\ln h(\frac{1}{p})$ mit einem relativen Fehler kleiner als $\frac{1}{p^2}$.

Für Primzahlpotenzen gelangt man weiter mit Hilfe des

Satz (*Broy* 1981)

Sei N Primzahlpotenz, $N = p^s$ und $A \in \mathbb{Z}_N^{n,n}$. Dann existieren $A_i \in \mathbb{Z}_p^{n,n}$, $0 \leq i < s$ derart, daß A in der Form $A = \sum_{i=0}^{s-1} A_i\, p^i$ eindeutig darstellbar ist. A ist regulär genau dann wenn A_0 regulär ist.

Daraus folgt

---

[4] Siehe etwa *R. Remmert*, Funktionentheorie I, Springer 1984, S. 263.

$$g(p^s,\ n) = g(p,\ n)\cdot (p^{s-1})^{n^2}$$
$$= (p^s)^{n^2}\cdot \rho(p,\ n) = N^{n^2}\cdot \rho(p,\ n)\ .$$

Schließlich ergibt sich, wenn $N = p_1^{s_1}\cdot p_2^{s_2}\ \dots\ p_k^{s_k}$,

$$g(N,\ n) = N^{n^2}\cdot \rho(p_1\ ,n)\cdot \rho(p_2\ ,n)\ \cdot\ \dots\ \rho(p_k\ ,n)\ .$$

Verglichen mit der Anzahl $(N^n)!$ *aller* polygraphischen Substitutionen ist das nicht viel: für $N = 25$, $n = 4$ ist $(N^n)! \approx 10^{2184284}$, demgegenüber beträgt $N^{n^2} = 2.33\cdot 10^{22}$ und $g(N,\ n) = 1.77\cdot 10^{22}$. Das reicht jedoch immer noch an die Anzahl $6.20\cdot 10^{23}$ einfacher zyklischer Permutationen für $N{=}25$ heran.

Für $N{=}26$ ist $g(26,1){=}12$, $g(26,2){=}157\,248$, $g(26,3){=}1\,634\,038\,189\,056$.

5.2.4 Die Konstruktion einer regulären Matrix geschieht am einfachsten als Produkt einer unteren mit einer oberen regulären Dreiecksmatrix. Dazu müssen die Diagonalelemente invertierbar sein (s. 5.6, Tabelle 1), am einfachsten nimmt man Einsen in die Diagonale. Außerdem kann man die obere Dreiecksmatrix als transponierte der unteren wählen, dadurch erhält man symmetrische Matrizes. Die Invertierung der Dreiecksmatrizes zwecks Erzielung der inversen Abbildung geschieht nach der Eliminationsmethode. Es ist auch möglich, diese Rechnung zuerst in $\mathbb{Z}$ auszuführen und dann zu den Restklassen überzugehen.

Beispiel

$$\begin{pmatrix}1&&\\3&1&\\5&2&1\end{pmatrix}\begin{pmatrix}1&3&5\\&1&2\\&&1\end{pmatrix}=\begin{pmatrix}1&3&5\\3&10&17\\5&17&30\end{pmatrix}$$

$$\begin{pmatrix}1&&\\3&1&\\5&2&1\end{pmatrix}^{-1}=\begin{pmatrix}1&&\\-3&1&\\1&-2&1\end{pmatrix},\ \begin{pmatrix}1&3&5\\&1&2\\&&1\end{pmatrix}^{-1}=\begin{pmatrix}1&-3&1\\&1&-2\\&&1\end{pmatrix},$$

$$\begin{pmatrix}1&-3&1\\&1&-2\\&&1\end{pmatrix}\begin{pmatrix}1&&\\-3&1&\\1&-2&1\end{pmatrix}=\begin{pmatrix}11&-5&1\\-5&5&-2\\1&-2&1\end{pmatrix}$$

Für $\mathbb{Z}_{26}$ bzw. $\mathbb{Z}_{25}$ sind somit

$$\begin{pmatrix}1&3&5\\3&10&17\\5&17&4\end{pmatrix},\ \begin{pmatrix}11&21&1\\21&5&24\\1&24&1\end{pmatrix}\ \text{bzw.}\ \begin{pmatrix}1&3&5\\3&10&17\\5&17&5\end{pmatrix},\ \begin{pmatrix}11&20&1\\20&5&23\\1&23&1\end{pmatrix}$$

ein Paar (symmetrischer) inverser Matrizes, für $\mathbb{Z}_{10}$ bzw. $\mathbb{Z}_2$ sind es

$$\begin{pmatrix}1&3&5\\3&0&7\\5&7&0\end{pmatrix},\ \begin{pmatrix}1&5&1\\5&5&8\\1&8&1\end{pmatrix}\ \text{bzw.}\ \begin{pmatrix}1&1&1\\1&0&1\\1&1&0\end{pmatrix},\ \begin{pmatrix}1&1&1\\1&1&0\\1&0&1\end{pmatrix}\ .$$

Wählt man für gegebenes n und N die untere Dreiecksmatrix L wie auch die obere Dreiecksmatrix U (mit Einsen in der Diagonale) ganz beliebig und für D eine Diagonalmatrix mit invertierbaren Elementen, so erhält man bis auf Umordnung von Zeilen und Spalten alle Paare gegenseitig inverser Matrizes $L\,D\,U$ und $U^{-1}\,D^{-1}\,L^{-1}$.

5.2.5 Die Konstruktion einer involutorischen Matrix ist kaum schwieriger: Ist für gegebenes n und N $(X\ ,\ X^{-1})$ ein Paar gegenseitig inverser Matrizes und ist J eine involutorische Diagonalmatrix, deren Elemente $+1$ oder -1 (allgemeiner: in $\mathbb{Z}_N$ zu sich selbst reziprok) sind, so ist $X\,J\,X^{-1}$ involutorisch.

Beispiel

$$\begin{pmatrix} 1 & 3 & 5 \\ 3 & 10 & 17 \\ 5 & 17 & 30 \end{pmatrix} \begin{pmatrix} 1 & & \\ & -1 & \\ & & 1 \end{pmatrix} \begin{pmatrix} 11 & -5 & 1 \\ -5 & 5 & -2 \\ 1 & -2 & 1 \end{pmatrix} = \begin{pmatrix} 31 & -30 & 12 \\ 100 & -99 & 40 \\ 170 & -190 & 69 \end{pmatrix} .$$

Für $\mathbb{Z}_{26}$, $\mathbb{Z}_{25}$, $\mathbb{Z}_{10}$, $\mathbb{Z}_2$ ergeben sich somit die involutorischen Matrizes

$$\begin{pmatrix} 5 & 22 & 12 \\ 22 & 3 & 14 \\ 14 & 18 & 17 \end{pmatrix} , \begin{pmatrix} 6 & 20 & 12 \\ 0 & 1 & 15 \\ 20 & 5 & 19 \end{pmatrix} , \begin{pmatrix} 1 & 0 & 2 \\ 0 & 1 & 0 \\ 0 & 0 & 9 \end{pmatrix} , \begin{pmatrix} 1 & 0 & 0 \\ 0 & 1 & 0 \\ 0 & 0 & 1 \end{pmatrix} .$$

Über $\mathbb{Z}_2$ ist die Identität die einzige involutorische Diagonalmatrix.

Für die Anzahl involutorischer n-reihiger Matrizes über $\mathbb{Z}_N$ ist keine einfache Formel bekannt.

5.3 Binäre lineare Substitutionen

Für $\mathbb{Z}_2$, d.h. für Binärworte (der Länge n_0) des Klartextes, wird die technische Durchführung von linearen Substitutionen besonders einfach. Die Arithmetik *modulo* 2 läßt sich in Boolesche Algebra übersetzen und mit binären Schaltungen der Breite n_0 realisieren, für nicht zu großes n_0 sogar parallel.

Vergleicht man nun den Fall $\mathbb{Z}_{2^s}^{n_0 \times n_0}$, $n = n_0$ mit dem Fall $\mathbb{Z}_2^{s \cdot n_0 \times s \cdot n_0}$, $n = s \cdot n_0$, der sich ergibt, wenn man die 2^s Zeichen von $\mathbb{Z}_{2^s}^{n_0 \times n_0}$ in Binärworte der Länge s auflöst, so beträgt größenordnungsmäßig die Anzahl aller linearen Substitutionen $2^{s \cdot n_0^2} = K$ im ersteren Fall, $2^{s^2 \cdot n_0^2} = K^s$ im letzteren Fall. Die feinere Auflösung, die $\mathbb{Z}_2$ vornimmt, erhöht also die Mächtigkeit der Verfahrensklasse der linearen Transformationen.

5.4 Allgemeine lineare Substitutionen

Nimmt man noch die N^n Verschiebungen hinzu, so hat man von der Größenordnung N^{n^2+n} lineare Substitutionen insgesamt. Lineare Substitutionen in voller Allgemeinheit (mit $N = 26$) hat 1929 *Lester S. Hill*[5]

---

[5] *Lester S. Hill* war damals, 38 Jahr alt, *assistant professor of mathematics* am Hunter College in New York. Er hatte 1926 in Yale seinen Doktor gemacht, nachdem er an ver-

vorgeschlagen, ein Vorläufer ist *F. J. Buck* (1772)[6]. *Hills* Ideen wurden 1941 von *A. A. Albert* in einer Woge patriotischer wie mathematischer Begeisterung aufgegriffen, insbesondere in einem Vortrag auf einem Treffen der American Mathematical Society. Zu diesem Zeitpunkt hatten sie aber bereits ihre Auswirkungen gehabt, auf *W. F. Friedman* in den Staaten, auf *Werner Kunze* im Auswärtigen Amt.[7] *Hills* Bedeutung liegt vor allem darin, daß seither der Wert mathematischer Methoden in der Kryptologie unumstritten ist; daß in den dreißiger Jahren Mathematiker in den Chiffrierbüros einzogen, *Solomon Kullback*, *Abraham Sinkov*, *Werner Kunze*, *Mauritius de Vries* und viele, deren Namen verborgen bleiben. *Lester S. Hill* konstruierte auch eine Maschine, die (für $n = 6$) lineare Substitutionen durchführte, und bekam dafür ein Patent (US Patent 1.845,947). Ein rein mechanisches Gerät mit Zahnrädern befriedigte aber nicht sehr, und so wurde *Hills* Erfindung im 2. Weltkrieg nur benutzt, um 3-Buchstaben-Gruppen von Radio-Rufzeichen zu verschlüsseln.

5.5 Zerfallende lineare Substitutionen

Als Spezialfall steckt hinter der linearen Substitution jedoch auch eine spezielle poly*alphabetische* Chiffrierung. Dies ist so, wenn T in direkte Bestandteile zerfällt, $T = T_1 \oplus T_2 \oplus \cdots \oplus T_r$, also blockdiagonal ist,

$$T = \left(\begin{array}{c|c|c|c} T_1 & 0 & \dots & 0 \\ \hline 0 & T_2 & \dots & 0 \\ \hline \vdots & \vdots & \dots & 0 \\ \hline 0 & 0 & 0 & T_r \end{array}\right)$$

wobei T_i n_i-reihig ist. Dann definiert jedes T_i , zusammen mit dem entsprechenden Anteil t_i von $t = t_1 \oplus t_2 \oplus \cdots \oplus t_r$, eine polygraphische Substitution, eine Chiffrierung von n_i-grammen. Sofern diese r Substitutionen paarweise verschieden sind, handelt es sich gleichzeitig um eine r-fach polyalphabetische, polygraphische Verschlüsselung.

---

schiedenen Colleges Lehrer gewesen war. Die Arbeit ist in *The American Mathematical Monthly* unter dem Titel "Cryptography in an Algebraic Alphabet" erschienen (Band **36**, S. 306–312, im Juni–Juli 1929), sowie eine Nachfolgearbeit "Concerning certain linear transformation apparatus of cryptography" (Band **37**, S. 135–154, März 1931). *Hill* blieb bis 1960 Professor am Hunter College, er starb am 9. Januar 1961.

6 d'*Amiol* verwendete 1867 eine Bigrammverschlüsselung $V^2 \rightarrow V^2$, die möglicherweise eine spezielle lineare Transformation ist.

7 Dr. *Werner Kunze*, geboren etwa 1890, hatte in Heidelberg Mathematik, Physik und Philosophie studiert, war Kavallerist im 1. Weltkrieg und kam im Januar 1918 zur Kryptologie im AA. Er brach 1923 einen überschlüsselten diplomatischen Code Frankreichs, 1936 ORANGE und später RED, zwei japanische Rotor-Schlüsselmaschinen. *Kunze* war vermutlich der erste professionelle Mathematiker, der in einem modernen kryptanalytischen Büro beschäftigt war. *Kunze* war, gleich *Mauborgne*, ein passabler Violinspieler.

Ein wichtiger Extremfall ist $n_i = 1$, $r = n$. Dann ist T eine Diagonalmatrix, in jeder Zeile liegt eine **einfache lineare Substitution**, eine spezielle einfache Substitution $T_i : V^1 \rightarrow V^1$ vor. Mehr darüber in 7.3.1 .

Betrachten wir den monographischen Fall.

Es ist $\chi(x) = q \cdot x + t$ sicher regulär für $q = 1$, $\chi(x) = x + t$ mit der Umkehrung $\chi^{-1}(x) = x - t$. Dies liefert für $t \neq 0$ eine CAESAR-Addition. Für $\chi(x) = x + i$ schreiben wir hinfort auch $\chi(x) = \rho^i(x)$, wo $\rho(x) = x + 1$.

Allgemein gilt

$\chi(x) = q \cdot x + t$ ist regulär genau dann, wenn q teilerfremd ist zu N .

Die Anzahl $g(N, 1)$ regulärer homogener Abbildungen stimmt mit der Eulerschen Funktion $\phi(N)$, der Anzahl der zu N teilerfremden Zahlen unter den Zahlen $1, 2, \ldots N-1$, überein.

Ist $N = p_1^{s_1} \cdot p_2^{s_2} \cdot \ldots \cdot p_k^{s_k}$, so ist

$$\begin{aligned}\phi(N) &= (p_1 - 1) \cdot p^{s_1 - 1} \cdot (p_2 - 1) \cdot p^{s_2 - 1} \cdot \ \ldots \ \cdot (p_k - 1) \cdot p^{s_k - 1} \\ &= N \cdot (1 - \tfrac{1}{p_1}) \cdot (1 - \tfrac{1}{p_2}) \cdot \ \ldots \ \cdot (1 - \tfrac{1}{p_s}) .\end{aligned}$$

Tabelle 1 gibt für einige gebräuchliche Werte von N Paare von q und q^{-1} , darunter auch selbstreziproke q , die zu involutorischen Abbildungen führen.

5.6 Übergreifende Alphabete

Der homogene Fall liefert neben den Trivialfällen

$q = q^{-1} = 1$ (unverändertes Alphabet) und
$q = q^{-1} = N - 1$ (komplementäres Alphabet)

die sogenannten übergreifenden Alphabete (vgl. 3.2.3, *alphabets chevauchants*), die *Eyraud* betrachtet: Alphabete, die man erhält, wenn man als Repräsentanten das q-fache *modulo N* (*Sinkov*: *'decimation by q'*) nimmt. *Eyraud* gibt auch die Bedingung der Teilerfremdheit von q und N an.

Beispiele für $N = 8$:

$$q = 1 : \begin{pmatrix} a & b & c & d & e & f & g & h \\ a & b & c & d & e & f & g & h \end{pmatrix} = (a)\,(b)\,(c)\,(d)\,(e)\,(f)\,(g)\,(h)$$

$$q = 7 : \begin{pmatrix} a & b & c & d & e & f & g & h \\ a & h & g & f & e & d & c & b \end{pmatrix} = (a)\,(bh)\,(cg)\,(df)\,(e)$$

$$q = 3 : \begin{pmatrix} a & b & c & d & e & f & g & h \\ a & d & g & b & e & h & c & f \end{pmatrix} = (a)\,(bd)\,(cg)\,(e)\,(fh)$$

$$q = 5 : \begin{pmatrix} a & b & c & d & e & f & g & h \\ a & f & c & h & e & b & g & d \end{pmatrix} = (a)\,(bf)\,(c)\,(dh)\,(e)\,(g)$$

Das komplementäre Alphabet ergibt sich mit der Abbildung

$$\chi(x) = (N-1) \cdot x \simeq N - x \;\simeq\; -x \;.$$

Das revertierte Alphabet 3.2.1 ergibt sich aus dem inhomogenen Fall mit der Abbildung

$$\chi(x) = (N-1) \cdot (x+1) \simeq (N-1) - x \;.$$

5.7 n-ziffrige Dezimalzahlen

Man beachte auch den Unterschied zwischen $\mathbb{Z}_N^n$, das zu V^n gehört, und $\mathbb{Z}_{N^n}$, auf das man geführt wird, wenn V^n etwa lexikographisch geordnet wird. Wegen der leichten Durchführbarkeit mit einem Taschenrechner sind die übergreifenden Alphabete (s. 5.6) für n-ziffrige Dezimalzahlen, d.h. für $\mathbb{Z}_{10^n}$, für Amateure besonders interessant[8].

Der Fall $n = 2$ führt auf $\mathbb{Z}_{100}$. Es genügt, für Primzahlen bis 97 (ohne 2 und 5) die Reziproken *modulo* 100 zu kennen:

3	7	11	13	17	19	23	29	31	37	41	43	47	53	59	61	67	71	73	79	83	89	97	
67	43	91	77	53	79	87	69	71	73	61	7	83	17	39	41	3	31	27	19	47	9	33	.

Dabei ist die Endziffer der Reziproken schon durch das Reziproke *modulo* 10 der Endziffer bestimmt, vgl. Tabelle 1, $N = 10$. Dies legt für größere Werte von n ein stufenweises Vorgehen nahe: Man bestimmt jeweils eine weitere Ziffer passend.

Für $N = 10$ hierzu ein Beispiel: Es sei das Reziproke *modulo* 10^5 von 55079 zu bestimmen. Es ergibt sich 66519 mit folgendem Algorithmus

9 :			$9 \cdot 9 = \mathbf{8} \cdot 10 + 1$
79 :	$\mathbf{8} = 7 + \mathrm{x}$	$\mathrm{x} = 1$	$79 \cdot 19 = \mathbf{15} \cdot 10^2 + 1$
079 :	$\mathbf{15} = 0 + \mathrm{x}$	$\mathrm{x} = \not{1}5$	$079 \cdot 519 = \mathbf{41} \cdot 10^3 + 1$
5079 :	$\mathbf{41} = 5 + \mathrm{x}$	$\mathrm{x} = \not{3}6$	$5079 \cdot 6519 = \mathbf{3311} \cdot 10^4 + 1$
55079 :	$\mathbf{3311} = 5 + \mathrm{x}$	$\mathrm{x} = \not{3}\not{3}\not{0}6$	$55079 \cdot 66519 = \mathbf{36638} \cdot 10^5 + 1$

Der Aufwand zur Bestimmung der Reziproken einer n-stelligen Zahl geht proportional n^2 .

Für professionelles Arbeiten ist das Dualsystem vorzuziehen. Die Fälle $N=2$ und $n=8$, 16 oder 32 passen direkt auf die Internarithmetik von Mikroprozessoren. Der Algorithmus zur Bestimmung einer Reziproken *modulo* 2^n verläuft analog dem obigen, ist überdies wie der klassische Dualalgorithmus der Division noch einfacher als der für den Fall *modulo* 10^n .

Beispielsweise erhält man zu	**LOOO OOOO OOLL OLLL** = 32823
reziprok *modulo* 2^{16}	**OOLL OLOL LOOO OLLL** = 13703

In der Tat ist $32823 \cdot 13703 = 6863 \cdot 2^{16} + 1$.

---

[8] Auch mit einem mechanischen Addiergerät kann man leicht in $\mathbb{Z}_{10^n}$ rechnen. Um zum Rechnen in $\mathbb{Z}_{10}^n$ überzugehen, muß man die Übertragseinrichtung ausbauen (vgl. 8.3.3).

$N = 2$	1
	1

$N = 3$	1	2
	1	2

$N = 4$	1	3
	1	3

$N = 5$	1	2	3	4
	1	3	2	4

$N = 6$	1	5
	1	5

$N = 7$	1	2	3	4	5	6
	1	4	5	2	3	6

$N = 8$	1	3	5	7
	1	3	5	7

$N = 9$	1	2	4	5	7	8
	1	5	7	2	4	8

$N = 10$	1	3	7	9
	1	7	3	9

$N = 11$	1	2	3	4	5	6	7	8	9	10
	1	6	4	3	9	2	8	7	5	10

$N = 12$	1	5	7	11
	1	5	7	11

$N = 13$	1	2	3	4	5	6	7	8	9	10	11	12
	1	7	9	10	8	11	2	5	3	4	6	12

$N = 14$	1	3	5	9	11	13
	1	5	3	11	9	13

$N = 15$	1	2	4	7	8	11	13	14
	1	8	4	13	2	11	7	14

$N = 16$	1	3	5	7	9	11	13	15
	1	11	13	7	9	3	5	15

$N = 17$	1	2	3	4	5	6	7	8	9	10	11	12	13	14	15	16
	1	9	6	13	7	3	5	15	2	12	14	10	4	11	8	16

Tabelle 1 a. Reziproke Paare in $\mathbb{Z}_N$ für N bis 17

$N = 18$	1	5	7	11	13	17																				
	1	11	13	5	7	17																				
$N = 19$	1	2	3	4	5	6	7	8	9	10	11	12	13	14	15	16	17	18								
	1	10	13	5	4	16	11	12	17	2	7	8	3	15	14	6	9	18								
$N = 20$	1	3	7	9	11	13	17	19																		
	1	7	3	9	11	17	13	19																		
$N = 21$	1	2	4	5	8	10	11	13	16	17	19	20														
	1	11	16	17	8	19	2	13	4	5	10	20														
$N = 22$	1	3	5	7	9	13	15	17	19	21																
	1	15	9	19	5	17	3	13	7	21																
$N = 23$	1	2	3	4	5	6	7	8	9	10	11	12	13	14	15	16	17	18	19	20	21	22				
	1	12	8	6	14	4	10	3	18	7	21	2	16	5	20	13	19	9	17	15	11	22				
$N = 24$	1	5	7	11	13	17	19	23																		
	1	5	7	11	13	17	19	23																		
$N = 25$	1	2	3	4	6	7	8	9	11	12	13	14	16	17	18	19	21	22	23	24						
	1	13	17	19	21	18	22	14	16	23	2	9	11	3	7	4	6	8	12	24						
$N = 26$	1	3	5	7	9	11	15	17	19	21	23	25														
	1	9	21	15	3	19	7	23	11	5	17	25														
$N = 27$	1	2	4	5	7	8	10	11	13	14	16	17	19	20	22	23	25	26								
	1	14	7	11	4	17	19	5	25	2	22	8	10	23	16	20	13	26								
$N = 28$	1	3	5	9	11	13	15	17	19	23	25	27														
	1	19	17	25	23	13	15	5	3	11	9	27														
$N = 29$	1	2	3	4	5	6	7	8	9	10	11	12	13	14	15	16	17	18	19	20	21	22	23	24	25	..
	1	15	10	22	6	5	25	11	13	3	8	17	9	27	2	20	12	21	26	16	18	4	24	23	7	
$N = 30$	1	7	11	13	17	19	23	29																		
	1	13	11	7	23	19	17	29																		
$N = 31$	1	2	3	4	5	6	7	8	9	10	11	12	13	14	15	16	17	18	19	20	21	22	23	24	25	..
	1	16	21	8	25	26	9	4	7	28	17	13	12	20	29	2	11	19	18	14	3	24	27	22	5	
$N = 32$	1	3	5	7	9	11	13	15	17	19	21	23	25	27	29	31										
	1	11	13	23	25	3	5	15	17	27	29	7	9	19	21	31										
$N = 33$	1	2	4	5	7	8	10	13	14	16	17	19	20	23	25	26	28	29	31	32						
	1	17	25	20	19	29	10	28	26	31	2	7	5	23	4	14	13	8	16	32						

Tabelle 1 b. Reziproke Paare in $\mathbb{Z}_N$ für N von 18 bis 33

6 Chiffrierschritte: Transposition

«En un mot, les méthodes de transposition sont une salade des lettres du texte clair.»
Bazeries

Ein im 5. Kapitel gar nicht behandelter extremer Spezialfall einer homogenen linearen Transformation stützt sich auf reguläre Matrizes, die nur mit 0 und 1 besetzt sind, was für $N > 2$ eine echte, und zwar schwere, Einschränkung bedeutet.
Verlangt man überdies, daß in jeder Zeile und in jeder Spalte genau einmal 1 und sonst 0 vorkommt, so bekommt man eine Permutationsmatrix; die lineare Transformation bewirkt eine bloße Permutation der Basis.

Die **Transposition** (engl. *transposition*, deutsch auch ‚Würfelverfahren'[1] oder ‚Versatzverfahren') ist also eine polygraphische Substitution $V^n \rightarrow V^n$, eine C o d i e r u n g speziellster Art

$$(x_1 \, , \, x_2 \, , \, \ldots \, x_n) \mapsto (x_{\pi(1)} \, , \, x_{\pi(2)} \, , \, \ldots \, x_{\pi(n)})$$

wo π eine Permutation von $\{1 \ldots n\}$ ist. Sie permutiert nicht Alphabetzeichen, sondern Plätze. Uralt ist ihre Verwendung zur Bildung von Pseudonymen.[2]

6.1 Einfachste Verfahren

Die einfachsten Verfahrensklassen sind einelementig oder haben nur geringen Umfang.

6.1.1 Krebs: Wortweise oder im ganzen die Nachricht rückwärts gelesen.

Beispiele: Lirpa Occabot Kool , vgl. auch 1.4.

Hierunter fallen auch **Ananyme** wie ‚Remarque' für ‚Kramer', ‚Ave' für ‚Eva'. Krebs ist auch eine in der Musik bekannte Chiffrierung: Krebskanon.

---

[1] Eigentlich ‚Verwerfung', vgl. den Gebrauch des Wortes ‚Gleis-Verwerfung' für eine Permutation von Eisenbahngeleisen.

[2] Pseudonyme (mit dichterischer Freiheit und phonetischer Rückung):

Callas	$\hat{=}$	Kalogeropulos	Monroe	$\hat{=}$	Mortenson	Bennet	$\hat{=}$	Benedetto
Leigh	$\hat{=}$	Hartley	Starr	$\hat{=}$	Starkey	Garbo	$\hat{=}$	Gustafson

Palindrome[3] sind Worte oder Sätze, die unter Krebs invariant sind:

Anna Reger Renner Rentner Reittier Marktkram Reliefpfeiler Salomo las Plaudere du Alp Oh Cello voll Echo Ein Neger mit Gazelle zagt im Regen nie Eins nutzt uns: Amore. Die Rederei da, die Rederei der Omas, nutzt uns nie .

6.1.2 Schüttelreim: Eine harmlose nichtkryptographische Verwendung der Transposition findet man im Schüttelreim (engl. *spoonerism*):

schwarzen Wein — Warzenschwein	Häuserlmeer — Mäuserlheer
fiesen Rächer — Riesenfächer	tappen wir — Wappenti(e)r
Federn lassen — ledern fassen	Rotkehlchen — Kotröllchen
reine Sache — seine Rache	Gossensass — Sossengass
they hung flags — they flung hags	dear old Queen — queer old Dean
wasted the term — tasted the worm	
missed the history — hissed the mystery	

Die dabei benutzte Transposition π : $\pi(1,2,3,4) = (3,2,1,4)$ wird kryptographisch verwendet im **Medical Greek**, nach *Kahn* unter Londoner Medizinstudenten grassierend: POKE A SMIKE steht für *smoke a pipe*.

6.1.3 Würfel: Nach Wahl einer Zeilenlänge k als Kennzahl wird der Klartext waagrecht in Zeilen der Länge k geschrieben, senkrecht herausgelesen

```
i c h b i n     I D T E C E O N H R R B B D E A I O I R N K S T
d e r d o k
t o r e i s
e n b a r t
```

Dieses Verfahren haben wir schon zur Gewinnung eines Alphabets für einfache Substitutionen kennengelernt (3.2.4). Varianten sind **Diagonalwürfel**, **Schneckenwürfel** und **Schlangenlinienwürfel:** Jede zweite Gruppe wird im Krebs gelesen[4] : I D T E N O E C H R R B A E D B I O I R T S K N .

Raffinierter sind **Rösselsprungwürfel** (Abb. 33); ihre unberufene Entzifferung ist jedoch nicht schwierig, wenn der Anfang bekannt ist (Rösselsprung-Rätsel).

Bequem handhabbar sind **Raster** (frz. *grille*). Man benötigt einen Satz von Rastern, die in einer verabredeten Reihenfolge gebraucht werden. Beim **Drehraster**[5] werden verschiedene Fenster durch Drehung nacheinander zur Wirkung gebracht. Es gibt **2-zählige** (Abb. 34) und **4-zählige** (Abb. 35) Drehraster, auch Fleißner-Raster[6] genannt.

---

[3] In der experimentellen Lyrik benutzt von *Otto Promber*, *Oskar Pastior*, *Herbert Pfeiffer*.

[4] bustrophedon, engl. *boustrophodontic*, furchenwendig, in der Art der Ochsenkehre beim Pflügen.

[5] Drehraster hat bereits *Jules Verne* in der Erzählung ‚Mathias Sandorff' beschrieben.

[6] *Eduard Fleißner von Wostrowitz*, österreich. Oberst, ‚Neue Patronen-Geheimschrift' (Handbuch der Kryptographie, Wien 1881). In *Hašeks* Erzählung ‚Der tapfere Soldat Schwejk' wird ein ‚Handbuch der militärischen Kryptographie' von Oberleutnant *Fleißner* erwähnt, sowie andere Details, die eine gewisse Vertrautheit von *Hašek* mit der Kryptographie erkennen lassen.

1	4	53	18	55	6	43	20
52	17	2	5	38	19	56	7
3	64	15	54	31	42	21	44
16	51	28	39	34	37	8	57
63	14	35	32	41	30	45	22
50	27	40	29	36	33	58	9
13	62	25	48	11	60	23	46
26	49	12	61	24	47	10	59

Abb. 33. Rösselsprung-Würfel

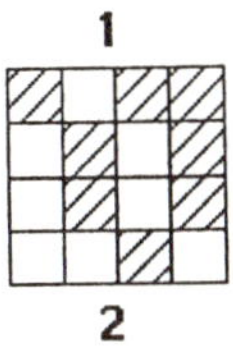

o e u r
r b t r
o o m t
h a h s

o u r b r o t h
e r t o m h a s

Abb. 34. Zweizähliges Drehraster

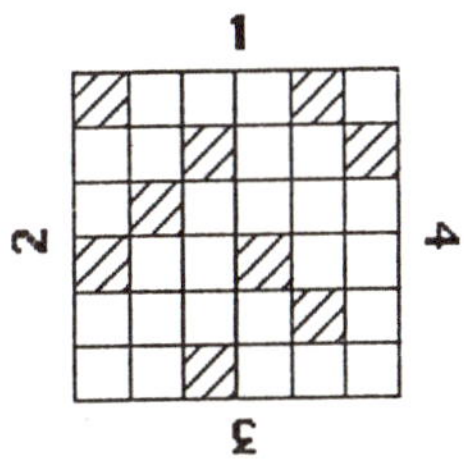

o p r u u t
i s r o l b
m r t e h g
o s a t o j
t t o t h h
h h e n j e

o u r b r o t h e
r t o m h a t h j
u s t g o t t h e
p i l e s j o h n

Abb. 35. Vierzähliges Drehraster

Ihre Konstruktion ist einfach: Man beschreibt einen Quadranten des Feldes (mit gerader Zeilen- und Spaltenanzahl) mit Markierungen, überlagert alle durch Rotation sich ergebende Markierungen und wählt dann von jeder Markierung genau eine aus:

1	2	3	7	**4**	1
4	5	**6**	8	5	**2**
7	**8**	9	9	6	3
3	6	9	**9**	8	7
2	5	8	6	**5**	4
1	4	**7**	3	2	1

Damit lassen sich Raster auch nach Schlüsseln herstellen, etwa[7]

┘ └┐ └ ┌┘ ┐ ┘ ┌ .

[7] Für $n = 4v^2$ Felder ergeben sich zweizählig: $2^{n/2}$ Möglichkeiten, vierzählig: $4^{n/4} = 2^{n/2}$ Möglichkeiten. Für $n = 36$ sind das $\approx 2.62 \cdot 10^5$, die Anzahl aller Permutationen beträgt $36! \approx 3.72 \cdot 10^{41}$.

Würfel und Drehraster wurden gern auf militärisch-taktischem Niveau verwendet. Im 1. Weltkrieg wurden vom deutschen Heer ab Anfang 1917 Drehraster verwendet, sie hatten Bezeichnungen wie *ANNA* (5 × 5), *BERTA* (6 × 6), *CLARA* (7 × 7), *DORA* (8 × 8), *EMIL* (9 × 9) und *FRANZ* (10 × 10). Nach vier Monaten gab man das wieder auf.

Würfel und Drehraster ergeben eine Transposition der gesamten Nachricht. Vorläufer ist das Raster von *Cardano*, das k e i n e Transposition ergibt, sondern nur neben die durch die Fenster sichtbaren Zeichen eine größere Menge von Blendern setzt (vgl. 1.4). Ernstzunehmen sind diese Verfahren nicht, aber man ist nie sicher, ob sie nicht doch verwendet werden.

6.2 Spalten-Transpositionen

6.2.1 Mit Kennworten arbeitet die Verfahrensklasse der **einfachen Spaltentransposition**. Nach Wahl einer Zeilenlänge k wird die Nachricht wieder waagrecht zeilenweise geschrieben, die entstehenden Spalten werden nach Maßgabe einer Permutation $\pi \in \gamma_k$ (‚Losung') senkrecht herausgelesen:

$$\underbrace{\text{e s w a r s c h o n d u n k e l}}_{2\ 1\ 4\ 3}$$

$$\left.\begin{array}{cccc} e & s & w & a \\ r & s & c & h \\ o & n & d & u \\ n & k & e & l \end{array}\right\}\ \text{S S N K E R O N A H U L W C D E}$$

Kryptanalytisch damit äquivalent ist die **Blocktransposition** (‚Umstellung' oder ‚Gruppen-Transposition', *Gaines: complete-unit transposition, Eyraud: Variante de Richelieu*): die Nachricht wird in Blöcke von k Elementen unterteilt und jede dieser Blöcke wird mittels π permutiert — es handelt sich um eine monoalphabetische polygraphische Chiffrierung mit der Breite k:

$$\underbrace{\text{e s w a r s c h o n d u n k e l}}_{2\ 1\ 4\ 3}$$

$$\left.\begin{array}{cccccccccc} e & s & w & a & \quad & S & E & A & W \\ r & s & c & h & & S & R & H & C \\ o & n & d & u & & N & O & U & D \\ n & k & e & l & & K & N & L & E \end{array}\right\}\ \text{S E A W S R H C N O U D K N L E}$$

Die einfache Spaltentransposition ist aber mit Papier und Bleistift mit weniger Mühe und sicherer durchzuführen.

Um die berufene Entzifferung zu erleichtern, wird beim Würfel wie auch bei einfacher Spaltentransposition und Blocktransposition meist verlangt, daß die Länge der Nachricht durch k teilbar ist. Die dazu erforderlichen Blender sind, wenn sie nicht fachmännisch gewählt werden — wenn also z.B. mit $qq \ldots q$ aufgefüllt wird — ein beliebter Ansatz für den unberufenen Entzifferer. Notwendig ist diese Aufweichung beim Würfel wie bei der Spaltentransposition nicht – man kann ja die Länge der letzten Zeile, der Restzeile als Divisionsrest erhalten.

Einfache Spaltentransposition und Blocktransposition sind mit simpelsten Mitteln zu lösen. Man geht deshalb gern zu komplizierteren Transpositionen über. Sie sind alle als zusammengesetzte Verfahren (siehe 9. Kapitel) auffaßbar.

6.2.2 Die **doppelte Spaltentransposition** (engl. *double columnar transposition*, frz. *double transposition*) wendet zweimal Spaltentransposition an. An sich könnte dabei jedesmal eine andere Losung verwendet werden; bei der US Army Version (*'US Army Double Transposition'*) geschah das nicht.

Dies war auch so beim kaiserlichen Heer, das das Verfahren als ÜBCHI bezeichnete und gern verwendete – die Franzosen unter dem damaligen Capitaine *François Cartier* lasen bis zum 18. November 1914 mit. Die Verwendung zweier verschiedener Losungen – oder auch dreifache Spaltentransposition – hätte da auch nichts genützt: die einschlägige Methode war davon völlig unabhängig. Wir werden darauf im 21. Kapitel zurückkommen.

6.2.3 Etwas anderes ist die **gemischte Zeilen-Spalten-Transposition**, frz. *transposition double* (*Givierge, Eyraud*).[8] Bei ihr wird zuerst die Nachricht zeilenweise nach Maßgabe einer Permutation π_1 geschrieben, dann die Geheimnachricht spaltenweise nach Maßgabe einer Permutation π_2 herausgelesen:

e s w a r s c h o n d u n k e l

	2	1	4	3	
2	r	s	c	h	
4	n	k	e	l	S K S N R N E O H L A U C E W D
1	e	s	w	a	
3	o	n	d	u	

Entsprechend bei der **gemischten Zeilen-Block-Transposition** :

e s w a r s c h o n d u n k e l

2	1	4	3						
e	s	w	a	S	E	A	W	2	
r	s	c	h	S	R	H	C	4	N O U D S E A W K N L E S R H C
o	n	d	u	N	O	U	D	1	
n	k	e	l	K	N	L	E	3	

Bei der gemischten Zeilen-Spalten-Transposition oder Zeilen-Block-Transposition mit quadratischer Anordnung kann man beide Male die gleiche Losung verwenden; setzt man $\pi_2 = \pi_1^{-1}$, so handelt es sich um die Methode, die *Kerckhoffs* 1883 den russischen Nihilisten zuschrieb (*nihilist cipher*).

---

[8] Beachte den Unterschied im Französischen: *double transposition* (6.2.2), *transposition double* (6.2.3).

Zur mathematischen Behandlung dieser Transpositionen soll die Nachricht x stets durch eine Matrix X von Zeilen der Länge k dargestellt sein. Permutation der Zeilen bedeutet dann Multiplikation von links mit der betreffenden Permutationsmatrix π_1 ,

$$X \mapsto \pi_1 X \ .$$

Permutation der Spalten bedeutet Multiplikation von rechts mit π_2 ,

$$X \mapsto X\pi_2 \ .$$

Dies ist gerade die Block-Transposition. Die Spalten-Transposition ergibt sich demgegenüber als Äquivalent einer Spalten-Permutation, gefolgt von einer Matrix-Transposition $.^T$ (d.h. einem Würfel)

$$X \mapsto (X\pi_2)^T$$

somit auch als Zeilenpermutation mit[9] π_2^{-1} , angewandt auf die transponierte Matrix

$$X \mapsto \pi_2^{-1} X^T \ .$$

Eine gemischte Zeilen-Spalten-Transposition stellt sich dar als

$$X \mapsto ((\pi_1 X)\pi_2)^T = \pi_2^{-1} X^T \pi_1^{-1} \ .$$

Eine **doppelte Spalten-Transposition** mit quadratischer Anordnung ergibt

$$X \mapsto ((X\pi_1)^T \pi_2)^T = \pi_2^{-1} X \pi_1 \ ,$$

ist also von einer gemischten Zeilen-Spalten-Transposition nur unwesentlich verschieden;[10] beide Verfahren können bereits mit den Methoden, die für einfache Spaltentransposition geeignet sind, gebrochen werden.

Eine echte Komplikation für die unberufene Entzifferung von einfachen Transpositionen ist die Einführung von unregelmäßig verstreuten Plätzen, die nicht beschrieben werden dürfen (PA-KZ-System, Japan 1941), sowie bei doppelter Transposition die Verwendung nicht-quadratischer Anordnungen.

6.3 Anagramme

Transposition läßt den Zeichenhaufen[11] einer Nachricht unverändert. Beim **Anagramm** sucht man aus dem Zeichenhaufen die Nachricht zu rekonstruieren. So gab *Huyghens* folgendes Anagramm

$$\mathrm{a}^7\ \mathrm{c}^5\ \mathrm{d}^1\ \mathrm{e}^5\ \mathrm{g}^1\ \mathrm{h}^1\ \mathrm{i}^7\ \mathrm{l}^4\ \mathrm{m}^2\ \mathrm{n}^9\ \ \mathrm{o}^4\ \mathrm{p}^2\ \mathrm{q}^1\ \mathrm{r}^2\ \mathrm{s}^1\ \mathrm{t}^5\ \mathrm{u}^5 \ ,$$

woraus man *'annulo cingitur tenui plano, nusquam cohaerente, ad eclipticam inclinato'* („[Saturn] ist umgeben von einem dünnen flachen Ring, der ihn nirgendwo berührt und zur Ekliptik geneigt ist“) erhalten kann.

---

[9] Da eine Permutationsmatrix orthogonal ist, ist $\pi_1^T = \pi_1^{-1}$.

[10] beide werden wesentlich durch ein Kreuzprodukt $\pi \times \pi$ dargestellt. Für die Nihilistenchiffre handelt es sich um eine Ähnlichkeitstransformation, desgleichen für die US Army Version der doppelten Spaltentransformation bei quadratischer Anordnung.

[11] d.h. Wiederholungen mitgerechnet. Die Aussage ist auch richtig für Zeichenmengen.

Newton schrieb an Leibniz

$$a^7\ c^2\ d^2\ e^{14}\ f^2\ i^7\ l^3\ m^1\ n^8\ o^4\ q^3\ r^2\ s^4\ t^8\ v^{12}\ x^1 ,$$

was als *'data aequatione quodcumque fluentes quantitates involvente, fluxiones invenire et vice versa'* („aus einer beliebig viele Fluenten enthaltenden Gleichung die Fluxionen zu finden und umgekehrt") gedeutet wird.

Anagramme waren unter Wissenschaftlern des 17. Jahrhunderts sehr beliebt, was vielleicht mit der Vorliebe, die Amateure bis heute für Transposition hegen, zusammenhängt. *Galilei* schrieb an *Kepler* ein maskiertes Anagramm

HAEC IMMATURA A ME IAM FRUSTRA LEGUNTUR O. Y.

(„Diese unreifen Dinge lese ich vergeblich"), was bedeuten soll

'cyntiae figuras aemulator mater aurorum' („Die Mutter der Liebe (= Venus) ahmt die Phasen der Cyntia (= Mond) nach").

Ein modernes Beispiel ist ASTRONOMERS, was als *moon starters* , aber auch als *no more stars* gelesen werden kann.

Ludwig II. von Bayern schrieb das (nicht tiefliegende) maskierte Anagramm

MEICOST ETTAL

was als *l'état c'est moi* zu lesen ist.

In der experimentellen Lyrik findet man Anagramm-Gedichte wie[12]

Glück und Sommer weinen Wade, Röhricht neu,
Rad und Röcke suchen Note: Glühweinwimmern.
Randenhügel, Wut und Nock: wie Öre schimmern.
Wandertürme, Gnom in Köchern wund, eil scheu.

vom Typ $a^1\ c^2\ d^2\ e^5\ g^1\ h^2\ i^2\ k^1\ l^1\ m^2\ n^4\ o^1\ r^3\ s^1\ t^1\ u^2\ w^2\ ö^1\ ü^1$.

Unter britischen Intellektuellen sind Anagramme auch heute noch beliebt (Abb. 36). Sie finden sich weiterhin in Berufsrätseln :

IRI BRÄTER, GENF	Briefträgerin
FRANK PEKL, REGEN	Krankenpfleger
PEER ASTIL, MELK	Kapellmeister
INGO DILMUR, PEINE	Diplomingenieur
EMIL REST, GERA	Lagermeister
KARL SORDORT, PEINE	Personaldirektor

Die Frage drängt sich auf, ob man nicht aus einem Haufen von Buchstaben, einem Zeichenhaufen, auch mehrere Nachrichten gewinnen kann. Schon *Jonathan Swift* beschäftigte sich damit, als er in seiner Satire ‚Gullivers Reisen' darauf hinwies, ein böser politischer Gegner könnte aus einem so harmlosen Satz wie

OUR BROTHER TOM HATH JUST GOT THE PILES

---

12 *Francesco Gagliardi*.

admonition	domination
alarmingly	marginally
algorithms	logarithms
alienators	senatorial
ancestries	resistance
antagonist	stagnation
auctioning	cautioning
australian	saturnalia
broadsides	sideboards
catalogued	coagulated
catalogues	coagulates
certifying	rectifying
collapsing	scalloping
compressed	decompress
configures	refocusing
conserving	conversing
contenting	contingent
coordinate	decoration
countering	recounting
creativity	reactivity
dealership	leadership
decimating	medicating
decimation	medication
deductions	discounted
denominate	emendation
denotation	detonation
denouncers	uncensored
deposition	positioned
descriptor	predictors
directions	discretion
discoverer	rediscover
earthiness	heartiness
egocentric	geocentric
enduringly	underlying
enervating	venerating
enervation	veneration
excitation	intoxicate
filtration	flirtation
harmonicas	maraschino
impregnate	permeating
impression	permission
impressive	permissive

Abb. 36. Zehn-Buchstaben-Wort-Anagramme (nach *Hugh Casement*)

```
indescreet    iridescent
introduces    reductions
mouldering    remoulding
nectarines    transience
ownerships    shipowners
percussion    supersonic
persistent    prettiness
persisting    springiest
pertaining    repainting
petitioner    repetition
platitudes    stipulated
positional    spoliation
procedures    reproduces
profounder    underproof
```

Abb. 36. Zehn-Buchstaben-Wort-Anagramme (nach *Hugh Casement*)

durch Transposition herauslesen

resist — a plot is brought home — the tour.

In der Tat zeigt die Erfahrung, bestätigt durch *Shannons* Theorie, daß es für ein Anagramm keine Unizitätslänge gibt.

Zur Historie wäre noch anzumerken, daß eine erste Frühform der Transposition sich im griechischen *skytale* ($\sigma\kappa\upsilon\tau\alpha\lambda\varepsilon$), bereits aus dem 5. Jahrhundert v. Chr. bekannt, findet: ein Stab, um den ein Pergamentstreifen gewickelt wird, auf den die Nachricht — der Länge des Stabes nach — geschrieben wird. Nach dem Niedergang der klassischen Kultur findet sich die erste Chiffrierung durch Transposition in mittelalterlichen Mönchshandschriften, wie *Bernhard Bischoff* erforscht hat: Krebs und senkrechte Schrift, gelegentlich in Verbindung mit Wortspielen.

Transposition erfreute sich in unserem Zeitalter keiner großen Beliebtheit mehr. Der Grund liegt in Schwierigkeiten der Mechanisierung: Man braucht große Speicher, um effektiv mit Transposition verschlüsseln zu können. Mit der Verfügbarkeit von Halbleiterspeichern für Millionen von Bits, mit kurzer Zugriffszeit, kann sich das jedoch bald ändern.

7 Polyalphabetische Chiffrierung: Begleitende Alphabete

Monoalphabetische Chiffrierung benutzt irgend einen (womöglich polygraphischen) Chiffrierschritt immer wieder. Alle im 3. bis 6. Kapitel behandelten Chiffrierschritte können monoalphabetisch verwendet werden — das wurde in den Beispielen auch stillschweigend angenommen.

Echte polyalphabetische Chiffrierung erfordert, daß das Chiffriersystem mindestens die Kardinalität $\theta = 2$ hat, d.h. daß die Menge M der verfügbaren Chiffrierschritte mindestens zweielementig ist.

Die einzelnen Chiffrierschritte können verschiedenster Natur sein; so könnte M z.B. eine Anzahl einfacher Substitutionen und eine Anzahl Transpositionen der Breite 4 umfassen. In der Regel verlangt man aber, daß alle Chiffrierschritte ein- und derselben Klasse angehören — daß z.B. alle Substitutionen, oder alle lineare Transformationen, oder alle Transpositionen sind. Oft wird auch verlangt, daß alle Chiffrierschritte gleiche Chiffrierbreite besitzen, was zur Blockchiffrierung führt.

Das Hauptproblem ist, auf einfache Weise viele verschiedene Chiffrierschritte festzulegen oder, wie man sagt, viele verschiedene Alphabete zu erzeugen.

7.1 Potenzierung

Es liegt nahe, das Chiffriersystem dadurch aufzubauen, daß man aus einem Grundschritt andere Chiffrierschritte ableitet. Insbesondere für eine einfache Substitution haben wir in 3.2 bereits Familien von begleitenden Alphabeten angetroffen, nämlich die durch ‚Verschiebung' und die durch ‚Potenzierung' entstehenden.

7.1.1 Sei allgemein $S : V^n \longleftrightarrow V^n$. Zur Gewinnung von Familien begleitender Chiffrierschritte kennen wir also bereits

a) $\{ S^i : i \in \mathbb{N} \}$, die Menge der **potenzierten S-Alphabete.**

Stehen auch $Q, P, Z : V^n \longleftrightarrow V^n$ zur Verfügung, so bietet sich ferner an

b) $\{ QS^iP : i \in \mathbb{N} \}$ b′) $\{ S^iP : i \in \mathbb{N} \}$ b″) $\{ QS^i : i \in \mathbb{N} \}$
c) $\{ S^iZS^{-i} : i \in \mathbb{N} \}$

Die Mengen sind jedenfalls endlich, denn $V^n \longleftrightarrow V^n$ mit $|V| = N$ umfaßt nur $(N^n)!$ verschiedene Permutationen.
Ist S von der Ordnung $h \leq (N^n)!$, d.h. ist $S^h = I$ und $S^i \neq I$ für $i < h$, so liefert die Potenzierung h verschiedene Alphabete. Beachte, daß $h > N^n$ möglich ist : Für $N = 5$, $n = 1$ ist die Substitution (in Zyklenschreibweise) $(ab)(cde)$ von der Ordnung 6. h kann aber auch recht klein sein: Ist S involutorisch, so liefert die Potenzierung außer I keinen begleitenden Chiffrierschritt.

7.1.2 Vorteilhaft mag es sein, für S eine zyklische Permutation C zu wählen. Eine solche Permutation ist von der Ordnung N^n. Es gibt $(N^n - 1)!$ verschiedene zyklische Permutationen. Die reine Potenzierung kann in diesem Fall, wie in 3.2 erwähnt, durch eine Scheibe oder einen Schieber mit dem Zyklus C und ein bewegliches Fenster mit N^n Stellungen mechanisiert werden — man wird dabei, wenn N von der Größenordnung 25 ist, über $n = 2$ kaum hinausgehen.

7.2 Verschobene und rotierte Alphabete

7.2.1 Hat man in V ein Standardalphabet ausgezeichnet, so ist auch in V^n durch die lexikographische Ordnung ein Standardalphabet bestimmt. Es soll speziell der dazu gehörige Zyklus (3.2.2) des Standardalphabets mit ρ bezeichnet werden.

a) $\{ \rho^i : i \in \mathbb{N} \} = \{ \rho^i \rho : i \in \mathbb{N} \}$ wird dann als
Menge der **verschobenen Standardalphabete**,
frz. *alphabet normalement parallèle* bezeichnet.

Ähnlich geht man vor, wenn eine Substitution/Permutation P („P-Alphabet“, **Referenzalphabet**, engl. *primary alphabet*) frei gewählt wird:

b′) $\{ \rho^iP : i \in \mathbb{N} \}$ und b″) $\{ P\rho^i : i \in \mathbb{N} \}$ wird als
Menge der (horizontal bzw. vertikal) **verschobenen** P**-Alphabete**,
frz. *alphabet désordonné parallèle* bezeichnet,

c) $\{ \rho^iP\rho^{-i} : i \in \mathbb{N} \}$ soll
Menge der **rotierten**[1] (‚ähnlichen‘) P**-Alphabete** genannt werden.

Die Anzahl verschiedener solcher begleitender Alphabete ist genau N^n für a) und b), für c) liegt sie zwischen 1 und N^n in Abhängigkeit von P (s. 7.2.1.3).

Die Familie der verschobenen P-Alphabete kann, wie schon in 3.2.6 erwähnt, mechanisiert werden durch eine *Albert*ische Scheibe, die (außen) das Standardalphabet und drehbar (innen) das permutierte Alphabet P trägt oder durch einen Schieber, wobei eines der Alphabete wiederholt werden muß.

---

[1] Die Bezeichnung wird in 7.2.2 motiviert werden.

Wir sprechen von ALBERTI-**Chiffrierschritten** im Fall der verschobenen, von ROTOR-**Chiffrierschritte** im Fall der rotierten P-Alphabete.

7.2.1.1 Während bei den verschobenen P-Alphabeten das P-Alphabet *horizontal* bzw. *vertikal* verschoben wird, tritt bei den rotierten P-Alphabeten das Standardalphabet *diagonal* von links unten nach rechts oben verschoben auf: So ergeben sich aus dem zum Kennwort NEWYORKCITY gehörenden Referenzalphabet P

a	b	c	d	e	f	g	h	i	j	k	l	m	n	o	p	q	r	s	t	u	v	w	x	y	z
N	E	W	Y	O	R	K	C	I	T	A	B	D	F	G	H	J	L	M	P	Q	S	U	V	X	Z

die horizontal verschobenen Alphabete (*Sinkov*: *'tabula recta'*)

i	a	b	c	d	e	f	g	h	i	j	k	l	m	n	o	p	q	r	s	t	u	v	w	x	y	z
0	N	E	W	Y	O	R	K	C	I	T	A	B	D	F	G	H	J	L	M	P	Q	S	U	V	X	Z
1	E	W	Y	O	R	K	C	I	T	A	B	D	F	G	H	J	L	M	P	Q	S	U	V	X	Z	N
2	W	Y	O	R	K	C	I	T	A	B	D	F	G	H	J	L	M	P	Q	S	U	V	X	Z	N	E
3	Y	O	R	K	C	I	T	A	B	D	F	G	H	J	L	M	P	Q	S	U	V	X	Z	N	E	W
4	O	R	K	C	I	T	A	B	D	F	G	H	J	L	M	P	Q	S	U	V	X	Z	N	E	W	Y
5	R	K	C	I	T	A	B	D	F	G	H	J	L	M	P	Q	S	U	V	X	Z	N	E	W	Y	O
⋮	⋮	⋮	⋮	⋮	⋮	⋮	⋮	⋮	⋮	⋮	⋮	⋮	⋮	⋮	⋮	⋮	⋮	⋮	⋮	⋮	⋮	⋮	⋮	⋮	⋮	⋮
25	Z	N	E	W	Y	O	R	K	C	I	T	A	B	D	F	G	H	J	L	M	P	Q	S	U	V	X

und die vertikal verschobenen Alphabete

i	a	b	c	d	e	f	g	h	i	j	k	l	m	n	o	p	q	r	s	t	u	v	w	x	y	z
0	N	E	W	Y	O	R	K	C	I	T	A	B	D	F	G	H	J	L	M	P	Q	S	U	V	X	Z
1	O	F	X	Z	P	S	L	D	J	U	B	C	E	G	H	I	K	M	N	Q	R	T	U	W	Y	A
2	P	G	Y	A	Q	T	M	E	K	V	C	D	F	H	I	J	L	N	O	R	S	U	V	X	Z	B
3	Q	H	Z	B	R	U	N	F	L	W	D	E	G	I	J	K	M	O	P	S	T	V	W	Y	A	C
4	R	I	A	C	S	V	O	G	M	X	E	F	H	J	K	L	N	P	Q	T	U	W	X	Z	B	D
5	S	J	B	D	T	W	P	H	N	Y	F	G	I	K	L	M	O	Q	R	U	V	X	Y	A	C	E
⋮	⋮	⋮	⋮	⋮	⋮	⋮	⋮	⋮	⋮	⋮	⋮	⋮	⋮	⋮	⋮	⋮	⋮	⋮	⋮	⋮	⋮	⋮	⋮	⋮	⋮	⋮
25	M	D	V	X	N	Q	J	B	H	S	Z	A	C	E	F	G	I	K	L	O	P	R	T	U	W	Y

sowie die diagonal verschobenen (rotierten) Alphabete

i	a	b	c	d	e	f	g	h	i	j	k	l	m	n	o	p	q	r	s	t	u	v	w	x	y	z
0	N	E	W	Y	O	R	K	C	I	T	A	B	D	F	G	H	J	L	M	P	Q	S	U	V	X	Z
1	D	V	X	N	Q	J	B	H	S	Z	A	C	E	F	G	I	K	L	O	P	R	T	U	W	Y	M
2	U	W	M	P	I	A	G	R	Y	Z	B	D	E	F	H	J	K	N	O	Q	S	T	V	X	L	C
3	V	L	O	H	Z	F	Q	X	Y	A	C	D	E	G	I	J	M	N	P	R	S	U	W	K	B	T
4	K	N	G	Y	E	P	W	X	Z	B	C	D	F	H	I	L	M	O	Q	R	T	V	J	A	S	U
5	M	F	X	D	O	V	W	Y	A	B	C	E	G	H	K	L	N	P	Q	S	U	I	Z	R	T	J
⋮	⋮	⋮	⋮	⋮	⋮	⋮	⋮	⋮	⋮	⋮	⋮	⋮	⋮	⋮	⋮	⋮	⋮	⋮	⋮	⋮	⋮	⋮	⋮	⋮	⋮	⋮
21	X	Z	A	C	E	S	J	B	D	T	W	M	H	N	Y	F	G	I	K	L	M	O	Q	R	U	V
22	Y	Z	B	D	R	I	A	C	S	V	L	G	M	X	E	F	H	J	K	L	N	P	Q	T	U	W
23	Y	A	C	Q	H	Z	B	R	U	K	F	L	W	D	E	G	I	J	K	M	O	P	S	T	V	X
24	Z	B	P	G	Y	A	Q	T	J	E	K	V	C	D	F	H	I	J	L	N	O	R	S	U	W	X
25	A	O	F	X	Z	P	S	I	D	J	U	B	C	E	G	H	I	K	M	N	Q	R	T	V	W	Y

7.2.1.2 Die Zyklenzerlegung der begleitenden Alphabete ist interessant.

Beispiel : Für $P = \begin{pmatrix} \text{a b c d e} \\ \text{B A D E C} \end{pmatrix} = \text{(a b) (c d e)}$ und $\rho = \text{(a b c d e)}$

ergibt sich

$$\rho P \quad = \begin{pmatrix} \text{a b c d e} \\ \text{b c d e a} \end{pmatrix} \begin{pmatrix} \text{b c d e a} \\ \text{A D E C B} \end{pmatrix} = \begin{pmatrix} \text{a b c d e} \\ \text{A D E C B} \end{pmatrix}$$

$$P \rho \quad = \begin{pmatrix} \text{a b c d e} \\ \text{B A D E C} \end{pmatrix} \begin{pmatrix} \text{B A D E C} \\ \text{C B E A D} \end{pmatrix} = \begin{pmatrix} \text{a b c d e} \\ \text{C B E A D} \end{pmatrix}$$

$$\rho P \rho^{-1} = \begin{pmatrix} \text{a b c d e} \\ \text{A D E C B} \end{pmatrix} \begin{pmatrix} \text{A D E C B} \\ \text{E C D B A} \end{pmatrix} = \begin{pmatrix} \text{a b c d e} \\ \text{E C D B A} \end{pmatrix}$$

In Zyklenschreibweise erhält man

als Menge der horizontal verschobenen P-Alphabete
{ (a b)(c d e) , (a)(b d c e) , (a d b e)(c) , (a e d)(b c) , (a c)(b)(d)(e) }
als Menge der vertikal verschobenen P-Alphabete
{ (a b)(c d e) , (a c e d)(b) , (a d b c)(e) , (a e)(b d c) , (a)(b e)(c)(d) }
als Menge der rotierten P-Alphabete
{ (a b)(c d e) , (a e)(b c d) , (a b c)(d e) , (a b e)(c d) , (a d e)(b c) }

Aus der Gruppentheorie weiß man, daß eine Ähnlichkeitstransformation $\rho^i P \rho^{-i}$ die Länge der Einzelzyklen einer Permutation invariant läßt. Für die verschobenen P-Alphabete trifft dies nicht zu, wohl aber für die rotierten.

In der Substitutionsschreibweise ergibt sich in diesem Beispiel

		a b c d e			a b c d e			a b c d e
$i =$	0	B A D E C	bzw. $i =$	0	B A D E C	bzw. $i =$	0	B A D E C
	1	A D E C B		1	C B E A D		1	E C D B A
	2	D E C B A		2	D C A B E		2	B C A E D
	3	E C B A D		3	E D B C A		3	B E D C A
	4	C B A D E		4	A E C D B		4	D C B E A

7.2.1.3 Die Anzahl verschiedener rotierter P-Alphabete hängt von P ab, für $P = I$, die Identität, beträgt sie 1 .

Ist $\rho^j P \neq P \rho^j$ für $j = 1 , 2 , \ldots , N^n - 1$, so sind alle rotierten P-Alphabete paarweise voneinander verschieden. Für kleine Werte von N^n gibt es nur wenige Rotoren P , die diese Bedingung erfüllen. Für $N^n = 4$ und $\rho = \text{(a b c d)}$ gibt es vier viergliedrige Rotorfamilien:

{ (a b), (b c), (c d), (d a) }
{ (a b c), (b c d), (c d a), (d a b) }
{ (a c b), (b d c), (c a d), (d b a) }
{ (a c b d), (b d c a), (c a d b), (d b a c) } ;

für $N^n = 3$ und $\rho = \text{(a b c)}$ nur eine dreigliedrige:

{ (a b), (b c), (c a) }

Für $N^n = 2$ gibt es keine zweigliedrige Rotorfamilie.

7.2.2 Seit dem Aufkommen elektrischer Schreibmaschinen werden auch elektrische Chiffriergeräte verwendet.
Zur elektrischen Kontaktrealisierung einer festen Substitution P dient ein Schaltkasten P mit N Eingangsbuchsen für die Klartextzeichen und N Ausgangsbuchsen für die Geheimtextzeichen, intern verbunden durch N Leitungen, Abb. 37 (a).

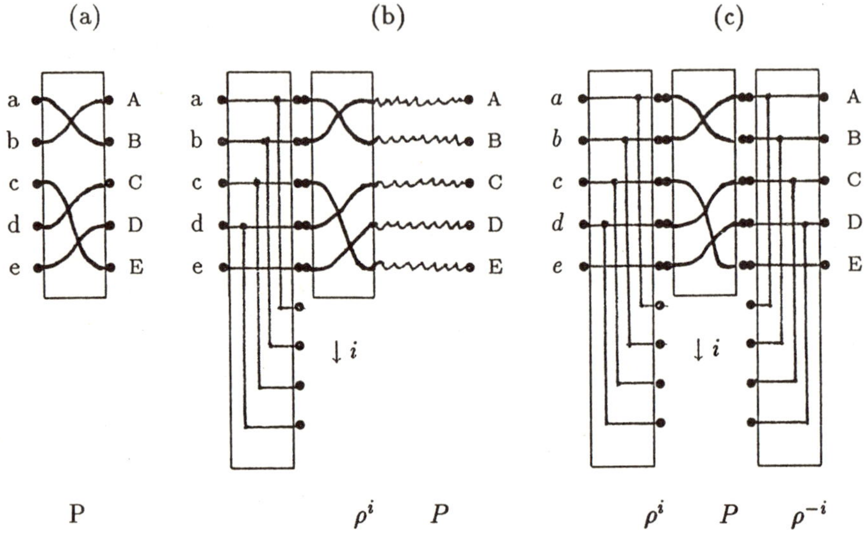

Abb. 37. Feste Permutation, Verschiebung und Rotierung als elektrische Kontaktschaltung

Zum Zwecke einer elektrischen Kontaktrealisierung von begleitenden (verschobenen) P-Alphabeten $\rho^i P$ kann man vor die eingangsseitigen Buchsen des Schaltkastens P eine verschiebbare Kontaktleiste setzen, Abb. 37 (b). In jedem Fall muß man flexible Leitungsverbindungen vorsehen, was zu einem Abnutzungsproblem führt.

Dies vermeidet man, wenn man zunächst je eine verschiebbare Kontaktleiste eingangsseitig und ausgangsseitig anbringt und beide starr koppelt. Es ist dann möglich, auf flexible Leitungsverbindungen zu verzichten, indem man P verschiebt, Abb. 37 (c). Ohne Verdoppelung der ein- und ausgangsseitigen Kontakte kommt man aus, wenn man eine drehbare Kontaktscheibe (‚Walze'), einen **Rotor**, benutzt. Man erhält dadurch eine elektrische Kontaktrealisierung von begleitenden, rotierten P-Alphabeten $\rho^i P \rho^{-i}$.

Die Idee des Rotors kommt vor 1920 an vier Stellen unabhängig auf. Folgt man *Kahn*, so geht aus Unterlagen eines Patentstreits hervor, daß 1917 der Amerikaner *Edward Hugh Hebern* (1869–1952) als erster die Idee hatte — das US-Patent (510441) wurde allerdings erst 1924 angemeldet. Dicht auf

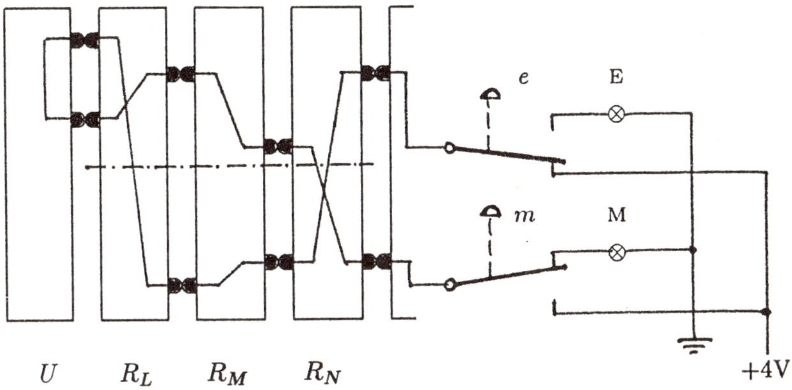

Abb. 38. Stromlauf in einer ENIGMA

folgt jedenfalls der Deutsche *Arthur Scherbius* (Patentanmeldung 23.2.1918, Deutsches Patent 416 219), sowie später fast im Toten Rennen der Niederländer *Hugo Alexander Koch* (1870–1928), Patentanmeldung 7.10.1919 und der Schwede *Arvid Gerhard Damm*, Patentanmeldung 10.10.1919.[2]

Es lag nahe, mehrere Rotoren hintereinanderzuschalten. *Hebern* verwendete fünf Rotoren, *Scherbius* verwendete in den ersten Modellen ENIGMA A und ENIGMA B vier Rotoren (‚Durchgangsräder'). Letzteres ergibt die Familie

$$\{ \rho^{i_1} R_N \rho^{i_2-i_1} R_M \rho^{i_3-i_2} R_L \rho^{i_4-i_3} R_K \rho^{-i_4} \} \ ,$$

die bei geeigneter Wahl von R_K , R_L , R_M und R_N $26^4 = 456\,976$ Mitglieder hat.

7.2.3 Später, beginnend mit der ENIGMA C von 1926, hatte *Scherbius*' Mitarbeiter *Willi Korn* (Patentanmeldung 21.3.1926, Deutsches Patent 452 194) die anscheinend schlaue Idee, eine ‚Umkehrwalze' einzuführen. Mit drei Rotoren R_L , R_M , R_N und einer echten involutorischen Substitution U entsteht die Familie $\{P_{(i_1,i_2,i_3)}\}$, wo

$$P_{(i_1,i_2,i_3)} = S_{(i_1,i_2,i_3)} \, U \, S^{-1}_{(i_1,i_2,i_3)} \quad \text{und}$$
$$S_{(i_1,i_2,i_3)} = \rho^{i_1} R_N \rho^{i_2-i_1} R_M \rho^{i_3-i_2} R_L \rho^{-i_3} \quad .$$

Sämtliche Elemente dieser Familie sind echte involutorische Substitutionen. Dies sollte sich als schwerer Nachteil herausstellen (vgl. 10.2.4, 19.4, 19.5).

Abb. 38 zeigt den Stromlauf der elektrischen Realisierung für das Klartextzeichen e und das zugehörige Geheimtextzeichen M .

---

[2] Keinem dieser Erfinder brachte die Erfindung Reichtum und Glück. *Hebern* wurde von der US Regierung sehr schofel behandelt. *Koch* starb schon 1928, nachdem *Scherbius*' Firma seine Patente gekauft hatte. *Scherbius* (30. Oktober 1878 – 13. Mai 1929) erlag einem tödlichen Unfall. *Damm*, der ein *homme galant* war, starb 1927, seine Firma wurde von *Boris Hagelin* (2. Juli 1892 – 7. September 1983) übernommen.

Die ENIGMA I (eins) des Heeres von 1930 und die der Marine von 1934 hatten zusätzlich ein ‚Steckerbrett', das eine feste vorgeschaltete einfache Substitution T, die **Steckerverbindung**, erlaubte. Damit ergibt sich die **ENIGMA-Gleichung**

$$c_i = p_i\ T\ S_i\ U\ S_i^{-1}\ T^{-1}$$

für den Zusammenhang zwischen den Klartextzeichen p_i und den Geheimtextzeichen c_i.

Die drei Rotoren der Marine-ENIGMA konnten ab 1934, 1938, 1939 aus einem Satz von 5, 7 bzw. 8 Rotoren ausgewählt (und außerdem permutiert) werden. Das Heer gab bis 1.12.1938 nur 3 der vorgesehenen 5 Rotoren zur Benutzung frei. Sie waren mit römischen Ziffern numeriert.

Für die Marine wurde am 1.2.1942 eine Version mit einem vierten Rotor (‚Griechenwalze') eingeführt und zunächst von den Atlantik-U-Booten benutzt; ab 1.3.1943 wurde neben dieser Walze ‚Alpha' eine Walze ‚Beta' gebraucht. Nach einer hohen Schätzung (*Johnson*) wurden insgesamt 200 000, nach einer niedrigen bis 1939 mindestens 40 000 ENIGMAs gebaut. Rotor-Maschinen wurden im II. Weltkrieg auch in England (TYPEX) und in den USA (Converter M-134-C SIGABA, Converter M-325 benutzt. Es gelang den Deutschen offenbar nicht, die von *Friedman* entworfene SIGABA zu brechen.

7.3 Verschobene Standardalphabete: Vigenère und Beaufort

7.3.1 Wählt man in 7.2.1 b) $P = \rho$, so gelangt man zu $\{\ \rho^i\ \rho\ :\ i \in \mathbb{N}\ \}$, der Menge der verschobenen Standardalphabete, die aber, vgl. 7.2.1 a), mit der Menge $\{\ \rho^i\ :\ i \in \mathbb{N}\ \}$ der potenzierten Standardalphabete übereinstimmt. Zur Mechanisierung dieses Falles, der von dem Benediktinerabt *Johannes Heidenberg* aus Trittenheim an der Mosel, genannt *Trithemius* (1462–1516), im 5. Buch seiner *Polygraphiae* in Form einer Tabelle (‘***tabula recta***’, Abb. 39) behandelt wurde, kann also eine *Alberti*sche Scheibe, die auch innen das Standardalphabet trägt, benutzt werden; aber auch, da es sich um eine reine Potenzierung handelt, eine Scheibe mit dem Zyklus ρ des Standardalphabets und einem beweglichen Fenster. Die Literatur spricht in diesem Fall von VIGENÈRE-**Chiffrierschritten**.[3] Ein solcher bewirkt eine einfache lineare Substitution: Der Zyklus ρ legt als zyklische lineare Ordnung von V^n die Addition *modulo* N^n fest (5. Kapitel); der Menge von Alphabeten $\{\ \rho^i : i \in \mathbb{N}\ \}$ entspricht[4] die Addition einer Verschiebungszahl:

[3] Eigentlich müßte dieser Fall nach *Trithemius* benannt werden. Die Sekundärliteratur des 19. Jahrhunderts tat *Vigenère* insofern Unrecht, als sie nur die verschobenen Standardalphabete mit seinem Namen belegte. *Vigenère* schrieb in die Kopfzeile der *tabula recta* ein permutiertes Alphabet,was gleichwertig war mit *Albertis* Scheibe, s. 8.2.

[4] Solche ‘*cryptographic equations*’ hatte schon *Babbage* ab etwa 1846, benutzt, aber nicht veröffentlicht. (British Museum, Add. Ms. 37205, Folio 59)

Recta tranſpoſitionis tabula.

a	b	c	d	e	f	g	h	i	k	l	m	n	o	p	q	r	s	t	u	x	y	z	w
b	c	d	e	f	g	h	i	k	l	m	n	o	p	q	r	s	t	u	x	y	z	w	a
c	d	e	f	g	h	i	k	l	m	n	o	p	q	r	s	t	u	x	y	z	w	a	b
d	e	f	g	h	i	k	l	m	n	o	p	q	r	s	t	u	x	y	z	w	a	b	c
e	f	g	h	i	k	l	m	n	o	p	q	r	s	t	u	x	y	z	w	a	b	c	d
f	g	h	i	k	l	m	n	o	p	q	r	s	t	u	x	y	z	w	a	b	c	d	e
g	h	i	k	l	m	n	o	p	q	r	s	t	u	x	y	z	w	a	b	c	d	e	f
h	i	k	l	m	n	o	p	q	r	s	t	u	x	y	z	w	a	b	c	d	e	f	g
i	k	l	m	n	o	p	q	r	s	t	u	x	y	z	w	a	b	c	d	e	f	g	h
k	l	m	n	o	p	q	r	s	t	u	x	y	z	w	a	b	c	d	e	f	g	h	i
l	m	n	o	p	q	r	s	t	u	x	y	z	w	a	b	c	d	e	f	g	h	i	k
m	n	o	p	q	r	s	t	u	x	y	z	w	a	b	c	d	e	f	g	h	i	k	l
n	o	p	q	r	s	t	u	x	y	z	w	a	b	c	d	e	f	g	h	i	k	l	m
o	p	q	r	s	t	u	x	y	z	w	a	b	c	d	e	f	g	h	i	k	l	m	n
p	q	r	s	t	u	x	y	z	w	a	b	c	d	e	f	g	h	i	k	l	m	n	o
q	r	s	t	u	x	y	z	w	a	b	c	d	e	f	g	h	i	k	l	m	n	o	p
r	s	t	u	x	y	z	w	a	b	c	d	e	f	g	h	i	k	l	m	n	o	p	q
s	t	u	x	y	z	w	a	b	c	d	e	f	g	h	i	k	l	m	n	o	p	q	r
t	u	x	y	z	w	a	b	c	d	e	f	g	h	i	k	l	m	n	o	p	q	r	s
u	x	y	z	w	a	b	c	d	e	f	g	h	i	k	l	m	n	o	p	q	r	s	t
x	y	z	w	a	b	c	d	e	f	g	h	i	k	l	m	n	o	p	q	r	s	t	u
y	z	w	a	b	c	d	e	f	g	h	i	k	l	m	n	o	p	q	r	s	t	u	x
z	w	a	b	c	d	e	f	g	h	i	k	l	m	n	o	p	q	r	s	t	u	x	y
w	a	b	c	d	e	f	g	h	i	k	l	m	n	o	p	q	r	s	t	u	x	y	z

In hac tabula literarũ canonica ſiue recta tot ex uno & uſuali noſtro latinarum literarum ipſarum per mutationem ſeu tranſpoſitionẽ habes alphabeta, quot in ea per totum ſunt monogrammata, uidelicet quater & uigeſies quatuor & uiginti, quæ faciunt in numero D.lxxvi. ac per totidẽ multiplicata, paulo efficiunt minus ꝙ quatuordecẽ milia.

o ij

Abb. 39. '*tabula recta*' des *Trithemius*. Aus der *Polygraphiae* von 1508, 5. Buch (Original in der Staatsbibliothek München)

$$\{ A_i : i \in \mathbb{Z}_{N^n} \} \quad \text{mit} \quad A_i : A_i(x) \simeq x + i \ .$$

Der Dechiffrierschritt $A_i^{-1} : A_i^{-1}(y) \simeq y - i$

läuft auf eine Subtraktion der Verschiebungszahl hinaus.

Eine andere Familie begleitender Chiffrierschritte ist

$$\{ C_q : q \in \mathbb{Z}_{N^n} \wedge ggt(q, N^n) = 1 \} \quad \text{mit} \quad C_q : C_q(x) \simeq q \cdot x \ .$$

mit dem Dechiffrierschritt

$$C_q^{-1} : C_q^{-1}(x) \simeq q' \cdot x \ , \quad \text{wo} \quad q \cdot q' \simeq 1 \ .$$

Es handelt sich hier im Falle $|q| \neq 1$ um ein **übergreifendes Standardalphabet** (frz. *alphabet chevauchant*, *Eyraud*), vgl. 5.5, 5.6.

Im Ring $\mathbb{Z}_{N^n}$ lautet die allgemeinste lineare Transformation

$$T_{q,i} : \ T_{q,i}(x) \simeq q \cdot x + i \ .^5$$

Die Wertepaare $q = q' = 1$ und $q = q' = N^n - 1$ sind stets verfügbar, für $N = 2$ und $n = 1$ fallen sie zusammen.

Der Fall, daß q fest und zwar gleich $N^n - 1$ gewählt wird, ergibt die Familie

$$\{ B_i : i \in \mathbb{Z}_{N^n} \} \quad \text{mit} \quad B_i : \ B_i(x) \simeq i - x \ .$$

Die Literatur spricht in diesem Fall von BEAUFORT-**Chiffrierschritten**.[6]
Der Dechiffrierschritt

$$B_i^{-1} : \ B_i^{-1}(y) \simeq i - y$$

---

[5] *Eyraud* gibt ein Verfahren an, das zu je einem klartextseitigen und geheimtextseitigen Standardalphabet nach zulässiger Wahl von q und q' eine Familie von Chiffrierschritten und Dechiffrierschritten gibt: Man schreibt das eine Alphabet in Zeilen zu q, das andere zu q' Elementen periodisch fortgesetzt, und liest sodann, von einer festzulegenden Anfangspaarung ausgehend, zeilenweise im Klar- und spaltenweise im Geheimtextblock, um den Chiffrierschritt zu erhalten — oder auch zeilenweise im Geheim- und spaltenweise im Klartextblock, um den Dechiffrierschritt zu erhalten.

Beispiel: $n = 1$, $N^n = 26$, $q = 3$, $q' = 9$; Anfangspaarung: **c** – **P** .

Klaralphabet **e v i t z l s c o u r a n d b f g h j k m p q w x y**
Chiffrenalphabet S E C U R I T Y A B D F G H J K L M N O **P** Q V W X Z

evi	SECURITYA	evi	SECURITYA
tzl	BDFGHJKLM	tzl	BDFGHJKLM
sco	NO**P**QVWXZS	sco	NO**P**QVWXZS
ura	EC**U**RITYAB	ura	ECURITYAB
ndb	DF**G**HJKLMN	ndb	DFGHJKLMN
fgh	OP**Q**VWXZSE	fgh	OPQVWXZSE
jkm	CU**R**ITYABD	jkm	CURITYABD
pqw	FG**H**JKLMNO	pqw	FGHJKLMNO
xye	PQ**V**WXZSEC	xye	PQVWXZSEC
vit	UR**I**TYABDF	vit	URITYABDF
zls	GH**J**KLMNOP	zls	GHJKLMNOP
⋮	⋮	⋮	⋮

Chiffrierschritt

c o u r a n d b f g h j k m p q w x y e v i t z l s
P U G Q R H V I J W T K X Y L Z A M S B N E D O C F

Dechiffrierschritt

P Q V W X Z S E C U R I T Y A B D F G H J K L M N O
c r d g k q y i l o a b h m w e t s u n f j p x v z

in Zyklenschreibweise

(a r q z o u g w)(b e i)(c p l)(d v n h t)(f j k x m y s) .

[6] Schon von *Giovanni Sestri* 1710 betrachtet, von Admiral *Sir Francis Beaufort* (1774–1857, besser bekannt von den Windstärken her) 1857 wiederentdeckt. In der englischen Literatur als *'variant Beaufort'*, in der französischen Literatur als *'variante à l'allemande'* bezeichnet. Eine weitere Variante erfand 1858 unabhängig *Lewis Carroll* alias *Charles Lutwidge Dodgson*.

fällt mit dem Chiffrierschritt zusammen, der BEAUFORT-Chiffrierschritt ist involutorisch.

Im klassischen Fall (vgl. 5.5) ist natürlich $n = 1$. Übrigens hat erst *de Viaris*, der ein mathematischer Kopf war[7], 1888 die Deutung des VIGENÈRE-Chiffrierschritts als Addition *modulo N* publiziert, nachdem schon *Kerckhoffs* 1883 (ohne von den Vorarbeiten von *Babbage* zu wissen) die mathematischen Beziehungen zwischen VIGENÈRE und BEAUFORT aufgezeigt hatte. Vorher und teilweise noch nachher half man sich mit den Erklärungen dieser Prozesse durch die auch in der Praxis als Geräte dienenden Schieber (*reglette St. Cyr*, 3.2.6). Mit fester Schiebereinstellung wird ein VIGENÈRE-Chiffrierschritt zu einem CAESAR-Chiffrierschritt, ein BEAUFORT-Chiffrierschritt wird zu einem CAESAR-Chiffrierschritt am revertierten Alphabet.

Eine ‚Variante', unter dem Stichwort GRONSFELD[8] laufend, ist gar keine – es ist VIGENÈRE, wobei nur zehn Alphabete gebraucht wurden und diese statt durch die ersten zehn Alphabetbuchstaben, durch die Ziffern 0 bis 9 bezeichnet werden. Kryptographisch liegen darin nur Nachteile.

7.3.2 Eine andere Familie involutorischer Substitutionen benutzte schon 1563 *Giovanni Battista Porta* (Abb. 40). Man spricht hier von **verschobenen involutorischen Alphabeten**. Eine ähnliche Anordnung mit zehn Alphabeten ($V = Z_{20}$) wurde 1589 auch von den Gebrüdern *Argenti* benutzt.

7.4 Unabhängige Alphabete

Porta brachte sich selbst um den Ruhm, Erfinder einer allgemeinen polyalphabetischen Substitution zu sein, die auf einer Anzahl d von gegenseitig unabhängigen permutierten Alphabeten beruht — Alphabete, die jedenfalls nicht durch so einfache Gesetzmäßigkeiten wie Verschiebung oder Rotation zusammenhängen.

7.4.1 Obwohl *Porta* diesen Fall beschrieb (*Kahn: "The order of the letters in the tableau may be arranged arbitrarily, provided no letter is omitted"*), illustrierte er ihn nur mit verschobenen involutorischen Alphabeten (vgl. Abb. 40).[9] Es ist auch heute noch schwierig, in der Literatur dafür Beispiele zu finden; *Smith, Gaines* behandeln den Fall gar nicht, *Eyraud* diskutiert ihn

---

[7] *Marquis Gaëtan Henri Léon de Viaris*, 1847–1901, französischer Offizier. *De Viaris* erfand auch um 1885 eine der ersten druckenden Chiffriermaschinen — die allererste erfanden nach *Kahn* vermutlich vor 1874 *Émile Vinay* und *Joseph Gaussin*.

[8] Von *Caspar Schott* in der Schola steganographia 1665 dem *Grafen Gronsfeld* zugeschrieben. 1892 von einer Gruppe französischer Anarchisten benutzt, von *Bazeries* gebrochen.

[9] *Eyraud*, ehemals im kryptographischen Büro der Vichy-Regierung arbeitend, will diesen Ruhm, etwas chauvinistisch, allein dem Franzosen *Vigenère* zubilligen. Offenbar hat er *Portas* 'De furtivis literarum notis' nicht genau gelesen. Ähnlich versucht *Luigi Sacco*, Autor des vorzüglichen *Manuale die crittografia* (3. Aufl. Rom 1947), Italien zu begünstigen (*Kahn: trying to prove that everything was an Italian first*). *Charles J. Mendelsohn*, der über solcherlei Verdacht erhaben ist, preist *Porta* jedenfalls als "the outstanding cryptographer of the Renaissance".

LITERÆ SCRIPTI.

LITERÆ CLARIS.											
AB	a n	b o	c p	d q	e r	f ſ	g t	h u	i x	l y	m z
CD	a z	b n	c o	d p	e q	f r	g ſ	h t	i u	l x	m y
EF	a y	b z	c n	d o	e p	f q	g r	h ſ	i t	l u	m x
GH	a x	b y	c z	d n	e o	f p	g q	h r	i ſ	l t	m u
IL	a u	b x	c y	d z	e n	f o	g p	h q	i r	l ſ	m t
MN	a t	b u	c x	d y	e z	f n	g o	h p	i q	l r	m ſ
OP	a ſ	b t	c u	d x	e y	f z	g n	h o	i p	l q	m r
QR	a r	b ſ	c t	d u	e x	f y	g z	h n	i o	l p	m q
ST	a q	b r	c ſ	d t	e u	f x	g y	h z	i n	l o	m p
VX	a p	b q	c r	d ſ	e t	f u	g x	h y	i z	l n	m o
YZ	a o	b p	c q	d r	e ſ	f t	g u	h x	i y	l z	m n

Abb. 40. 11 involutorische Alphabete für polyalphabetische Chiffrierung (*Porta* 1563)
Aus [SMITH], p. 79

wenigstens (*'alphabets réellement non-parallèles, alphabets indépendants'*). Die volle Mächtigkeit der Verfahrensklasse ist nunmehr $(N^n\,!)^d$.
Eine Tafel für allgemeine polyalphabetische Substitution könnte etwa lauten (man beachte die zu ihrer Konstruktion benutzten Kennworte)

	a	d	f	g	j	k	m	p	q	s	t	u	v	w	x	y	z	h	e	i	n	r	c	b	o	l
A	E	S	W	A	R	B	C	D	F	G	H	I	J	K	L	M	N	O	P	Q	T	U	V	X	Y	Z
N	V	W	X	Y	Z	S	C	H	O	N	A	B	D	E	F	G	I	J	K	L	M	P	Q	R	T	U
S	P	Q	R	S	T	V	W	X	Y	Z	D	U	N	K	E	A	B	C	F	G	H	I	J	L	M	O
I	J	K	M	N	O	P	Q	R	T	U	V	W	X	Y	Z	L	A	S	I	C	B	D	E	F	G	H
C	C	D	E	F	G	J	K	L	M	P	Q	R	S	T	U	V	W	X	Y	Z	H	I	N	B	O	A
H	A	K	M	I	B	C	D	E	F	G	H	J	L	O	P	Q	R	S	T	U	V	W	X	Y	Z	N
⋮	⋮	⋮	⋮	⋮	⋮	⋮	⋮	⋮	⋮	⋮	⋮	⋮	⋮	⋮	⋮	⋮	⋮	⋮	⋮	⋮	⋮	⋮	⋮	⋮	⋮	⋮

7.4.2 Allgemeine polyalphabetische Substitution liegt vor im wenig bekannten Chiffriergerät von 1786 des schwedischen *Barons Fridric Gripenstierna*, für König *Gustav III. von Schweden* gebaut (Abb. 41).[10]

[10] Rekonstruktion durch Crypto AG, Zug. Unterlagen entdeckt durch *Sven Wäsström* im Staatsarchiv Stockholm.

Das Gerät besaß 57 Scheiben, jede für eine andere (feste) Substitution $Z_{26} \rightarrow Z_{10}^2$, vgl. 3.3.1. Durch Permutation der Scheiben konnte der Schlüssel verändert werden – 57! ist immerhin $\approx 4.05 \cdot 10^{76}$.

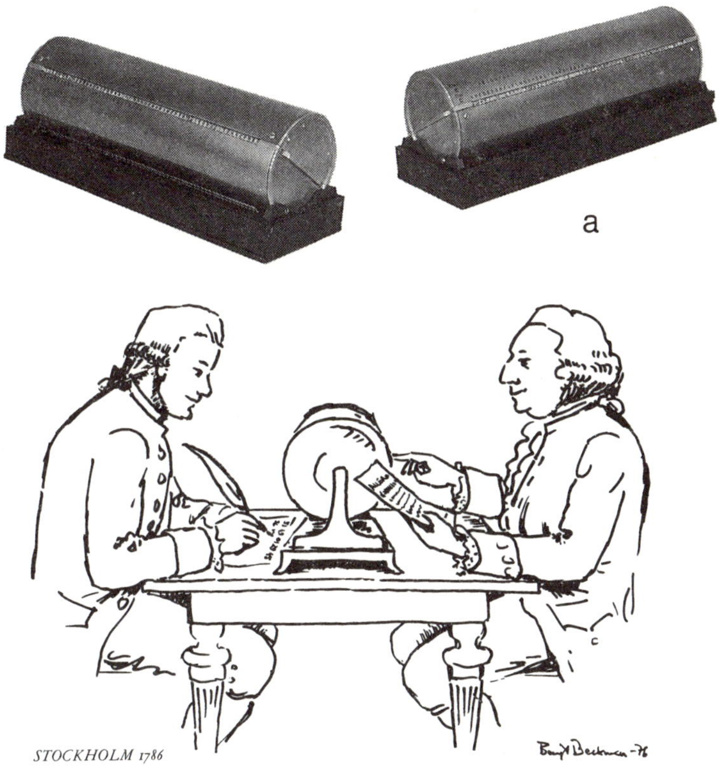

a

b

Abb. 41. Chiffriergerät des *Barons Gripenstierna* (Crypto AG)

1915 baute der Schwede *Arvid Damm* eine Maschine, genannt A-21, bei der eine Anzahl austauschbarer Streifen mit unabhängigen permutierten Alphabeten auf einer Trommel parallel zur Achse angeordnet war (Abb. 42). Die Streifen befanden sich neben einem Lineal für das Klaralphabet, nach jeder Ablesung wurden sie um einen Schritt weitergeschoben. Das Lineal für das Klaralphabet konnte zwei Lagen einnehmen, diese wechselten mit einer relativ kurzen Periode.

7.4.3 Unter Beschränkung auf einfache zyklische Permutationen hat in Form spezieller Geräte, der Zylinder von *Jefferson* und *Bazeries*, polyalphabetische Chiffrierungung mit unabhängigen Alphabeten klassische Verwendung gefunden. Dabei werden die einzelnen einfachen zyklischen Substitutionen

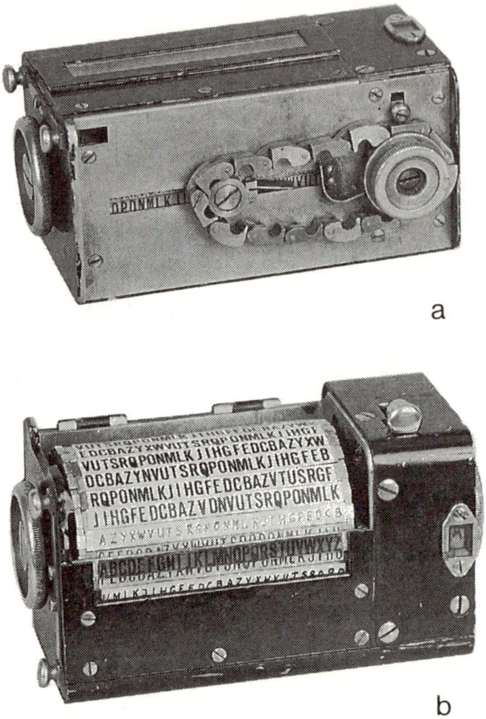

Abb. 42. A-21 von *Arvid Damm* (Crypto AG)

als Zyklen auf dem Rand eines Zylinders dargestellt. *Jefferson* ordnete (um 1795) 36 solcher schmalen Zylinder (jeder mit einem permutierten Z_{26}) zu einem langen Zylinder an; *Bazeries* (1891) verwendete 20 Zylinder (jeder mit einem permutierten Z_{25}, Abb. 43, vgl. auch Abb. 16).

Abb. 43. Der Zylinder von *Bazeries*. Aus: [KAHN], p. 248

Vierzehn von *Bazeries*' Zyklen, die in Abb. 44 wiedergegeben sind, entsprangen launigen Einfällen, Kennsätzen wie

'Allons enfants de la patrie, le jour de gloire est arrivé'
'Bienheureux les pauvres d'esprit, le royaume des Cieux'
'Charybde et Scilla'
'Dieu protège la France'
'Evitez les courants d'air'
'Formez les faisceaux'
'Gloire immortelle de nos aïeux'
'Honneur et Patrie'
'Instruisez la jeunesse'
'J'aime l'oignon frit à l'huile'
'Kyrie eleison'
'L'homme propose et Dieu dispose'
'Montez à cheval'
'Nous tenons la clef'

1	a	b	c	d	e	f	g	h	i	j	k	l	m	n	o	p	q	r	s	t	u	v	x	y	z
2	b	c	d	f	g	h	j	k	l	m	n	p	q	r	s	t	v	x	z	a	e	i	o	u	y
3	a	e	b	c	d	f	g	h	i	o	j	k	l	m	n	p	u	y	q	r	s	t	v	x	z
4	z	y	x	v	u	t	s	r	q	p	o	n	m	l	k	j	i	h	g	f	e	d	c	b	a
5	y	u	z	x	v	t	s	r	o	i	q	p	n	m	l	k	e	a	j	h	g	f	d	c	b
6	z	x	v	t	s	r	q	p	n	m	l	k	j	h	g	f	d	c	b	y	u	o	i	e	a
7	a	l	o	n	s	e	f	t	d	p	r	i	j	u	g	v	b	c	h	k	m	q	x	y	z
8	b	i	e	n	h	u	r	x	l	s	p	a	v	d	t	o	y	m	c	f	g	j	k	q	z
9	c	h	a	r	y	b	d	e	t	s	l	f	g	i	j	k	m	n	o	p	q	u	v	x	z
10	d	i	e	u	p	r	o	t	g	l	a	f	n	c	b	h	j	k	m	q	s	v	x	y	z
11	e	v	i	t	z	l	s	c	o	u	r	a	n	d	b	f	g	h	j	k	m	p	q	x	y
12	f	o	r	m	e	z	l	s	a	i	c	u	x	b	d	g	h	j	k	n	p	q	t	v	y
13	g	l	o	i	r	e	m	t	d	n	s	a	u	x	b	c	f	h	j	k	p	q	v	y	z
14	h	o	n	e	u	r	t	p	a	i	b	c	d	f	g	j	k	l	m	q	s	v	x	y	z
15	i	n	s	t	r	u	e	z	l	a	j	b	c	d	f	g	h	k	m	o	p	q	v	x	y
16	j	a	i	m	e	l	o	g	n	f	r	t	h	u	b	c	d	k	p	q	s	v	x	y	z
17	k	y	r	i	e	l	s	o	n	a	b	c	d	f	g	h	j	m	p	q	t	u	v	x	z
18	l	h	o	m	e	p	r	s	t	d	i	u	a	b	c	f	g	j	k	n	q	v	x	y	z
19	m	o	n	t	e	z	a	c	h	v	l	b	d	f	g	i	j	k	p	q	r	s	u	x	y
20	n	o	u	s	t	e	l	a	c	f	b	d	g	h	i	j	k	m	p	q	r	v	x	y	z

Abb. 44. Die 20 Zyklen von *Bazeries*[11]

Bazeries konnte den französischen Generalstab nicht dazu bewegen, seine Erfindung zu übernehmen – es gelang *de Viaris* (s. 14.3.1) zu zeigen, wie man mit dem Zylinder chiffrierte Nachrichten brechen kann, wenn man die Alphabete kennt, im militärischen Einsatz ein durchaus realistischer Fall (vgl. 2.1.2). Offenbar wußte *Bazeries* nicht, daß *Jefferson* lange vor ihm denselben Gedanken gehabt hatte, und wahrscheinlich erfuhr er auch nicht mehr – er starb 1931, 85 Jahre alt – daß 1922 die US Army ihm eine späte Rechtfertigung gab. Auf den Zylindern von *Jefferson* und *Bazeries* brauchte

[11] In der 16. Scheibe von Abb. 43 ist *Bazeries* ein Zeichenfehler unterlaufen: das dort sichtbare E ist ein F.

man übrigens den chiffrierten Text nicht in der Zeile unterhalb des eingestellten Klartextes abzulesen — man konnte eine willkürlich gewählte i-te Zeile (die ‚i-te Generatrix') herausgreifen. Die Chiffrierung war also p o - l y p h o n . Der Dechiffrierer suchte einfach, nachdem er den Geheimtext eingestellt hatte, nach einer Zeile, in der der Klartext „in die Augen sprang". Für die unberufene Entzifferung birgt diese Komplikation weniger Schwierigkeiten als man naiverweise erwarten möchte (siehe 14.3.1).

Eine Ähnlichkeit mit dem Zylinder von *Bazeries* zeigt ein von dem italienischen Oberst *O. Ducros* 1901 vorgeschlagenes Gerät mit 13 Scheiben.

Anstatt mit Zylindern kann man mit Streifen (auf denen die Alphabete zweimal aufgelistet sind) ebensogut arbeiten. Ein solches Gerät mit 25 Streifen ('*strips*') propagierte der damalige Hauptmann der US Army, der spätere Oberst *Parker Hitt* 1914, auf *Bazeries* aufbauend. Er hatte zunächst keinen Erfolg. In der Zwischenzeit, 1917, erfand ein Marineleutnant, *Russell Willson*, ebenfalls ein Streifengerät, das als NCB (*'Navy Code Box'*) mindestens bis 1935 in Gebrauch war. Die US Army aber wandte sich 1922 doch dem Zylinder zu, das Gerät M-94 hatte 25 Aluminiumzylinder von Dollargröße, auf einer 11 cm langen Spindel; es war mindestens bis 1943 im Gebrauch (Abb. 45, Abb. 46).

In den frühen 30er Jahren kam dann M-138-A, eine Streifenversion, in Gebrauch; von 100 verfügbaren Streifen wurden jeweils 30 benützt. Das Gerät M-138-A wurde im militärischen und im diplomatischen Dienst benutzt. Man betrachtete es als so sicher, daß man einen Funkspruch von *Roosevelt* an *Churchill*, unmittelbar nach der Atlantik-Konferenz, damit zu verschlüsseln wagte — sehr zum Mißvergnügen des mißtrauischen, weil kryptographisch erfahrenen *Roosevelt*. Anscheinend gelang es den Japanern nicht, die M-138-A zu brechen, wohl aber den Deutschen. 1944 erzielte *Hans Rohrbach* den Einbruch (s. 14.3.3), und zwar ohne im Besitz der Alphabete zu sein. Zu diesem Zeitpunkt wechselten aber die Vereinigten Staaten zu den SIGTOT Vernam-Maschinen (s. 8.3).

Das von *Rohrbach* gebrochene System O-2 des US State Department verwendete 30 von verfügbaren 50 Streifen, und zwar in zwei Gruppen von je 15 Streifen. Jedenfalls sollte (s. 18.2.5) die Anzahl der verfügbaren Scheiben oder Streifen größer sein als die Periode, d.h. die Anzahl der verwendeten.

Die US Navy verwendete übrigens, als Nachfolger der *Code Box*, das Gerät CSP-642, ebenfalls mit 30 Schiebern. Die Japaner erbeuteten einige dieser Streifen und mühten sich redlich damit ab — sie beachteten anscheinend die Methoden von *de Viaris* und *Friedmann* nicht.

Polyalphabetische Verschlüsselung mit unabhängigen Alphabeten wurde auch von einer deutschen Funkstelle im 1. Weltkrieg für Nachrichten an eine Sabotagegruppe in Nordafrika (‚Für GOD'-System) und von der US Air Force im 2. Weltkrieg für Boden-Luft-Verkehr (SYKO) verwendet — und jeweils von der gegnerischen Seite gebrochen.

Abb. 45. Gerät M-94 der US Army

Abb. 46. Zusammenbau der M-94. Aus: [KAHN], nach p. 268

7.4.4 Im Spezialfall $d = N$ kann man verlangen, daß N Alphabete von je N Zeichen, zeilenweise angeschrieben, ein ‚lateinisches Quadrat' bilden, d.h. daß in jeder Spalte jedes Zeichen genau einmal vorkommt und damit in keiner Spalte ein Zeichen mehr als einmal vorkommt. Die *'tabula recta'* erfüllt diese Vorschrift, die den Angriff von *de Viaris* (s. 14.3.1) verhindert – sie trägt aber keine unabhängigen Alphabete – ; die zu den Zyklen von *Bazeries* gehörenden Alphabete erfüllen sie nicht.

Einfache Formeln für die Anzahl lateinischer Quadrate wurden bisher nicht angegeben. Für $N = 9$ sind es $\approx 1.37 \cdot 10^{23}$, während die Gesamtanzahl aller Sätze von 9 Alphabeten $(9!)^9 \approx 1.09 \cdot 10^{50}$ beträgt. Eine grobe obere Schranke für die Anzahl lateinischer Quadrate ist $(N!)^{N-1}/e^{N \cdot (N-1)/2}$.

8 Polyalphabetische Chiffrierung: Schlüssel

"No message is safe in cipher unless the key phrase is comparable in length with the message itself."
Parker Hitt 1914

8.1 Frühe Verfahren mit periodischen Schlüsseln

8.1.1 Die frühesten Ansätze zu einer polyalphabetischen Chiffrierung finden sich bei *Leon Battista Alberti* (1404–1472) in einem Werk von 1466, einem Essay von 25 Seiten, das er für *Dato*, den Päpstlichen Sekretär, schrieb.[1] Aufbauend auf seinen Überlegungen zur Kryptanalyse erkannte *Alberti*, daß es beim Gebrauch einer einfachen Substitution nicht ausreichte, sie von Zeit zu Zeit zu wechseln. So schlug er vor, nach jeweils drei oder vier Worten zu einem anderen Alphabet überzugehen, und erfand die drehbare Scheibe (Abb. 22a), um mehrere begleitende Alphabete verfügbar zu haben. Drei oder vier Worte — das sind durchschnittlich 18 Buchstaben: damit blieb *Alberti* unbewußt unter der *Shannon*schen Unizitätslänge für die einfache Substitution. Gegenüber der damals schon geläufigen Verwendung von Homophonen war ein großer Fortschritt erzielt: bedeutete bei einer einfachen Substitution $Z_{25} \dashrightarrow Z_{10}^2$ vielleicht 89 , 43 , 57 und 64 den Buchstaben /a/ so konnte jetzt jedes Bigramm /a/ bedeuten.[2]

---

[1] Das lateinische Original "De cifris" ist abgedruckt in *Aloys Meister*, ‚Die Geheimschrift im Dienste der Päpstlichen Kurie', Paderborn, Schöningh, 1906, S. 125–141. Italienische Übersetzung "Trattati in cifra", Rom um 1470. Für Einzelheiten siehe *Shulmans* Bibliographie, Part III, p.1.

[2] Über die Art und Weise, wie mit *Albertis* Scheibe der Wechsel des Alphabets bestimmt werden sollte, ist sich die Sekundärliteratur nicht ganz klar. *Sacco* (∗ 1884), ein italienischer und *Eyraud* († 1963), ein französischer Kryptologe, deuten es so: Der Chiffrierer setzt vor jedes Teilstück, das mit einer neuen Stellung der Scheibe chiffriert werden soll, eine der Ziffern 1 bis 4. Die jeweilige Anfangsstellung der (bei Chiffrierer und Dechiffrierer identischen) Scheibe ist dadurch fixiert, daß der 'index', ein verabredetes Klartextzeichen — sagen wir /b/ — mit dem wählbaren ersten Geheimtextzeichen zur Deckung gebracht wird. Jedes neue Teilstück wird durch Übertragung der chiffrierten Ziffer angekündigt, anschließend stellt auch der Dechiffrierer das nächste übertragene Geheimtextzeichen dem Index gegenüber. Um dieses Verfahren durchführen zu können, bräuchte man nicht unbedingt Homophone 1 , 2 , 3 , 4 . *Kahn* sieht ihre hauptsächliche Verwendung in der Überschlüsselung des von *Alberti* eingeführten quaternären Codes. Im übrigen läßt er sich aber nicht weiter darüber aus, wie „nach drei oder vier Worten" der Wechsel des Alphabets bestimmt wird.

Die Ziffern in *Alberti*s Scheibe dienten übrigens (auch) der polyalphabetischen Chiffrierung von Codes, und zwar eines Codes von 336 Zweier-, Dreier- und Vierergruppen, gebildet aus den Ziffern /1/ , /2/ , /3/ , /4/ . *Alberti* sprach auch schon davon, den Code für das Chiffrieren nach Worten und für das Dechiffrieren nach Gruppen zu ordnen. Ob dieser frühe zweiteilige Code den Zweck erhöhter Sicherheit hatte, kann nicht eindeutig festgestellt werden; ebenso wie die Frage, ob die Codegruppen wechselnder Länge die Fuge verdecken sollten, offen bleiben muß.

Alberti jedenfalls darf mit diesen Leistungen als „Vater der modernen Kryptologie" bezeichnet werden, obschon die Leistungen des Renaissancearchitekten — der Palazzo Pitti, Sant' Andrea in Mantua, Santa Maria Novella in Florenz, der Tempio Malatestiana zu Rimini — nicht zurückstehen müssen.

8.1.2 War *Alberti* nach jeweils „drei oder vier" Worten zu einem anderen Alphabet übergegangen, so schlug *Trithemius* 1518 bereits vor, nach jedem Buchstaben zum nächsten Alphabet überzugehen, und so nach einer festen Progressionsvorschrift alle verfügbaren Alphabete zu benützen, bevor ein Alphabet zum zweiten Male benutzt wird.[3]

Trithemius gab auch die erste Chiffriertafel (*'tabula recta'*) an (Abb. 39). Aber das ist ein festes Verfahren. Man sollte meinen, daß dies im 20. Jahrhundert nur noch historisch interessant gewesen wäre, aber tatsächlich wurde ein solches Verfahren, gefolgt von Spaltentransposition, von den Franzosen ABC genannt, 1914 an der Westfront eingesetzt, vgl. 2.1. *Porta* hatte schon 1602 gezeigt, wie man eine Trithemius-Substitution, gefolgt von einer einfachen Substitution — der allgemeine Fall des permutierten Alphabets von *Vigenère*, aber mit dem speziellen Schlüssel $A\ B\ C\ \dots\ Y\ Z$ — angreift. Wenn im Klartext drei konsekutive Buchstaben sind, wie *pon* in *pondus*, ergibt sich im Geheimtext ein Buchstabentripel.

Das Verdienst, die Chiffrierung durch Angabe eines **Schlüsselworts** zur Bestimmung der sukzessiven Verdrehung der Scheibe oder zur Auswahl der Zeile der Tafel erweitert zu haben, kommt *Giovanni Battista Belaso* (1553) zu. Er benutzte auch bereits ziemlich lange Schlüsselworte, (die notfalls periodisch wiederholt wurden) wie *OPTARE MELIORA* und *VIRTUTI OMNIA PARENT*. Es handelt sich hier um einen **periodischen**, d.h. endlichen, periodisch wiederholten Schlüssel, der eine periodische polyalphabetische Chiffrierung (2.3.3) ergibt.

Aber *Trithemius* wie auch *Belaso* verwendeten nur das Standardalphabet — im Gegensatz zu *Alberti*, der ein beliebiges gemischtes Alphabet P zuließ, um daraus durch V e r s c h i e b u n g andere Alphabete herzuleiten.

Die Mächtigkeit Z der Verfahrensklasse ist lediglich N^d , wenn das Schlüsselwort d Buchstaben hat.

[3] *Kahn* nennt das 'progressive key', s. 8.4.2 — nicht mit dem von *Friedman* benutzten Ausdruck 'running key' (‚fortlaufende Chiffrierung', 2.3.3) zu verwechseln. Moderne Chiffriermaschinen, die mit Vorliebe mit progressiver Chiffrierung arbeiten, verwenden allerdings weit mehr als zwei Dutzend Alphabete.

8.2 „Doppelter Schlüssel"

8.2.1 *Porta* (1535–1615) verband nun 1563 *Albertis* Gebrauch eines permutierten Alphabets P mit *Belasos* Gebrauch eines Schlüssels zur Bestimmung der Verdrehungen der Scheibe. Da auch zur Festlegung des permutierten Alphabets ein Schlüssel dienen kann, sprach man von ‚doppelter Chiffrierung' (engl. *double cipher*), in der französischen Terminologie hat sich dies bis heute unter der Benennung ***substitution à double clef*** erhalten.[4]

Die volle Mächtigkeit der Verfahrensklasse ist nunmehr $(N^n)!\cdot(N^n)^d$, wenn ein beliebiges permutiertes Alphabet erlaubt wird.

Statt der Scheibe *Albertis* kann natürlich auch eine Tafel benutzt werden. Diese würde für den Fall von Abb. 22a lauten (mit $\{ \rho^{-i}P : i \in \mathbb{N} \}$)

	a	b	c	d	e	f	g	i	l	m	n	o	p	q	r	s	t	v	x	z	1	2	3	4
0	D	L	G	A	Z	E	N	B	O	S	F	C	H	T	Y	Q	I	X	K	V	P	&	M	R
1	R	D	L	G	A	Z	E	N	B	O	S	F	C	H	T	Y	Q	I	X	K	V	P	&	M
2	M	R	D	L	G	A	Z	E	N	B	O	S	F	C	H	T	Y	Q	I	X	K	V	P	&
3	&	M	R	D	L	G	A	Z	E	N	B	O	S	F	C	H	T	Y	Q	I	X	K	V	P
⋮	⋮	⋮	⋮	⋮	⋮	⋮	⋮	⋮	⋮	⋮	⋮	⋮	⋮	⋮	⋮	⋮	⋮	⋮	⋮	⋮	⋮	⋮	⋮	⋮

Man erhält übrigens den Dechiffrierschritt, wenn man über eine ***tabula recta*** der Klartextzeichen das Geheimtextzeichenalphabet setzt, in unserem Beispiel (mit $\{ P^{-1}\rho^{i} : i \in \mathbb{N} \}$)

	D	L	G	A	Z	E	N	B	O	S	F	C	H	T	Y	Q	I	X	K	V	P	&	M	R
0	a	b	c	d	e	f	g	i	l	m	n	o	p	q	r	s	t	v	x	z	1	2	3	4
1	b	c	d	e	f	g	i	l	m	n	o	p	q	r	s	t	v	x	z	1	2	3	4	a
2	c	d	e	f	g	i	l	m	n	o	p	q	r	s	t	v	x	z	1	2	3	4	a	b
3	d	c	f	g	i	l	m	n	o	p	q	r	s	t	v	x	z	1	2	3	4	a	b	c
⋮	⋮	⋮	⋮	⋮	⋮	⋮	⋮	⋮	⋮	⋮	⋮	⋮	⋮	⋮	⋮	⋮	⋮	⋮	⋮	⋮	⋮	⋮	⋮	⋮

8.2.2 Diese Verbindung der ***tabula recta*** mit einer beliebigen Substitution (vgl. 7.3.1, Fußnote 1) schlug 1585 *Vigenère* vor. Er erkannte auch, daß es wichtig war, möglichst lange Schlüsselworte zu wählen, um die unberufene Entzifferung zu erschweren.

Blaise de Vigenère wurde am 5. April 1523 in Saint-Pourçain geboren, "halfway between Paris and Marseilles", schreibt in amerikanischer Großzügigkeit *Kahn*. Er studierte, und ging bei verschiedenen Herren in diplomatischen Dienst. Er las *Trithemius, Belaso, Cardano* und *Porta* und bekam Zugang zu *Albertis* Manuskript. 1570 gab er seine Beschäftigungen auf und verlegte sich, 47 Jahre alt, ganz aufs Schreiben, schrieb bis zu seinem Tod 1596 über alles Mögliche, auch einen *Traicté des Comètes*. Sein *Traicté des Chiffres* entstand 1585, "despite the distraction of a year-old baby daughter" (so schreibt

---

[4] *Kahn* schreibt *"Givierge was even then [1920] calling polyalphabetic systems by the almost obfuscatory 'double substitution' which tells absolutely nothing at all about the system."*

Kahn) — *Vigenère* hatte 1570 die wesentlich jüngere *Marie Varé* geheiratet. Das Buch von über 100 Seiten enthielt vieles außer Kryptographie — japanische Ideogramme, Alchemie, Magie, Kabbala, Goldmacherrezepte, aber auch eine zuverlässige, genaue Wiedergabe des Standes der Kryptologie zu seiner Zeit. Bei der Diskussion polyalphabetischer Chiffrierung, verwandte er wie *Alberti* und *Trithemius* durch Verschiebung eines Alphabets auseinander hervorgehende Alphabete, bezeichnete die Zeilen aber durch Schlüsselbuchstaben — wie schon *Belaso* und *Porta*, die allerdings involutorische Alphabete benutzt hatten.

8.2.3 Eine ‚dreifache Chiffrierung' bekommt man, wenn man z w e i Substitutionen Q, P vorgibt und den Fall b) in 7.1.1 benützt, also die Menge von Alphabeten $\{ Q\rho^i P : i \in \mathbb{N} \}$.

8.3 Vernam-Chiffrierung

Moderne Nachrichtenverbindungen arbeiten in einem binären Alphabet $Z_2 = \mathbb{Z}_2$. Will man die Zeichen des internationalen Fernschreibalphabets CCIT 2 chiffrieren, so kann man dies als eine polygraphische binäre Chiffrierung mit $N = 2$ und $n = 5$ auffassen. Für die Chiffrierung von Bytes, d.h. 8-Bit-Zeichen, die in heutigen Rechnern häufig als grundlegende Einheit dienen, handelt es sich um den Fall $N = 2$ und $n = 8$, für Blöcke von 8 Bytes um $N = 2$ und $n = 64$.

Beschränkt man sich auf VIGENÈRE-Chiffrierschritte, so gibt es deren 32 bzw. 256 , ihre Durchführung als Addition *mod.* 32 bzw. 256 erfordert einen zyklischen Addierer mit 5 Bit bzw. 8 Bit Breite. Für geeignete Algorithmen und binäre Schaltungen siehe [B-G I], 4.2.3 , insbesondere (mit $n = 4$) Abb. 113. Größere Mikroprozessoren erlauben heute sogar Verarbeitungsbreiten von 64 Bit und können damit Byte-Oktogramme direkt chiffrieren.

8.3.1 Andererseits kann auch bitweise ein VIGENÈRE-Schritt vorgenommen werden. Dieser Extremfall der bitweisen Chiffrierung wird sich später als besonders wichtig erweisen. Ist eine Chiffrierung $\mathbb{Z}_2 \longrightarrow \mathbb{Z}_2$ definal, so ist sie eine Permutation der beiden Elemente **O** und **L** , es gibt nur die **Identität**

$$O : \begin{array}{ccc} \mathbf{O} & \mapsto & \mathbf{O} \\ \mathbf{L} & \mapsto & \mathbf{L} \end{array}$$

und die **Involution**

$$L : \begin{array}{ccc} \mathbf{O} & \mapsto & \mathbf{L} \\ \mathbf{L} & \mapsto & \mathbf{O} \end{array}$$

als Chiffrierschritte (VERNAM-**Chiffrierschritte**). Die Chiffrierung ist notwendigerweise involutorisch, aber nicht echt involutorisch. Es ist $|M| = 2$, der kleinste Wert, der eine polyalphabetische Chiffrierung erlaubt. Als

Schlüssel dient eine endliche (**O**,**L**)-Folge, die periodisch wiederholt wird, oder eine unendliche (**O**,**L**)-Folge.

8.3.2 Eine maschinelle Realisierung dieser beiden Schritte liegt nahe. Diese Idee hatte 1917 (also vor *Lester S. Hill*) ein junger Angestellter von AT & T in New York, *Gilbert S. Vernam* (1890–1960).

Vernam baute für einen Fernschreiber einen binären VIGENÈRE-Chiffrierzusatz. Der Schlüssel war auf Lochstreifen gestanzt und konnte zu einer ziemlich langen Schleife geklebt werden.

Vernam reichte am 13. Sept. 1918 darauf ein US Patent ein und erhielt es 1919 unter der Nummer 1,310,719. Im kommerziellen Verkehr wurde es allerdings kein Erfolg, Codes waren beliebter. Die Idee wurde aber anderswo in der Fernschreibtechnik aufgegriffen, insbesondere im Siemens Doppel-Abtaster mit „Mischer“ und in der SIGTOT-Maschine der U.S.Army.

In $\mathbb{Z}_2$ kann die Identität O durch die Addition $+\mathbf{O}$, die Involution L durch die Addition $+\mathbf{L}$ bewerkstelligt werden. Die Chiffrierung $\mathbb{Z}_2 \rightarrow \mathbb{Z}_2$ ist also eine lineare Transformation. Die Addition in $\mathbb{Z}_2$, die Addition *modulo* 2, fällt mit der Booleschen Operation $\nleftrightarrow$ (Bisubtraktion, auch Antivalenz genannt, vgl. [B-G I], 4.1.1.2) zusammen. Ihr Ergebnis fällt gerade am Ausgang eines Halbaddierers ([B-G I], 4.1.5.3) an.

8.3.3 Geht man von einem VIGENÈRE-Chiffrierschritt in $\mathbb{Z}_{2^n}$, bewirkt durch Addition von $(a_1\ a_2\ a_3\ \ldots\ a_n)$ im Dualsystem, polyalphabetisch zu n VERNAM-Chiffrierschritten, also VIGENÈRE-Chiffrierschritten in $\mathbb{Z}_2$ mit der Addition von a_1, von a_2, ..., von a_n über, so entfällt gerade die Übertragseinrichtung des Additionsschaltnetzes.

Entsprechendes gilt für VIGENÈRE-Schritte in $\mathbb{Z}_{10^n}$, die durch Addition *mod.* 10^n der Zahlen $\{0, 1, 2, \ldots 10^n - 1\}$ bewerkstelligt werden können. Zur Durchführung mittels einer mechanischen Tischrechenmaschine muß lediglich ein eventuell auftretender Überlauf unberücksichtigt bleiben. Geht man polyalphabetisch zu n VIGENÈRE-Schritten in $\mathbb{Z}_{10}$ über, so braucht man (vgl. 5.7) die Übertragseinrichtung nicht; eine solcherart verstümmelte Tischrechenmaschine erlaubt die polyalphabetische Chiffrierung über ihre ganze Arbeitsbreite.

8.4 Quasi-nichtperiodische Schlüssel

8.4.1 Periodische polyalphabetische Chiffrierung hatte es trotz der Sicherheit, die sie bei sorgfältigem Gebrauch bot, schwer, sich gegen die Nomenklatoren durchzusetzen. Diese Chiffrierung wurde zunächst meist nur in Ausnahmefällen eingesetzt: In der Kurie, von *Henri* IV., von den Aufständischen der Fronde 1654. So wendete auch *Marie Antoinette* sie (vgl. S. 24) in ihrem amourösen Schriftwechsel 1791 an. Ihr Geliebter seit 1783, der schwedische *Graf Axel Fersen*, erstellte eine Porta-ähnliche Anordnung mit

23 unabhängigen involutorischen Alphabeten (Abb. 47). *Axel Fersen* war vorsichtig, er benutzte keine naheliegenden Kennworte, sondern Worte wie *DEPUIS*, *VOTRE*. Daß *Ludwigs* und *Maries* Flucht an der Brücke von Varenne entdeckt wurde, war nicht Schuld der Kryptographie: Keine ihrer Botschaften war entziffert worden.

A	ab	cd	ef	gh	ik	lm	no	pq	rs	tu	xy	z&
B	bk	du	ei	fl	gn	ho	my	ps	qx	rt	ac	&z
C	lr	ad	bg	cz	s&	ek	fm	th	ix	np	oq	uy
⋮	⋮	⋮	⋮	⋮	⋮	⋮	⋮	⋮	⋮	⋮	⋮	⋮

Abb. 47. Marie Antoinette's polyalphabetische Chiffrierung. Aus: [KAHN], p. 775

Polyalphabetische Substitution hatte, bevor man sie mechanisierte, immer den Ruf, mühsam und fehleranfällig zu sein. 1819 schreibt *William Blair* in einem Enzyklopädieartikel *"polyalphabetic substitution requires too much time and by the least mistake in writing is so confounded ..."* .

Letzteres findet sich auch in einem Brüsseler Werk des 17. Jahrhunderts, "Traitté de l'art de dechiffrer": *"... takes too long to encipher them, dropping of a single ciphertext letter garbles the message from that point on ..."* .

Sie galt aber auch als unlösbar. *Matteo Argenti* schrieb, die polyalphabetische Chiffrierung „ist die edelste und größte in der Welt, die sicherste und getreueste, so daß es niemals einem Menschen gelingt, sie zu brechen".

Bis ins 19. Jahrhundert gelang ein echter Einbruch nur, wenn Standardalphabete (oder revertierte Standardalphabete) mit Verschiebung verwendet, Worte aus dem Klartext erraten und der (zu kurze) Schlüssel rekonstruiert werden konnte, oder wenn gar, wie von *Porta* oder den *Argentis*, der Schlüssel erraten wurde. Mit der im 19. Jahrhundert aufkommenden systematischen Lösung der periodischen polyalphabetischen Chiffrierung ändert sich aber die Situation.

Will man diese Angriffsmöglichkeit ausschließen, so muß man, *Parker Hitt* folgend, zu einer Periodenlänge greifen, die deutlich größer ist als die gesamte Nachricht (‚quasi-nicht-periodischer Schlüssel'), oder man muß zu fortlaufenden Schlüsseln übergehen.

8.4.2 Um zu der weniger angreifbaren quasi-nichtperiodischen Chiffrierung zu gelangen, kann man verschiedene Tricks anwenden, darunter den der ‚progressiven Chiffrierung' (engl. *progressive key*) im Zusammenwirken mit dem der ‚unregelmäßigen Auswahl' (*Kahn*: *'irregular sequence of alphabets'*).

Die **progressive Chiffrierung** ist eine periodische polyalphabetische Chiffrierung, bei der kein Alphabet benutzt wird, bevor jedes andere Alphabet benutzt wurde. Die Periode einer progressiven Chiffrierung ist also gleich der Mächtigkeit θ der Menge der Chiffrierschritte. Eine progressive Chiffrierung hatte schon *Trithemius* mit seiner *'tabula recta'* vorgeschlagen (7.3.1, 8.1.2). Progressive Chiffrierung ist systembedingt bei den Zylinder- und Streifengeräten, bei denen jedes Alphabet nur in e i n e r Ausfertigung verfügbar ist. Progressive Chiffrierung verwendete man auch gern in den mechanischen oder elektronischen Chiffriermaschinen der ersten Hälfte des 20. Jahrhunderts. Hohe Werte von θ erhält man beispielsweise durch Hintereinanderschaltung von Rotoren (s. 7.2.2). Für vier Rotoren und $\theta = 26^4$ reicht die Periode von knapp einer halben Million für die ganze Bibel leicht aus; für fünf Rotoren und $\theta = 26^5$ beträgt die Periode knapp 12 Millionen, die gesamten Werke *Tolstojs*, *Goethes*, *Shakespeares*, *Dantes* und *Homers* haben weit weniger Buchstaben.

Bei *Trithemius* werden die verschobenen Alphabete schlicht der Reihe nach verwendet. Der Gebrauch von Schlüsseln durch *Belaso* (8.1.2) bedeutete eine ‚Unregelmäßigkeit' in der Auswahl der Alphabete. *Arvid Gerhard Damm*, einer der Erfinder des Rotorprinzips benutzte in seiner schwedischen Patentanmeldung vom 10. Oktober 1919 vier „Schlüsselräder", um die vier Rotoren nach jedem Chiffrierschritt eine unregelmäßige Anzahl von Positionen fortzuschalten.

Gleiches tut *Arthur Scherbius*, ein anderer Erfinder des Rotorprinzips, in seiner Patentanmeldung vom 26. September 1920 für die später als ENIGMA bekanntgewordene Maschine. Für die ENIGMA A von 1923 mit vier Rotoren wurde so eine Periode von $11 \cdot 15 \cdot 17 \cdot 19$, also mehr als 50 000, erzielt. Später, als *Scherbius* die Umkehrwalze eingeführt hatte und zu drei beweglichen Rotoren überging, betrug die Periode etwas weniger als 26^3, nämlich $26 \cdot 25 \cdot 26 = 16900$ (als Folge eines ersten Versuchs, eine noch unregelmäßigere Fortschaltung zu erzielen).

Boris Hagelin, der *Damms* Firma übernahm (und die Rotoren durch einen ‚Stangenkorb', engl. *bar drum, lug cage* ersetzte, der Verschiebungen des revertierten Alphabets bewirkte), benutzte weiterhin unregelmäßige Fortschaltung. In der Maschine M-209, von der im 2. Weltkrieg 140000 Stück fabriziert wurden, mit 6 Schlüsselrädern, betrug die Periode $17 \cdot 19 \cdot 21 \cdot 23 \cdot 25 \cdot 26$, d.h. knapp über 100 Millionen. Spätere Hagelin-Maschinen haben eine Periode von $29 \cdot 31 \cdot 37 \cdot 41 \cdot 43 \cdot 47$, d.h. über 2 Milliarden. Auch in den Chiffrier-Fernschreibern des 2. Weltkriegs von SIEMENS und von LORENZ wurde unregelmäßige Fortschaltung benutzt (mehr über diese Maschinen in 9.1.2).

8.4.3 Für den binären Fall $\mathbb{Z}_2$ gibt es nur zwei Permutationen, und keine zweigliedrige Rotorfamilie. Es verbleiben nur die VIGENÈRE-Schritte +O und +L, d.h. die VERNAM-Schritte $O \hat{=} 0$ und $L \hat{=} 1$.

Polyalphabetische binäre Chiffrierung erfordert besonders eine hohe Periode und einen Mechanismus zur Erzielung einer ‚unregelmäßigen' $(0,1)$-Folge. Allgemeiner braucht man Folgen von Zykelzahlen aus $\mathbb{Z}_M$. Eine gebräuchliche Methode hierfür benutzt sukzessive Potenzen *modulo M* einer *k*-reihigen regulären, von der Identität verschiedenen Matrix T. Da die Anzahl solcher

Matrizen (vgl. 6. Kapitel) höchstens M^{k^2} beträgt, muß eine gewisse Potenz T^r erstmals die Identität ergeben. $r = r(T, M)$ heißt Ordnung der Matrix T in $\mathbb{Z}_M$.

Beispielsweise hat die Matrix $A = \begin{pmatrix} 0 & 1 \\ 1 & 1 \end{pmatrix}$ mit $n = 2$ folgende Ordnung:

$M =$	2	3	4	5	6	7	8	9	10	11	12	20	50	100	160
$r =$	3	8	6	20	24	16	12	24	60	10	24	60	120	120	240

Greift man ein geeignetes i-j-Element der Matrixpotenzen heraus, so erhält man eine Folge von Zykelzahlen mit der Periode $r(A, M)$.

Speziell eignet sich für A eine k-reihige ‚Begleitmatrix' der Form

$$A = \begin{pmatrix} 0 & 0 & 0 & \dots & 0 & \alpha_k \\ 1 & 0 & 0 & \dots & 0 & \alpha_{k-1} \\ 0 & 1 & 0 & \dots & 0 & \alpha_{k-2} \\ & & \vdots & & & \\ 0 & 0 & 0 & \dots & 0 & \alpha_2 \\ 0 & 0 & 0 & \dots & 1 & \alpha_1 \end{pmatrix}$$

Das 1-k-Element der Potenzen dieser Matrix ergibt sich dann als letztes Element des iterierten Vektors $t_i = t_0 A^i = t_i A$, wenn man beginnt mit $t_0 = (1\ 0\ 0\ \dots\ 0\ 0)$.

Für $M = 2$ benutzt man zur Bildung dieser iterierten Vektoren ein Schieberegister mit k Plätzen. Beispielsweise ergibt die Matrix mit $n = 3$

$$\begin{pmatrix} 0 & 0 & 1 \\ 1 & 0 & 1 \\ 0 & 1 & 0 \end{pmatrix}$$

modulo 2 die Folge $(1\ 0\ 0\ 1\ 0\ 1\ 1\ 1\ 0\ 0\ 1\ 0\ 1\ 1\ 1\ 0\ \dots)$ der Periode $7 = 2^3 - 1$. Da es 2^k verschiedene k-Bit-Vektoren gibt, und der Nullvektor in sich übergeht, ist klar, daß $2^k - 1$ die maximale so erzielbare Periode ist. Es läßt sich zeigen (*Oystein* 1948):

Wenn das Polynom $x^k - \alpha_1 x^{k-1} - \alpha_2 x^{k-2} - \dots - \alpha_k$ im Körper $\mathbb{Z}_2 = GF(2)$ irreduzibel ist, so hat jede mit A iterierte Vektorfolge eine Periode, die ein Teiler von $2^k - 1$ ist.[5]

Ist $2^k - 1$ prim ($2^k - 1$ heißt dann Mersenne-Primzahl[6]), so gibt es nur die Perioden $2^k - 1$ und 1; zu letzterer gehört die Folge $(0\ 0\ 0\ 0\ \dots)$.

---

5 Für $k = 31$ ist das Polynon $x^{31} + x^{13} + 1$ irreduzibel, die zugehörige Periode $2^{31} - 1$ beträgt über 2 Milliarden.

6 Dies ist der Fall für $k = 2, 3, 5, 7, 13, 17, 19, 31, 61, 89, 107, 127$. Die Primalität von $2^{61} - 1$ wurde erst 1883 von *Pervusin* bewiesen, die Primalität von $2^{127} - 1$ schon 1876 von *Lucas*. Mit Hilfe der SWAC wurden 1952 von *Ralph M. Robinson* $2^{521} - 1$, $2^{607} - 1$, $2^{1279} - 1$, $2^{2203} - 1$, $2^{2281} - 1$ als prim nachgewiesen. Weitere 15 folgten; die derzeit letzte, $2^{756839} - 1$, wurde 1992 von *Slowinski* und *Gage* mittels einer CRAY II gefunden.

Schieberegister in Verbindung mit einer Begleitmatrix heißen auch **lineare Schieberegister**. Sie bieten über eine Basisanalyse leichte Einbruchmöglichkeiten (s. 20.2). Bei nichtlinearen Schieberegistern erfolgt die Bildung des jeweils nächsten Wortes der Bitfolge durch eine *beliebige* Boolesche Funktion.

8.5 Fortlaufende Schlüssel

Eine fortlaufende Chiffrierung (2.3.3) erfordert $\theta \geq 2$ und eine nichtperiodische Folge $(\chi_{i_1}, \chi_{i_2}, \chi_{i_3} \ldots)$ von Chiffrierschritten. Sie wird charakterisiert durch die Indexfolge $(i_1, i_2, i_3, \ldots)$ mit $0 \leq i_\mu < \theta$, oder durch den echten Bruch $.i_1 i_2 i_3 \ldots$ im Zahlsystem zur Basis $\theta \geq 2$. Damit gibt es zu jeder irrationalen reellen Zahl und jedem θ eine fortlaufende Chiffrierung.

8.5.1 Eine fortlaufende Chiffrierung wie etwa (für $\theta = 2$) eine mit der *unendlichen* Indexfolge (dem ‚fortlaufenden Schlüssel')

$$(1\,1\,0\,1\,0\,0\,0\,1\,0\,0\,0\,0\,0\,0\,0\,1\,\ldots)$$

d.h. $i_\mu = \begin{cases} 1 & \text{falls} \quad \mu = 2^k \\ 0 & \text{sonst} \end{cases}$

bringt gegenüber einer periodischen keinen Vorteil.

Aber auch eine fortlaufende Chiffrierung mit einer Indexfolge wie

$$(1\,0\,0\,1\,0\,1\,1\,0\,0\,1\,1\,0\,1\,0\,0\,1\,0\,1\,1\,0\,\ldots)$$

hat ein einfach zu durchschauendes Bildungsgesetz des Schlüssels, das eine rekursive Berechnung erlaubt. Und die fraktale Wortfolge

$$\begin{aligned}
a_0 &\mathrel{\hat{=}} (0)\\
a_1 &\mathrel{\hat{=}} (1)\\
a_2 &\mathrel{\hat{=}} (0\;1)\\
a_3 &\mathrel{\hat{=}} (1\;0\;1)\\
a_4 &\mathrel{\hat{=}} (0\;1\;1\;0\;1)\\
a_5 &\mathrel{\hat{=}} (1\;0\;1\;0\;1\;1\;0\;1)\\
a_6 &\mathrel{\hat{=}} (0\;1\;1\;0\;1\;1\;0\;1\;0\;1\;1\;0\;1)\\
a_7 &\mathrel{\hat{=}} (1\;0\;1\;0\;1\;1\;0\;1\;0\;1\;1\;0\;1\;1\;0\;1\;0\;1\;1\;0\;1)\\
&\vdots
\end{aligned}$$

die durch das Lindenmayer-Ersetzungssystem[7]

$$\begin{cases} 0 \to 1 \\ 1 \to 0\;1 \end{cases}$$

erzeugt wird, hat ebenfalls ein durchschaubares Bildungsgesetz: es ist für $i \geq 2$ $\quad a_i = a_{i-2} \circ a_{i-1}$.

8.5.2 Wie kommt man zu einer ‚unregelmäßigen' nichtperiodischen Indexfolge, die ja dem Chiffrierer und dem Dechiffrierer bekannt sein muß, auf bequeme Weise?

---

[7] *Aristide Lindenmayer*, 1968.

Auf die Idee, einen Text aus einem weit verbreiteten Buch zu nehmen, kommen vor allem Amateure immer wieder, aber eingedenk der Grundregel „der Feind kennt das benutzte System“ (s. 10.1) ist das ein f e s t e s Verfahren, mit allen schon in 2.6 aufgeführten Gefahren.

Es darf also nicht verwundern, daß schon frühzeitig Möglichkeiten ersonnen wurden, einen nichtperiodischen Schlüssel zu e r z e u g e n. Der entscheidende Schritt kommt von *Geronimo Cardano* (1501–1576). Nachdem *Belaso* polyalphabetische Substitutionen mit Schlüsseln eingeführt hat, leitet *Cardano* in seinem Buch "De Subtilitate" 1550 den Schlüssel aus dem Klartext ab. Er benutzt für jedes Wort den Klartext, von Anfang an[8]:

s	i	c	e	r	g	o	e	l	e	m	e	n	t	i	s
S	*I*	*C*	*S*	*I*	*C*	*E*	*S*	*I*	*C*	*E*	*R*	*G*	*O*	*E*	*L*
N	T	F	Z	C	L	T	Z	V	H	R	Y	V	I	P	E

Die Idee (engl. *autokey*, frz. ***autoclave***, ***autochiffrant***) war gut gemeint, ja sogar bestechend; aber *Cardano* hat wohl selbst nie die Dechiffrierung versucht: Die Chiffrierung ist nämlich nicht eindeutig: s und *S* wie auch f und *F* ergeben N; i und *I* wie auch x und *X* ergeben T; c und *C* wie auch p und *P* ergeben F etc. Der unberufene Dechiffrierer hat nicht mehr Arbeit, die richtige Kombination unter 2^k Kombinationen (wenn das erste Wort k Buchstaben hat) herauszufinden, als der berufene Dechiffrierer. *Belaso* suchte den Mangel zu beheben, indem er das erste Wort nach *Trithemius* chiffrierte und für jedes weitere Wort einen progressiven Schlüssel, beginnend mit dem Anfangsbuchstaben des vorhergehenden Wortes, benutzte.

Vigenère hatte dann die rettende Idee, doch einen frei wählbaren Schlüssel (*'priming key'*) ins Spiel zu bringen: Er wählte den ersten Buchstaben des Schlüssels frei und nahm sodann als weitere Schlüsselbuchstaben entweder die des Klartextes oder die des Geheimtextes (*'autokey'*):

a	u	n	o	m	d	e	l	e	t	e	r	n	e	l
$\underline{D}$	*A*	*U*	*N*	*O*	*M*	*D*	*E*	*L*	*E*	*T*	*E*	*R*	*N*	*E*
X	I	A	H	G	U	P	T	M	L	S	H	I	X	T

a	u	n	o	m	d	e	l	e	t	e	r	n	e	l
$\underline{D}$	*X*	*H*	*E*	*E*	*C*	*O*	*U*	*M*	*X*	*G*	*N*	*A*	*B*	*Q*
X	H	E	E	C	O	U	M	X	G	N	A	B	Q	O

Die polyalphabetische Chiffrierung über Z_{20} (Abb. 48) war dabei involutorisch, ähnlich *Porta* (Abb. 26), und nicht à la VIGENÈRE.

Die zweite Art ist allerdings unbrauchbar: Der Schlüssel ist vollständig exponiert, die ganze Nachricht kann bis auf das erste Zeichen sofort entschlüsselt werden (*Shannon* 1949).

[8] Alphabet $Z_{20} \cup \{x, y\}$, Chiffrierung linear polyalphabetisch mit

a	*b*	*c*	*d*	*e*	*f*	*g*	*h*	*i*	*l*	*m*	*n*	*o*	*p*	*q*	*r*	*s*	*t*	*v*	*x*	*y*	*z*
1	2	3	4	5	6	7	8	9	10	11	12	13	14	15	16	17	18	19	20	21	22

A	*B*	↕	a	b	c	d	e	f	g	h	i	l
			m	n	o	p	q	r	s	t	u	x
C	*D*	↕	a	b	c	d	e	f	g	h	i	l
			x	m	n	o	p	q	r	s	t	u
E	*F*	↕	a	b	c	d	e	f	g	h	i	l
			u	x	m	n	o	p	q	r	s	t
G	*H*	↕	a	b	c	d	e	f	g	h	i	l
			t	u	x	m	n	o	p	q	r	s
I	*L*	↕	a	b	c	d	e	f	g	h	i	l
			s	t	u	x	m	n	o	p	q	r
M	*N*	↕	a	b	c	d	e	f	g	h	i	l
			r	s	t	u	x	m	n	o	p	q
O	*P*	↕	a	b	c	d	e	f	g	h	i	l
			q	r	s	t	u	x	m	n	o	p
Q	*R*	↕	a	b	c	d	e	f	g	h	i	l
			p	q	r	s	t	u	x	m	n	o
S	*T*	↕	a	b	c	d	e	f	g	h	i	i
			o	p	q	r	s	t	u	x	m	n
U	*X*	↕	a	b	c	d	e	f	g	h	i	l
			n	o	p	q	r	s	t	u	x	m

Abb. 48. Involutorische polyalphabetische Chiffrierung

Anders ist es bei der ersten Art (rekurrentes Verfahren): Man muß den Anfangsbuchstaben des Schlüssels kennen, um weiterzukommen. Die zwölf Möglichkeiten sind allerdings schnell durchprobiert. Das wird besser, wenn nicht nur der erste Buchstabe, sondern d Schlüsselbuchstaben als Anfang vorgegeben werden. Die kombinatorische Komplexität ist allerdings nicht anders als die einer Chiffrierung mit einem periodischen Schlüssel der Länge d. Zwar ist bei hinreichend langem Anfang kein Durchprobieren mehr möglich, aber die ersten d Zeichen werden, wenn man den gleichen Anfang wiederholt verwendet, in einer Reihe von Nachrichten mit dem gleichen Schlüssel chiffriert; das kann zum Einbruch genügen. Nachteilig ist ferner die Verschleppung von Chiffrierfehlern bei diesem Verfahren — generell eine Schwäche aller *autokey*. *Babbage* erfand den *autokey* wieder — diesmal sogar mit einem permutierten Alphabet — und gab dann auch ein Verfahren an, ihn zu brechen. Erst *Shannon* scheint 1949 bemerkt zu haben, daß rekurrentes VIGENÈRE-Verfahren zu VIGENÈRE-Verfahren der Periode 2 ähnlich ist. Wird der Klartext in Gruppen $a_1\ a_2\ a_3\ \ldots$ der jeweiligen Länge d abgeteilt und ist D der Schlüsselbuchstabe, so gelten für den Geheimtext $C_1\ C_2\ C_3\ \ldots$ (Stelle für Stelle *mod.* N) die Beziehungen

$$C_1 = a_1 + D, \qquad C_i = a_i + a_{i-1} \quad (i = 2,\ 3,\ \ldots)$$

und somit die rekurrenten Beziehungen

$$\begin{aligned} C_1 &= a_1 + D \\ C_2 - C_1 &= a_2 - D \\ C_3 - C_2 + C_1 &= a_3 + D \\ C_4 - C_3 + C_2 - C_1 &= a_4 - D \quad \text{usw., die Folge} \end{aligned}$$

$$C_1\ ,\ C_2 - C_1\ ,\ C_3 - C_2 + C_1\ ,\ C_4 - C_3 + C_2 - C_1\ ,\ \ldots$$

läßt sich also behandeln wie ein VIGENÈRE-Verfahren der Periode 2, d.h. im wesentlichen wie zwei alternierende CAESAR-Additionen. Auch die Verwendung eines permutierten Alphabets ändert daran nichts. Entsprechendes gilt für rekurrentes BEAUFORT-Verfahren.

Beim Siemens Chiffrier-Fernschreiber T 52d, T 52e konnte die unregelmäßige Fortschaltung vom Klartext beeinflußt werden („mit Klartextfunktion") und war damit praktisch nichtperiodisch. Bei gestörten Leitungen führte das allerdings zu einem ‚Außer-Tritt-Fallen' der Chiffrierung, es wurde deshalb nicht gerne angewandt.

Eine rekurrente Chiffrierung der Art $c_i = f(p_i, p_{i-1})$ ist Spezialfall einer **Stromchiffrierung** (*stream cipher*) $c_i = X(p_i, k_i)$, bei der die progressive Schlüsselfolge k_i durch einen endlichen Automaten G als **Schlüsselerzeuger** (engl. *key generator*), $k_i = G(k_{i-1}, p_{i-1})$, gewonnen wird; mit k_1 als *priming key*.

8.6 Fortlaufende individuelle Schlüssel

Nachdem also einfache rekurrente Chiffrierverfahren nichts einbringen, verbleibt noch, Sender und Empfänger mit einem sozusagen unbegrenzten Vorrat eines unregelmäßigen **individuellen Schlüssels** auszurüsten. Diese Idee griff zwischen den Weltkriegen rasch um sich; in den USA, in der Sowjetunion und in Deutschland gibt es frühe Spuren.

8.6.1 *Joseph O. Mauborgne*, der später Major General und Chief Signal Officer, US Army (1937–1941) wurde, hatte *Parker Hitts* Mahnung von 1914 im Ohr — *"no message is safe in cipher unless the key phrase is comparable in length with the message itself"* — und führte an Hand der VERNAM-Maschine (8.3) den „einmaligen Schlüssel" (engl. *one-time tape, one-time pad*), im Deutschen **individueller Schlüssel** (im Jargon ‚i-Wurm') ein.[9]

In Deutschland führten *Kuntze*, *Schauffler* und *Langlotz* schon 1921 Blöcke mit 50 Blättern, die je 240 Ziffern (in 48 Gruppen von Fünfen) enthielten, zur Überschlüsselung numerischer Codes, ein. Abb. 49 zeigt ein russisches Blatt, 1961 bei einem Spion in Japan aufgefunden.

[9] Individuelle Schlüssel sollte man also bestimmungsgemäß nach Gebrauch sofort vernichten. Bei VERNAM-Geräten kann das maschinell geschehen.

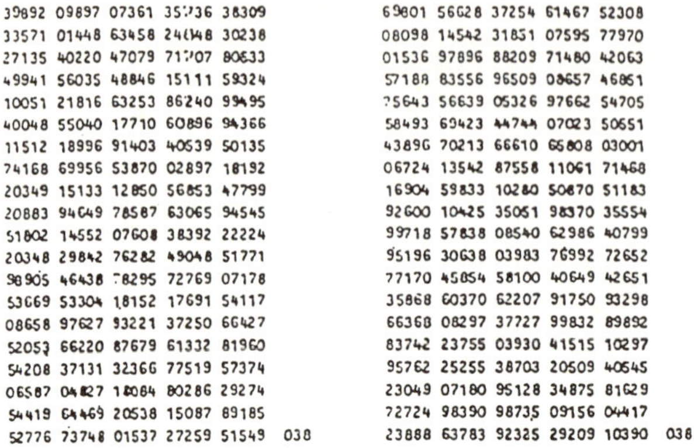

39892 09897 07361 35736 38309
33571 01448 63458 24048 30238
27135 40220 47079 71707 80633
49941 56035 48846 15111 59324
10051 21816 63253 86240 99495
40048 55040 17710 60896 94366
11512 18996 91403 40539 50135
74168 69956 53870 02897 18192
20349 15133 12850 56853 47799
20883 94649 78587 63065 94545
51802 14552 07608 38392 22224
20348 29842 76282 49048 51771
98905 46438 78295 72769 07178
53669 53304 18152 17691 54117
08658 97627 93221 37250 66427
52053 66220 87679 61332 81960
54208 37131 32366 77519 57374
06587 04827 18084 80286 29274
54419 64469 20538 15087 89185
52776 73748 01537 27259 51549 038

69801 56628 37254 61467 52308
08098 14542 31851 07595 77970
01536 97896 88209 71480 42063
57188 83556 96509 08657 46851
75643 56639 05326 97662 54705
58493 69423 44744 07023 50651
43896 70213 66610 65808 03001
06724 13542 87558 11061 71468
16904 59833 10280 50870 51183
92600 10425 35061 98370 35554
99718 57838 08540 62986 40799
95196 30638 03983 76992 72652
77170 45854 58100 40649 42651
35868 60370 62207 91750 93298
66368 08297 37727 99832 89892
83742 23755 03930 41515 10297
95762 25255 38703 20509 40545
23049 07180 95128 34875 81629
72724 98390 98735 09156 04417
23888 63783 92325 29209 10390 038

Abb. 49. Russischer individueller Schlüssel

Die Ziffernfolgen sollten natürlich keinerlei Gesetzmäßigkeit genügen, sondern ‚zufällig' sein. Gute stochastische Quellen sind aber teuer. Dazu bemerkt *Kahn* (über russische individuelle Schlüssel):

> "Interestingly, some pads seem to be produced by typists and not by machines. They show strike-overs and erasures — neither likely to be made by machines. More significant are statistical analyses of the digits. One such pad, for example, has seven times as many groups in which digits in the 1-to-5 group alternate with digits in the 6-to-0 group, like 18293, as a purely random arrangement would have. This suggests that the typist is striking alternately with her left hand (which would type the 1-to-5 group on a Continental machine) and her right hand (which would type the 6-to-0 group). Again, instead of just half the groups beginning with a low number, which would be expected in a random selection, three quarters of them do, possibly because the typist is spacing with her right hand, then starting a new group with her left. Fewer doubles and triples appear than chance expects. Possibly the girls, ordered to type at random, sensed that some doublets and triplets would occur in a random text but, misled by their conspicuousness, minimized them. Despite these anomalies, however, the digits still show far too little pattern to make cryptanalysis possible".

8.6.2 Stammt der individuelle Schlüssel aus einer stochastischen Quelle, die alle Zeichen mit gleicher Wahrscheinlichkeit und voneinander unabhängig abgibt, so ist der damit chiffrierte Geheimtext ‚unbrechbar' (engl. *holocryptic*[10]). Was damit intuitiv gemeint ist, scheint auf den ersten Blick klar zu sein; es wird sich auch lohnen, in der Kryptanalysis zu verfolgen, wie sämtliche Lösungsmethoden an Voraussetzungen gebunden sind, die nach der zu gebenden Definition verletzt sind. Das ist jedoch kein Beweis; in der Tat

[10] Den Ausdruck verwendete schon *Pliny Earle Chase* 1859.

geht es um eine geeignete präzise Formulierung von ‚unbrechbar'. Sie muß stochastischer Natur sein. Am deutlichsten hat eine solche, auf *A. N. Kolmogorov* zurückgreifend, 1974 *Gregory J. Chaitin* vorgezeichnet. Ihm folgend, verlangen wir, daß für die Indexfolge einer fortlaufenden Chiffrierung, die ‚unbrechbar' genannt werden soll, gilt:

> *Für jede endliche Teilfolge gibt es keine kürzere algorithmische Beschreibung als die Auflistung der Teilfolge — keine Teilfolge ist in eine kürzere Beschreibung ‚komprimierbar'.*

Damit scheiden alle Indexfolgen aus, die zu rationalen wie auch zu berechenbaren irrationalen Zahlen (8.5) gehören.[11] In der Tat gibt es zu jeder solchen Zahl eine feste endliche Beschreibung, eine beliebig lange Teilfolge der Zahl kann in diese Beschreibung komprimiert werden.
Ob aber zu jeder nicht-berechenbaren reellen Zahl eine ‚unbrechbare' fortlaufende Chiffrierung gehört, ist nicht bekannt.

8.6.3 Physikalische Effekte, die heute zur Erzeugung „echter" nichtperiodischer zufälliger Schlüssel dienen können, beruhen auf der Überlagerung inkommensurabler Schwingungen oder auf chaotischen nichtlinearen Systemen. Sie sind anscheinend zuverlässiger als die um 1950 benutzten Rauscheffekte von Röhren und Zener-Dioden oder Geigerzähler-Aufzeichnungen.

8.6.4 Auch die Verteilung individueller Schlüssel hat ihre Probleme. *Hüttenhain* berichtet, daß im Auswärtigen Amt nach den Sicherheitsvorschriften von jedem Blatt nur das Original und e i n e Kopie existieren sollte. Tatsächlich wurden neun Kopien hergestellt und an fünf diplomatische Vertretungen gesandt. Angesichts solcher Schwierigkeiten greifen heute die meisten öffentlich angebotenen, kommerziellen Chiffriersysteme (und vermutlich auch einige der geheimgehaltenen) zu mathematischen Methoden, um periodische Schlüssel von sehr langer, garantierter Periode (quasi-nichtperiodische Schlüssel) zu fabrizieren. Oft erfordern diese Methoden umfängliche Untersuchungen zahlentheoretischer Natur.

Grundsätzlich kann man aus jeder Menge monoalphabetischer Block-Chiffrierschritte χ_i mit einheitlicher Chiffrierbreite m, die dabei sehr groß sein kann, eine endliche Folge (vgl. 2.3) $X = (\chi_{i_1}, \chi_{i_2}, \ldots, \chi_{i_s})$ bilden und X auf einer Ausgangsnachricht $u = (u_1, u_2, \ldots, u_s)$ iterieren; die progressive Folge

$$u \;,\; X(u) \;,\; X^2(u) \;,\; X^3(u) \;,\; \ldots$$

wird zwar periodisch, aber meistens von sehr großer Periode.[12] Beispielsweise wird in 9.7.2 X als h-te Potenz *modulo* einer Primzahl p definiert,

$$X(u) = u^h \bmod p \;,\; X^s(u) = u^{(h^s)} \bmod p \;.$$

[11] Zahlen wie $\sqrt{2}$, $\sqrt{5}$, $\sqrt{17}$ sind ohnehin ungeeignet: sie können zu leicht erraten werden.

[12] Nach *Robert Floyd* kann man mit hohem Rechenaufwand, aber mit minimalem Speicheraufwand die Periode von X folgendermaßen feststellen: Sei $a_0 = u$, $b_0 = u$ und $a_{i+1} = X(a_i)$, $b_{i+1} = X^2(b_i)$. Sobald $a_n = b_n$, ist $X^n(u) = X^{2n}(u)$ und n ist die Periode.

9 Komposition von Verfahrensklassen

Eine Komposition zweier Verfahrensklassen durch Hintereinanderausführung ihrer Verfahren verlangt, daß der Bildbereich der ersten im Argumentbereich der zweiten ist.

Der Laie neigt dazu, zu glauben, die Komposition biete der unberufenen Entzifferung mehr Widerstand als jedes der beiden Verfahren einzeln. Das kann so sein, muß aber nicht sein. Das zweite Verfahren kann ja sogar die Wirkung des ersten teilweise oder ganz aufheben. So sei S eine einfache Substitution, die, wie üblich, durch einen Merkvers erzeugt wird, etwa dem folgenden (der von *Bazeries* stammen könnte) BASEDOWSCHE KRANKHEIT

Die Substitution lautet dann

a	b	c	d	e	f	g	h	i	j	k	l	m	n	o	p	q	r	s	t	u	v	w	x	y	z
B	A	S	E	D	O	W	C	H	K	R	N	I	T	F	G	J	L	M	P	Q	U	V	X	Y	Z

Zweimal angewandt ergibt sie

a	b	c	d	e	f	g	h	i	j	k	l	m	n	o	p	q	r	s	t	u	v	w	x	y	z
A	B	M	D	E	F	V	S	C	R	L	T	H	P	O	W	K	N	I	G	J	Q	U	X	Y	Z

wobei neun Buchstaben, darunter die häufigen Vokale e a o invariant bleiben.

9.1 Gruppeneigenschaft

Einige Verfahrensklassen, bei denen $V \doteq W$ ist, bilden **Gruppen**: die Menge aller einfachen Substitutionen, die Menge aller linearen Substitutionen mit der Breite n, die Menge aller polyalphabetischen (monographischen) Substitutionen mit der Periode k, die Menge aller Block-Transpositionen mit der Breite n. Die Komposition zweier Chiffrierungen aus einer dieser Verfahrensklassen führt aus der Verfahrensklasse nicht hinaus.

9.1.1 Die Komposition zweier linearen oder allgemeinen polyalphabetischen Substitutionen mit den Perioden k_1 und k_2 ist eine lineare bzw. allgemeine polyalphabetische Substitution, mit der Periode $kgv(k_1, k_2)$. Entsprechendes gilt für zwei Blocktranspositionen der Breite k_1 und k_2. Für lineare Substitutionen wußte das schon *Babbage* 1854.

Hier wird nur die kombinatorische Komplexität vergrößert. Solche Kompositionen werden in Chiffriermaschinen benutzt. Die ENIGMA benutzte eine Komposition von ROTOR-Chiffrierungen. Die sehr erfolgreichen Maschinen C-36 und C-38 (alias M-209, CSP 1500) von *Hagelin* aus den dreißiger Jahren benutzten dagegen eine sechsfach überlagerte BEAUFORT-Chiffrierung mit den teilerfremden Perioden $17, 19, 21, 23, 25, 26$ (vgl. 8.4.2). Für Details siehe [SALOMAA] p. 44 ff.

9.1.2 Kompositionen zwischen verschiedenen Verfahrensklassen kommen häufig vor: Einige solcher Kompositionen sind vertauschbar, wie die Gruppe einfacher Substitutionen mit der Gruppe der Transpositionen der Breite k. In diesem Fall bildet die kombinierte Verfahrensklasse wieder eine Gruppe. Hierunter fällt die im SIEMENS Chiffrier-Fernschreiber (8.4.2, 8.5.2) über $\mathbb{Z}_2^5$ vorliegende Komposition von Substitution (Permutation der Binärzeichen) und Transposition (Permutation der Plätze).

In den SIEMENS Chiffrier-Fernschreibern (‚Geheimschreiber') T 52a , T 52c , T 52d , T 52e (britischer Deckname 'Sturgeon' (Stör)) wurden 10 Räder zur Fortschaltung benützt, mit einer Periode von $47 \cdot 53 \cdot 59 \cdot 61 \cdot 64 \cdot 67 \cdot 69 \cdot 71 \cdot 73$, d.h. ungefähr 10^{18}. Fünf Räder arbeiteten dabei mit VERNAM-Schritten auf die Fünfergruppen des Fernschreibalphabets und bewirkten eine von höchstens 32 Substitutionen, die anderen fünf Räder erzielten eine von höchstens 120 Transpositionen der Bits der Fünfergruppe.

Im T 52a betrug die Anzahl v e r s c h i e d e n e r Transpositionen nur 30 . Es handelte sich also um 960 Alphabete. Im T 52c lagen nur 16 verschiedene Substitutionen und 16 verschiedene Transpositionen vor, die Anzahl der Alphabete geht auf 256 zurück. T 52d und T 52e entstanden aus T 52a [1] bzw. T 52c durch Hinzufügen einer besonderen Form unregelmäßiger Fortschaltung (‚Klartextfunktion') — wie schon bei *Damm*.[2]

Ähnlich ging man in den Chiffrier-Fernschreibern (‚Schlüsselzusatz') SZ 40, SZ 42, SZ 42a (britischer Deckname 'Tunny' (Thunfisch)) von LORENZ vor.

9.1.3 Nicht vertauschbar sind multipartite Substitution und Transposition, siehe 8.5. Nicht vertauschbar ist auch die Komposition einer echt polygraphischen Substitution der Breite k mit einer Transposition der Breite k. VIGENÈRE-Schritte, gefolgt von einfachen Substitutionen, geben die in 7.2.1 mit dem Stichwort ALBERTI-Schritte bezeichnete Familie[3]. Die Zusammensetzung nicht-vertauschbarer Verfahren gibt eine gute Ausgangsbasis für eine gründliche ‚Durchmischung' nach *Shannon* (9.4.1).

---

[1] Die T 52b unterschied sich von der T 52a nur durch eine verbesserte Funkentstörung.

[2] Erst gegen Kriegsende eingeführt wurde (nach *Wüsteney*) der Chiffrier-Fernschreiber T 43 von SIEMENS mit fortlaufendem individuellen Schlüssel (vermutlich identisch mit der von den Briten 'Thrasher' (Fuchshai) genannten Machine). Weniger ist bekannt über den Einsatz eines Chiffrier-Fernschreibers von OLIVETTI.

[3] *Eyraud* bespricht auch die Komposition: einfache Substitution-VIGENÈRE-einfache Substitution, die er ≪alphabets non-normalement parallèles≫ nennt (vgl. b) in 7.1.1).

9.2 Überchiffrierung

9.2.1 VIGENÈRE über $\mathbb{Z}_{10}$, d.h. mit $N = 10$, wird gern als ‚Überchiffrierungsverfahren' (engl. *closing*, US *superencipherment*, im Jargon auch ‚Überschlüsselung') benutzt für Verfahren, die mit $\mathbb{Z}_{10}$ chiffrieren; die Addition *modulo* 10 , also ohne Übertrag, wurde im militärischen Bereich gelegentlich ‚symbolische Addition' genannt. Sie ist auf einer verstümmelten Addiermaschine leicht durchführbar, vgl. 8.3.3. Bereits 1780 wurde von dem für England spionierenden *Benedict Arnold* die stellenweise Addition von 7 als Überchiffrierung benutzt. Wird nicht stellenweise, sondern für Gruppen der Breite n eine Zahl *modulo* 10^n addiert (polygraphische CAESAR-Addition), spricht man von einem engl. *additive*. Die Verwendung von *additives*, in Verbindung mit Codes wurde schon im 19. Jahrhundert bekannt: *J. N. H. Patrick* wurde überführt, 1876 in einer Bestechungsaffäre im US Congress ein solches System benutzt zu haben. Die US Navy verwendete das System im Spanisch-Amerikanischen Krieg 1898.

9.2.2 Häufig ist insbesondere eine Komposition von Codierungen mit einem nachfolgenden anderen Verfahren. Einfache Substitution, oder auch polygraphische Substitution oder Transposition mit einer gewissen Breite, angewandt auf eine Codierung, führt nur auf eine andere Codierung, wenn die Breite gleich der Codelänge ist.

9.3 Ähnlichkeit von Chiffriersystemen

Shannon nennt zwei Verfahrensklassen T , S ähnlich, wenn es eine (vom Schlüssel unabhängige) eindeutige Abbildung A des Bildbereichs von T in den Bildbereich von S gibt, derart daß

$$\forall\, t \in \mathrm{T}\ \exists\, s \in \mathrm{S}:\ s = A\,t \quad , \quad \text{d.h.} \quad s(x) = At(x)$$

Ähnliche Verfahrensklassen sind kryptanalytisch gleichwertig: man darf annehmen, daß A bekannt ist (*Kerckhoffs* Maxime in der Fassung von *Shannon*: *"The enemy knows the system being used"*). Jede Möglichkeit, T zu brechen, ist dann auch eine Möglichkeit, S zu brechen. Ähnlich sind:

CAESAR-Verfahren und revertiertes CAESAR-Verfahren
(*A* ist die Revertierung des Bild-Alphabets)

VIGENÈRE-Verfahren und BEAUFORT-Verfahren
(*A* ist die Revertierung des Bild-Alphabets).

einfache Spaltentransposition und Blocktransposition
(*A* ist die Matrix-Transposition)

9.4 Durchmischung nach Shannon

9.4.1 Gefühlsmäßig wird man eine Komposition besonders wirkungsvoll finden, wenn die kombinierten Verfahren nicht nur nicht kommutieren, sondern auch möglichst ‚windschief' zueinander liegen, wie Transposition, die

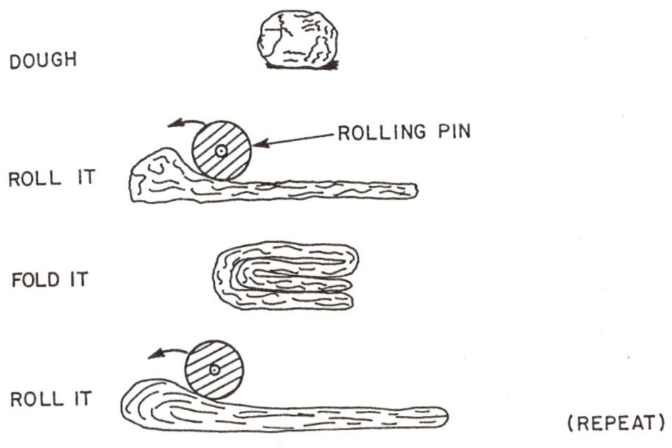

Abb. 50. Herstellung von Blätterteig
(Aus: *N. J. A. Sloane*, Encrypting by Random Rotations. L. N. C. S. **149**, S. 75)

nach *Shannon* eine ‚Diffusion' bewirkt und lineare polygraphische Substitution, die eine ‚Konfusion' bewirkt. Eine wiederholte Anwendung dieser Komposition sollte dann eine besonders gründliche **Durchmischung** herbeiführen. *Shannon* weist dabei auf das Beispiel von *E. Hopf* [4] über das Durchmischen von Blätterteig durch wiederholte Anwendung von Ausrollen und Falten hin (Abb. 50). Hier liegt jedoch eine Gefahr der Selbsttäuschung vor, wie das nachfolgende Beispiel der iterierten ‚Bildtransformation' in Abb. 51 a und Abb. 51 b zeigt.

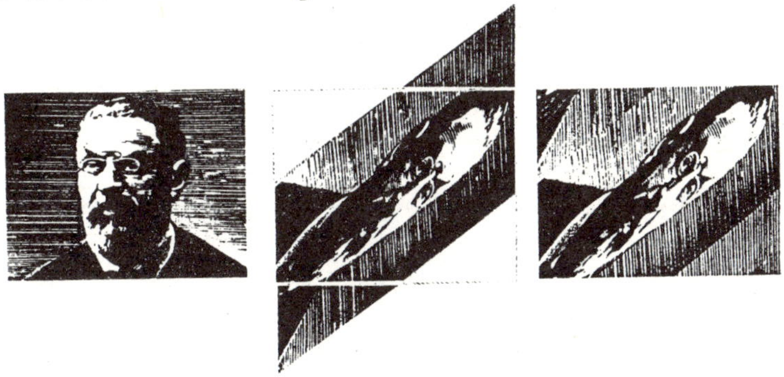

Abb. 51 a. Modulare Transformation

Der Transformationsschritt besteht aus einer Spiegelung mit affiner Verzerrung, gefolgt von einer Reduktion auf das Bildformat durch Abschneiden und Ankleben überstehender Ecken (Abb. 51 a).[5] Das Ergebnis sukzessiver

---

[4] *Eberhard Hopf*, On Causality, Statistics and Probability, Journal of Math. and Physics **13**, 51–102, 1934.

[5] Aus: *James P. Crutchfield* et al., Chaos. Scientific American, **255**, Nr. 6, S. 39 (1986).

Transformationsschritte zeigt Abb. 51 b. Zunächst sieht es aus, als ob der abgebildete *Henri Poincaré* völlig durchmischt würde, aber nach 48 Schritten tritt er schemenhaft 5-fach auf, und nach 240 Schritten kommt gar das ursprüngliche Bild wieder. Eine Bildtransformation der angegebenen Art mit einer hohen Iterationszahl trägt also die Gefahr in sich, nichts zu verbergen.

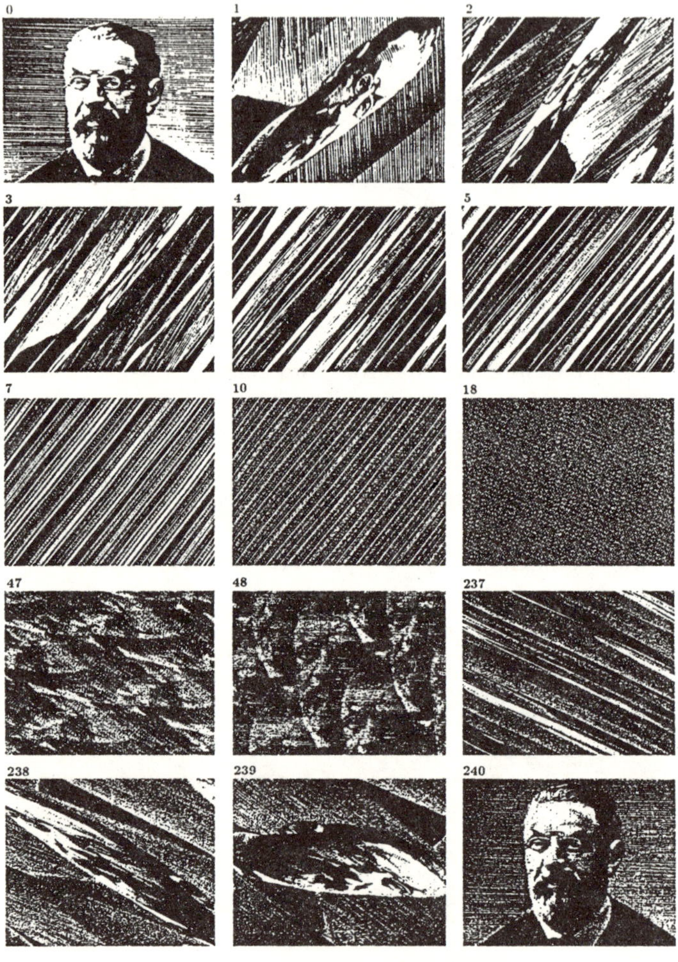

Abb. 51 b. *Poincarés* Auferstehung

9.4.2 Wie ist das Phänomen zu erklären? Wir betrachten das Quadrat $Q: \; 0 \leq x < 1 \,, \; 0 \leq y < 1$ mit torusförmigem Zusammenhang und darauf die Transformation (Abb. 52 a)

$$T: \begin{cases} x' = y \\ y' = \begin{cases} x + y - 1 & \text{falls} \quad x + y \geq 1 \\ x + y & \text{falls} \quad 0 \leq x + y < 1 \end{cases} \end{cases}$$

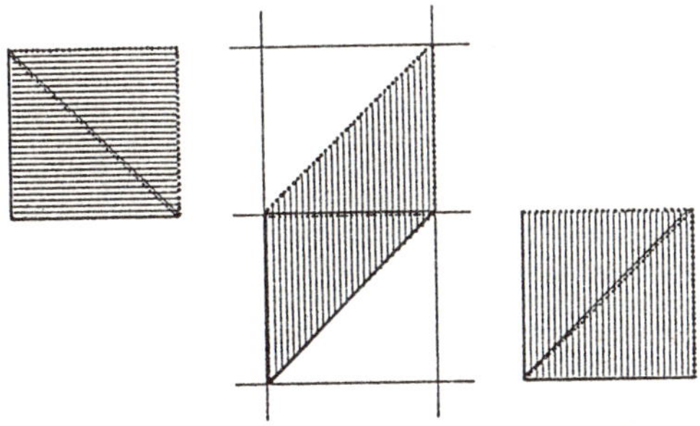

Abb. 52 a. Modulare Transformation T

Die lokale Affinverzerrung samt Spiegelung wird durch die Matrix[6] $\begin{pmatrix} 0 & 1 \\ 1 & 1 \end{pmatrix}$ bewerkstelligt, die schon in 8.4.3 aufgetreten ist.

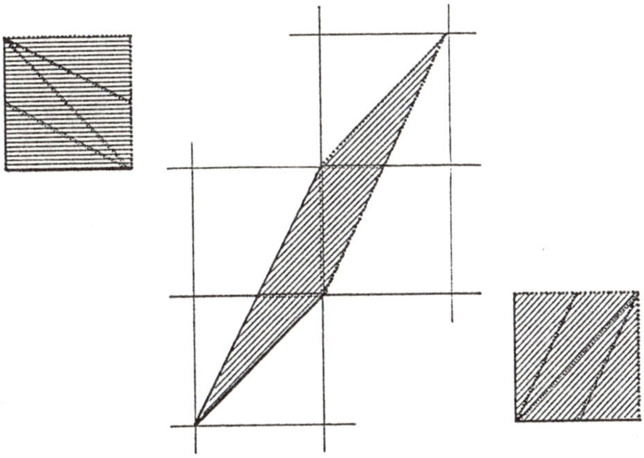

Abb. 52 b. Modulare Transformation T^2

Abb. 52 b zeigt die Wirkung von T^2 mit der durch die Matrix

$$\begin{pmatrix} 0 & 1 \\ 1 & 1 \end{pmatrix}^2 = \begin{pmatrix} 1 & 1 \\ 1 & 2 \end{pmatrix}$$

bewirkten lokalen Affinverzerrung, Abb. 52 c schließlich die von T^4 mit

$$\begin{pmatrix} 0 & 1 \\ 1 & 1 \end{pmatrix}^4 = \begin{pmatrix} 2 & 3 \\ 3 & 5 \end{pmatrix} = \begin{pmatrix} -1 & 0 \\ 0 & -1 \end{pmatrix} + 3 \cdot \begin{pmatrix} 1 & 1 \\ 1 & 2 \end{pmatrix} .$$

---

[6] Es ist $\begin{pmatrix} 0 & 1 \\ 1 & 1 \end{pmatrix}^n = \begin{pmatrix} F_{n-1} & F_n \\ F_n & F_{n+1} \end{pmatrix}$, wo F_i die i-te Fibonaccizahl ist. Siehe auch *F. L. Bauer*, Efficient Solution of a Non-Monotonic Inverse Problem. In: *W. Feijen* (ed.), Beauty is our Business. Springer, New York 1990.

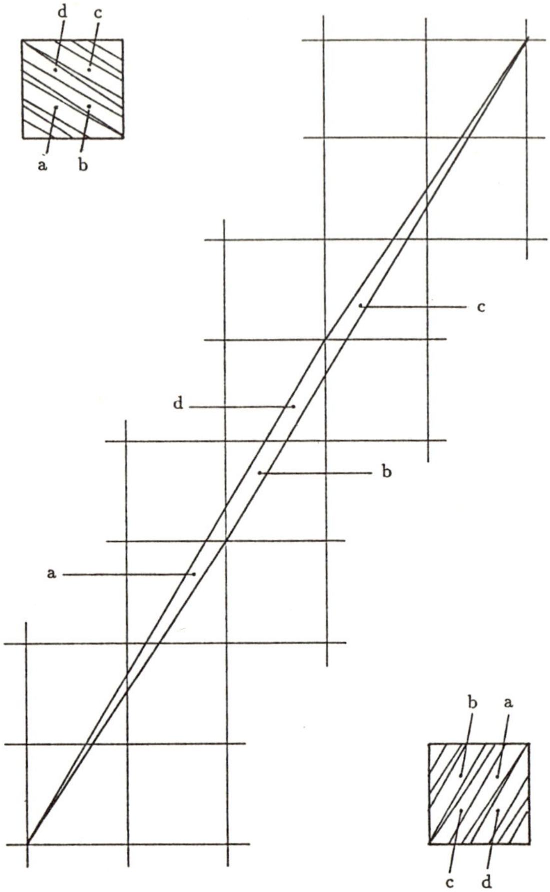

Abb. 52 c. Modulare Transformation T^4

Hier tritt bereits das Phänomen auf, daß die Figur der vier Punkte

$$a = \begin{pmatrix} \frac{1}{3} \\ \frac{1}{3} \end{pmatrix}, \quad b = \begin{pmatrix} \frac{2}{3} \\ \frac{1}{3} \end{pmatrix}, \quad c = \begin{pmatrix} \frac{2}{3} \\ \frac{2}{3} \end{pmatrix}, \quad d = \begin{pmatrix} \frac{1}{3} \\ \frac{2}{3} \end{pmatrix}$$

um 180° gedreht wird. Entsprechend sind unter T^8 mit der Matrix

$$\begin{pmatrix} 0 & 1 \\ 1 & 1 \end{pmatrix}^8 = \begin{pmatrix} 13 & 21 \\ 21 & 34 \end{pmatrix} = \begin{pmatrix} 1 & 0 \\ 0 & 1 \end{pmatrix} + 3 \cdot \begin{pmatrix} 4 & 7 \\ 7 & 11 \end{pmatrix}$$

diese vier Punkte bereits Fixpunkte. Für T^{16} mit der Matrix

$$\begin{pmatrix} 0 & 1 \\ 1 & 1 \end{pmatrix}^{16} = \begin{pmatrix} 610 & 987 \\ 987 & 1597 \end{pmatrix} = \begin{pmatrix} 1 & 0 \\ 0 & 1 \end{pmatrix} + 21 \cdot \begin{pmatrix} 29 & 47 \\ 47 & 76 \end{pmatrix}$$

kommen weitere Fixpunkte hinzu, tatsächlich gilt

$$\begin{pmatrix} 0 & 1 \\ 1 & 1 \end{pmatrix}^{16} \begin{pmatrix} \frac{i}{21} \\ \frac{k}{21} \end{pmatrix} = \begin{pmatrix} \frac{i}{21} \\ \frac{k}{21} \end{pmatrix} + \begin{pmatrix} 29\,i + 47\,k \\ 47\,i + 76\,k \end{pmatrix} .$$

Es sind also alle 400 Punkte mit den Koordinaten $\frac{i}{21}$, $\frac{k}{21}$ $(0 < i,\ k < 21)$ Fixpunkte. Zu T^{48} gehört die Matrix

$$\begin{pmatrix} 0 & 1 \\ 1 & 1 \end{pmatrix}^{48} = \begin{pmatrix} 2\,971\,215\,073 & 4\,807\,526\,976 \\ 4\,807\,526\,976 & 7\,778\,742\,049 \end{pmatrix} \quad \text{und es gilt}$$

$$\begin{pmatrix} 0 & 1 \\ 1 & 1 \end{pmatrix}^{48} \begin{pmatrix} \frac{i}{46368} \\ \frac{k}{46368} \end{pmatrix} = \begin{pmatrix} \frac{i}{46368} \\ \frac{k}{46368} \end{pmatrix} + \begin{pmatrix} 64079\,i + 103682\,k \\ 103682\,i + 167761\,k \end{pmatrix} .$$

(Beachte, daß $46368 = 2^5 \cdot 3^2 \cdot 7 \cdot 23$).

Das ergibt $46367^2 = 199^2 \cdot 233^2 \approx 2.15 \cdot 10^9$ Fixpunkte. *Außerhalb* dieser Punkte tritt jedoch eine starke Durchmischung ein.

Wird allerdings durch Rasterung die Bildschwärzung beschränkt auf ein Gitter, so ist die ‚Auferstehung' des Bildes nach hinreichend vielen Iterationen verständlich, wenn die Fixpunktmenge die Menge der Rasterpunkte umfaßt. Im Beispiel von Abb. 51 b lag möglicherweise eine Rasterung in 160×160 Punkten vor. Wegen $160 = 2^5 \cdot 5$ könnte das zum Auftreten des Fünffach-Bildes für T^{48} und zur Identität für T^{240} führen. Tatsächlich ist

$$\begin{pmatrix} 0 & 1 \\ 1 & 1 \end{pmatrix}^{240} mod\ 160 = \begin{pmatrix} 1 & 0 \\ 0 & 1 \end{pmatrix} \text{, also (8.4.3) } r(T,160) = 240 \text{ , denn}$$

$$\begin{pmatrix} 0 & 1 \\ 1 & 1 \end{pmatrix}^{48} mod\ 160 = \begin{pmatrix} 33 & 96 \\ 96 & 129 \end{pmatrix} = \begin{pmatrix} 1 & 0 \\ 0 & 1 \end{pmatrix} + 32 \cdot \begin{pmatrix} 1 & 3 \\ 3 & 4 \end{pmatrix} .$$

Das gewählte Beispiel einer Bildchiffrierung ließe sich natürlich auch auf Textchiffrierung durch Transposition übertragen.

9.4.3 Allgemein soll man nach *Shannon* Kompositionen SFT betrachten, wo S und T vergleichsweise einfache Verfahrensklassen und F eine (feste) Transformation ist, die eine gründliche Durchmischung bringt. Im Beispiel der tomographischen Verfahren (4.2) wäre das die zwischengeschaltete Transposition, im Beispiel der gemischten Zeichen-Spalten-Transposition (6.2) wäre es die zwischengeschaltete Matrix-Transposition. In modernen Anwendungen könnte es ein Chip sein, der eine Familie von 64-Bit breiten polygraphischen Substitutionen festlegt. Von ungezügeltem Zutrauen in die Wirksamkeit solcher ‚Barrieren', wie *Shannon* sie nennt, muß jedoch gewarnt werden; es besteht immer die Gefahr einer *complication illusionaire*. Im übrigen bringt die vollständige Durchmischung auch einen großen praktischen Nachteil mit sich: Ein einzelner Chiffrierfehler kann, ja muß sich über die ganze entzifferte Nachricht ausbreiten (‚Lawineneffekt') und macht diese nicht nur lokal, sondern global unleserlich, mit allen Konsequenzen bei eventueller Wiederholung (siehe 10. Kapitel). Die Durchmischung des Blätterteigs ist in diesem Fall gefährlich gut.

9.5 Tomographische Verfahren

Eine einfache, praktisch brauchbare und sehr starke Durchmischung bewirken die **tomographischen Verfahren**. Dabei werden nach einer multipartiten Substitution die Bestandteile ‚zerschnitten' und anders zusammengefügt. Ein solches System, basierend auf einer bipartiten Substitution in das Alphabet {A, D, F, G, V, X} von gut unterscheidbaren Morsezeichen (vgl. 3.3.1), gefolgt von einer Transposition, wurde 1918 unter *Ludendorff* an der Westfront eingesetzt. Bei täglich wechselndem Schlüssel kostete es den französischen Kryptologen *Painvin* oft mehrere Tage, bestenfalls jedoch nur einen Tag, bis er den Funkspruch entziffert hatte.

9.5.1 Die Idee scheint als erster *Mirabeau*[7] gehabt zu haben. Nach einer bipartiten Polybius-Substitution (vgl. 3.3.1) $\mathbb{Z}_{25} \longrightarrow \mathbb{Z}_5 \times \mathbb{Z}_5$ gruppierte er zunächst alle ersten Ziffern, dann alle zweiten Ziffern zusammen. Daran schloß sich vermutlich ein steganographisches Verfahren an — *Bazeries*, der angibt, einige authentische Briefe der *Marquise Sophie de Monnier* an ihren berühmten Liebhaber entziffert zu haben, wobei er den *«teneur pornographique»* erwähnt, gibt keine weiteren Einzelheiten, stellt aber die Bemerkung in den Zusammenhang mit *Boetzel* und *O'Keenan* (vgl. 1.1).

Mit der Chiffrierung $\mathbb{Z}_{25} \longrightarrow \mathbb{Z}_5 \times \mathbb{Z}_5$ beschäftigte sich auch *Lewis Carroll* (Tagebuchnotiz vom 26. Februar 1858). Die Polybius-Substitution kommt auch in frühen Chiffriermaschinen von *Boris Hagelin* vor.

9.5.2 *Delastelle*[8] wendet nach der Zerschneidung einer bipartiten Chiffre eine Umgruppierung und Rückübersetzung mittels der gleichen oder einer **konjugierten** Chiffre an. Für die Umgruppierung benutzt er eine *longueur de sériation*, beispielsweise 7 in dem Beispiel mit der aus BORDEAUX (4.2) abgeleiteten Chiffre

```
envoyez      unbatai      lloninf      anterie
1451515      2412523      4414342      2451131
5332455      2311213      1123335      1325335

14 51 51 55 33 24 55   24 12 52 32 31 12 13   44 14 34 21 12 33 35
D  S  S  Z  I  C  Z    C  O  T  H  G  O  R    P  D  J  A  O  I  K    etc.
```

Mit einer Länge 2 ergibt sich die in 4.2 besprochene bipartite Bigrammsubstitution von *Delastelle*, eine Chiffrierung, die keinen großen Widerstand leistet.

Delastelle war praktisch erfahren genug, um die *longueur de sériation* nicht zu groß zu wählen: Ein Chiffrierfehler wirkt sich sonst (s. u.) über die ganze Nachricht aus.

Delastelle diskutierte auch tomographische Verfahren auf der Basis einer tripartiten Substitution (vgl. 4.1.3). Schon vor *Delastelle* schlug 1876 der dänische Ingenieur *Alexis Koehl* ein tomographisches Verfahren vor.

---

[7] *Honoré Gabriel Riqueti Graf von Mirabeau*, 1749–1791, frz. Publizist und Politiker.

[8] *Félix Marie Delastelle*, 1840–1902. Verfasser des Traité Élementaire de Cryptographie. Gauthier-Villars, Paris 1902.

9.5.3 Andere tomographische Verfahren benutzen die ternäre Morse-Codierung ([B-G I] S. 33), so ein *Pollux* genanntes Verfahren und ein ‚revertiertes Kulissenverfahren' von *M. E. Ohaver*:

	s	e	n	d	s	u	p
	···	·	–·	–··	···	··–	·––·
Codelänge	3	1	2	3	3	3	4
revertiert	4	3	3	3	2	1	3
umgruppierte Zeichen	····	–·–	···	···	·–	·	––·
	H	K	S	S	A	E	G

9.6 DES

DES (Data Encryption Standard) wurde 1977 vom National Bureau of Standards (NBS) in den USA zur Verwendung für *"unclassified computer data"* genormt.[9] Das Verfahren liefert eine Blockchiffrierung für Byte-Oktogramme. Eine Folge von festen Transpositionen und schlüsselabhängigen, multipartiten, nichtlinearen Substitutionen sorgt für eine sehr gründliche Durchmischung. DES ist ein tomographisches Verfahren, was man besonders gut am ursprünglichen Vorschlag LUCIFER von *Horst Feistel* (Abb. 53) sieht. Der Schlüssel ist 8 Byte lang, wovon noch die 8 Paritätsbits ‚abzuziehen' sind. Die Patenschaft von *Shannon* (9.4) ist unverkennbar.

9.6.1 Der DES-Algorithmus

Wir skizzieren an dieser Stelle nur den Ablauf des Verfahrens. Für Einzelheiten sei auf die erwähnte Publikation[9] verwiesen.

9.6.1.1 Chiffrieren

Der prinzipielle Ablauf eines DES-Chiffrierschrittes ist in Abb. 54 dargestellt: Der 8-Byte-Klartextblock wird zunächst einer (schlüsselunabhängigen) Eingangspermutation P unterworfen und anschließend in zwei 4-Byte-Blöcke L_0 und R_0 aufgeteilt. Nun folgen 16 Runden $(i = 1\ ,\ 2\ ,\ 3\ ,\ \dots\ 16)$ mit

$$L_i = R_{i-1} \quad \text{und} \quad R_i = L_{i-1} \oplus f(R_{i-1}, K_i) \quad ,$$

den Abschluß bildet die zu P inverse Permutation P^{-1}. Das Zeichen $\oplus$ steht dabei für die Addition *modulo* 2. K_i ist ein 48-Bit-Schlüssel, der über eine Auswahlfunktion aus dem vorgegebenen Schlüssel erzeugt wird. Die Funktion f ist der zentrale Teil des Verfahrens (Abb. 55).

Der 32-Bit-Block R_{i-1} wird durch Duplizierung bestimmter Bitstellen zu einem 48-Bit-Block expandiert und *modulo* 2 zu K_i addiert. Das Ergebnis

---

[9] Data Encryption Standard (DES), National Bureau of Standards (US), Federal Information Processing Standards Publication 46, National Technical Information Service, Springfield, VA, Apr. 1977. Federal Register, March 17, 1975 und August 1, 1975. Für die Darstellung von Hintergrundinformation (aus der Sicht von NBS) sei auf: *Smid M. E., Branstad D. K.*: The Data Encryption Standard: Past and Future, Proceedings of the IEEE, Vol. 76, No. 5, May 1988 verwiesen.

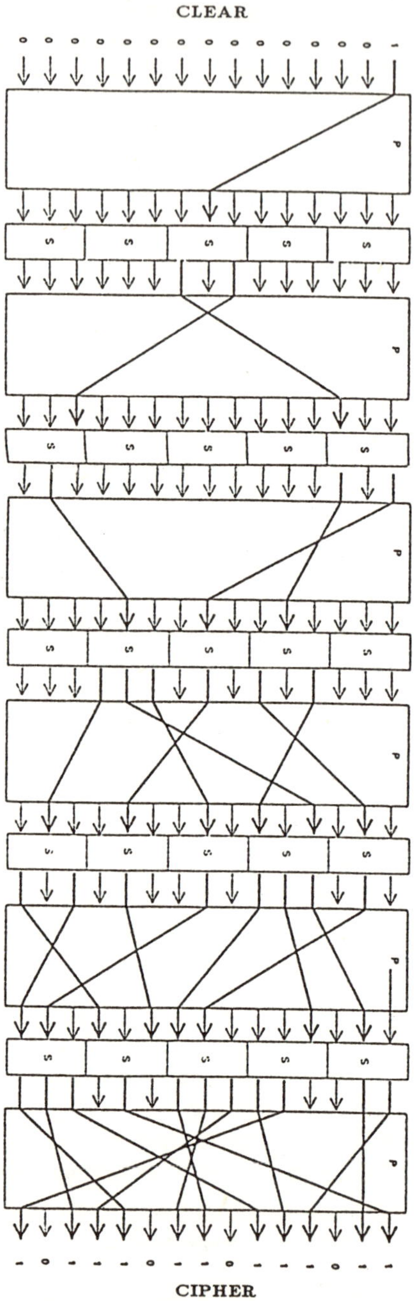

Abb. 53. LUCIFER-Chiffrierung (*Feistel* 1973)

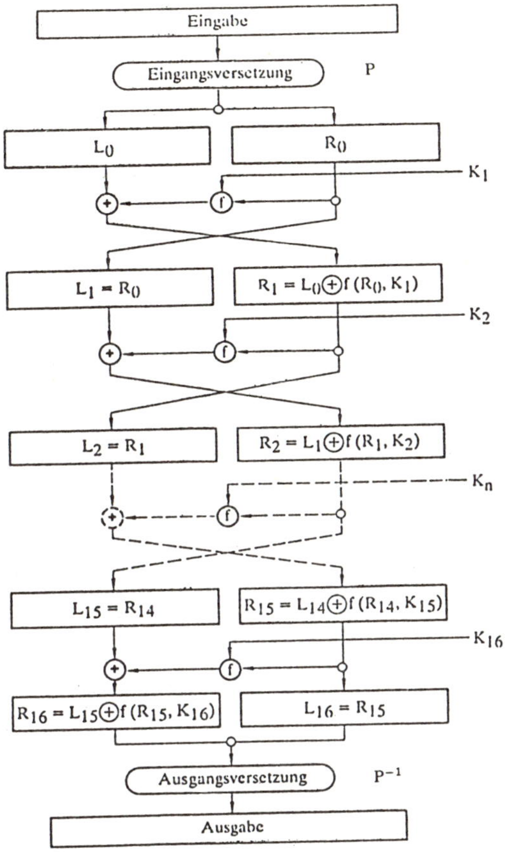

Abb. 54. DES-Chiffrierschritt

wird in acht 6-Bit-Gruppen aufgeteilt, die als Eingabe für jeweils einen der 8 Substitutionsmoduln S_1 , S_2 bis S_8 ('*S-boxes*') dienen. Diese Moduln realisieren jeweils 4 verschiedene nichtlineare Substitutionen. In der folgenden Tabelle sind diese Substitutionen zum Beispiel für S_1 dargestellt:

	0	1	2	3	4	5	6	7	8	9	10	11	12	13	14	15
0	14	4	13	1	2	15	11	8	3	10	6	12	5	9	0	7
1	0	15	7	4	14	2	13	1	10	6	12	11	9	5	3	8
2	4	1	14	8	13	6	2	11	15	12	9	7	3	10	5	0
3	15	12	8	2	4	9	1	7	5	11	3	14	10	0	6	13

Bit 1 und 6 der jeweiligen Eingabe bestimmen — als Dualzahl interpretiert — die Zeile (und damit die Substitution), die Bits 2 bis 5 die Spalte. Die Eingabe 110010 (Zeile 2, Spalte 9 in der Tabelle) führt beim Modul

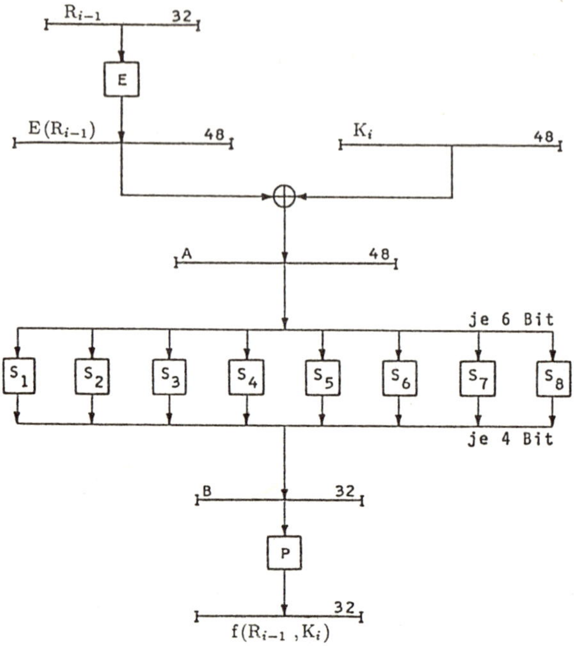

Abb. 55. Die Funktion f. Nach [HORSTER]

S_1 also zur Ausgabe der Bitfolge 1100. Die acht 4-Bit-Ausgabeblöcke der Substitutionsmoduln S_1, S_2 bis S_8 werden konkateniert und einer abschließenden festen Permutation unterworfen.

Es bleibt noch die Frage nach der Herleitung der Teilschlüssel. Zunächst werden die Paritätsbits des vom Benutzer vorgegebenen Schlüssels entfernt, die verbleibenden 56 Bits werden nach einer festen Vorschrift permutiert und in zwei 28-Bit-Blöcke aufgeteilt. Diese Blöcke werden bei jeder Runde zyklisch um eine oder zwei Positionen – abhängig vom Rundenindex – nach links geschiftet. Aus beiden wird dann nach einem vorgegebenen Verfahren ein 48-Bit-Teilschlüssel (K_i) generiert.

9.6.1.2 Dechiffrieren

Für das Dechiffrieren wird der gleiche Algorithmus angewandt, wobei die Teilschlüssel (K_i) jetzt aber in umgekehrter Reihenfolge zum Einsatz kommen. Die einzelnen Runden des Chiffrierens können nämlich durch die involutorischen Abbildungen

$$h_i : (R, L) \longmapsto (R, L \oplus f(R, K_i)) \quad \text{(Verarbeiten)}$$

$$g : (R, L) \longmapsto (L, R) \quad \text{(Vertauschen)}$$

beschrieben werden. Bei g ist die Involution offensichtlich, bei h_i folgt sie aus der Beziehung

$$L \oplus f(R\,,\ K_i) \oplus f(R\,,\ K_i) = L\ .$$

Das Chiffrieren führt also insgesamt auf die Abbildung

$$DES \equiv P^{-1} \circ h_{16} \circ g \circ h_{15} \circ g \circ\ \ldots\ \circ h_2 \circ g \circ h_1 \circ P$$

(bei der letzten Runde wird nicht mehr vertauscht). Beim Dechiffrieren wird die Reihenfolge der Teilschlüssel umgedreht:

$$DES^{-1} \equiv P^{-1} \circ h_1 \circ g \circ h_2 \circ g \circ\ \ldots\ \circ h_{15} \circ g \circ h_{16} \circ P$$

Die Komposition von DES und DES^{-1} ergibt wegen der Involution der einzelnen Funktionen die identische Abbildung.

9.6.2 ‚Lawinen'-Effekt

Man kann zeigen, daß bereits nach wenigen Runden jedes Bit des ‚Zwischenergebnisses' von jedem Bit des Klartextblockes und jedem Bit des Schlüssels abhängt. Minimale Änderungen des Klartextblockes bzw. des Schlüssels bewirken, daß sich etwa 50 % der Bitpositionen ändern (‚Lawineneffekt').

9.6.3 Betriebsmodi von DES

Sollen mehr als acht Byte chiffriert werden, so ist der Klartext in eine Folge von 8-Byte-Blöcken aufzuspalten. Der Klartext kann andererseits bei manchen Anwendungen in der Regel auch weniger als acht Byte umfassen, wenn zum Beispiel die Information sequentiell anfällt und ohne Zeitverlust übertragen werden muß. Für beide Fälle sind unterschiedliche Betriebsweisen denkbar, die sich in bezug auf Chiffriergeschwindigkeit und Fehlerfortpflanzung wesentlich unterscheiden können. Letztlich entscheidet die vorgesehene Anwendung über die Eignung der Alternativen. Das National Bureau of Standards (NBS) hat in den USA vier[10] verschiedene Betriebsweisen genormt — je zwei für die oben genannten grundsätzlichen Anwendungsfälle.[11]

Beim ECB-Modus (Electronic Code Book) werden die einzelnen 8-Byte-Blöcke unabhängig voneinander chiffriert. Gleiche Klartextblöcke führen dabei zu gleichen Geheimtextblöcken. Dieser Modus mit seinem streng monoalphabetischen Einsatz von DES sollte nach Möglichkeit vermieden werden.

Beim CBC-Modus (Cipher Block Chaining) werden die Blöcke miteinander verkettet. Ausgangspunkt ist ein (zwischen den Partnern zu vereinbarender) Initialisierungsblock c_0.

---

[10] Beim Kerberos Authentication Service (im Rahmen des Athena-Projektes am MIT) wurde mit PCBC ein fünfter Betriebsmodus verwendet. Mittlerweile ist man davon wieder abgekommen.

[11] DES Modes of Operation, National Bureau of Standards (US), Federal Information Processing Standards Publication 81, National Technical Information Service, Springfield, VA, Dec. 1980.

Die Chiffrierung der Klartextblöcke m_1 , m_2 , m_3 , ... führt zu folgenden Geheimtextblöcken c_1 , c_2 , c_3 , ... mit

$$c_1 = DES(m_1 \oplus c_0) \qquad c_2 = DES(m_2 \oplus c_1) \qquad c_3 = DES(m_3 \oplus c_2)$$

Die Dechiffrierung erfolgt über

$$m_1 = DES^{-1}(c_1) \oplus c_0 \qquad m_2 = DES^{-1}(c_2) \oplus c_1 \qquad m_3 = DES^{-1}(c_3) \oplus c_2$$

Neben diesen blockorientierten Varianten sind noch die zeichenorientierten Modi OFB und CFB normiert, bei denen DES nicht zur Chiffrierung, sondern nur zur Erzeugung von Pseudozufallszahlen verwendet wird. Für Einzelheiten sei auf die Literatur verwiesen.

9.6.4 Zur Sicherheit von DES

Seit den ersten Veröffentlichungen des vorgesehenen und später auch realisierten Standards hat es im Zusammenhang mit DES Diskussionen und Kritik gegeben. So wurde z. B. verschiedentlich die Anzahl der internen Runden mit 16 als zu gering empfunden. Die Hauptangriffspunkte sind:

- Die Design-Kriterien der S-Boxen wurden zunächst gar nicht, später nur sehr vage bekanntgegeben. Diese für die Sicherheit zentralen Teile könnten ‚Falltüren' enthalten, die den Entwicklern von DES die (unbefugte) Invertierung zumindest wesentlich erleichtern.
- Die Schlüssellänge ist mit acht Byte relativ klein. Nach ‚Abzug' der 8 Paritätsbits verbleiben gerade noch 56 frei verfügbare Binärstellen. Es sind also nur $N = 2^{56} = 72\,057\,594\,037\,927\,936$ verschiedene Schlüssel wählbar (beim ursprünglichen Entwurf LUCIFER — und dieser Vergleich ist sicher naheliegend — ist die Anzahl der Schlüssel mit 2^{128} wesentlich größer).
- Der Schlüssel wird jeweils für eine Verbindung gewählt und bleibt dann vergleichsweise sehr lange fest — dieser praktisch monoalphabetische Gebrauch von DES ist besonders angreifbar.

Es sind zwar immer noch keine Falltüren (öffentlich) bekannt. Es gibt aber andererseits auch keinen Nachweis für deren Nichtexistenz. Ein gewisses Mißtrauen bleibt deshalb nach wie vor erhalten. Der geringen Schlüssellänge versucht man mit mehrfacher DES-Chiffrierung mit voneinander unabhängigen Schlüsseln zu begegnen. Von der Gefahr einer ***complication illusionaire*** einmal abgesehen, ist bei dem heutigen technologischen Fortschritt zu erwarten, daß DES mit massiven Mitteln — wie sie beispielsweise zur Verfügung stehen, wenn es die nationale Sicherheit der USA erfordert — gebrochen werden kann. Einem Privatmann aber wird dies bis auf weiteres nicht möglich sein. DES ist als Standard zunächst bis 1992 bestätigt.

9.6.5 DES Chips

Für DES sind seit etwa 1980 spezielle Chips auf dem Markt. Damit lassen sich nach dem Stand von 1991 15-20 Mbits/sec chiffrieren. Abb. 56 zeigt einen Chip aus der Anfangszeit (1979).

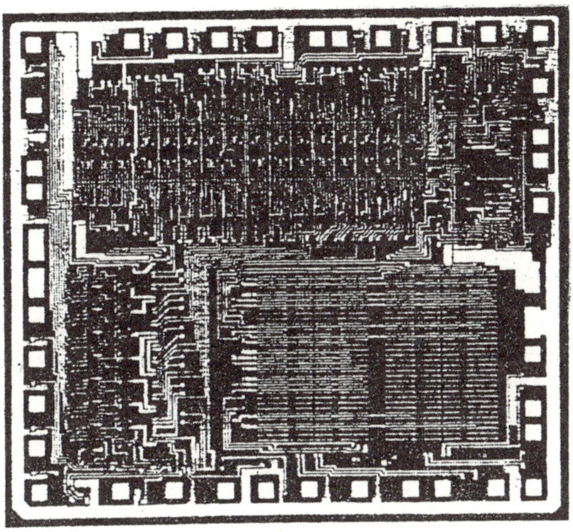

Abb. 56. DES-Chip

9.7 Durchmischung durch arithmetische Operationen

Eine gründliche Durchmischung wird insbesondere durch arithmetische Operationen herbeigeführt. Eine bei Mathematikern beliebte Methode, die neuerdings wieder ausgegraben wurde (siehe 11.3), ist die *monoalphabetische* Blockchiffrierung einer Nachricht als Zahl und anschließende Chiffrierung dieser Zahl durch arithmetische Operationen *modulo* einer geeigneten Zahl q , eventuell mit schließlicher Rückchiffrierung. Die stellenweise Addition liegt schon den linearen Transformationen zugrunde, man kann aber auch die ganze Nachricht (nach Überführung in eine Zahl) zur Chiffrierung Operationen wie Addition eines *additive*, Multiplikation mit einem Faktor h (vgl. 5.6) oder r-malige Potenzierung *modulo* q unterwerfen — Operationen, die Inverse besitzen, die (zur berufenen Dechiffrierung) mit etwa dem gleichen Aufwand auskommen und in steigendem Maße Durchmischung bedeuten: die Multiplikation als iterierte Addition, die Potenzierung als iterierte Multiplikation.

Bei gegebenem q kann damit eine Nachricht chiffriert werden, deren Zahläquivalent x kleiner als q ist. Die zugehörige Chiffrierung als Zahl kann beispielsweise durch landläufige Codes erfolgen, wobei bereits eine Komprimierung eintritt, die bei stereotypen Texten beträchtlich sein kann: Bei Handelscodes kann man mindestens mit durchschnittlich 8.5 Buchstaben Klartext pro Ziffern-Fünfergruppe rechnen. Die Methode eignet sich zur Blockchiffrierung.

Die Darstellung als Zahl kann auch im Zahlsystem zur Basis $N = |V|$ erfolgen, oder zur Basis 32 , also im wesentlichen binär — etwa im Fernschreibcode $\mathbb{Z}_2^5$.

9.7.1 Nun zur Methode der Multiplikation mit einem Faktor h *modulo* q, einer Zusammensetzung von Additionen *modulo* q : Ist q prim, so bildet die Multiplikation *modulo* q eine Gruppe, es gibt zu jedem $h \not\equiv 0 \; mod \; q$ ein Inverses h',

$$h \cdot h' \equiv 1 \; mod \; q \qquad \text{(‚Multiplikation und Invertierung über GF}(q)\text{‘)}$$

Ist q nicht prim, so hat h nur ein Inverses, wenn es zu q teilerfremd ist (vgl. 5.6).

Aus technischen Gründen verwendet man häufig q von der Form $q = 2^k$ oder $q = 2^k - 1$, wenn die Berechnung im Dualsystem erfolgt; im Dezimalsystem entsprechend $q = 10^k$ oder $q = 10^k - 1$. Im ersten Fall fällt bei Rechnung im Dualsystem mit der Wortlänge k das Ergebnis im hinteren Teil des (dualen bzw. dezimalen) Akkumulators an, vgl. 5.6.

Bei größeren Werten von q scheint die Bestimmung der Reziproken h' zu gegebenem h nicht mehr trivial zu sein. Der Divisionsalgorithmus durch sukzessive Subtraktion funktioniert jedoch auch für Zykelzahlen (5. Vorl.) und terminiert genau dann, wenn es einen Quotienten gibt; ein Analogon zu dem schnellen Divisionsalgorithmus, den wir gewohnheitsmäßig für $\mathbb{Z}$ in einem Stellenwertsystem durchführen, existiert ebenfalls, vgl. 5.6. Er kann auch in der Form durchgeführt werden, die folgendes Beispiel zeigt:

$$17 \cdot h' \equiv 1 \; mod \; 1000$$

$$\begin{array}{rl} -1 & \\ \left.\begin{array}{r}16\\33\\50\end{array}\right\} & 3 \\ \left.\begin{array}{r}220\\390\\560\\730\\900\end{array}\right\} & 5 \\ \left.\begin{array}{r}2600\\4300\\6000\end{array}\right\} & 3 \end{array}$$

$$17 \cdot 353 = 6001 \equiv 1 \; mod \; 1000 \; .$$

Es ist ein leichtes, einen Mikroprozessor entsprechend effizient zu programmieren. Ist aber das Reziproke h' bestimmt, so erfordert die Dechiffrierung den gleichen Aufwand wie die Chiffrierung.

Ist q etwa Produkt zweier (verschiedener) Primzahlen $q = p_1 \cdot p_2$, und ist $h \cdot h_1' \equiv 1 \; mod \; p_1$ und $h \cdot h_2' \equiv 1 \; mod \; p_2$, so ist $h \cdot h' \equiv 1 \; mod \; q$, wo $h' \equiv h_1' \; mod \; p_1$ und $h' \equiv h_2' \; mod \; p_2$.

Die Restklassenarithmetik reduziert hier den Arbeitsaufwand zur Bestimmung von h' beträchtlich.

9.7.2 Die Methode der Potenzierung mit einem Exponenten h ist eine Zusammensetzung von Multiplikationen *modulo* q und beruht auf folgendem

Satz. Sei $q = p$ eine Primzahl („Potenzierung über $GF(p)$"). Ist $h \cdot h' \equiv 1 \; mod \; p-1$, so ist zu $E(x) = x^h \; mod \; p$ für $x \neq 0$ invers $D(x) = x^{h'} \; mod \; p$.

Beweis: Zunächst ist

$$D(E(x)) = x^{h \cdot h'} \; mod \; p = x^{h \cdot (h' \; mod \; p-1+\alpha \cdot (p-1))} \; mod \; p$$

$$= x^{h \cdot h' \; mod \; p-1} \cdot x^{h\alpha \cdot (p-1)} \; mod \; p \text{ für geeignetes } \alpha$$

$$= x^1 \cdot (x^{p-1} \; mod \; p)^{h\alpha}$$

Nach dem kleinen Fermatschen Satz ist aber

$x^{p-1} \; mod \; p = 1$, somit

$D(E(x)) = x$.

Beispielsweise gilt (für die reziproken Paare (h, h') vgl. Abb. 33, $N = 10$):

Zu $a^3 \; mod \; 11$ (Zyklendarstellung (1) (2 8 6 7) (3 5 4 9) (10)
ist invers $a^7 \; mod \; 11$; (3, 7) ist ein reziprokes Paar;
$a^9 \; mod \; 11$ (Zyklendarstellung (1) (2 6) (7 8) (3 4) (5 9) (10)
ist involutorisch; (9, 9) ist ein reziprokes Paar.

Speziell für Primzahlen der Form $p = 2^{2^k} + 1$ (Fermatsche Primzahlen) kommt man zum Problem reziproker Paare *modulo* 2^{2^k}, wofür es spezielle Lösungen gibt.

Ist q ein Produkt zweier (verschiedener) Primzahlen, $q = p_1 \cdot p_2$, so gilt ein leicht abgeänderter Satz (siehe 11.3.1).

9.7.3 Wegen der Vertauschbarkeit von h und h' in 9.7.1 und 9.7.2 kann im wechselseitigen Verkehr zweier Partner A und B der eine h, der andere h' jeweils zum Chiffrieren *und* zum Dechiffrieren verwenden. Mittels einer Menge von Paaren (h_i, h_i') ist auch polyalphabetische Chiffrierung möglich (vgl. 2.6.2).

9.7.4 Vorläufer für diese arithmetischen Methoden ist *Pliny Earle Chase*, der 1859 im neugegründeten Mathematical Monthly folgendes Verfahren beschrieb: Nach einer bipartiten Substitution $V \rightarrow W^2$ mit $W = Z_{10}$ wird, wie bei *Mirabeau*, (vgl. 9.5.1) aus den jeweils ersten und den jeweils zweiten Ziffern eine Zahl x und eine Zahl y gebildet; nach einer einfachen arithmetischen Operation, wie etwa y mit Neun zu multiplizieren, wird in V zurückübersetzt. Dieses einfache System bot mehr Sicherheit als vieles, was zu dieser Zeit in Gebrauch war; es fand aber keine praktische Verwendung.

10 Chiffriersicherheit

"Even in cryptology,
silence is golden."
Laurence D. Smith

Schlüssel dienen der Auswahl eines Verfahrens aus einer Verfahrensklasse, insbesondere von Chiffrierschritten aus einem Chiffriersystem. Pessimistischerweise ist anzunehmen, daß der Feind (engl. *enemy*, frz. *ennemi*) die Verfahrensklasse kennt — es gibt ja nicht allzuviele, und auch diese müssen gelernt sein. Das ‚Grundgesetz der Kryptologie' lautet: „Der Feind kennt das benutzte System" (*Shannon*: "The enemy knows the system being used").

Daraus folgt zunächst, daß man mit der Wahl eines Schlüssels besonders vorsichtig zu sein hat. Der Gebrauch naheliegender Worte ist ein schwerer Chiffrierfehler. Schon *Porta* hat darauf nachdrücklich hingewiesen: „Je mehr die Schlüsselworte entfernt sind von gewöhnlicher Kenntnis, desto größere Sicherheit gewähren sie dem Schreiben". Dementsprechend gelangen auch schon unberufene Entzifferungen durch Erraten des Schlüsselwortes, kaum daß der Gebrauch von Schlüsselworten aufkam. *Porta* schrieb, er habe einmal eine Nachricht innerhalb weniger Minuten gebrochen — er erriet den Schlüssel *OMNIA VINCIT AMOR*. *Giovanni Batista Argenti* hatte ebenfalls Glück, er erriet den Schlüssel *IN PRINCIPIO ERAT VERBUM*. Wörter wie *KAISER* und *VATERLAND*, *GLOIRE* und *PATRIE*, *TORCH* und *LIBERTY*, die hohe patriotische Gefühle ausdrücken, eignen sich zur Unterstützung der psychologischen Kriegsführung, aber nicht als Schlüssel.[1]

10.1 Chiffrierfehler

Als **Chiffrierfehler** bezeichnet man nicht nur den Gebrauch eines zu naheliegenden Schlüssels, sondern alles was dem unberufenen Entzifferer die Arbeit leicht macht.

10.1.1 Dazu gehören auch Irrtümer beim Chiffrieren. Sie machen zunächst dem b e r u f e n e n Dechiffrierer die Arbeit schwer oder ganz unmöglich. Im

[1] Es ist erstaunlich, wie viele Leute heute als Rechnerzugangs-Paßworte ihren Namen oder ihr Geburtsdatum verwenden — etwas anderes können sie sich nicht merken.

letzteren Fall steht das Unheil schon vor der Tür: die Nachricht muß nochmals angefordert werden. Wird nun die selbe Nachricht mit demselben Schlüssel nochmal chiffriert (diesmal korrekt), so erlaubt der Vergleich der beiden, in der Regel bis zu der Stelle des Irrtums übereinstimmenden Nachrichten gewisse Einblicke in das Verfahren. Wird jedoch mit derselben Nachricht ein anderer Schlüssel benutzt, so hat man die Situation einer ‚Geheimtext-Geheimtext-Kompromittierung', die mit geeigneten Methoden gelegentlich die Entzifferung des Schlüssels erlaubt — und zwar auch, wenn ein progressiver Schlüssel verwendet wurde, dessen Alphabete noch gar nicht wiederholt wurden. Unglaublicherweise wurde von den Deutschen im 2. Weltkrieg häufig der gleiche Befehl an Einheiten, die verschiedenen ‚Kenngruppen-Netzen' angehörten, in verschiedenen Chiffrierungen — bei auffällig gleicher Länge — gefunkt. Einzige Abhilfe ist: die Nachricht vollständig neu zu formulieren, unter Gebrauch anderer Worte. Auch das russische Verfahren (3.4), die Nachricht ungefähr in der Mitte zu zerschneiden und verkehrt herum zusammenzusetzen, ist hierfür nicht sicher.

10.1.2 Ein klassischer Kunstfehler ist es, wenn eine chiffrierte Nachricht nochmals, beispielsweise wegen Problemen des Schlüsselnachschubs, im Klartext übermittelt wird (‚Geheimtext-Klartext-Kompromittierung'). Jetzt ist aus Klartext und Geheimtext nicht nur die Verfahrensklasse, sondern auch der Schlüssel rekonstruierbar. Damit wird möglicherweise nicht nur ein täglich wechselnder Schlüssel kompromittiert, sondern auch ein darunter liegendes festes oder doch nur selten wechselndes Verfahren, etwa ein Codebuch. Deshalb gehörte „Weh dem der lügt und Klartext funkt" zu den eisernen Regeln des in 4.4 erwähnten Leutnants *Jäger*, des Lieblings der alliierten kryptanalytischen Büros. Verständlich, daß es zu den Höhepunkten eines professionellen Kryptanalysten zu gehören scheint, eine Geheimtext-Klartext-Kompromittierung zu erleben. Verständlich auch, daß mit List und Schläue die Dienste versuchen, so etwas herbeizuführen. Da gelang es 1941 einem hohen japanischen Beamten, dem amerikanischen Botschafter *Joseph C. Grew* ein Papier zuzustecken mit der Bemerkung, daß ein Mitglied der japanischen Regierung der US Regierung eine Botschaft übermitteln wolle, aber Angst habe, die Militärs könnten davon erfahren, und daß er sie deshalb im geheimsten diplomatischen Code übermitteln sollte. Das war M-138-A, und so ging die Nachricht in den Äther: Angeblich soll es den Japanern trotzdem nicht gelungen sein, M-138-A zu brechen (vgl. 7.4.3).

Eine ähnliche Geschichte stammt aus der Zeit der Dreyfus-Affäre: Als *Dreyfus* auf ganz vage Anschuldigungen hin verhaftet worden war und *La Libre Parole* freudig das Ereignis hinausposaunt hatte, sandte Oberst *Panizzardi*, der italienische Militärattaché am Quai d'Orsay, ein Telegramm nach Rom. Die französischen Kryptanalysten, die eine Kopie erhielten, hatten Anlaß zu vermuten, daß ein kommerzieller (!) Code von *Baravelli* (s. 4.4) benutzt worden war, der mit Einer-, Zweier-, Dreier- und Vierergruppen arbeitete, und daß dieser Code überschlüsselt war. Nach dem Teiltext /dreyfus/ suchend, der als 227 1 98 306 chiffriert sein mußte, fanden sie das Muster 527 3 88 706 und wußten, daß die Überschlüsselung nur die erste Ziffer berührte (es handelte sich um eine Umnumerierung der Seiten im Codebuch). Die Nachricht konnte bis auf die letzten vier Gruppen entziffert werden; über deren Bedeutung war man sich nicht im klaren. Man vermutete "uffiziale rimane prevenuto emissaria" und dies wurde (von *Sandherr*, dem Nachrichtendienst-Chef) als Beweis von *Dreyfus'* Schuld angesehen. Am nächsten Tag fand man das System der Überschlüsselung heraus, es ergab sich "uffizialmente evidare commenti stampa". Das entlastete *Dreyfus*, aber *Sandherr* meinte, „diese Dinge sind immer etwas unpräzise". Da kam *Matton*, ein Untergebener *Sandherrs*, auf die Idee, *Panizzardi* ein Telegramm unterzuschieben. Ein Doppelagent schleuste eine als wichtig aufgemachte Nachricht ein, und *Panizzardi* gab sie, wie sich herausstellte, fast wörtlich weiter. Die Kryptanalysten, die nicht eingeweiht waren, lösten die Nachricht unmittelbar und *Matton* konnte sich von der Richtigkeit überzeugen. Trotzdem wurde vor Gericht noch eine gefälschte Version verbreitet, und es dauerte Jahre, bis *Dreyfus* rehabilitiert war.

Auch Österreich-Ungarn hatte seinen Triumph: als *Figl*s Leute 150 Worte eines zwischen Rom und Konstantinopel benutzten italienischen diplomatischen Codes erforscht hatten, erweiterten sie ihr Wissen Schritt für Schritt, indem sie Bruchstücke militärisch relevanter Informationen in eine italienischsprachige Zeitung in Konstantinopel schmuggelten. Innerhalb eines Monats konnten sie das ihnen bekannte Vokabular auf 2 000 Wörter erweitern.

(Noch einfacher ist die Methode, für die die Russen berühmt sind: dem Botschafter den Klartext zu stehlen. In diesem Fall beeilt sich der Diplomat, seiner Regierung zu versichern, es sei kein Code der höchsten Geheimhaltungsstufe verwendet und dadurch kompromittiert worden.)

10.1.3 Diese Episoden beleuchten eine allgemeine Methode der Kryptanalyse, die Methode des wahrscheinlichen Wortes, siehe auch 10.2.4. Solche Worte sind oft durch aktuelle Ereignisse bestimmt. Sie müssen dann umschrieben werden. Französische Truppen führten im 1. Weltkrieg Angriffe gegen die deutschen Stellungen lediglich um im deutschen Funkverkehr gewisse ‚wahrscheinliche Worte' auszulösen — wie gut, daß Soldaten selten wissen, wofür sie kämpfen[2]. Neben Worten wie Angriff — attack — attaque, Bombardierung — bombardment — bombardement etc. aus aktuellen Anlässen birgt die militärische Sprache einen reichen Schatz auffälliger Wörter und stereotyper Phrasen wie ‚Hauptquartier' und ‚Generalkommando', ‚Divisionsstab' und ‚Radiostation'. Verheerend wirkt der alltäglich abgesetzte gleiche Spruch „Ohne besondere Vorkommnisse" oder „Nichts zu melden" . An ihnen setzt die Methode des wahrscheinlichen Wortes ebenso an wie an den

[2] Die Engländer ließen im 2. Weltkrieg eines ihrer Flugzeuge eine Leuchttonne, die eine Fahrrinne der sonst verminten Einfahrt nach Calais markierte, versenken — lediglich um den Spruch „Erloschen ist Leuchttonne" auszulösen, und auf /leuchttonne/ eine Suche anzusetzen (s. 14.1).

Worten Liebe, Herz, Feuer, Flamme, brennen, Leben, Tod, die schon *Porta* aufzählte als unabänderliche Requisiten von Liebesbriefen. Besonders gefährlich wird die Gewohnheit, stereotype Wendungen zu verwenden, im Hinblick auf den Wechsel des Schlüssels: Der neue Schlüssel kann aus den alten Phrasen unschwer binnen kurzem deduziert werden. Nicht immer wird man allerdings so viel Glück haben wie der Leutnant *Berthold* im Büro G.2A.6 der *American Expeditionary Forces* von 1918, der am 11. März 1918, 07:40 einen Funkspruch in Ziffern auffing — offenbar in einem neuen Schlüssel; und einige Stunden später einen Spruch gleicher Länge mit Buchstaben im alten Schlüssel — der Empfänger hatte die neuen Chiffrierunterlagen noch nicht vorliegen und um nochmalige Übermittlung im alten Schlüssel gebeten.

Auch in Friedenszeiten muß das Handwerk gelernt werden: weil man nichts Besseres weiß, werden in Manövern Standardtexte bekanntester Art, Sprichwörter, Redensarten übertragen. Bei genügender Einfallslosigkeit kann das eine Chiffrierung vollständig offenlegen, bevor noch der erste Schuß gefallen ist. Dazu schreibt *Hüttenhain*: „Es ist ein Fehler, ein Verfahren, das längere Zeit in einem kleinen Kreis bereits benutzt wurde, zum Hauptverfahren zu machen“. Was die unter Umständen unvermeidbaren stereotypen Briefanfänge und -endungen (*"For Murphy"*, 4.4) anbelangt, hilft auch die oben erwähnte Methode des russischen Kopulierens nur wenig, sollte aber trotzdem verwendet werden.

10.1.4 Schließlich ist auch bereits das bloße Einsetzen des Funkverkehrs ein bedeutsames Zeichen.[3] Wenn man es sich leisten kann, sollte man Nachrichtenverbindungen kontinuierlich betreiben und auch in den Betriebspausen Text senden — keine Testsätze, keinen Zeitungstext, sondern irrelevanten, unperiodischen, am besten reinen Zufallstext oder synthetische Sprache[4], die evtl. die Häufigkeitscharakteristik der betreffenden Sprache zeigt, verwenden. Durch unregelmäßigen Neubeginn kann man aus einem Text von 10 000 Wörtern lange unperiodische synthetische Texte ableiten. Durch dieses Verstecken der Nachricht wird die Arbeitslast, die der unberufene Entzifferer aufzubringen hat, auf ein Vielfaches gesteigert und, vgl. 2.1, die erforderliche Verzögerung erreicht. Jedoch besteht das Problem, daß die Empfangsstelle höllisch aufpassen muß, um nicht ein eingeschobenes Stück echter Nachricht zu übersehen.

10.1.5 Selbst die Wiederholung ein- und desselben Wortes oder die Verdoppelung von Buchstaben kann gefährlich sein. Abhilfe bringt Umschreibung, der Gebrauch von Synonyma oder die (wahllose!) Verwendung von Homophonen — hierzu gehört aber der Gebrauch von Blendern, um Teil-Wiederholungen in der Umgebung von Homophonen zu überdecken. Gera-

---

[3] Da während einer größeren militärischen Operation die Nachrichtenverbindungen erfahrungsgemäß stark belastet sind, pflegen die Stäbe einige Tage vor Beginn solcher Operationen regen persönlichen Verkehr (engl. *underwear effect* genannt).

[4] Eine zur Herstellung synthetischer Sprache geeignete Methode hat *Küpfmüller* angegeben, sie ist in [B-G-H] Band I S. 11, S. 67, beschrieben.

dezu haarsträubend ist es, wenn in der Wehrmacht (Heer) für die aus gutem Grund fehlenden Zwischenraum- und Interpunktionszeichen[5] ein /x/ oder gar /yy/ zu benutzen vorgeschrieben bzw. üblich war (s. a. 19.4.2). Das, zusammen mit unvermeidlichen Phrasen wie ‚auf Befehl des Führers', ‚Heil Hitler', die niemand zu unterdrücken wagte, half den Engländern enorm, die ENIGMA zu brechen.

Zu Zeiten der *Argentis* herrschte diesbezüglich mehr Aufmerksamkeit, als im 19. und 20. Jahrhundert, wo man von der Unbrechbarkeit von überschlüsselten Codes und anderen kombinierten Verfahren übersteigerte Vorstellungen hatte. Das Weglassen von Buchstabenverdoppelungen ist nur eine Maßnahme unter den ‚absichtlichen Buchstabierfehlern', die schon die *Argentis* empfahlen. Zu Recht schrieb *Porta* schon 1563 „Denn es ist besser für den Schreiber, sich als Dummkopf ansehen zu lassen, als den Preis für die Aufdeckung seiner Pläne zu bezahlen". Und die *Argentis* empfahlen, absichtliche orthographische Fehler zu machen. Je höher gestellt jedoch die betreffende Person ist, um so weniger darf erwartet werden, daß sie die nötige menschliche Größe aufbringt, um sich mit verunstaltetem Text abzufinden. Der ideale Kryptosekretär (engl. *code clerk*, *cipher clerk*) muß also eine dichterische Sprache mit eiskalter Intelligenz und unter Verachtung jeder Orthographie beherrschen. Kein Wunder, daß man ihn selten findet. Und die Versuchung ist groß, 'radio' und 'station' getrennt zu codieren oder gar buchstabenweise, wie es ein fauler österreichischer Knabe tat und damit *Luigi Sacco* 1918 einen Einbruch ermöglichte (s. a. 13.4.1), oder Blender als Wortzwischenraum zu mißbrauchen, oder, wie eine französische Widerstandsgruppe, *tobacco* als Blender zu gebrauchen, was zwar ihren Nachschub erhöhte, aber auch zum Brechen einer doppelten Transposition führte. Dummheiten hatten oft verheerende Folgen. *"The sending of this one message must certainly have cost the lives of thousands of Germans"* schreibt *Moorman*, der Chef vom G.2A.6, im Hinblick auf den in 10.1.3 erwähnten Vorfall vom 11. März 1918, durch den die Pläne für die deutsche Offensive vom 21. März bloßgelegt wurden.

10.1.6 Zu den Führungsmerkmalen gehört daher Aufklärung darüber, wie kleinste Chiffrierfehler vom Feind ausgenützt werden können, und Überwachung. *Givierge* schreibt *"encode well or do not encode at all. In transmitting clear text, you give only a piece of information to the enemy, and you know what it is; in encoding badly, you permit him to read all your correspondence and that of your friends"*. Der gutgemeinte Rat darf allerdings nicht so großzügig ausgelegt werden, daß eine Chiffrierung von Funksprüchen ganz unterbleiben könne. Die geschah tatsächlich Ende August 1914 mit den Funksprüchen der russischen Narew-Armee *Rennenkampf*'s in Ostpreußen, die unchiffriert in den Äther gingen, weil die Chiffrier- und Dechiffrierunterlagen noch nicht bei der Truppe eingegangen waren und weil es an Telephon-

[5] A propos Wortzwischenraum: Ihn zu unterdrücken, ist eine unumgängliche Vorsichtsmaßnahme der professionellen Kryptographie.

verbindungen mangelte. Es ermöglichte *Hindenburg* und *Ludendorff* den Sieg in der Schlacht von Tannenberg samt Aufstieg zu Volkshelden. Umgekehrt: Die Deutschen verschlüsselten im 2. Weltkrieg Wettermeldungen und gaben damit, da das Wetter in Europa vorherrschend von West nach Ost zieht, oft zum Ansatz des ‚wahrscheinlichen Wortes' Anlaß; es wäre besser gewesen, das Wetter im Klartext zu funken.

Rohrbach empfiehlt deshalb (s. 10.2.5), bei der Beurteilung der Sicherheit eines Verfahrens auch die Möglichkeit von Chiffrierfehlern einzubeziehen, da sie doch unausrottbar seien. Fragen der Abschirmung und Abwehr sind natürlich ebenfalls von großem Belang.

10.1.7 Die Verwendung memorierbarer Schlüssel (auch doppelter Schlüssel) gibt dem unbefugten Entzifferer eine Art Beweis in die Hand, wenn es ihm gelingt den Schlüssel zu rekonstruieren, insbesondere wenn dieser etwas ‚bedeutet', das dem Absender ‚am Herzen liegt'.

10.1.8 Die Unbequemlichkeiten organisatorischer Art, die mit der Aufrechterhaltung der Chiffriersicherheit verbunden sind, sind nicht zu unterschätzen. Regelmäßiger Wechsel von Schlüsseln macht Arbeit. Trotzdem ist es schwer verständlich, daß das US State Department noch 1917 so kurze Schlüssel wie *PEKIN* und *POKES* verwendete, hatte doch schon *Porta* weise *CASTUM FODERAT LUCRETIA PECTUS ALGAZEL* als Schlüssel verwendet; die *Argentis* hatten schon Schlüssel wie *FUNDAMENTA EIUS IN MONTIBUS SANCTIS* und *GLORIOSA DICENTUR DE TE QUIA POTENTER AGIS* benutzt; *Vigenère* schrieb: „Je länger der Schlüssel ist, desto schwieriger ist die Chiffre zu brechen".

Für polyalphabetische Chiffrierung ist es erforderlich, daß sie quasi-nichtperiodisch ist, d.h. daß der Schlüssel nicht wesentlich kürzer als die Nachricht ist. Der Gebrauch eines individuellen Schlüssels bringt zusätzliche organisatorische Belastungen und erfordert verstärkte Abschirmungs- und Abwehrmaßnahmen. Für manche Situation scheidet er damit von vornherein aus, so zum Beispiel für abgeschnittene Situationen, in denen kein oder kein sicherer Schlüsselnachschub gewährleistet ist, oder in Fällen, in denen der Feind einen in seine Hände gefallenen Vorrat an individuellen Schlüsseln weiterbenützen kann (‚Funkspiel').

Überhaupt ist es eine Frage, woran eine Funkstelle erkennt, ob der aufgefangene Spruch von ihrem Partner stammt oder von einem Dritten. Neben steganographischen Maßnahmen (*'Security Check'*), etwa darin bestehend, daß an bestimmte Stellen des Geheimtextes gewisse Blender eingefügt werden oder an bestimmten Stellen des Klartextes gewisse Buchstabierfehler gemacht werden (von der ‚Handschrift' der Funker ganz abgesehen) gibt es noch kryptographische Maßnahmen; mehr darüber in 11.6.

10.1.9 Zu guter Letzt ist die banalste und brutalste Art des kryptanalytischen Angriffs zu erwähnen: die Aneignung von Chiffrierunterlagen durch Ausspähung, Diebstahl, Raub oder Kampfmaßnahmen. Wie man sich dagegen schützt und wie wenig das oft nützt, liegt auf der Hand. Immerhin – was nicht mehr existiert, kann nicht in unbefugte Hände fallen. Dies beherzigte schon *Karl Weierstraß* im Hinblick auf die Briefe von *Sonja Kowalewskaya*. Es gilt in der kryptologischen Sicherheit ganz besonders für individuelle Schlüssel; am besten setzt man hinter das Chiffriergerät sogleich den Reißwolf (vgl. 8.6.1, Fußnote 8).

10.1.10 Geradezu absurd ist die g e p l a n t e Mehrfachverwendung eines individuellen Schlüssels (vgl. 8.6.4).

10.2 Maximen der Kryptologie

Über die Jahrhunderte hinweg hat sich in der Kryptologie ein reicher Schatz an Erfahrungen angesammelt – bereits die offene Literatur läßt dies erkennen. Aus diesen Erfahrungen entspringen Maximen für die kryptographische Arbeit, insbesondere für die Abwehr der unberufenen Entzifferung, die auch – oder gerade – in der heutigen Zeit der Materialschlachten nicht unberücksichtigt bleiben dürfen.

10.2.1 Vor allem anderen gilt die

Regel Nr. 1: Man soll den Gegner nicht unterschätzen.

Bis zum Jahre 1944 schöpften, wie eingangs erwähnt, die deutschen Dienste keinen Verdacht, die Alliierten könnten die 3-Rotor-ENIGMA-Chiffrierung laufend mitlesen – lediglich die Marine ging 1942 im U-Boot-Verkehr zur komplizierteren 4-Rotor-ENIGMA über.[6] Die britische Marine bemerkte erst im Dezember 1942, daß der xB-Dienst der deutschen Kriegsmarine mitlas. Aber auch die amerikanischen Kryptologen waren arglos und konnten sich 1944 nicht vorstellen, daß *Hans Rohrbach* ihre M-138-A Chiffrierung gebrochen hatte – allerdings nur ein kurzfristiger Erfolg, denn zu dieser Zeit führten die Amerikaner neue Chiffriermaschinen ein. Darunter war eine Rotormaschine ähnlich der ENIGMA, die M-134-C, auch SIGABA genannt. Die Signal Security Agency der US Army hatte vergeblich versucht, zur Probe diese Chiffrierung zu brechen. Bedeutete das, den Deutschen würde es etwa nicht gelingen? Schließlich lasen die Engländer bereits seit Jahren die ENIGMA-Chiffrierung mit. Bezeichnenderweise mißtraute *Roosevelt*, der Intellektuelle unter den alliierten Staatsführern, den Beteuerungen der

[6] Schon 1930 hatte der Leutnant *Henno Lucan*, zweiter Nachrichtenoffizier des Schlachtschiffes Elsaß, in einer Studie darauf hingewiesen, daß die ENIGMA kryptologisch nicht sicher sei. Mit der Einführung des Steckerbrettes schienen jedoch die Bedenken geringer geworden zu sein. *Dönitz* schrieb 1959 in seinen Memoiren, daß der Verdacht, der Feind könnte mitlesen, Ende 1941 durch eine gründliche Untersuchung ausgeräumt worden sei. Da war wohl bei einigen seiner Leute, wie Admiral *Eberhard Maertens* und Kapitän, später Konteradmiral *Ludwig Stummel*, der Wunsch der Vater des Gedankens. Noch 1970 versicherte *Heinz Bonatz*, ehemaliger Chef des xB-Dienstes der Kriegsmarine, daß die Alliierten, obwohl ihnen ENIGMAs in die Hände gefallen seien, die deutsche Chiffrierung nicht gebrochen hätten. Nach den Enthüllungen von *Gustave Bertrand* 1973 und *Frederick Winterbotham* 1974 mußte er sein Buch umschreiben.

Kryptologen. Wußte er um die tiefverwurzelte menschliche Neigung, das Unerwünschte nicht zur Kenntnis nehmen zu wollen?

10.2.2 Besonders gefährdet sind in dieser Hinsicht die Erfinder von Chiffrierverfahren. *"Nearly ervery inventor of a cypher system has been convinced of the unsolvability of his brainchild"*, schreibt *Kahn*. Ein besonders krasses Beispiel bietet *Bazeries*. Als Beauftragter der französischen Regierung und Armee hatte er zahlreiche ihm vorgelegte Erfindungen ruiniert, indem er probeweise die Chiffrierung brach. Ausgerechnet ihm fiel dann selbst ein System ein, das er prompt als absolut sicher bezeichnete. Der *Marquis de Viaris*, dessen Erfindung *Bazeries* kurz zuvor abgeschmettert hatte, rächte sich: Er gab (vgl. 7.4.3) sogar ein Verfahren an, um bei Kenntnis der Alphabete *Bazeries* Chiffrierung und damit die ganze Klasse von *Jefferson* bis M-138-A zu brechen (18.3).

Hier kommen wir auf die

Regel Nr. 2: Nur der Kryptanalytiker kann die Sicherheit eines Chiffrierverfahrens beurteilen.

Diese Erkenntnis, die man bis *Porta* und *Rossignol*[7] zurückverfolgen kann, formulierte *Kerckhoffs*[8] 1883. Er kritisierte, die analytische Sicherheit eines Verfahrens dadurch demonstrieren zu wollen, daß man abzählt, wieviele Jahrhunderte es dauerte, um alle möglichen Kombinationen zu durchlaufen: «*Je suis stupéfait de voir nos savants et nos professeurs enseigner et recommander pour les usages de la guerre des systèmes dont un déchiffreur tant soit peu expérimenté trouverait certainement la clef en moins d'une heure de temps.*» In der Tat können solche Abzählungen nur eine obere Schranke geben, sie betreffen die Zeit, die die ineffizienteste aller kryptanalytischen Methoden, die *exhaustive Suche*, braucht.

10.2.3 *Kerckhoffs* war einer der ersten, der die Kryptographie von einem praktischen Standpunkt aus diskutierte. So schreibt er: «il faut bien distinguer entre un système d'écriture chiffrée imaginé pour un échange momentané de lettres entre quelques personnes isolées, et une méthode de cryptographie destinée à régler pour un temps illimité la correspondence des differents chefs d'armée entre eux» und erörterte Fragen der leichten Handhabbarkeit, auf die wir noch zurückkommen werden. Er unterschied erstmals klar zwischen der Verfahrensklasse (dem «système») und dem eigentlichen Schlüssel und postulierte:

Regel Nr. 3: Bei der Beurteilung der Sicherheit eines Verfahrens muß man damit rechnen, daß dem Gegner die Verfahrensklasse bekannt ist: „Der Feind kennt das benutzte System".

---

[7] *Antoine Rossignol*, im Dienste *Ludwig* XIV. Erfinder der zweiteiligen Codebücher.

[8] *Auguste Kerckhoffs* (1835–1903), flämischer Professor. Verfasser von «La cryptographie militaire», 1883.

Aus praktischen Gründen kommen in gewissen Situationen gewisse Verfahren vorzugsweise, andere gar nicht zur Verwendung. Insbesondere das zähe Beharren des etablierten Apparats läßt gewisse Vorlieben entstehen, die dem Gegner nicht verborgen bleiben (‚Chiffrierphilosophie'). Auch lassen schon die einfachsten kryptanalytischen Tests zuverlässig eine Unterscheidung zwischen monoalphabetischer Substitution, polyalphabetischer Substitution und Transposition zu;[9] sogar die Periode einer polyalphabetischen Substitution oder die Breite einer Transposition läßt sich dank *Kasiski*, *Kerckhoffs* und *Friedman* finden.

Geräte können im übrigen bei Kampfhandlungen in gegnerische Hände fallen oder gestohlen werden. Dies schließt Chiffriermaschinen wie die ENIGMA ein; hätte man *Kerckhoffs'* Lehre befolgt, hätte die ENIGMA bereits zu Beginn des 2. Weltkriegs mindestens zur 5-Rotor-Maschine erweitert werden müssen, und die einzelnen Rotoren hätten nicht erst ab 1942 dreimal täglich gewechselt werden dürfen; vor allem hätte alle paar Monate der ganze Rotorsatz ausgewechselt werden müssen. Natürlich wäre das kein leichtes gewesen; schätzt man doch (vgl. 7.2.3), daß bis zu 200 000 ENIGMAs insgesamt gebaut und verwendet wurden. Aber auch die Amerikaner waren in diesem Punkt verletzbar. Ihre Chiffriermaschine M-209, von *Hagelin* gebaut, auf mittlerer Gefechtsebene verwendet, war bedeutend weniger sicher als die ENIGMA und wurde auch von der italienischen Marine benutzt. Kein Wunder, daß die Deutschen von 1942 bis 1944 in Nordafrika und Italien über Angriffszeiten und -ziele der amerikanischen Truppen oft genug Bescheid wußten.

10.2.4 Das Bestreben des Kryptologen, es dem Gegner nicht leicht zu machen, führt ihn dazu, Komplikationen von bekannten Verfahren zu ersinnen. Seit alters her dient dazu die Komposition von Verfahren (9. Kapitel). Zweimalige Substitution ist wieder eine Substitution, zweimalige Transposition eine Transposition, bringt also nichts. Mehr kann man sich von der Kombination *verschiedener* Verfahren versprechen. Codierung mittels Codebüchern wird polyalphabetisch ‚überchiffriert' (9.2), monoalphabetische Substitution wird zusätzlich einer Transposition unterworfen, etc. Spezifische kryptanalytische Methoden sind jedoch oft gegen solche Komplikationen unempfindlich. Es gilt (*Givierge* 1924)[10]

Regel Nr. 4: Äußerliche Komplikationen können illusorisch sein: sie gaukeln dann dem Kryptologen eine trügerische Sicherheit vor.

Im schlimmsten Fall kann eine illusorische Komplikation sogar die unbefugte Entzifferung erleichtern. Wird etwa bei einem VIGENÈRE-Verfahren in bester Absicht die identische Substitution ausgeschlossen, so geht niemals

---

[9] Ein von *Sacco* aufgestelltes Kriterium lautet: Ein kurzer Geheimtext von nicht mehr als, sagen wir, 200 Zeichen, in dem alle Alphabetzeichen vorkommen, ist höchstwahrscheinlich polyalphabetisch chiffriert.

[10] *Marcel Givierge*, französischer General, erfolgreicher Kryptologe im 1. Weltkrieg. Verfasser von ≪Cours de Cryptographie≫, Paris 1925.

ein Buchstabe in sich über. Damit kann aber die Lage eines hinreichend langen ‚wahrscheinlichen Wortes' im Text ziemlich sicher festgestellt werden. Die selbe Eigenschaft haben alle echt involutorischen Alphabete. Bei der ENIGMA wurde durch eine Reflexion an der letzten Scheibe die Zahl der Rotoren, durch die die Signale gingen, verdoppelt; es entstand aber dadurch eine involutorische Chiffrierung, die den Engländern die in 10.2.1 erwähnte Einbruchsmöglichkeit bot[11] , s. 14.1 . Auch die Zylinder- und Streifen-Geräte (7.4.3) von *Jefferson* und *Bazeries*, die M-94 und die M-138-A, haben die verräterische Eigenschaft *"no letter can represent itself"*.

10.2.5 Schließlich als letzter und vielleicht wichtigster Punkt ist die menschliche Schwäche zu vermerken. Eine Chiffrierung ist nicht besser als der *'cipher clerk'*. Die unbefugte Entzifferung lebt von den **Chiffrierfehlern**, wie sie schon in 10.1 besprochen wurden: die zweimalige Übertragung des selben Klartextes unter verschiedenen Schlüsseln[12] (‚Geheimtext-Geheimtext-Kompromittierung'), die Wiederholung der Übertragung im Klartext (‚Geheimtext-Klartext-Kompromittierung'), der häufige Gebrauch stereotyper Worte und Wendungen (wofür die Sprachen der Diplomaten und Militärs so reichlich Anlaß geben), der Gebrauch zu kurzer und leicht erratbarer Schlüsselworte, der Gebrauch eines geläufigen Wortes für ein plötzlich eingetretenes Ereignis (‚wahrscheinliches Wort'), der Nichtgebrauch von Homophonen und Blendern bei Benutzung von Codebüchern und sogar der Gebrauch von Buchstabenverdoppelungen und -kombinationen wie *ch* und *qu*, Interpunktionszeichen und vor allem des Wortzwischenraumes. Der ideal zur Chiffrierung vorbereitete Klartext ist orthographisch falsch, sprachlich knapp, stilistisch grauenhaft. Welcher Kommandierende General will einen Befehl so abfassen, welcher Botschafter einen Bericht an sein Staatsoberhaupt? Und was soll aus Geschäftsbriefen werden?

Hinzu kommt, daß Botschafter und Generäle wie Generaldirektoren sich selten die Zeit nehmen, ihre *‚cipher clerks'* zu überwachen. In der Regel fehlt ihnen auch das Verständnis für die Notwendigkeit, meist sind sie kryptologisch ignorant[13] . Als *Wheatstone* ein spezielles Bigram-Substitutions-Verfahren erfand, das später PLAYFAIR genannt wurde (4.2), konnte er die Abneigung des Foreign Office gegen komplizierte Chiffrierung nicht überwinden (vgl. 2.1.1).

"A cryptographer's error is the cryptanalyst's only hope", sagt man, und diese Hoffnung ist berechtigt. Zu bedenken ist natürlich die nervliche Belastung, unter der ein Chiffrierer im militärischen und diplomatischen Verkehr

---

[11] Auch den Russen gelang gelegentlich ein Einbruch in die ENIGMA-Chiffrierung. So wurde das am 30. Juli 1944 versenkte U-250 gehoben und daraus eine ENIGMA geborgen.

[12] Insbesondere die in Kap. 11 zu besprechenden Öffentlichen Schlüssel laden dazu ein.

[13] Ein wichtiger Grundsatz des Nachrichtenwesens ist deshalb: Die Überwachung der eigenen Einheiten ist mindestens so wichtig wie die Überwachung der gegnerischen. Dazu schrieb *Hüttenhain*: „Ein Verbündeter, der keine sicheren Chiffrierungen verwendet, stellt ein potentielles Risiko dar."

steht. Ein Chiffrierfehler passiert da leicht. Je komplizierter das Verfahren, umso mehr verstümmelten Klartext erhält der Dechiffrierer. Die gefährliche Wiederholung der gleichen Nachricht (ohne gründliche Umformulierung) mag dann unter Zeitdruck unvermeidlich sein. Dementsprechend schrieb *Givierge* (vgl. 10.1.6) «*Chiffrez bien, ou ne chiffrez pas*». *Rohrbach* formulierte die

Regel Nr. 5: Bei der Beurteilung der Sicherheit eines Verfahrens sind Chiffrierfehler und andere Verstöße gegen die Chiffrierdisziplin mit einzubeziehen.

Der gute Kryptologe weiß, daß er sich auf nichts verlassen kann, nicht einmal darauf, daß der Feind bei seinen Fehlern bleibt, und ist besonders kritisch gegenüber seinen eigenen möglichen Fehlern.

10.3 Shannons Maßstäbe

Shannon hat fünf Maßstäbe zusammengestellt[14], die an eine kryptographische Verfahrensklasse angelegt werden sollten:

1) *Chiffriersicherheit*	Wieviel besser ist der Feind dran, wenn er eine gewisse Menge Material empfangen hat?
2) *Schlüssellänge*	Wie kurz ist der Schlüssel, wie einfach ist er handzuhaben?
3) *Praktische Durchführung der Chiffrierung und Dechiffrierung*	Wieviel Arbeitsaufwand ist notwendig?
4) *Aufblähung des Geheimtextes*	Um wieviel länger ist der Geheimtext als der Klartext?
5) *Verschleppung von Chiffrierfehlern*	Kann eine Verschleppung von Chiffrierfehlern stattfinden?

Diese Beurteilungsmaßstäbe sind insofern widersprüchlich, als kein System bekannt ist (und wohl auch logisch ausgeschlossen ist), das in allen Punkten maximale Anforderungen erfüllt. Andererseits kann man in keinem der Punkte ganz anspruchslos sein. Läßt man 1) fallen, so ist selbst Klartext zulässig. Läßt man 2) fallen, so kann ein individueller Schlüssel alle anderen Punkte optimal erfüllen. Läßt man 3) und 4) fallen, so kann man unschwer exotische Systeme finden, die allen anderen Ansprüchen gerecht werden. Läßt man 5) fallen, so ist mit Verfahren, die gründlich durchmischen (vgl. 9. Kapitel), alles andere erreichbar. Die moderne Kryptographie neigt, je nach Situation, den individuellen Schlüsseln (die ungehinderten Schlüsselnachschub erfordern) oder den Durchmischungsverfahren (die absolut störfreie Nachrichtenverbindungen erfordern) zu.

[14] *C. E. Shannon*, Communication Theory of Secrecy Systems. Bell System Technical Journal **28**, 656-715, Oktober 1949.

11 Öffentliche Schlüssel

Unter den Maximen der klassischen Kryptographie haben wir als Nr. 3 die von *Kerckhoffs* „Der Feind kennt das benutzte System“ aufgelistet. Sarkastisch könnte man das dahingehend interpretieren, man solle doch am besten dem Feind gleich die benutzte Maschinerie völlig offenlegen. Unabsichtlich ist das tatsächlich immer wieder geschehen, am drastischsten in letzter Zeit mit der ENIGMA, deren kommerzielle Form dem polnischen Dienst zugänglich war und ihm das Eindringen erleichterte, deren im Krieg benutzte Rotoren in aufgebrachten deutschen U-Booten ebenfalls kompromittiert wurden. Aber selbstverständlich lag das nicht in der Absicht von Chi, dem deutschen Wehrmachtsdienst. Benützt man einen individuellen Schlüssel und begeht keinen Verstoß gegen die dabei erforderlichen Sicherheitsbestimmungen, so kann man in der Tat öffentlich bekanntmachen, daß man etwa eine Vernam-Chiffrierung benutzt, ohne dadurch an Sicherheit zu verlieren. Zyniker mögen dazu bemerken, daß die Kenntnis der Gefahr die Kryptosekretäre — Beamte oder Soldaten — vielleicht zu mehr Sorgfalt anhält.

Man wird aber gerade in diesem letzteren Fall nicht soweit gehen, dem Feind auch den Schlüssel auszuhändigen — der Begriff des individuellen Schlüssels schließt dies ja auch aus.

Im übrigen spricht bei Verwendung eines individuellen Schlüssels auch nichts dagegen, ein echt involutorisches Verfahren zu benutzen, was sonst, wie auch die Geschichte der ENIGMA lehrt (vgl. 10.2.4), ein Nachteil sein kann. Gegen ein Verfahren, bei dem lediglich Chiffrier- und Dechiffrierschritt übereinstimmen, gilt dieser Einwand ohnehin nicht, wenn es, wie insbesondere Vernam-Chiffrierung, nicht echt involutorisch ist. Somit spielt es auch bei den klassischen Verfahren eine untergeordnete Rolle, ob man aus der Kenntnis des Chiffrierschritts den Dechiffrierschritt, oder umgekehrt, gewinnen kann, und wie einfach das ist.

11.1 Symmetrische und asymmetrische Chiffrierverfahren

11.1.1 Symmetrische Verfahren (*private key*-Verfahren)

Der Schlüssel, den zwei Partner vereinbart haben, bestimmt bei den **symmetrischen** Chiffrierverfahren in einfacher Weise sowohl den Chiffrierschritt wie den Dechiffrierschritt. Die meisten bisher vorgestellten (vor dem Siegeszug der Elektronik benutzten) Verfahren sind in diesem Sinne symmetrische Verfahren. Für eine zweiseitige Nachrichtenverbindung benötigt man dabei (2.6.2) nur je e i n e n Chiffrier- und Dechiffrier-Schlüssel.

Auch bei dem in 9.6 diskutierten DES, dem wohl bekanntesten Vertreter moderner Blockchiffrierung, unterscheiden sich Chiffrier- und Dechiffrierschritt beispielsweise nur in der Reihenfolge, in der die aus dem Schlüssel generierten Teilchiffrierungen angewandt werden. Solche symmetrische Verfahren können heute durch sehr effiziente Algorithmen maschinell realisiert werden. Insbesondere durch Hardware-Lösungen in Form spezieller Chips sind Durchsatzraten von mittlerweile mehr als 20 Mbits/s erreichbar (zum Vergleich: 10 Mbits/s bei Ethernet).

Die Chiffriersicherheit beruht wesentlich auf der Geheimhaltung des Chiffrier-Schlüssels. Unter der Annahme, daß es für den Unberufenen selbst bei Kenntnis der Verfahrensklasse unmöglich ist, diesen Schlüssel zu gewinnen, ist es unter realen Bedingungen weithin üblich, der Echtheit der Botschaften und der Identität des jeweiligen Gegenübers zu vertrauen (siehe jedoch 11.6).

Zu diesen Vorzügen gesellen sich natürlich auch einige Nachteile, die anwendungsabhängig mehr oder weniger stark ins Gewicht fallen:

(1) Es ist nicht möglich, Dritten gegenüber nachzuweisen, daß ein bestimmter Absender eine bestimmte Meldung geschickt hat. Diese fehlende rechtliche Sicherheit stellt insbesondere für die Übermittlung von Aufträgen und für finanzielle Transaktionen ein deutliches Manko dar.

(2) Die Schlüssel müssen vorher über einen hinreichend gesicherten Kanal vereinbart bzw. ausgetauscht werden. Eine spontane gesicherte Kommunikation ist nicht möglich.

(3) Ein weiteres Problem kann in der Anzahl der benötigten Schlüssel liegen. Bei n Partnern in einem Netz, wobei jeder mit jedem gesichert Daten austauschen möchte, sind $\binom{n}{2} = n \cdot (n-1)/2$ Schlüssel erforderlich. Bei $n = 1000$ ergibt dies immerhin bereits 499 500 Schlüssel.

11.1.2 Asymmetrische Verfahren (*public key*-Verfahren, Verfahren mit öffentlichen Schlüsseln)

Stellt man die Symmetrie der Chiffrierung aber einmal in Frage, nimmt man insbesondere an, daß sowohl zum Chiffrieren wie zum Dechiffrieren ein eigener Schlüssel benutzt wird (vgl. 9.7), so erkennt man sofort, daß selbstverständlich der zur *Dechiffrierung* erforderliche Schlüssel absolut geschützt werden muß, daß aber der zur *Chiffrierung* erforderliche Schlüssel dem Feind bekannt sein darf, wenn die Ableitung des zur Dechiffrierung erforderlichen Schlüssels aus ihm mindestens ebensoviel Mühe macht wie das Brechen der Chiffrierung selbst nach irgendeiner Methode. Man spricht dann von einem **asymmetrischen** Verfahren. Für eine zweiseitige Nachrichtenverbindung der Partner A und B unterscheidet man jetzt vier Schlüssel: den öffentlichen Schlüssel (*public key*) von A, den B zur Chiffrierung benutzt, und den privaten Schlüssel von A, den nur A kennt und den A zur Dechiffrierung benützt, wie auch den öffentlichen Schlüssel von B und den privaten von B. Für ein Netz von n Partnern benötigt man jedoch nur n asymmetrische Schlüsselpaare, im Gegensatz zu $\binom{n}{2}$ symmetrischen Schlüsselpaaren.

Das Konzept der *public key*–Verfahren stammt von *W. Diffie* und *M. E. Hellman.*[1]

Jeder Teilnehmer verfügt also über einen ö f f e n t l i c h e n (*public*) und einen p r i v a t e n (*private*) Schlüssel. Der öffentliche Schlüssel KP_i des i-ten Teilnehmers bestimmt in einfacher Weise den Chiffrierschritt E_i , der private Schlüssel KS_i den Dechiffrierschritt D_i . Der Schlüssel zum Chiffrieren, KP_i , wird in einem Verzeichnis veröffentlicht (*directory*); der Schlüssel zum Dechiffrieren, KS_i , sollte tunlichst geheim bleiben.

An die verwendeten Chiffrier- bzw. Dechiffrierverfahren werden folgende Forderungen gestellt:

(1) $D_i \circ E_i = ident$,

(2) Für D_i und E_i gibt es effiziente Realisierungen ,

(3) Der private Schlüssel KS_i (bzw. das Dechiffrierverfahren D_i) ist geheim, er kann (im Idealfall) nicht aus dem öffentlichen Schlüssel KP_i (bzw. E_i) abgeleitet werden
(in der Praxis wird das 'nicht' ergänzt durch 'mit den heute und auf absehbare Zeit zur Verfügung stehenden Möglichkeiten') .

Möchte ein Teilnehmer A eine Nachricht m chiffriert an B schicken, so entnimmt er dem öffentlichen Verzeichnis den öffentlichen Schlüssel KP_{B} von B (damit liegt E_{B} fest):

(A) $\qquad c = E_{\mathrm{B}}(m)$

A schickt den Geheimtext (das ‚Kryptogramm') c über das öffentliche Netz an B.
B gewinnt den Klartext m mit Hilfe seines privaten Schlüssels KS_{B} (damit liegt D_{B} fest):

(B) $\qquad D_{\mathrm{B}}(c) = D_{\mathrm{B}}(E_{\mathrm{B}}(m)) = m$

Gilt über (1), (2), (3) hinaus noch

(4) $E_i \circ D_i = ident$,

so spricht man von einem **Signaturverfahren** (‚Signaturschema') **mit öffentlichen Schlüsseln**.

---

[1] *New Directions in Cryptography*, Trans. IEEE Inform. Theory, IT-22, **6** (1976), 644–654.

In einem Signaturverfahren mit öffentlichen Schlüsseln kann A seine Nachricht m an B wie folgt **signieren**:

A chiffriert m zunächst gemäß seinem privaten Schlüssel KS_A mit D_A :

(*A*1) $\quad d = D_A(m)$,

A fügt d in einer festzulegenden Weise seine **Absenderkennung** "*A*" hinzu und chiffriert diese neue Einheit gemäß dem öffentlichen Schlüssel KP_B von B (damit liegt E_B fest):

(*A*2) $\quad e = E_B(\text{"}A\text{"}, d) = E_B(\text{"}A\text{"}, D_A(m))$.

A schickt den Geheimtext e über das öffentliche (ungesicherte) Netz an B . B dechiffriert zunächst gemäß seinem privaten Schlüssel KS_B :

(*B*1) $\quad D_B(e) = D_B(E_B(\text{"}A\text{"}, d)) = (\text{"}A\text{"}, d)$ wegen $D_B\ E_B = ident$,

B erkennt daraus den Absender A und kann den Klartext m gemäß dem öffentlichen Schlüssel KP_A ermitteln:

(*B*2) $\quad E_A(d) = E_A(D_A(m)) = m$ wegen $E_A\ D_A = ident$.

Asymmetrische Chiffrierverfahren weisen zwar die in 11.1.1 genannten Nachteile der symmetrischen Verfahren nicht auf. Es ergeben sich aber andere Probleme (s. 11.4 und 11.7).

Chiffrierverfahren mit öffentlichen Schlüsseln können mit Hilfe von **Einweg-Funktionen** (mit ‚Falltür') realisiert werden, denen wir uns im nächsten Abschnitt zuwenden.

11.2 Einweg-Funktionen

11.2.1 Echte Einweg-Funktionen

Eine injektive Funktion

$$f : X \to Y$$

heißt **Einweg-Funktion** (engl. *one way function*), falls folgendes gilt:

Es gibt ein effizientes Verfahren zur Berechnung von $f(x)$ für alle $x \in X$,

Es gibt kein effizientes Verfahren zur Bestimmung von x aus der Beziehung $y = f(x)$ für alle $y \in f[X]$.

Die Funktionsumkehrung scheitert bei Einweg-Funktionen also nur am erforderlichen Aufwand an Rechenzeit und Speicherplatz, an ihrer Zeit- und Speicherkomplexität. Die Grenze zwischen 'möglich' und 'unmöglich' verschiebt sich wegen des technologischen Fortschritts zwar laufend: Pro Jahr ist zur Zeit eine Verdopplung der Rechenleistung zu beobachten, die niedrigen Preise für die Hardware ermöglichen eine massive Parallelisierung, die bei dieser Problematik auch voll zu nutzen wäre. Der Kryptograph kann aber durch eine entsprechende Erhöhung der Parameterwerte rechtzeitig ‚gegensteuern' und eine Funktionsumkehrung für absehbare Zeit praktisch unmöglich machen. Ein Beispiel soll dies verdeutlichen: Bei einigen Problemen läuft die Funktionsumkehrung auf die Zerlegung einer Zahl n in ihre Primfaktoren hinaus. Angeblich[2] benötigt einer der schnellsten bekannten Algorithmen (von *R. Schroeppel)* dazu asymptotisch von der Größenordnung

$$n^{\sqrt{\ln(\ln n)/\ln n}} = e^{\sqrt{\ln n \cdot \ln(\ln n)}}$$

Operationen. Für $n = 10^{70}$ hat der Exponent $\sqrt{\ln(\ln n)/\ln n}$ den Wert ≈ 0.1776. Zur Eichung mag dienen, daß 1984 auf einer CRAY XMP die Faktorisierung von $(10^{71}-1)/9$ 9.5 Stunden dauerte; das ergibt rund $1.1\cdot 10^{8}$ ‚Makro-Rechenschritte' pro Sekunde, und extrapoliert folgendes Bild (wobei für das Jahr 2004 eine Steigerung der Rechenleistung um den Faktor 1000 angenommen ist)

n	$e^{\sqrt{\ln n\cdot\ln(\ln n)}}$	Rechenzeit 1984	Rechenzeit 2004
10^{50}	$1.42\cdot 10^{10}$	181 sec	181 msec
10^{70}	$2.69\cdot 10^{12}$	9.5 h	34.2 sec
10^{100}	$2.34\cdot 10^{15}$	344 Tage	8.3 h
10^{140}	$5.49\cdot 10^{18}$	$2.2\cdot 10^{3}$ Jahre	803 Tage
10^{200}	$1.20\cdot 10^{23}$	$4.8\cdot 10^{7}$ Jahre	$4.8\cdot 10^{4}$ Jahre
10^{250}	$1.86\cdot 10^{26}$	$7.4\cdot 10^{10}$ Jahre	$7.4\cdot 10^{7}$ Jahre
10^{300}	$1.53\cdot 10^{29}$	$6.2\cdot 10^{13}$ Jahre	$6.2\cdot 10^{10}$ Jahre

Die **Effizienzgrenze** der ‚jahrelangen' Arbeit verschiebt sich also von (1984) $n = 10^{100}$ auf (2004) $n = 10^{140}$. Auch wenn hochgradig parallelisierte Spezialrechner den Rechenzeitbedarf weiterhin verringern könnten, es gibt Grenzen, die mit den bekannten Verfahren aus physikalischen Gründen wohl nie überschritten werden können. Zum Beispiel würde ein 10^{60}-Bit-Speicher mehr als die Masse unseres gesamten Sonnensystems benötigen, ebensowenig sind 10^{70} Operationen realisierbar, weil selbst bei einer der ‚Elementarlänge' von 10^{-15}m entsprechenden ‚Elementarzeit' von $\frac{1}{3}\cdot 10^{-23}$sec pro ‚Makro-Rechenschritt' die dazu erforderliche Zeit die Lebensdauer des Sonnensystems bei weitem übersteigt.

Aber es gibt keinen Beweis dafür, daß kein wesentlich schnellerer Algorithmus existiert. Man sollte sich also nicht von diesen großen Zahlen blenden lassen. Die Komplexitätstheorie liefert meist nur obere Grenzen für den Aufwand, der im konkreten Einzelfall auch deutlich darunter liegen kann. Ein schnellerer Algorithmus für die Funktionsumkehrung der Einweg-Funktion würde die Sicherheit des Chiffrierverfahrens ebenso in Frage stellen wie ein direkter Entzifferungsangriff, der die Funktionsumkehrung vollständig umgeht.

11.2.2 Man kann im übrigen nicht beweisen, daß es Einweg-Funktionen im strengen Sinn überhaupt gibt.[3] Wir haben aber gute K a n d i d a t e n , die auf den folgenden beiden Operationen basieren: Multiplikation ganzer Zahlen und Exponentiation über $GF(p)$.

---

[2] Für Einzelheiten siehe *Hans Riesel*, Prime Numbers and Computer Methods for Factorization, Birkhäuser, Basel 1985, Seite 214.

[3] Es kann also alles eine unterhaltsame Diskussion über die leere Menge sein.

11.2.2.1 Multiplikation ganzer Zahlen

Es ist vergleichsweise einfach, zwei ganze Zahlen beliebiger Länge und damit auch eine Anzahl von Primzahlen miteinander zu multiplizieren, es ist aber – siehe oben – heute (öffentlich) kein effizientes Verfahren bekannt, eine 200-stellige Dezimalzahl in ihre Primfaktoren zu zerlegen (von Sonderfällen abgesehen).

Die injektive Funktion

$$f : X \to \mathbb{N}$$
$$f(x_1, x_2) = x_1 \cdot x_2$$

mit

$$X = \{(x_1, x_2) \mid x_1,\ x_2 \ \text{Primzahlen}\ ,\ K \leq x_1 \leq x_2\}$$

kann deshalb für hinreichend großes K beispielsweise als Kandidat für eine Einweg-Funktion betrachtet werden.

11.2.2.2 Exponentiation über $GF(p)$ (vgl. 9.7.2)

Es sei p eine Primzahl.

Die a-Exponentialfunktion über $GF(p)$,

$$f : X \to Y$$
$$f(x) = a^x \bmod p$$

mit

$$X = \{0\ ,\ 1\ ,\ 2\ ,\ \dots\ ,\ p-2\}$$
$$Y = \{1\ ,\ 2\ ,\ 3\ ,\ \dots\ ,\ p-1\}$$

kann für hinreichend große p , a , x als Kandidat für eine Einweg-Funktion in Betracht gezogen werden:

Der Berechnungsaufwand für f hält sich selbst für 10^{200} überschreitende Werte für p , a , x in erträglichen Grenzen. Die grundlegende Idee des fortgesetzten Quadrierens und Multiplizierens nach der Dualdarstellung des Exponenten zeigt folgendes Beispiel:

$$a^{25} = \left(\left(\left(a^2 a\right)^2\right)^2\right)^2 a\ , \quad \text{da} \quad 25_{10} = 11001_2\ .$$

Dabei wird nach jeder Quadratur bzw. Multiplikation eine Reduktion *modulo* p durchgeführt.

Ist die oben definierte a-Exponentialfunktion über $GF(p)$ bijektiv, so heißt a eine primitive Kongruenzwurzel; die inverse Funktion f^{-1} ist die (diskrete) a-Logarithmusfunktion über $GF(p)$. Während zwar die Exponentiation *modulo* p vergleichsweise schnell durchführbar ist, ist kein effizienter Algorithmus für die Berechnung des diskreten Logarithmus (öffentlich) bekannt.

11.2.3 Echte Einweg-Funktionen könnten nicht vernünftig zum Chiffrieren (mit anschließendem Dechiffrieren) von Nachrichten verwendet werden, – der berufene Dechiffrierer hätte die gleichen Schwierigkeiten wie der unberufene – wohl aber zum **Identifizieren** bzw. **Authentisieren**. In dem weitverbreiteten Betriebssystem UNIX[4] durchlaufen die eingegebenen Paßwörter zunächst eine Einweg-Funktion (die jedoch nur auf einer Variante des DES-Algorithmus' basiert); die Paßwörter werden in dieser chiffrierten Form in der für jedermann lesbaren Datei **`/etc/passwd`** abgelegt. Bei jeder Verwendung des (Klartext-) Paßwortes wird zunächst diese Funktion angewandt, verglichen werden dann jeweils die Kryptogramme der Paßworte.

Für die S i c h e r u n g von Daten werden Einwegfunktionen mit einer ‚Falltür' benötigt, die eine effiziente Dechiffrierung für den dazu Berufenen ermöglicht.

11.2.4 Einweg-Funktionen mit Falltüre (engl. *trap-door one-way functions*)

Eine injektive Funktion

$$f : X \to Y$$

heißt **Einweg-Funktion mit Falltüre**, falls folgendes gilt:

(1) Es gibt effiziente Verfahren zur Berechnung von f und

$$f^{-1} : f[X] \to X \ .$$

(2) Das effiziente Verfahren zur Berechnung von f^{-1} kann nicht aus f hergeleitet werden, sondern nur mit Hilfe einer geheim zu haltenden Zusatzinformation (Falltüre, engl. *trap-door*).

11.2.5 Man kann ebenfalls nicht beweisen, daß es Einweg-Funktionen mit Falltüre gibt. Aber auch hier gibt es Kandidaten, die auf folgenden Operationen basieren:

11.2.5.1 Potenzierung *modulo* q (vgl. 9.7.2)

Der Exponent h sei eine feste natürliche Zahl. Es gibt

(1) ein vergleichsweise schnelles Verfahren (s. 11.2.2.2) zur Berechnung von

$$x^h \; mod \; q \quad \text{für alle} \quad x \in \{0, 1, 2, \ldots, q-1\} \qquad und$$

(2) für geeignete h und q ein schnelles Verfahren zur Berechnung der Umkehrung, der h-ten Wurzel *modulo* q.

Aber: Es ist – falls nur h und q bekannt sind und $q > 10^{200}$ gilt – keine effiziente Konstruktionsvorschrift für einen effizienten Algorithmus zur Bestimmung der h-ten Wurzel *modulo* q (öffentlich) bekannt.

Falltüre: Ein solcher Algorithmus kann dagegen leichter angegeben werden, wenn q nicht prim ist und die Zerlegung von q in Primfaktoren bekannt ist.

---

[4] UNIX ist eingetragenes Warenzeichen.

11.2.5.2 Quadrieren *modulo q*

Dabei handelt es sich um den wichtigen Sonderfall $h = 2$ von 11.2.5.1. Es geht um quadratische Reste und quadratische Wurzeln *modulo q* , mit denen sich schon *Legendre* und *Gauß* beschäftigten.

11.3 RSA-Verfahren

Dieses wohl bekannteste Verfahren[5] ist nach seinen Entwicklern *Rivest, Shamir, Adleman* (1978) benannt. Es beruht auf der (weithin akzeptierten) Vermutung, daß die Potenzierung *modulo q* unter bestimmten Voraussetzungen eine Einweg-Funktion mit Falltüre ist (s. 11.2.4 und 11.2.5.1). Anders als in 9.7.2 ist q nicht prim.

Mit $\mathbb{Z}_q = \{0 , 1 , 2 , \ldots , q-1\}$ sei folgendes vorausgesetzt:

1) p_1 , p_2 ungerade Primzahlen , $p_1 \neq p_2$.
2) $q = p_1 \cdot p_2$.
3) $e , d \in \mathbb{Z}_q$

   mit

   $ggt\,(e, \psi(q)) = 1$,

   $ggt\,(d, \psi(q)) = 1$

   und

   $e \cdot d \equiv 1 \; mod \; \psi(q)$,

   wo ψ die Carmichaelsche Funktion ist,[6]

   $\psi(p_1 \cdot p_2) = kgv\,(p_1 - 1 , p_2 - 1)$.
4) Für die Klartextnachricht m und Geheimtextnachricht c gilt:

   $$m \in \mathbb{Z}_q \quad , \quad c \in \mathbb{Z}_q$$

   (Blockchiffrierung, der Klartext wird gegebenenfalls vor der Anwendung des Verfahrens geeignet zerlegt und auf eine Folge von Elementen aus $\mathbb{Z}_q$ abgebildet) .

Es werden folgende Schlüssel verwendet:

---

[5] US Patent 4 405 829 vom 20. September 1983. Im Originalverfahren wird an Stelle der Carmichaelschen Funktion die Eulersche φ-Funktion verwendet. Die angegebenen Bedingungen gewährleisten die Bedingungen des Originalverfahrens.

[6] Für die allgemeine Definition von $\psi(n)$ siehe etwa *Scholz-Schoeneberg*, Einführung in die Zahlentheorie, de Gruyter, 5. Aufl., Berlin 1973. $\psi(n)$ ist Teiler von $\varphi(n)$, wo φ die Eulersche Funktion ist. Der Satz von Carmichael besagt:
Für teilerfremde a , n gilt $a^{\psi(n)} \; mod \; n = 1$, und zwar ist $\psi(n)$ der kleinste Exponent x derart, daß $a^x \; mod \; n = 1$ für alle zu n teilerfremden a gilt.
Der Satz von Carmichael ist "*... a very useful, but often forgotten, generalization of Euler's theorem*" (*H. Riesel*, Prime Numbers and Computer Methods for Factorization. Birkhäuser, Basel 1985). Tatsächlich erwähnen *Rivest, Shamir, Adleman* ihn nicht und auch *Salomaa* weist 1990 noch nicht auf ihn hin. *Scholz-Schoeneberg* geben *Carmichael* als Quelle nicht an.

öffentlich: e , q (zum Chiffrieren) ,

privat: d (zum Dechiffrieren)[7] .

Der Chiffrierschritt ist über die Einweg-Funktion E definiert:

$$E : \mathbb{Z}_q \rightarrow \mathbb{Z}_q ,$$
$$E(m) = m^e \mod q = c .$$

Der Dechiffrierschritt ist durch die Funktion D gegeben:

$$D : \mathbb{Z}_q \rightarrow \mathbb{Z}_q ,$$
$$D(c) = c^d \mod q = m .$$

Satz: Es gilt

$$D(E(x)) = E(D(x)) = x \quad \text{für alle} \quad x \in \mathbb{Z}_q .$$

Der Beweis geht im wesentlichen wie in 9.7.2. Man kann ihn auf folgendes Korollar des Satzes von Carmichael für teilerfremde a , n stützen:

$$\text{Ist} \quad b \equiv b' \mod \psi(n) \; , \quad \text{so ist} \quad a^b \equiv a^{b'} \mod n .$$

Beispiel:

Wir wählen zunächst zwei Primzahlen:

$$p_1 = 47 \; , \; p_2 = 59 .$$

Daraus ergibt sich:

$$q = p_1 \cdot p_2 = 47 \cdot 59 = 2773 ,$$
$$\mathbb{Z}_q = \mathbb{Z}_{2773} = \{0 \; , \; 1 \; , \; 2 \; , \; \ldots \; , \; 2772\} ,$$
$$\psi(2773) = kgv\,(46 \, , 58) = 1334 .$$

Nun muß e so festgelegt werden, daß $ggt\,(e \, , 1334) = 1$ gilt. Beispielsweise erfüllt $e = 17$ diese Bedingung. d erhält man dann aus $e \cdot d \equiv 1 \mod 1334$ mit dem erweiterten Euklidschen Algorithmus:[8]

$$d = 157 .$$

Chiffriert wird also mittels

$$E(m) = m^{17} \mod 2773 .$$

Wegen $17_{10} = 10001_2$ kann dieser Schritt durch

$$\left(\left(\left((m^2 \mod 2773)^2 \mod 2773\right)^2 \mod 2773\right)^2 \mod 2773\right) \cdot m \mod 2773$$

effizient realisiert werden.

Dechiffriert wird – ebenso effizient – mit Hilfe von

$$D(c) = c^{157} \mod 2773 .$$

---

[7] Da $2 \mid \psi(p_1 \cdot p_2)$, ist $e = 2$ ausgeschlossen.

[8] d soll dabei nicht zu klein sein, damit es nicht durch einfaches Probieren herausgefunden werden kann. Es ist also besser, d zu wählen und e zu bestimmen.

Codiert man die Zeichen ␣ (Zwischenraum)[9] , A , B , ... , Z als 00 , 01 , 02 , ... , 26 , so können wegen $2626 < 2773$ jeweils Blöcke von zwei aufeinanderfolgenden Zeichen in einem Schritt chiffriert werden.

Die Nachricht

ERRARE␣HUMANUM␣EST

wird also zunächst als

05 18 18 01 18 05 00 08 21 13 01 14 21 13 00 05 19 20

codiert und anschließend (blockweise) chiffriert:

1787 2003 2423 0596 0340 1684 0340 0508 2109 .

Identische Klartextblöcke führen bei dieser Chiffrierweise zu identischen Geheimtextblöcken – die Chiffrierung ist blockweise monoalphabetisch. Dieser ECB-Modus (in DES-Sprechweise, 9.6.3) sollte in der Praxis – um die Kryptanalysis zu erschweren – durch einen CBC-artigen Modus ersetzt werden. Damit sind wir bei einigen Problemen.

11.4 Anmerkungen zur Sicherheit von RSA

Neben den klassischen kryptanalytischen Ansätzen gibt es bei dem RSA-Verfahren spezifische weitere:

11.4.1 Angriff durch Faktorisierung von q

Gelingt es dem unberufenen Entzifferer, die Zerlegung $q = p_1 \cdot p_2$ zu finden, so kann er mit der Kenntnis von e leicht auch d berechnen.

Um das RSA-Verfahren gegen diesen Angriff abzusichern, das heißt, die Faktorisierung von q praktisch unmöglich zu machen, sollten folgende Bedingungen erfüllt sein:

(1) $q = p_1 \cdot p_2 > 10^{200}$.

(2) p_1 und p_2 (als Dezimalzahlen) unterscheiden sich in ihrer Länge um einige Stellen.

Die Bedingung (1) ist nach 11.2.1 verständlich. Die Bedingung (2) vereitelt die exhaustive Suche nach einer Darstellung von q als Differenz von Quadraten:

$$q = p_1 \cdot p_2 = \left(\tfrac{p_1+p_2}{2}\right)^2 - \left(\tfrac{p_1-p_2}{2}\right)^2$$

mit ab $\sqrt{q}$ laufenden Werten für $\frac{p_1+p_2}{2}$.

Der Aufwand für die Bestimmung von Primzahlen, die (1) und (2) genügen, ist vergleichsweise gering. Bei (2) ist zu beachten, daß die Differenz auch nicht zu groß werden darf: sonst ist ein Faktor von q klein und kann exhaustiv von ab 3 laufenden Primzahlen gefunden werden.

[9] Entgegen der klassischen Gepflogenheit haben *Rivest, Shamir und Adleman* den Zwischenraum nicht unterdrückt. Die Literatur über das RSA-Verfahren folgt ihnen darin.

11.4.2 Angriff durch Iteration (vgl. 9.4.2)

Es sei

$$c_0 = m \quad \text{(Klartextblock)} ,$$

$$c_1 = c = m^e \; mod \; q \quad \text{(Geheimtextblock)} .$$

Man bilde

$$c_{i+1} = c_i^e \; mod \; q \; (i = 1 , 2 , 3 , \ldots) .$$

Das kleinste $k \geq 1$ mit $c_{k+1} = c_1$ heißt **Iterationsexponent** s_m von m ; s_m gibt die Länge des Zyklus an, in dem sich m befindet. $s_m - 1$ heißt **Wiederherstellungsexponent** (engl. *recovery exponent*) von m.

Beispiel 1:

$(e , d) = (17 , 157) \quad q = 47 \cdot 59 = 2773 ; \quad \varphi(q) = 2668 = 2^2 \cdot 23 \cdot 29$

$c_0 = m = 0518$ $(= 11 \cdot 47 \cdot +1)$

$c_1 = c = 0518^{17} \; mod \; 2773 = 1787$ $(= 38 \cdot 47 + 1)$

$c_2 = 1787^{17} \; mod \; 2773 = 0894$ $(= 19 \cdot 47 + 1)$

$c_3 = 0894^{17} \; mod \; 2773 = 1364$ $(= 29 \cdot 47 + 1)$

$c_4 = 1364^{17} \; mod \; 2773 = 0518$

Hier sind wir wieder beim Klartext angelangt! Der Wiederherstellungsexponent von m ist also gleich 3. Dem unberufenen Dechiffrierer wird dies spätestens bei der nächsten Iteration klar:

$$c_5 = 0518^{17} \; mod \; 2773 = 1787 = c .$$

Es gilt nach dem Korollar des Satzes von *Carmichael* (11.3):

$$c_i = m^{17^i} \; mod \; 2773 = m^{17^i \; mod \; 1334} \; mod \; 2773 .$$

Es ist jedoch $17^{44} \; mod \; 1334 = 1$. 44 ist also eine obere Schranke für die längste mit $e = 17$ auftretende Periode.
Beachte, daß 44 Teiler ist von $\psi(\psi(2773)) = \psi(1334) = 308$. Tatsächlich gibt es

9 Zyklen der Länge 1 (Fixpunkte)
42 Zyklen der Länge 4 – darunter der obige
6 Zyklen der Länge 22
56 Zyklen der Länge 44 .

Beispiel 2:

$(e , d) = (7 , 23) \quad q = 5 \cdot 11 = 55 ; \quad \psi(55) = 20 = 2 \cdot 2 \cdot 5 .$

Man kann mit einem Taschenrechner nachrechnen:

9 Fixpunkte: (0) , (1) , (10) , (11) , (21) , (34) , (44) , (45) , (54)

3 zweigliedrige Zyklen: (12 , 23)
(22 , 33)
(32 , 43)

10 viergliedrige Zyklen:

(2 , 18 , 17 , 8)
(3 , 42 , 48 , 27)
(4 , 49 , 14 , 9)
(5 , 25 , 20 , 15)
(6 , 41 , 46 , 51)
(7 , 28 , 32 , 13)
(16 , 36 , 31 , 26)
(19 , 24 , 29 , 39)
(30 , 35 , 40 , 50)
(37 , 38 , 47 , 53)

Es ist $7^4 \; mod \; 20 = 1$. 4 ist eine obere Schranke für die längste mit $e = 7$ auftretende Periode.

Beachte, daß 4 übereinstimmt mit

$$\psi(\psi(55)) = \psi(20) = 4 \; .$$

Beispiel 3:

$$(e\,,d) = (3\,,675) \qquad q = 23 \cdot 47 = 1081 \; ; \quad \psi(1081) = 506 = 2 \cdot 11 \cdot 23 \; .$$

Es ist $3^{110} \; mod \; 506 = 1$. 110 ist eine obere Schranke für die längste mit $e = 3$ auftretende Periode. Beachte, daß 110 übereinstimmt mit

$$\psi(\psi(1081)) = \psi(506) = 110 \; .$$

Um das RSA-Verfahren auch gegen diesen Angriff abzusichern, das heißt einen großen Wiederherstellungsexponenten für hinreichend viele[10] $m \in Z_q$ zu erreichen, sollte $\psi(\psi(q))$ möglichst groß sein. Es gilt nämlich:

> Die Periode — der Iterationsexponent — ist für alle e, die teilerfremd zu $\psi(q)$ sind, ein Teiler von $\psi(\psi(q))$; diese Schranke wird sogar (für geeignete e) immer erreicht.

Der Beweis stützt sich auf den Satz von *Carmichael*:

$$c_i = m^{e^i} \; mod \; q = (m^{e^i \; mod \; \psi(q)}) \; mod \; q$$
$$= (m^{(e^i \; mod \; \psi(\psi(q))) \; mod \; \psi(q)}) \; mod \; q \; ;$$

mit $i = \psi(\psi(q))$ ergibt sich

$$c_{\psi(\psi(q))} = m^{e^{\psi(\psi(q))}} \; mod \; q = (m^{e^0 \; mod \; \psi(q)}) \; mod \; q = m^1 \; mod \; q = c_0 \; .$$

Überdies ist $\psi(\psi(q))$ die längste Periode.

Um wenigstens $\psi(p_1 \cdot p_2)$ möglichst groß zu haben, sollten folgende Bedingungen für die Wahl von p_1 und p_2 erfüllt sein

(3) $p_1 - 1$ und $p_2 - 1$ enthalten große Primfaktoren.

(4) $ggt\,(p_1 - 1 \; , \; p_2 - 1)$ ist sehr klein.

---

[10] Es gibt immer sogar Fixpunkte der Iteration, beispielsweise $m = 0$. Man kann zeigen, daß es stets neun Fixpunkte gibt.

Die Bedingungen (3) und (4) sind in idealer Weise bei **sicheren Primzahlen** p_1 , p_2 erfüllt. Eine Primzahl p heißt *sicher* genau dann, wenn mit p auch $(p-1)/2$ eine Primzahl ist. Beispiele für sichere Primzahlen sind 5 , 7 , 11 , 23 , 47 , 59 , 83 , 107 , 167 , 179 , 227 , 263 , 347 , 359 , 383 , 467 , 479 , 503 und 719 sowie 1439 und 2879; aber auch so große wie $45 \cdot 2^{37} - 1$. Abgesehen von 5 und 7 , sind alle sicheren Primzahlen von der Form $12a - 1$.

Der Aufwand steigt im allgemeinen in dem Maße, in dem eine Ideallösung nach (3) und (4) versucht wird. Es ist im übrigen nicht bekannt, ob unendlich viele sichere Primzahlen existieren.

Um nun aber auch

$$\psi(\psi(p_1 \cdot p_2)) = \psi(kgv\,(p_1 - 1\,, p_2 - 1)) = \psi(kgv\,(2\,, p_1'\,, p_2')) = \psi(p_1' \cdot p_2' \cdot 2)$$

mit $p_1' = \frac{p_1-1}{2}$, $p_2' = \frac{p_2-1}{2}$ für sichere p_1 , p_2 möglichst groß zu haben, ergibt sich wegen $\psi(p_1' \cdot p_2' \cdot 2) = kgv\,(p_1' - 1\,, p_2' - 1\,, 1)$

(5) $(p_1' - 1)/2$ und $(p_2' - 1)/2$ sollten große Primfaktoren enthalten ([SALOMAA] p. 135).

(6) $ggt\,(p_1' - 1\,, p_2' - 1)$ ist sehr klein.

In idealer Weise sind die Bedingungen (5) und (6) bei **doppelt sicheren Primzahlen** p_1 , p_2 erfüllt, d.h. bei solchen für die auch p_1' und p_2' eine sichere Primzahl ist. Beispiele für doppelt sichere Primzahlen sind 11 , 23 , 47 , 167 , 359 und 719 sowie 1439 und 2879 , ferner 89 087 und 2 949 119. Alle doppelt sicheren Primzahlen sind von der Form $24a - 1$. Für doppelt sichere Primzahlen p_1 und p_2 ist $\psi(\psi(p_1 \cdot p_2)) = (p_1 - 3) \cdot (p_2 - 3)/8$, also von der Größenordnung von $(p_1 \cdot p_2)/8$.

11.4.3 Angriff bei kleinem e

Der Arbeitsaufwand zur Chiffrierung ist klein, wenn e klein ist — im Extremfall $e = 3$, oder $h = 2$ (11.2.5.2). Das mag zu bedenken sein, wenn der Sender nur über beschränkte Mittel verfügt — z.B. eine Chipkarte. Wenn dann ein- und dieselbe Nachricht m an verschiedene Empfänger verschickt und mit verschiedenen (paarweise teilerfremden) q_1 , q_2 , ... q_s chiffriert wird, mit den Chiffraten $m^e \bmod q_1$, $m^e \bmod q_2$, ... $m^e \bmod q_s$, so läßt sich $m' = m^e \bmod q_1 \cdot q_2 \cdot \ldots \cdot q_s$ mit Hilfe des Chinesischen Restesatzes berechnen. Dann gilt jedoch $m^e = m'$, und diese Gleichung läßt sich leicht lösen (*M. J. Wiener*, vgl. [SALOMAA] p. 135).

11.4.4 Das RSA-Verfahren gilt weithin als praktisch sicher, sofern obige Bedingungen erfüllt sind; zumindest sind keine ernsthaften erfolgreichen Angriffe öffentlich bekannt geworden.

Das Verfahren hat aber auch seine Nachteile:

Es sind relativ lange Schlüssel erforderlich

RSA ist im Vergleich zu DES etwa um den Faktor 1000 langsamer.

11.5 Das Verfahren von ElGamal

Beim Verfahren von *T. ElGamal* wird folgendes vorausgesetzt (vgl. 11.2.2.2):

p ist eine (hinreichend große) Primzahl,

$a \in \mathbb{Z}_p = \{0 , 1 , 2 , \ldots , p-1\}$ ist primitive Kongruenzwurzel $mod\ p$,

Für die Klartextnachricht m und Geheimtextnachricht c gilt:

$m \in \mathbb{Z}_p$, $c \in \mathbb{Z}_p$

(Blockchiffrierung, der Klartext wird gegebenenfalls vor der Anwendung des Verfahrens geeignet zerlegt und auf eine Folge von Elementen aus $\mathbb{Z}_p$ abgebildet.)

Es werden folgende Schlüssel verwendet:

öffentlich:	a , p	allgemein	zum Chiffrieren
	$y\ (= a^x\ mod\ p)$	individuell	
privat:	$x \in Z_p$		zum Dechiffrieren.

Chiffrieren einer Nachricht m :

Nach der Wahl einer zufälligen Zahl k wird zunächst

$$K = y^k\ mod\ p$$

berechnet. Der Geheimtext besteht aus dem Paar (c_1 , c_2) mit

$$c_1 = a^k\ mod\ p \qquad c_2 = K \cdot m\ mod\ p\,.$$

Nun ist $K = y^k\ mod\ p = (a^x)^k\ mod\ p = (a^k)^x\ mod\ p = c_1^x\ mod\ p$

Das Dechiffrieren erfolgt mehrstufig:

$K = c_1^x\ mod\ p$

$G = K^{-1}\ mod\ p$ (Erweiterter Euklid. Algorithmus)

$m = c_2 \cdot G\ mod\ p$

Vorteilhaft gegenüber RSA ist das probabilistische Element, das mit der zufällig gewählten Zahl k ins Spiel kommt. Nachteilig gegenüber RSA wirken sich das Aufblähen des Geheimtextes (Faktor 2) und ein deutlich größerer Rechenzeitbedarf aus.

11.6 Authentisierung

Ein öffentlicher Chiffrier-Schlüssel weist jedoch auf ein Problem hin, das die klassische Kryptographie vernachlässigte: Sie glaubt, sie habe es nur mit dem passiven Feind zu tun, der chiffrierte Nachrichten, die über Draht, elektromagnetische Wellen oder akustisch übermittelt werden, mitliest oder abhört (engl. *eavesdropping*), um die Chiffrierung zu brechen; im übrigen nimmt sie mit Gelassenheit an, daß es dem Feind noch schwerer als dies fallen würde, eine Nachricht mit dem eigenen Schlüssel zu chiffrieren und aktiv in das eigene Netz einzuschmuggeln oder als solche auszugeben.

Schon dies ist fahrlässig: Handelt es sich um eine Nachricht mit Alarmcharakter, so kann man sie speichern und später wieder einschleusen; dadurch kann man falschen Alarm auslösen. Dagegen kann man sich durch eine Zeitangabe in der Nachricht schützen — muß allerdings dabei eine Geheimtext-Klartext-Kompromittierung in Kauf nehmen. Es zeigt sich also, daß Geheimhaltung und **Authentisierung** (engl. *authenticity*) getrennte Dinge sind; das eine zieht das andere nicht nach sich und umgekehrt.

Überdies kann man feststellen, daß eine Chiffrierung gegen Brechen umso besser geschützt ist, je weniger Redundanz sie enthält; gegen Fälschung dagegen, umso mehr Redundanz sie enthält (man kann das am Banknotendruck studierern). Geheimhaltung einerseits, Authentisierung andrerseits sind also einander widersprechende Aufgaben.

Bei Funkverbindungen zu Spionen mußte man allerdings immer darauf gefaßt sein, daß das Schlimmste geschieht: daß nämlich der Spion umgedreht wurde (das sogenannte ‚Funkspiel', das 1942–1943 zwischen Deutschen und Engländern stattfand, gibt ein eindrucksvolles Beispiel); deshalb legte man großen Wert darauf, die ‚Handschrift' des Funkers zu kennen — was allerdings nicht half, wenn auch der Funker umgedreht wurde. Sollte der Funker jedoch unter Gewaltandrohung zur Kollaboration gezwungen worden sein, so hatte er gewisse eigentümliche Rhythmen, die er sonst nicht gebrauchte, von Zeit zu Zeit unmerklich einfließen zu lassen. Man sicherte sich also in einer Weise, wie es im zivilen Verkehr durch die unverwechselbaren Eigenheiten der Unterschriften geschieht. Die Verwendung öffentlicher Schlüssel bietet nun einem Betrüger geradezu an, sich in eine Nachrichtenverbindung einzuschleichen. Die Authentisierung wird ebenso wichtig wie die klassische Geheimhaltung.

Chiffrierverfahren, die nach 11.1.2 sogar Signaturverfahren sind, ermöglichen einen guten Kompromiß: Zusätzliche identifizierende Information nach verabredeten Protokollen und vorab fehlererkennende (4.4.3) Codierung.

Im übrigen ist es auch wichtig, Vergabe und Verwaltung öffentlicher Schlüssel einer vertrauenswürdigen Instanz zu übertragen.

11.7 Diskussion

Wie schon einleitend gesagt, wird bei den bisher vorgeschlagenen Verfahren zur Chiffrierung kommerzieller Nachrichtenwege *Kerckhoffs*' Maxime, die Regel Nr. 3 von 10.2 im Extrem befolgt: *die Sicherheit beruht allein auf dem Schlüssel*, allerdings nicht nur aus kryptographischen Gründen: hier wird eine Not zur Tugend gemacht.[11]

Des weiteren aber muß man feststellen, daß die verwendeten Verfahren beim Kryptanalytiker reine Freude hervorrufen müssen. Neben den systembedingten Angriffswegen liegen alle klassischen Angriffswege offen, insbesondere wird bei heftigem Verkehr ein- und derselbe fortlaufende Schlüssel häufig

[11] Mittlerweile auch bei symmetrischen Verfahren, bei denen es gar nicht nötig wäre.

wiederholt angewandt. Auch könnte die Verwendung von doppelt sicheren Primzahlen eine *complication illusionaire* sein: Vielleicht bieten sie gerade einen Angriffsweg zur Reduktion der Exhaustion.[12]

Was dem Benutzer trügerische Sicherheit vorspiegelt, ist die rein kombinatorische Komplexität. Abhandlungen, in denen die Komplexität der Verfahren berechnet wird, unterstützen den beruhigenden Eindruck. Dabei ist es für den heutigen Zustand der Komplexitätstheorie bezeichnend, daß sie fast nur obere Schranken liefert — von unteren Schranken etwa für den Aufwand zur Primfaktorisierung scheinen die bekannten Verfahren noch weit entfernt zu sein. Der Wegfall des *cipher clerks*, sein Ersatz durch einen Computer macht die Sache im übrigen noch schlimmer: zwar werden Chiffrier-Irrtümer wegfallen, aber auch der wachsame Verstand eines Menschen, der allein hilft, schwerwiegendere Chiffrierfehler zu vermeiden.

Somit darf man nicht erwarten, daß die vorgeschlagenen öffentlichen Chiffriersysteme für Experten unangreifbar sind. Für Amateure, auch wenn sie sich mittelgroßer Maschinen bedienen, dürften die Schwierigkeiten allerdings enorm sein. Die *National Security Agency* (NSA) der USA aber wird vermutlich in der Lage sein, eine unter Verdacht geratene kommerzielle Verbindung zu überwachen. Schließlich darf man annehmen, daß die Regierung der Vereinigten Staaten von Amerika nicht unter dem Deckmantel eines kommerziellen Nachrichtennetzes einem gegnerischen Nachrichtendienst — noch gibt es solche — ungehinderte Arbeitsmöglichkeiten eröffnen will. Die Zeiten sind vorüber, zu denen *Henry L. Stimson*, Unterstaatssekretär des Präsidenten *Hoover*, den Dechiffrierdienst des State Departments in die Wüste schicken konnte (1929!) und dazu in seiner Autobiographie die Begründung nachschieben konnte *“Gentlemen do not read each other's mail”*. Nicht einmal Präsident *Carter* zeigte ähnliche moralische Skrupel. Oder ist das vielleicht ein Anzeichen dafür, daß es den Amerikanern nicht gelungen ist, bei den Russen mitzulesen?

Nicht nur bei den Großmächten, sondern auch bei den Mittelmächten wird es sich auf längere Sicht als notwendig erweisen, daß sich private und kommerzielle Kryptographie und Kryptanalyse mit den Erfordernissen der staatlichen Macht abfinden. Großbritannien, ein klassisches Land der Demokratie, gibt hier ein Beispiel. Wer seine eigene Sicherheit nicht beschützt, gibt auch die Sicherheit seiner Freunde preis. Andererseits lassen sich die Ansprüche der kommerziellen Seite nicht abtun. Hinzu kommen neuerdings mehr und mehr politisch festgelegte Ansprüche an den Datenschutz. Ziel der wissenschaftlichen Arbeit an Kryptosystemen für private und kommerzielle Kanäle muß daher sein, unter realistischen Annahmen über die von Laien zu erwartenden Disziplinlosigkeiten untere Schranken für die Komplexität der unbefugten Entzifferung auf der Basis eines genau definierten Maschinentyps zu gewinnen. Das wird nicht leicht sein, ist aber eine lohnende Aufgabe, um dem Benutzer ein garantiertes Maß an Sicherheit zu geben.

---

[12] Nach *A. Gerold* kann man aus dem Modul auf die Struktur der Primfaktoren schließen.

Teil II: Kryptanalyse

Im zweiten Teil (Kapitel 12 bis 22) werden die kryptanalytischen Methoden systematisch behandelt.

Von der einfachen, aber im allgemeinen nicht zu bewältigenden Ausschöpfung abgesehen, beruhen sie auf inneren und auch durch raffinierte Chiffrierung nur schwer ausrottbaren Eigenschaften der Sprache. Für eine systematische Behandlung werden die Invarianten der kryptologischen Verfahren festgestellt und herangezogen. Mustererkennung einerseits, Häufigkeitserkennung andererseits dient zum Brechen monoalphabetischer (monographischer oder polygraphischer) Chiffrierungen. Aber selbst polyalphabetische Chiffrierung läßt einen gewissen sprachlich-statistischen Parameter, genannt Kappa, invariant. Damit gelingt die Zurückführung polyalphabetischer Chiffrierung mit nicht zu langer Periode auf monoalphabetische Chiffrierung. Die Transposition fällt ganz aus diesem methodischen Rahmen, hier werden Kontakthäufigkeiten herangezogen.

Bei der Kryptanalyse kommt viel darauf an, die richtigen Mittel an der richtigen Stelle einzusetzen. Dazu sagte *Givierge* drastisch

> „Gewisse vortreffliche Rasierapparate sind dennoch durchaus gefährlich in den Händen eines Affen, und gewisse ausgeklügelte Tourenzähler funktionieren schlecht am Rad eines Schubkarrens“.

Über die Arbeitsweise der Kryptanalyse sagt *Bazeries* mit allem gallischen Charme

> *≪il ne faut alors ni se buter, ni se rebuter, et faire comme en politique: changer son fusil d'épaule.≫* („Man darf sich daher weder verrennen noch abschrecken lassen und muß es machen wie in der Politik: umschwenken“).

Es muß dabei darauf hingewiesen werden, daß aktives kryptanalytisches Arbeiten sowohl gegen staatliche als auch gegen kommerzielle Nachrichtenwege in der Regel mit Strafe bedroht ist. Da aber nur aus der Kenntnis kryptanalytischer Methoden Rückschlüsse auf die sichere Verwendung kryptographischer Verfahren, insbesondere zur Vermeidung einer *complication illusionaire*, zu ziehen sind, werden wir uns aus wissenschaftlichen Gründen ungestraft mit der Kryptanalyse beschäftigen dürfen.

Kryptanalyse ist häufig nicht nur eine Frage des Materialaufwands, sondern auch der verfügbaren Zeit. Viele Nachrichten sind, wenn sie erst veraltet sind, nichts mehr wert, und auf manchen Gebieten veralten Nachrichten sehr schnell.

> *"It should, however, be emphasized that cryptanalysis must be swift to be of real operational use."*
>
> *Patrick Beesly*
> (Very special intelligence, London 1977)

> *"The best that can be expected is that the degree of security be great enough to delay solution by the enemy for such a length of time that when the solution is finally reached, the information thus obtained has lost all its ... value."*
>
> *W. F. Friedman*

Die Anforderungen an eine geglückte unbefugte Entzifferung schwanken je nach der Situation, von der Rekonstruktion von 90% des Klartextes (*Meyer-Matyas*) bis zur vollständigen Bloßlegung des Chiffriersystems und der Schlüssel (*Rohrbach*).

Kryptanalyse baut zu einem guten Teil auf Chiffrierfehlern auf. Daß der unbefugte Entzifferer stets auf solche hoffen kann, hat *Sacco* sarkastisch so formuliert:

> *"Les chiffreurs se chargent suffisamment d'aider l'ennemi."*
>
> *Luigi Sacco*

12 Ausschöpfung der kombinatorischen Komplexität

„Gewöhnlich glaubt der Mensch, wenn er nur Worte hört,
Es müsse sich dabei doch auch was denken lassen.“
Goethe

Die Mächtigkeit einer Verfahrensklasse — ihr entspricht die Anzahl von dazugehörigen Schlüsseln — ist ein Maß für die kombinatorische Komplexität der Verschlüsselung. Für die Sicherheit gegen unberufene Entschlüsselung gibt sie eine obere Schranke an, sie mißt den Arbeitsaufwand eines Exhaustionsverfahrens bei bekannter Verfahrensklasse (*Kerckhoffs* Maxime: „Der Feind kennt das benutzte System“).

Wir werden von der Stirling'schen Formel [1]

$$n! \asymp (n/e)^n \sqrt{2\pi n} \cdot (1 + 1/12n) = \sqrt{2\pi e}(n/e)^{n+\frac{1}{2}} \cdot (1 + 1/12n)$$

mit den Zahlwerten

$$\sqrt{2\pi} = 2.506628275\ldots\ ,$$
$$e = 2.718281828\ldots\ ,$$
$$\sqrt{2\pi e} = 4.132731353\ldots$$

bzw. ihrer logarithmischen Form [2]

$$\operatorname{ld} n! \asymp (n + \tfrac{1}{2})\ (\operatorname{ld} n - \operatorname{ld} e) + \tfrac{1}{2}(\operatorname{ld} \pi + \operatorname{ld} e + 1) + 1/12\,n$$

mit den Zahlwerten

$$\operatorname{ld} e = 1.442695041\ldots\ ,$$
$$\tfrac{1}{2}(\operatorname{ld} \pi + \operatorname{ld} e + 1) = 2.047095586\ldots$$

häufig Gebrauch machen.

$|\,V\,|$, die Mächtigkeit des Alphabets, wird mit N abgekürzt.

Z bezeichnet die Mächtigkeit der Verfahrensklasse.

Im folgenden sind für einige Verfahrensklassen die kombinatorischen Komplexitäten zusammengestellt.

---

[1] $26! = 403\ 291\ 461\ 126\ 605\ 635\ 584\ 000\ 000 = 2^{23} \cdot 3^{10} \cdot 5^{6} \cdot 7^{3} \cdot 11^{2} \cdot 13^{2} \cdot 17 \cdot 19 \cdot 23$

[2] $\operatorname{ld} x$ bezeichnet den Logarithmus zur Basis 2: $\operatorname{ld} x = \ln x / \ln 2 = \log x / \log 2$.

12.1 Einfache monoalphabetische Substitutionen

Einfache Substitutionen sind monographisch. Wir lassen Homophone und Blender außer acht, können uns also auf Permutationen (3.2) beschränken.

12.1.1 Einfache Substitutionen allgemein (Spezialfall $n = 1$ von 12.2.1)

12.1.1.1 (Einfache Substitutionen)

Permutationen $V \longleftrightarrow V$ haben die selbe Mächtigkeit wie eineindeutige Abbildungen (homophonfrei) von V in $W^{(m)}$, unabhängig von W und m:

$$Z = N! \asymp \sqrt{2\pi e}\left(\frac{N}{e}\right)^{N+\frac{1}{2}}$$

$$\operatorname{ld} Z \asymp \left(N + \frac{1}{2}\right) \cdot (\operatorname{ld} N - 1.44) + 2.05$$

Für $N = 26$ ist $Z \approx 4.03 \cdot 10^{26}$, $\operatorname{ld} Z \approx 88.38$.

12.1.1.2 (Einfache zyklische Substitutionen, vgl. 3.2.2)

Permutationen $V \overset{N}{\longleftrightarrow} V$ mit genau einer Zusammenhangskomponente, von der maximalen Ordnung N:

$$Z = (N-1)! \asymp \sqrt{2\pi e}\left(\frac{N-1}{e}\right)^{N-\frac{1}{2}}$$

$$\operatorname{ld} Z \asymp \left(N - \frac{1}{2}\right) \cdot (\operatorname{ld}(N-1) - 1.44) + 2.05$$

Für $N = 26$ ist $Z \approx 1.55 \cdot 10^{25}$, $\operatorname{ld} Z \approx 83.6815136$.

12.1.1.3 (Einfache involutorische Substitutionen, vgl. 3.2.1)

Für eine echt involutorische Permutation $V \overset{2}{\longleftrightarrow} V$ muß N gerade sein, $N = 2\nu$.

$$Z = (N-1)!! \overset{def}{=} (N-1)(N-3)(N-5)\ldots \cdot 5 \cdot 3 \cdot 1 \asymp \left(\frac{N}{e}\right)^{\frac{N}{2}} \cdot \sqrt{2}$$

$$\operatorname{ld} Z \asymp \frac{N}{2} \cdot (\operatorname{ld} N - 1.44) + \frac{1}{2}$$

Für $N = 26$ ist $Z \approx 7.91 \cdot 10^{12}$, $\operatorname{ld} Z \approx 42.85$.

12.1.2 Übergreifende Alphabete (Spezialfall $n = 1$ von 12.2.2)

Sie setzen (vgl. 5.6) eine lineare Alphabetordnung voraus und nehmen jeweils (*modulo* N) das q-fache Element (*Sinkov*: *'decimation by* q*'*) .

$$Z = \phi(N) \quad \text{, wo } \phi \text{ die Eulersche Funktion ist (vgl.5.5)}$$

$$\operatorname{ld} Z = \operatorname{ld} N + \textstyle\sum_{\mu=1}^{k} \operatorname{ld} \rho(p_\mu, n) \quad \text{(vgl.12.2.2)}$$

Für $N = 26$ ist $Z = 12$, $\operatorname{ld} Z \approx 3.58$ (vgl. 5.7, Tabelle 1b).

12.1.3 CAESAR-Additionen (Spezialfall $n = 1$ von 12.2.3)

CAESAR-Addition $V \overset{+}{\longleftrightarrow} V$, eine reine Verschiebung, ist der Spezialfall einer VIGENÈRE-Substitution (7.3.1) mit e i n e m Alphabet.

$$Z = N$$

$$\operatorname{ld} Z = \operatorname{ld} N$$

Für $N = 26$ ist $Z = 26$, $\operatorname{ld} Z \approx 4.70$.

12.2 Polygraphische monoalphabetische Substitutionen

Für polygraphische Substitutionen hängt die kombinatorische Komplexität auch von der Chiffrierbreite n ab.

12.2.1 Polygraphische Substitutionen allgemein

Permutationen $V^n \longleftrightarrow V^n$ haben die selbe Mächtigkeit wie eineindeutige Abbildungen (homophonfrei) von V^n i n $W^{(m)}$, unabhängig von W und m .

$$Z = (N^n)!$$

$$\operatorname{ld} Z \asymp \left(N^n + \frac{1}{2}\right)(n \cdot \operatorname{ld} N - 1.44) + 2.05$$

Für $N = 26$ ist $Z = (26^n)!$, $\operatorname{ld} Z \approx (26^n + \frac{1}{2})(4.70\,n - 1.44) + 2.05$;

Tetragramm-Substitutionen: $Z \approx 1.19 \cdot 10^{66978}$, $\operatorname{ld} Z \approx 2.22 \cdot 10^5$
Bigramm-Substitutionen: $Z \approx 1.88 \cdot 10^{1621}$, $\operatorname{ld} Z \approx 5.39 \cdot 10^3$

PLAYFAIR-Substitutionen haben die selbe Komplexität wie einfache Substitutionen mit $N = 25 : Z \approx 1.55 \cdot 10^{25}$, $\operatorname{ld} Z \approx 83.68$.

12.2.2 Homogene lineare Substitutionen

Sie setzen (5.6) eine lineare Alphabetordnung voraus. Nach 5.2.3 ist

$$Z \approx N^{n^2} \cdot \rho(N,n) \quad , \quad \text{wo für } N = p_1^{s_1} p_2^{s_2} \dots p_k^{s_k}$$
$$\rho(N,n) = \rho(p_1,n)\rho(p_2,n)\dots\rho(p_k,n).$$

$$\operatorname{ld} Z = n^2 \operatorname{ld} N + \textstyle\sum_{\mu=1}^{k} \operatorname{ld} \rho(p_\mu, n) \quad .$$

Für große n findet man Näherungswerte für $\rho(p,n)$ in 5.2.3 ; für große n und nicht zu kleine p ist mit $\operatorname{ld} e \approx 1.44$

$$\operatorname{ld} \rho(p,n) \approx 1.44 \;/\; (\tfrac{3}{2} - p) \; .$$

Für $N = 26$ und große n ist $\rho(2,n) \approx 0.289$ und $\rho(13,n) \approx 0.917$, also ist $\rho(26,n) \approx 0.289 \cdot 0.917 = 0.265$; wir bekommen:

Für $N = 26$ ist $Z = 0.265 \cdot 26^{n^2}$, $\operatorname{ld} Z \approx 4.70\,n^2 - 1.92$.

	Z	$\mathrm{ld}\, Z$
12.2.1 Substitutionen allgemein	$(26^n)!$	$(26^n + \frac{1}{2})(4.70\, n - 1.44) + 2.05$
12.2.2 Homogene lineare Substitutionen	$0.265 \cdot 26^{n^2}$	$4.70\, n^2 - 1.916$
12.2.3 Additionen	26^n	$4.70\, n$
12.2.4 Transpositionen	$n!$	$(n + \frac{1}{2})(\mathrm{ld}\, n - 1.44) + 2.05$

Tabelle 2. Komplexität monoalphabetischer (polygraphischer) Chiffrierschritte

	Z	$\mathrm{ld}\, Z$
12.3.1 Substitutionen allgemein	$(26!)^d$	$88.38 \cdot d$
12.3.2 ALBERTI-Substitutionen	$25!\, 26^d$	$4.70 \cdot d + 83.68$
12.3.3 VIGENÈRE-Substitutionen	26^d	$4.70 \cdot d$

Tabelle 3. Komplexität polyalphabetischer (monographischer) Chiffriersysteme

12.2.3 Additionen

Reine Verschiebungen als Spezialfall der inhomogenen linearen Substitution, somit polygraphische CAESAR-Additionen $V^n \overset{+}{\leftrightarrow} V^n$ der Chiffrierbreite n .

$$Z = N^n \ , \quad \mathrm{ld}\, Z = n\ \mathrm{ld}\, N$$

Für $N = 26$ ist $Z = 26^n$, $\mathrm{ld}\, Z \approx 4.70\, n$.

12.2.4 Transpositionen

Transpositionen der Breite n reihen sich etwas künstlich unter lineare Substitutionen ein, wenn man sich auf solche beschränkt, deren Matrix eine Permutationsmatrix ist. Die Komplexität ist unabhängig von N .

$$Z = n!$$

$$\mathrm{ld}\, Z = (n + \tfrac{1}{2})(\mathrm{ld}\, n - 1.44) + 2.05$$

Beachte, daß eine Blocktransposition der Breite n zwar polygraphisch, aber monoalphabetisch ist — auch wenn irreführenderweise n manchmal als ‚Periode' bezeichnet wird.

ld Z				
$n = 1$	$n = 4$	$n = 16$	$n = 64$	$n = 256$
$8.84 \cdot 10^{1}$	$7.93 \cdot 10^{6}$	$3.22 \cdot 10^{24}$	$1.08 \cdot 10^{93}$	$2.07 \cdot 10^{365}$
3.58	73.29	$1.20 \cdot 10^{3}$	$1.93 \cdot 10^{4}$	$3.08 \cdot 10^{5}$
4.70	18.80	75.21	300.83	1203.31
0	4.	44.25	296.00	1684.00

für $N = 26$ in Abhängigkeit von der Chiffrierbreite n

ld Z				
$d = 1$	$d = 10$	$d = 100$	$d = 1000$	$d = 10000$
88.38	883.82	8838.20	88382.0	883820
88.38	130.69	553.73	4784.1	47088
4.70	47.00	470.04	4700.4	47004

für $N = 26$ in Abhängigkeit von der Anzahl d der Alphabete

12.2.5 Zusammenfassung.

Eine tabellarische Zusammenstellung der Komplexitäten zeigt Tab. 2. Den Verlauf gibt Abb. 57 graphisch wieder. Beachte, daß die Komplexität der Transposition die der Addition, d.h. der polygraphischen CAESAR-Addition ungefähr bei $n = N \cdot e$ überholt (für $N = 26$ genau bei $n = 68$ mit ld $Z \approx 320$).

Transposition erreicht erst bei $n = 26$ einfache (Monogramm-)Substitution; lineare Substitution erreicht bei $n = 4$ einfache (Monogramm-)Substitution, bei $n = 32$ Bigramm-Substitution.

Addition (polygraphische CAESAR-Addition) wird ab $n = 2$ von homogener linearer Substitution übertroffen.

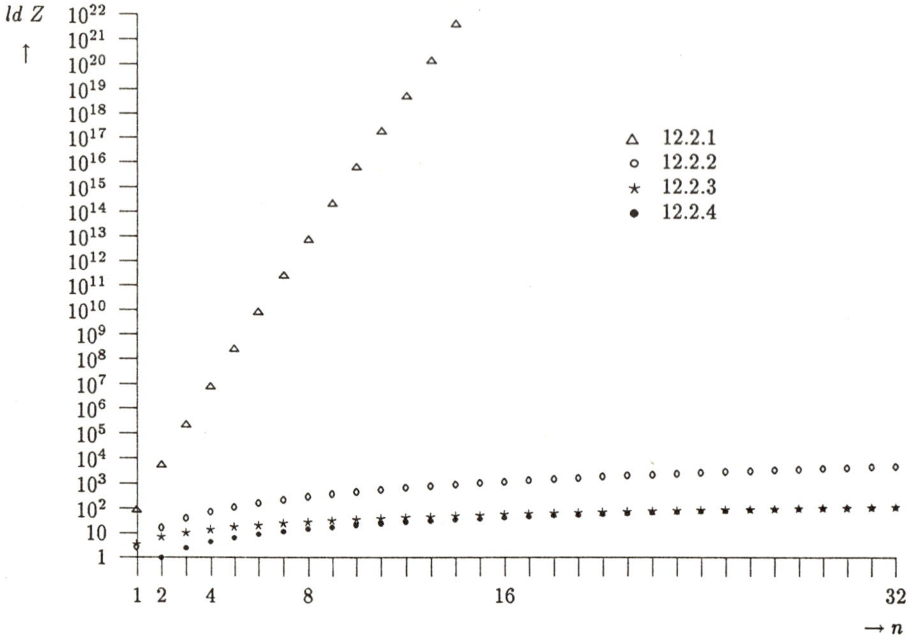

Abb. 57. Kombinatorische Komplexität polygraphischer Substitutionen der Breite n für $N = 26$

12.3 Polyalphabetische monographische Substitutionen

Die allgemeine polyalphabetische (periodische) monographische Substitution mit d Alphabeten hat als (maximale) kombinatorische Komplexität das Produkt der Komplexitäten der einzelnen Alphabete. Für den uniformen Fall von d Alphabeten der gleichen Bauart ist das die d-te Potenz der Komplexität des Alphabets.

12.3.1 Einfache Substitutionen mit Periode d

$$Z = (N\,!)^d$$

$$\mathrm{ld}\, Z = d \cdot ((N + \frac{1}{2})\,(\mathrm{ld}\, N - 1.44) + 2.05)$$

Für $N = 26$ ist $Z = (4.03 \cdot 10^{26})^d$, $\mathrm{ld}\, Z = 88.38 \cdot d$.

12.3.2 ALBERTI-Schritte mit Periode d

$$Z = (N - 1)!\, N^d$$

$$\mathrm{ld}\, Z = d \cdot \mathrm{ld}\, N + (N - \frac{1}{2})(\mathrm{ld}\,(N - 1) - 1.44) + 2.05$$

Für $N = 26$ ist $Z = 1.55 \cdot 10^{25} \cdot 26^d$, $\mathrm{ld}\, Z \approx 4.70 \cdot d + 83.68$.

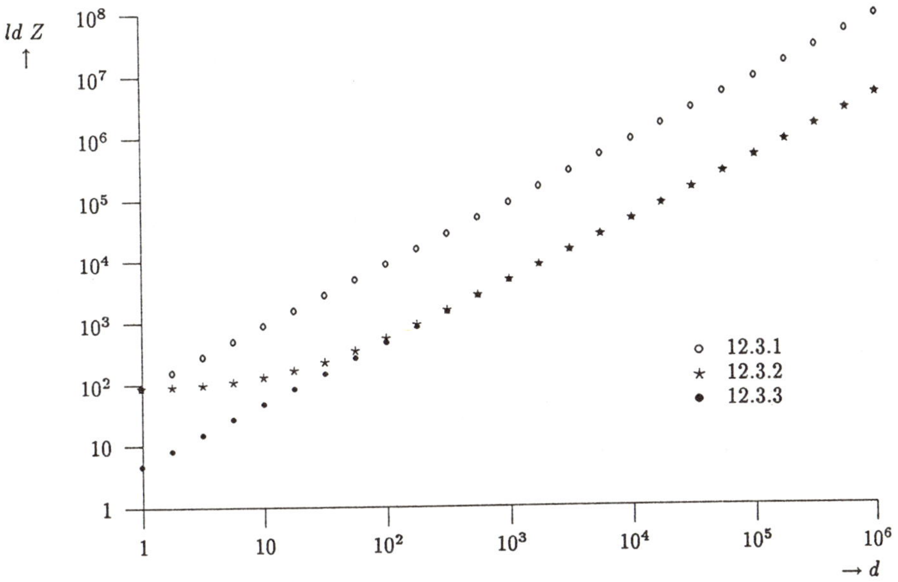

Abb. 58. Kombinatorische Komplexität polyalphabetischer Substitutionen der Periode d für $N = 26$

12.3.3 VIGENÈRE- oder BEAUFORT-Schritte mit Periode d

$$Z = N^d$$

$$\mathrm{ld}\, Z = d\, \mathrm{ld}\, N$$

Für $N = 26$ ist $Z = 26^d$, $\mathrm{ld}\, Z \approx 4.70 \cdot d$.

12.3.4 Zusammenfassung.

Eine tabellarische Zusammenstellung der Komplexitäten zeigt Tabelle 3. Den Verlauf gibt Abb. 58 graphisch wieder.

Beachte, daß das VIGENÈRE-Verfahren für $d = 19$ mit einfacher (monoalphabetischer) Substitution (und PLAYFAIR-Verfahren) gleichzieht. Polyalphabetische Substitution zieht mit Bigramm-Substitution gleich bei $d = 61$.

Die Komplexität der VIGENÈRE- oder BEAUFORT-Verfahren mit Periode h und der Addition (d.h. der polygraphischen CAESAR-Addition) mit der Breite h . stimmen überein [3].

---

[3] Für $N = 10$ kann man dazu ein h-stelliges Addierwerk benützen, dessen Übertragungseinrichtung man im ersten Fall ausgebaut hat, im zweiten Fall nicht. Vgl. 5.7 und 8.3.3.

12.4 Allgemeine Bemerkungen

Bei der Untersuchung der kombinatorischen Komplexität ist zu beachten, daß die gesamte Verfahrensklasse betrachtet wird. In der Praxis wird der unberufene Entzifferer oft Einschränkungen finden.

So ist der Zylinder von *Jefferson* und *Bazeries* ohne Kenntnis der Scheiben als polyalphabetische Substitution aufzufassen, mit Kenntnis der Scheiben (Grundsatz: ein Gerät kann in gegnerische Hände fallen[4]) jedoch nur mehr als Transposition. Für $d = 25$ (M-94) bedeutet das einen Rückgang von $Z = (26\,!)^{25} \approx 10^{665}$ auf $Z = 25\,! \approx 1.55 \cdot 10^{25}$, oder von $\operatorname{ld} Z \approx 2209$ auf $\operatorname{ld} Z \approx 83.7$. Ähnlich bei ALBERTI-Substitutionen.

Beachte ferner, daß doppelte Transposition etwas geringere Komplexität hat als Transposition mit doppelt so großer Breite[5], daß sie jedoch als weitaus schwieriger zu brechen gilt.

Schließlich fällt noch auf, daß für einfache polygraphische Substitution und für VIGENÈRE-Verfahren Z und $\operatorname{ld} Z$ nur von N^n bzw. von $n \cdot \operatorname{ld} N$ abhängt und somit (für $N = 2^k$) beim Übergang zu binärer Codierung gleich bleibt. Dagegen geht für allgemeine polyalphabetische Chiffrierung die Komplexität beim Übergang zu binärer Codierung drastisch zurück.

12.5 Die Exhaustionsmethode

Die kombinatorische Komplexität ist eben nur ein Maß für eine *ganz bestimmte* Entzifferungsmethode; eine sehr allgemeine Methode allerdings, die wir **Exhaustion** nennen wollen: es werden a l l e Klartexte, die nach einem gewissen Verfahren zu einem vorgegebenen Geheimtext passen (alle ,Varianten'), konstruiert und es wird die „richtige“ Nachricht „ausgelesen“— in des Wortes ,Lesen' wahrster Bedeutung. Bei dieser Methode ,liest' man unter Umständen mehr als eine Nachricht heraus — dann weiß man aber auch, daß die Entzifferung nicht eindeutig ist. Wir werden darauf unter dem Stichwort Unizitätslänge zurückkommen. Liest man gar keine Nachricht heraus, so handelt es sich entweder um einen Chiffrierfehler oder es liegt gar nicht die verwendete Verfahrensklasse vor.

Das Verfahren ist natürlich praktisch nur durchführbar, wenn die Anzahl der durchzumusternden Varianten nicht riesengroß ist. Man geht dabei auch so vor, daß man für längere Nachrichten nicht jeden möglichen Klartext sogleich ausdruckt, sondern für jede Variante jeweils ein Stück, im Extremfall jeweils ein Zeichen.

---

[4] *Kerckhoffs* (1883): ≪Il faut qu'il puisse sans inconvénient tomber entre les mains de l'ennemi≫.

[5] Es steht $Z = (n\,!)^2$ gegen $Z = (2n)\,! = (n\,!)^2 \cdot \binom{2n}{n}$, asymptotisch ist $\binom{2n}{n} \asymp 4^n / \sqrt{\pi \cdot (n + \frac{1}{4})}$

Wir illustrieren das Verfahren an zwei Beispielen von Verfahren, die jeweils etwa zwei Dutzend Varianten haben:

a) CAESAR-Addition mit Z_{26}: 26 Varianten (Abb. 59)

b) Transposition mit Periode 4: 24 Varianten (Abb. 60)

Exhaustiv geht man auch vor, wenn man eine nicht zu große Anzahl ‚wahrscheinlicher Schlüsselwörter' vorliegen hat oder zu kennen glaubt. In der Renaissance war das diesbezügliche Repertoire ‚geflügelter Worte' — wie *OMNIA VINCIT AMOR, VIRTUTI OMNIA PARENT, IN PRINCIPIO ERAT VERBUM, SIC ERGO ELEMENTIS,* um nur einige zu nennen, die in der Literatur auftreten — doch recht beschränkt. Aber auch heute findet man bei Amateuren bis hinauf zu Staatsmännern eine Vorliebe für ‚programmatische' Schlüsselworte.

H V Z D U V F K R Q G X Q N H O D O V L F K L Q E R Q Q D Q N D P L F K G
I W A E V W G L S R H Y R O I P E P W M G L M R F S R R E R O E Q M G L D
J X B F W X H M T S I Z S P J Q F Q X N H M N S G T S S P S P F R N H M E
K Y C G X Y I N U T J A T Q K R G R Y O I N O T H U T T G T Q G S O I N F
L Z D H Y Z J O V U K B U R L S H S Z P J O P U I V U U H U R H T P J O G
M A E I Z A K P W V L O V S M T I T A Q K P Q V J W V V I V S I U Q K P H
N B F J A B L Q X W M D W T N U J U B R L Q R W K X W W J W T J V R L Q I
O C G K B C M R Y X N E X U D V K V C S M R S X L Y X X K X U K W S M R J
P D H L C D N S Z Y O F Y V P W L W D T N S T Y M Z Y Y L Y V L X T N S K
Q E I M D E O T A Z P G Z W Q X M X E U O T U Z N A Z Z M Z W M Y U D T L
R F J N E F P U B A Q H A X R Y N Y F V P U V A O B A A N A X N Z V P U M
S G K O F G Q V C B R I B Y S Z O Z G W Q V W B P C B B O B Y O A W Q V N
T H L P G H R W D C S J C Z T A P A H X R W X C Q O C C P C Z P B X R W O
U I M Q H I S X E D T K D A U B Q B I Y S X Y D R E D D Q D A Q C Y S X P
V J N R I J T Y F E U L E B V C R C J Z T Y Z E S H E E R E B R D Z T Y Q
W K O S J K U Z G F V M F C W D S D K A U Z A F T G F F S F C S E A U Z R
X L P T K L V A H G W N G D X E T E L B V A B G U M G G T G D T F B V A S
Y M Q U L M W B I H X D H E Y F U F M C W B C H V I H H U H E U G O W B T
Z N R V M N X C J I Y P I F Z G V G N D X C D I W J I I V I F V H D X C U
A O S W N O Y D K J Z Q J G A H W H O E Y D E J X K J J W J G W I E Y D V
B P T X O P Z E L K A R K H B I X I P F Z E F K Y L K K X X H X J F Z E W
C Q U Y P Q A F M L B S L I O J Y J Q G A F G L Z M L L Y L I Y K G A F X
D R V Z Q R B G N M C T M J D K Z K R H B G H M A N M M Z M J Z L H B G Y
E S W A R S C H O N D U N K E L A L S I C H I N B O N N A N K A M I C H Z
F T X B S T D I P O E V O L F M B M T J D I J D O P O O B O L B N J D I A
G U Y C T U E J Q P F W P M G N C N U K E J K P D Q P P O P M O O K E J B

Abb. 59. 26 Varianten einer CAESAR-Chiffrierung
H V Z D U V F K R Q ...

```
S A E W S H R C N U O D K L N E L I A S H N C I O N B N N A A K I H M C W
A S E W H S R C U N O D L K N E I L A S N H C I N O B N A N A K H I M C N
A E S W H R S C U O N D L N K E I A L S N C H I N B O N A A N K H M I C N
E A S W R H S C O U N D N L K E A I L S C N H I B N O N A A N K M H I C Z
S E A W S R H C N O U D K L N E L A I S H C N I O B N N N A A K I M H C W
E S A W R S H C O N U D N K L E A L I S C H N I B O N N A N A K M I H C Z
S W E A S C R H N D O U K E N L L S A I H I C N O N B N N K A A I C M H W
W S E A C S R H D N O U E K N L S L A I I H C N N O B N K N A A C I M H A
W E S A C R S H D O N U E N K L S A L I I C H N N B O N K A N A C M I H A
E W S A R C S H O D N U N E K L A S L I C I H N B N O N A K N A M C I H Z
E S W A R S C H O N D U N K E L A L S I C H I N B O N N A N K A M I C H Z
S W A E S C H R N D U O K E L N L S I A H I N C O N N B N K A A I C H N W
W S A E C S H R D N U O E K L N S L I A I H N C N O N B K N A A C I H M A
W A S E C H S R U U N D E L K N S I L A I N H C N N D B K A N A C H I M A
A W S E H C S R U D N D L F K N I S L A N I H C N N O B A K M A H C I M N
S A W E S H C R N U D O K L E N L I S A H N I C O N N B N A K A I H C M W
A S W E H S C R U N D D L K E N I L S A N H I C N O N B A N K A H I C M N
A W E S H C R S U D O N L E N K I S A L N I C H N N B O A K A N H C M I N
W A E S C H R S D U O N E L N K S I A L T N C H N N B O K A A N C H M I A
W E A S C R H S D O U N E N L K S A I L I C N H N B N O K A A N C M H I A
E W A S R C H S D D U N N E L K A S I L O I N H A N N D A K A N M C H I Z
A E W S H R C S U D O N L N E K I A S L N C I H N B N O A A K N H M C I N
E A W S R H C S O U D N N L E K A I S L O N I H B N N O A A K N M H C I Z
S E W A S R C H N D D U K N E L L A S I H C I N O B N N N A K A I M C H W
```

Abb. 60. 24 Varianten einer Transposition der Breite 4
S A E W S H R C N U ...

12.6 Unizitätslänge

Verfolgt man den segmentweisen Aufbau der verschiedenen möglichen Klartexte, so merkt man, daß von einer recht gut abgrenzbaren Stelle an die Entscheidung für e i n e n Klartext deutlich zu fällen ist. Die Anzahl Zeichen bis zu dieser Stelle nennt man die empirische **Unizitätslänge** U der betreffenden Verfahrensklasse. Es fällt auf, daß in beiden Beispielen, bei ungefähr gleicher Komplexität ($Z \approx 25$ bzw. $\mathrm{ld}\, Z \approx 4.64$) die Unizitätslänge ungefähr gleich (nämlich bei etwa 4) ist [6].

Auch für Verfahren mit sehr großem Z, wie etwa monoalphabetische Substitutionen ($Z = 26!$, $\mathrm{ld}\, Z = 88.38$) kann die Unizitätslänge von erfahrenen Kryptologen abgeschätzt werden: für Texte mit deutlich weniger Buchstaben

[6] Es gibt beispielsweise nur ganz wenige Vierbuchstabenwörter, die keine eindeutige Caesar-Entschlüsselung erlauben, im Deutschen etwa (Z_{26}) zydd: BAFF, POTT; qfzg: LAUB, TICK; qunq: EIBE, OLSO; himy: ABER, NORD, KLOA(KE), (ST)OPSE(L) ($Z_{25}!$); im Englischen (Z_{26}) mpqy: ADEN, KNOW; aliip: DOLLS, WHEEL; afccq: JOLLY, CHEER (nur verschiedene Buchstaben sind hier von Belang).

gelingt keine eindeutige Entschlüsselung. Im Falle der monoalphabetischen Substitution liegt die Unizitätslänge nach solchen Erfahrungen zwischen 20 und 30: *"With 30 letters there is always a unique solution to a cryptogram of this type and with 20 it is usually easy to find a number of solutions"* (*Shannon* 1945); *"Practically, every example of 25 or more characters representing monoalphabetic enciphermentof a 'sensible message' in English can be readily solved"* (*Friedman* 1973). Kontrollexperimente mit erheblich größerem Z ergeben das empirische Resultat (siehe auch 15.11):

> Die Unizitätslänge hängt (bei ein und derselben Sprache) lediglich von der kombinatorischen Komplexität Z der Verfahrensklasse ab, und ist proportional $\mathrm{ld}\, Z$.

Dieses quantitative Resultat war um 1935 anscheinend wenig bekannt,[7] möglicherweise hatte *Friedman* eine Ahnung. Es bedeutet, daß der ganze Einfluß der dem Text zugrundeliegenden Sprache sich nur in der Proportionalitätskonstante auswirken kann, und ist ein empirischer Angelpunkt zur Begründung der *Shannon*'schen Informationstheorie. Die theoretische Untermauerung verdankt man *Claude E. Shannon* (1945, freigegeben 1949).

Nehmen wir einmal für einfache Substitution $U = 25$ an, so gilt also, mit $\mathrm{ld}\, Z \approx 88.38$ empirisch (für nicht zu kleines Z)

$$(*) \qquad U \approx \frac{1}{3.5}\, \mathrm{ld}\, Z \ .$$

Abb. 61 zeigt eine nach dieser Formel mittels Tabelle 2 für verschiedene Breiten n gerechnete Aufstellung. [8]

Für Bigramm-Substitution ergibt sich $U \approx 1550$.

	U für $n = 1$	$n = 4$	$n = 16$	$n = 64$	$n = 256$
Transposition	0	(1.31)	13	85	480
Addition	(1.34)	(5.37)	21	86	345
Lineare Substitution	(1.02)	21	345	5 520	88 000
Polygraphische Substitution	25	2 266 000	10^{24}	10^{93}	10^{365}

Abb. 61. Empirische Unizitätslänge ($N = 26$), extrapoliert nach (*), aufgerundet

Für polyalphabetische Chiffrierung vervielfacht sich die empirische Unizitätslänge einer zugrundeliegenden monoalphabetischen Chiffrierung mit der Periodenlänge d. So ergibt Addition (VIGENÈRE-Verfahren)

mit	$d = 10^2$	$U \approx$	134
mit	$d = 10^4$	$U \approx$	13 400
mit	$d = 10^6$	$U \approx$	1 340 000

[7] Lediglich qualitative Erkenntnisse, wie „der Schlüssel sollte der Länge nach mit der Nachricht vergleichbar sein" (*Parker Hitt* 1914, vgl. 8.6.1) waren seit *Kasiski*, s. 17.3, bekannt.

[8] Die eingeklammerten Werte fallen dabei offensichtlich zu klein aus. Die Formel hat folgenden informationstheoretischen Hintergrund: Von 4.7 = ld 26 [*bit/char*] entfallen 3.5 [*bit/char*] auf Redundanz und 1.2 [*bit/char*] auf Information. Mehr darüber in 22.2.7 .

V	VF	VFK?					
W	WG	WGL	WGLS?				
X	XH	XHM?					
Y	YI	YIN?					
Z	ZJ	ZJO	ZJOV	ZJOVU?			
A	AK	AKP?					
B	BL	BLQ?					
C	CM	CMR?					
D	DN	DNS?					
E	EO	EOT	EOTA	EOTAZ?			
F	FP	FPU	FPUB	FPUBA?			
G	GQ	GQV?					
H	HR	HRW?					
I	IS	ISX	ISXE	ISXED?			
J	JT?						
K	KU	KUZ	KUZG?				
L	LV	LVA	LVAH	LVAHG?			
M	MW	MWB?					
N	NX	NXC?					
O	OY	OYD	OYDK?				
P	PZ	PZE	PZEL	PZELK	PZELKA	PZELKAR?	
Q	QA?						
R	RB	RBG	RBGN	RBGNM?			
S	SC	SCH	SCHO	SCHON	SCHOND	SCHONDU	SCHONDUN
T	TD	TDI	TDIP	TDIPO	TDIPOE	TDIPOEV?	
U	UE	UEJ?					

Abb. 62. Exhaustion für 26 Varianten einer CAESAR-Chiffrierung

Falls eine Unizitätslänge existiert, so ist zu erwarten, daß auch durch andere geeignete Methoden als durch Exhaustion das Brechen einer Chiffrierung mit wachsender Länge des Chiffrats weniger unsicher und ab einer gewissen, in der Nähe der Unizitätslänge liegenden Länge des Chiffrats unproblematisch wird, sobald ein hinreichender Aufwand getrieben wird. Für ‚unbrechbare' Chiffrierungen (vgl. 8.6.2) existiert keine Unizitätslänge.

12.7 Praktische Durchführung der Exhaustion

Bei der praktischen Durchführung eines Exhaustionsverfahrens wird man die Länge der zu betrachtenden Stücke schrittweise vergrößern und jeweils „unmögliche" Varianten ausmerzen. Nach den in der Literatur verfügbaren Tabellen sind von den 676 Bigrammen rund die Hälfte „möglich" , von den 17 576 Trigrammen sind etwa ein halbes Tausend „möglich" . Das Verfahren ist leicht mechanisierbar und mit Rechenanlagen interaktiv durchführbar,

H	HR	HRC	HRCN?				
S	SR	SRC?					
R	RS	RSC	RSCU	RSCUO?			
H	HS	HSC	HSCO	HSCOU	HSCOUN	HSCOUND	HSCOUNDN?
R	RH	RHC?					
S	SH	SHC?					
C	CR	CRH?					
S	SR	SRH	SRHD?				
R	RS	RSH	RSHD	RSHDO	RSHDON	RSHDONU?	
C	CS?						
S	SC	SCH	SCHO	SCHON	SCHOND	SCHONDU	SCHONDUN
C	CH	CHR	CHRN?				
S	SH	SHR	SHRD?				
H	HS	HSR?					
C	CS?						
H	HC	HCR?					
S	SC	SCR?					
C	CR	CRS?					
H	HR	HRS	HRSD?				
R	RH	RHS?					
C	CH	CHS	CHSD	CHSDD?			
R	RC	RCS?					
H	HC	HCS?					
R	RC	RCH	RCHN	RCHND?			

Abb. 63. Exhaustion für 24 Varianten einer Transposition der Breite 4

wenn man mit nicht wesentlich mehr als zehntausenden von Varianten beginnt. Bei Bildschirm-Betrachtung kann man unschwer Fünfer- bis Achtergruppen „mit einem Blick“ erfassen und mindestens zwei solche Gruppen pro Sekunde „auslesen“, was eine Stundenleistung von zehntausend Anfangsvarianten ergibt. Später vermindern sich die zu betrachtenden Anzahlen ganz drastisch. Für das Beispiel von Abb. 59 bzw. Abb. 60 ist das in Abb. 62 bzw. Abb. 63 ersichtlich. Dabei haben wir, um Randeinflüsse zu diminimieren, mit der 6. Spalte begonnen.

Beachte, daß nach 12.2.3 und 12.2.4 bei additiver Substitution (VIGENÈRE) $Z = 17\,576$ für Periode 3, $Z = 456\,976$ für Periode 4; bei Transposition $Z = 40\,320$ für Breite 8, $Z = 362\,880$ für Breite 9.

Dies zeigt, welche (beschränkte) Tragweite die Exhaustionsmethode wirklich hat. Für allgemeine monoalphabetische Substitution und PLAYFAIR-Verfahren, mit Z von der Größenordnung 10^{25}, ist sie praktisch bereits nicht mehr verwendbar. Gegen die Exhaustionsmethode hilft jedoch eine noch so hoch erscheinende Komplexität nichts, wenn diese durch geeignete Maßnahmen hinreichend eingeengt werden kann.

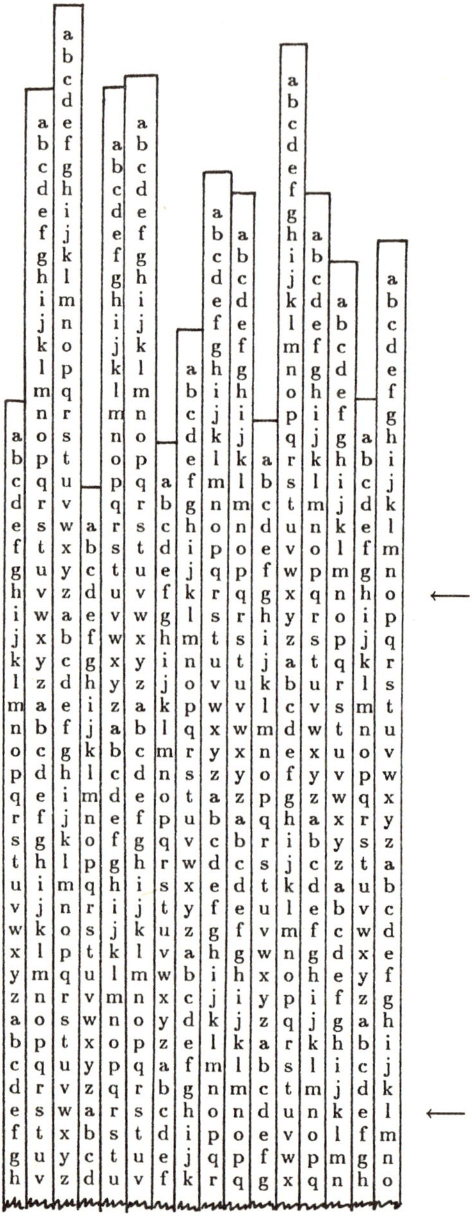

Abb. 64.

Streifenmethode für das Brechen einer CAESAR-Chiffrierung

Mit anderen Worten: Die Exhaustionsmethode, obschon für sich allein ziemlich bedeutungslos, ist *in Kombination mit anderen Methoden* die Grundmethode der Kryptanalyse.

12.8 Mechanisierung der Exhaustion

Für die Exhaustion einer CAESAR-Addition, etwa mit $Z = 26$ gibt es eine Mechanisierung durch die einfache **Streifenmethode**. Vorbereitete Streifen, auf denen das Alphabet (zweimal) verzeichnet ist, werden benutzt, um das Chiffrat und gleichzeitig alle Varianten darzulegen (Abb. 64). Statt dessen kann man auch Scheiben benutzen, auf deren Umfang das Alphabet steht.

Für die Exhaustion einer Transposition bekannter Breite n schreibt man das Chiffrat waagrecht laufend in ein Feld von n Spalten und zerschneidet dann das Blatt in n Streifen, die man permutiert (Abb. 65).

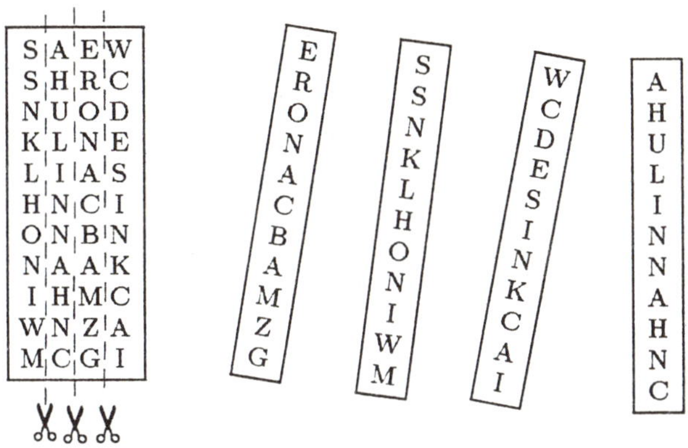

Abb. 65. Schneidemethode für das Brechen einer Transposition

12.9 Exhaustion bei polyphoner Chiffrierung

Exhaustion wendet auch der berufene Entzifferer an bei polyphonen Chiffrierungen. Bekanntestes Beispiel ist die polyalphabetische Chiffrierung mit dem Zylinder von *Jefferson* und *Bazeries*, bei dem man den Klartext unter zwei Dutzend Varianten suchen muß.

Praktikums-Aufgabe 1:

Erstelle aus etwa 10^7 Wörtern (25 000 Seiten) deutscher Texte eines bestimmten Genres (wissenschaftliche Literatur oder Gesetzestexte oder diplomatische Akten oder militärische Nachrichten) (‚Textbasis') eine Liste der vorkommenden, also „möglichen" m-Gramme (mindestens bis $n = 4$) und, darauf aufbauend, ein Programm zur Durchführung der Exhaustionsmethode für das Brechen einer Transposition der Breite n (Datendarstellung etwa in Streusortierung).

13 Anatomie der Sprache: Muster

"No matter how resistant the cryptogram, all that is really needed is an e n t r y, *the identification of* o n e *word, or of three or four letters."*

Helen Fouché Gaines 1939

Sprache enthält ein schwer ausrottbares inneres Gerüst von Gesetzmäßigkeiten. Von besonderer Wichtigkeit sind dabei Wiederholungsmuster.

13.1 Invarianz der Wiederholungsmuster

Invarianzsatz 1: Für alle monoalphabetischen, funktionalen einfachen Substitutionen , insbesondere auch für alle linearen monoalphabetischen einfachen Substitutionen gilt:
Wiederholungsmuster der Einzelzeichen innerhalb des Textes bleiben erhalten.

Wird etwa der Klartext	w i n t e r s e m e s t e r
durch einen CAESAR chiffriert	Z L Q W H U V H P H V W H U ,
mit einem revertierten Alphabet	D R M G V I H V N V H G V I ,
mit einem permutierten Alphabet	V A H O R M N R G R N O R M ,

so bleibt das Muster der Zeichenwiederholungen erhalten. Muster sind nach *Shannon* die *'residue classes'* der einfachen Substitutionen.

Für monoalphabetische und funktionale p o l y g r a p h i s c h e Substitutionen $V^{(n)} \longrightarrow W^{(m)}$ bleiben unter Beachtung der Polygrammfugen die Muster der Polygrammwiederholungen erhalten.

Transpositionen dagegen erhalten Wiederholungsmuster nicht. Auch homophone und ganz besonders polyalphabetische Substitutionen zerstören die Wiederholungsmuster.

Muster bezeichnet man üblicherweise in Normalform mit Ziffernfolgen, in denen jede erstmals auftretende Ziffer keine größere Ziffer zur Linken hat. N R G R N hat das Muster *12321* , N R G R N O R das Muster *1232142* , O R M N R G R N O R M das Muster *12342524123* .

Kurze Muster erlauben viele Belegungen. Das Muster *1221* erlaubt im Englischen die in Abb. 66 zusammengestellten Belegungen. Die Liste (ohne Eigennamen) dürfte ziemlich vollständig die in *Cassels German Dictionary* aufgeführten Worte (ohne grammatikalische Abarten) umfassen.

Beachte, daß diese Liste außer (b)atta(lion), (z)eppe(lin), (c)ommo(dore), (sh)ippi(ng) nur wenige Worte aus dem militärischen Genre enthält; weiterhin außer (amb)assa(dor), assa(ssin), (sh)illi(ng), (perm)issi(ion) nur wenige Worte aus dem diplomatischen Genre. Der **Suchraum** nach den Belegungen eines Musters wird durch die Kenntnis der Umstände erheblich eingeschränkt.

13.2 Ausschließung von Chiffrierverfahren

Satz 1 kann negativ zur Ausschließung von monoalphabetischen, funktionalen einfachen Substitutionen gebraucht werden — wenn nämlich keine gängigen Muster vorkommen. Jedoch ist Vorsicht geboten: speziell das Fehlen von Zeichenverdopplungen besagt nicht viel. Seit den Gebrüdern *Argenti* gilt es für professionelle Kryptographen als selbstverständlich, zur Abwehr der Mustererkennung bereits im Klartext Zeichenwiederholungen zu unterdrücken, also etwa *sigilo* statt *sigillo* zu benutzen. *Kerckhoffs* hat sogar darauf hingewiesen, daß Wiederholungen wie in *«pouvez-vous vous défendre»* zu vermeiden seien. Auch die klassische Unterdrückung des Wortzwischenraums soll die Musterbildung vermindern (siehe dafür 13.6).[1]

13.3 Intuitive Mustererkennung

Satz 1 kann positiv benutzt werden, wenn man Grund hat zu der Annahme, daß eine monoalphabetische, funktionale einfache Substitution vorliegt.

Im Geheimtext   V A H O R M N R G R N O R M

fällt das Muster *12321* von N R G R N sofort auf. Auch tritt das wiederholungsfreie Muster *123* von O R M zweimal auf. Gesucht ist also ein 6+8-buchstabiges Wort, das sich reimt. Die Intuition und das vermutete Genre könnten auf w i n t e r s e m e s t e r (siehe oben) schließen lassen. Wiederholungen von ganzen Worten wie in /pouvezvousvousdefendre/ sind besonders mustererzeugend und deshalb zu vermeiden (10.1.5).

13.3.1 Im folgenden Beispiel von *Helen Fouché Gaines* (Zwischenräume sind durch ␣ bezeichnet) mit vermuteter einfacher Substitution

F D R J N U ␣ H V X X U ␣ R D ␣ M D ␣ S K V S O ␣ P J R K ␣ Z D
Y F Z J X ␣ G S R R V T ␣ Q Y R W D A R W D F V ␣ R K V ␣ D R K
V T ␣ D F ␣ S Z Z D Y F R ␣ D N ␣ N V O V T S X ␣ S A W V Z R

ist nach Meinung der Autorin das Auftreten von D in jedem der vier zweibuchstabigen Wörter auffällig. Dies legt den Einstieg D $\hat{=}$ o nahe.

---

1 Daß durch Unterdrückung der Wortzwischenraums Worte „zusammenfließen", ist selten, kann aber vorkommen: er soll ab erhalt kommen — er soll aber halt kommen.

abbacy cabbage cabbala sabbath scabbard baccalaureate maccabee staccato affable affair baggage braggart haggard laggard allah allay ballad ballast fallacy gallant installation mallard palladium parallax wallaby diagrammatic flammable gamma grammar mamma programmatic annalist annals bandanna cannabis hosanna manna savannah appal apparatus apparel apparent kappa arrack arraign arrange arrant arras array barrack barracuda barrage carragheen embarrass narrate tarragon warrant ambassador assail assassin assault assay cassandra massacre massage passage vassal wassail attach attack attain rattan attar battalion coattail rattan regatta wattage piazza beebread boob booby deed deedless indeed doodle ebbed eccentric bedded reddear redden shredder wedded effect effeminate effendi efferent effervesce effete begged bootlegger egged legged pegged trekked aquarelle bagatelle belle chancellery chanterelle driveller dweller excellent feller fontanelle gazelle groveller hellebor hellenic impellent intellect jeweller libeller mademoiselle nacelle pellet propeller repellent seller teller traveller emmet barrenness comedienne fennec fennel jennet kennel rennet tenner pepper stepper zeppelin deterrent ferret interregnum interrelation overreact parterre terrestrial adressee dessert dresser essence essential finesse largesse lessen messenger noblesse quintessence tesselate vessel begetter better burette corvette curette fetter gazette getter letter marionette pirouette rosette roulette setter silhouette geegee googol heehaw capriccio pasticcio forbidding yiddish difficile difficult griffin tiffin biggish bacilli billiard billion brilliant chilli cyrillic fillip illicit illinois illiquid illiberal illiterate illimitable lilliput milliard millibar milligram milliliter millimeter milliner millionaire millivolt penicillin postillion shilling silliness tranquillize trillion trillium vanillin gimmick immigrant imminent immiscible immitigable finnish innings pinniped zinnia pippin irrigate irritate admission commission dissident dissimilar dissipate emission fissile fission fortissimo missile mission missive omission permission permissive acquitting fitting kittiwake civvies noon broccoli sirocco apollo collocate colloid colloquial colloquium follow hollow rollout common accommodate commode commodore commotion connote opponent opportune oppose opposite borrow corroborate corrode horror morrow sorrow blossom crossover blotto bottom cotton grotto lotto motto ottoman risotto glowworm powwow peep poop career seesaw teeter teethe teetotal teetotum toot toothache tootle hubbub succulent succumb succuss pullup nummulite unnumbered chaussure guttural

Abb. 66. Belegungen des Musters *1221* im Englischen (nach *Hugh Casement*)

Ferner könnte RKV ≙ the gelten, was verträglich wäre mit RD ≙ to und DRKVT ≙ other ; und GSRRVT ≙ GStter ergäbe. Jetzt hat man bereits folgendes Fragment einer Entzifferung

F D t J N U ␣ H e X X U ␣ t o ␣ M o ␣ S h e S O ␣ P J t h ␣ Z o
Y F Z J X ␣ G S t t e r ␣ Q Y t W o A t W o F e ␣ t h e ␣ o t h
e r ␣ o F ␣ S Z Z o Y F t ␣ o N ␣ N e O e r S X ␣ S A W e Z t

Ein guter Einstieg. Von jetzt an geht es schneller: Für das andere Dreibuchstabenwort QYt scheiden not , got , out , yet aus, da e und o schon bestimmt sind, aber but wäre geeignet. Des weiteren könnten DF ≙ on und DN ≙ of (oder umgekehrt) passen. Im ersteren (glücklichen) Fall hat man bereits folgendes Fragment einer Entzifferung

n o t J f U ␣ H e X X U ␣ t o ␣ M o ␣ S h e S O ␣ P J t h ␣ Z o
u n Z J X ␣ G S t t e r ␣ b u t W o A t W o n e ␣ t h e ␣ o t h
e r ␣ o n ␣ S Z Z o u n t ␣ o f ␣ f e O e r S X ␣ S A W e Z t

Das läßt sich schon sehen; SZZount liest sich als account und damit findet man auch ZounZJX , nämlich councJX als council . Somit hat man bereits folgendes Fragment

n o t i f U ␣ H e l l U ␣ t o ␣ M o ␣ a h e a O ␣ P i t h ␣ c o
u n c i l ␣ G a t t e r ␣ b u t W o A t W o n e ␣ t h e ␣ o t h
e r ␣ o n ␣ a c c o u n t ␣ o f ␣ f e O e r a l ␣ S A W e c t

das man mühelos ergänzt, bis auf Helly , was womöglich ein Eigenname ist.

Die hier gezeigten Phasen der Entzifferung können als „Trab" (wenn nach dem Einstieg drei bis fünf Zeichen gefunden sind) und „Galopp" (wenn acht bis zwölf Zeichen gefunden sind) bezeichnet werden. Dies spiegelt sich im Aufbau der Dechiffriertabelle wider:

A	B	C	D	E	F	G	H	I	J	K	L	M	N	O	P	Q	R	S	T	U	V	W	X	Y	Z
			o							h							t		r		e				
					n								f			b								u	
									i									a					l		c
s						m						g		d	w					y		p			

Lediglich H fehlt noch, B , C , E , I , L kommen im Geheimtext nicht vor.

An dieser Stelle sollte man sich erinnern, daß N und F sich gegenseitig ersetzten (ON , OF). Das gleiche ist anscheinend für A und S , D und O , P und W , R und T , U und Y der Fall. Sollte eine echt involutorische Chiffrierung vorliegen, so ergäbe sich zu K ≙ h symmetrisch H ≙ k , Helly wäre als kelly zu lesen. Die ganze Chiffrierung würde lauten

A	B	C	D	E	F	G	H	I	J	K	L	M	N	O	P	Q	R	S	T	U	V	W	X	Y	Z
$\underline{s}$	$\underline{q}$	z	$\underline{o}$	v	$\underline{n}$	$\underline{m}$	$\underline{k}$	$\underline{j}$	$\underline{i}$	$\underline{h}$	x	$\underline{g}$	$\underline{f}$	$\underline{d}$	w	$\underline{b}$	t	$\underline{a}$	r	y	e	p	l	u	c

Da die unterstrichenen Buchstaben der unteren Reihe rückwärts laufen, liegt vermutlich eine Konstruktion des Schlüssels mittels eines memorierbaren Kennwortes vor. In der Tat ergibt sich durch Umordnen die involutorische Substitution[2]

c u l p e r a b d f g h i
z y x w v t s q o n m k j

Der Staatsanwalt könnte auf diese völlig plausible Entzifferung unter vollständiger Bloßlegung des Systems eine Anklage bauen. „Erst mit der Erarbeitung sämtlicher zugehörigen Schlüssel wird die Lösung als beendet angesehen“ (*Hans Rohrbach* 1946). Dies ist wichtig, wenn Kryptanalysten wie *Bazeries* 1898 im Prozeß gegen den Herzog von Orléans oder *Elizebeth Friedman*, die Ehefrau von *W. F. Friedman*, 1933 im Prozeß gegen die Consolidated Exporters Company, eine Schmuggelorganisation zur Zeit der Prohibition, als Zeugen vor Gericht aussagen.

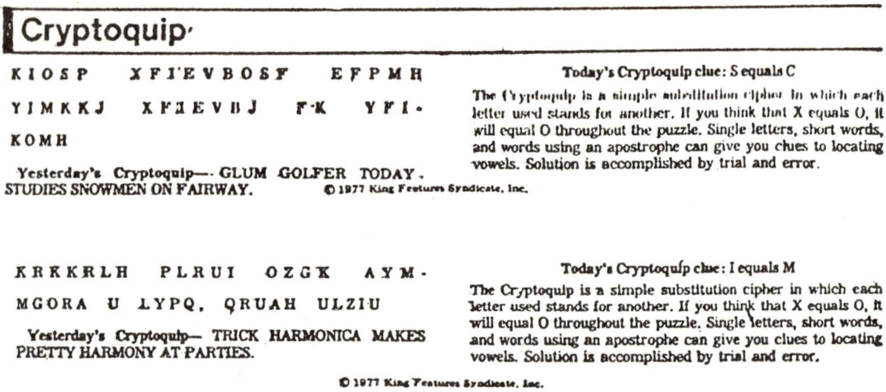

Cryptoquip

KIOSP XFI'EVBOSF EFPMH YIMKKJ XFIEVBJ F'K YFI-KOMH

Yesterday's Cryptoquip— GLUM GOLFER TODAY STUDIES SNOWMEN ON FAIRWAY.

© 1977 King Features Syndicate, Inc.

Today's Cryptoquip clue: S equals C

The Cryptoquip is a simple substitution cipher in which each letter used stands for another. If you think that X equals O, it will equal O throughout the puzzle. Single letters, short words, and words using an apostrophe can give you clues to locating vowels. Solution is accomplished by trial and error.

KRKKRLH PLRUI OZGK AYM-MGORA U LYPQ. QRUAH ULZIU

Yesterday's Cryptoquip— TRICK HARMONICA MAKES PRETTY HARMONY AT PARTIES.

Today's Cryptoquip clue: I equals M

The Cryptoquip is a simple substitution cipher in which each letter used stands for another. If you think that X equals O, it will equal O throughout the puzzle. Single letters, short words, and words using an apostrophe can give you clues to locating vowels. Solution is accomplished by trial and error.

© 1977 King Features Syndicate, Inc.

Abb. 67. Cryptos aus Los Angeles Times, 1977

13.3.2 Es sollte klar sein, daß die Entzifferung des obigen Beispiels nur deshalb so glatt lief, weil die Wortzwischenräume — im Gegensatz zu den professionellen Gepflogenheiten — nicht unterdrückt waren. Dies ist aber gerade die Spielregel für die in amerikanischen Zeitschriften häufig zu findenden 'Cryptos' (Abb. 67), zumindest für die Sorte, die als 'aristocrats' läuft: Wortzwischenräume und Interpunktionen bleiben streng erhalten; nur Buchstaben sind als Geheimtext-Alphabet erlaubt. Kein Buchstabe darf für

[2] *Samuel Woodhall* und *Robert Townsend* belieferten 1779 General *Washington* mit wertvollen Informationen aus dem von englischen Truppen besetzten New York. Sie benutzten als Decknamen CULPER SR. und CULPER JR., vgl. 4.4. Die angelsächsische (amerikanische) kryptologische Literatur benutzt *CULPER* häufig, um Schlüssel zu konstruieren. Im vorliegenden Beispiel ist die Substitution allerdings ([GAINES] S. 70) mit dem Kennwort *CULPEPER* gebildet worden (vgl. 3.2.4). *Edmund Culpeper*, 1660-1738, war ein berühmter englischer Instrumentenmacher.

sich selbst stehen. Die Länge ist bei den echten Aristokraten (ohne 'clues') 75 bis 100 Zeichen, also ziemlich lang in Anbetracht der Unizitätslänge ≈ 25 einer einfachen Substitution mit permutiertem Alphabet; dafür darf der Text aber die ausgefallensten amerikanischen Wörter enthalten (jedoch keine Fremdwörter) und braucht, außer grammatikalisch korrekt zu sein, keinen tieferen Sinn zu haben; kann also u.U. ebenso schwer zu „verstehen" sein wie das Kryptogramm. Wörter aus der Biologie wie *pterodactyl* und *ichtyomancy* können ebenso vorkommen wie das den Mathematikern vorbehaltene *syzygy*; aber auch *yclept*, *crwth* und *cwm* kann sich finden. Der Text kann so gewählt sein, daß die normalen Häufigkeiten der Buchstaben und Phrasen vollkommen verfälscht sind — daß also die in Kapitel 15 zu besprechenden, auf Häufigkeitsanalysen beruhenden Methoden gar nichts nützen ('the encipherer's full attention has been given to manipulation of letter characteristics').

Bei *Kahn* findet sich die Lösung eines Kryptogramms der Sorte Aristokrat, das sich selbst beschreibt: *Tough cryptos contain traps snaring unwary solvers: abnormal frequencies, consonantal combinations unthinkable, terminals freakish, quaint twisters like ‚myrrh'.*

Es gibt beispielsweise Texte (**Lipogramme**), die gänzlich ohne /e/ geschrieben sind; der berühmteste ist der (literarisch eher anspruchslose) Roman 'Gadsby' von *Ernest Vincent Wright* (Wetzel Publishing Co., Los Angeles 1939, 287 S., vgl. [B-G-H] I S. 51 und Abb. 68). Auf dieser Masche, aber mit höheren Ansprüchen, ritt auch *Georges Perec* 1969 mit seinem Roman *'La disparation'* (deutsche Übersetzung 'Anton Foyls Fortgang' von *Eugen Helmlé*, Frankfurt a. M. 1986, 364 S.). *Perec*, der sich auch mit Akronymen und Akrostichons, Anagrammen und Palindromen spielerisch umgibt und der wie *Otto Promber*, *Oskar Pastior* und *Herbert Pfeiffer* einem Sprachaktionismus huldigt — er setzt auch Computerprogramme ein und legte 1969 ein Palindrom von 5000 Buchstaben vor — hat 1973 die Geschichte der Lipogramme etwas aufgehellt; schon 1820 erschien in Wien der Roman eines *Dr. Franz Rittler* „Die Zwillinge", der ganz ohne /r/ geschrieben ist. Aber bereits um 1800 schrieb *Gavrila Romanovich Dershavin*, ein bedeutender russischer Dichter (1743-1816), den Roman „Ein Scherzwunsch", der ganz ohne /r/ und mit wenigen /o/ auskommt.

Auch Texte wie die letzten Worte in 'Finnegans wake' von *James Joyce* *'End here. Us then. Finn, again! Take. Bussoftlee, mememormee! Till thousendsthee. Lps. The keys to. Given! A way a lone a last a loved a long the.'* bereiten einem Entzifferer große Mühe. Nicht umsonst enthält *James Joyces* 'Ulysses' kryptologische Elemente.

Wright schrieb im Vorwort, daß er die Type /e/ auf seiner Schreibmaschine totgelegt hatte, weil ihm manchmal zwanghaft ein /e/ in den Text schlüpfen wollte. Kryptologisch haben diese Monstrositäten natürlich ebenso wenig Belang wie die kryptologischen Verzierungen, die *Vladimir Nabokov* in seine literarischen Werke einfließen ließ.

XXIX

GADSBY WAS WALKING back from a visit down in Branton Hills' manufacturing district on a Saturday night. A busy day's traffic had had its noisy run; and with not many folks in sight, His Honor got along without having to stop to grasp a hand, or talk; for a Mayor out of City Hall is a shining mark for any politician. And so, coming to Broadway, a booming bass drum and sounds of singing, told of a small Salvation Army unit carrying on amidst Broadway's night shopping crowds. Gadsby, walking toward that group, saw a young girl, back towards him, just finishing a long, soulful oration, saying:—

". . .and I can say this to you, for I know what I am talking about; for I was brought up *in a pool of liquor!!*"

As that army group was starting to march on, with this girl turning towards Gadsby, His Honor had to gasp, astonishingly:—

"Why! Mary Antor!!"

"Oh! If it isn't Mayor Gadsby! I don't run across you much, now-a-days. How is Lady Gadsby holding up during this awful war?"

[201]

Abb. 68. Seite aus 'Gadsby' von *Ernest Vincent Wright*

13.4 Mustererkennung bei polygraphischer Chiffrierung

Auffällige Muster zu unterdrücken, ist unter anderem die Absicht bei Verwendung eines Codes.

13.4.1 Durch mangelnde Sorgfalt bleiben sie trotzdem erhalten. *Luigi Sacco*, 1918 Leiter des 'Reparto crittografico' des italienischen Hauptquartiers an der Isonzo- und Piave-Front, später Autor eines berühmten Buches, empfing am 30. Juni 1918 zwei Funksprüche mit dem gleichen Ende

. . . . 4 92073 06583 47295 89255 07325 58347 29264

War schon das ein grober Schnitzer der Österreicher, so war noch schlimmer, daß sich der Teiltext 073..5834729 in kurzem Abstand von 18 Zeichen wiederholte. Dies war ein klarer Hinweis auf einen Code aus Dreiergruppen

... ... 492 073 065 834 729 589 255 073 255 834 729 264

Sacco hatte einige Erfahrung mit österreichischen Gewohnheiten und Grund zu der Vermutung, daß fahrlässigerweise ein längeres Wort buchstabenweise codiert worden war. Das Muster war *123456728459* und *Sacco*, ein Ingenieur, hatte den glänzenden Einfall, r a d i o s t a t i o n herauszulesen. Der faule österreichische Chiffrierer hatte es nicht für nötig gehalten, die Code-

o und s t a t i o n aufzusuchen. Wenn aber schon
amen etwa — buchstabenweise codiert werden mußte,
ıe Preisgabe des Codes für Einzelbuchstaben nicht am
e des Textes geschehen. Jedenfalls, der Einstieg in die
buchstabenweise codierter Textstellen und damit zum
Codes war geschafft.

ohne die Phantasie *Saccos* erlaubt das Beispiel einen
eine Liste aller Muster und ihrer Belegungen verfügbar
Fall findet man höchstwahrscheinlich kaum eine andere
o s t a t i o n , und wenn schon, gibt ein Durchspielen
sofort Aufschluß.

ode des wahrscheinlichen Wortes

Brechen einer monoalphabetischen einfachen Substitution dient auch die Methode des „wahrscheinlichen Wortes" (*probable word, mot probable*), vgl. 10.2.5. Nunmehr sucht man nicht im Chiffrat nach einem auffälligen Muster, sondern man wählt ein Wort aus, das „wahrscheinlich" im Klartext vorkommt[3], und sucht das Chiffrat ab, ob es und wenn ja, wo überall es das M u s t e r dieses Wortes enthält. Dieses Vorgehen beschrieb schon *Giovanni Battista Porta* (1535-1615) in *De furtivis*, 1563. Statt eines Wortes verwendet man gerne auch eine ganze Phrase, wie „Oberkommando der Wehrmacht"; vor allem eignen sich dazu die am Anfang und am Schluß von Klartexten häufig zu findenden stereotypen Wendungen wie *reference to your letter*, *Hochachtungsvoll Ihr* — sofern sie nicht von einem geschulten Chiffrierer entfernt wurden.[4]

13.5.1 Unsterbliche Verdienste für einen durchschlagenden Erfolg der Deutschen im 2. Weltkrieg erwarb sich 1941 der amerikanische Diplomat und spätere stellvertretende Unterstaatssekretär im Außenministerium Robert D. Murphy (1894-1978), der darauf bestand, seiner Bedeutung entsprechend in seinen Telegrammen stets *"From Murphy"* oder *"For Murphy"* zu verwenden (vgl. 10.1.3). Den Vogel schoß jedoch ab der ebenfalls in 4.4 erwähnte Leutnant *Jäger*. Disziplin ist etwas anderes als Gehorsam, sie erfordert Köpfchen, und damit hapert es überall.

13.5.2 Ist etwa den Umständen nach *Division* ein „wahrscheinliches Wort", so ist eine Suche nach dem Muster *12131* von (d)ivisi(on) angebracht. Ein Blick auf Abb. 75 zeigt, daß im militärischen Genre die Gefahr, ein falsches Wort mit diesem Muster zu finden, gar nicht so groß ist, wie man angesichts seiner Kürze vermuten möchte.

---

[3] Insbesondere sind bestimmte Worte nach bestimmten Ereignissen zu erwarten, wie *attack* oder *bombardment*.

[4] Selbst die „russische Kopulation" (vgl. 10.1.1) eines Klartextes — das willkürliche Zerschneiden und Zusammensetzen verkehrt herum — reicht nicht aus; auffällige Muster und Wiederholungen ganzer Worte müssen vollständig entfernt werden.

J H K H L P H N R P P D Q G R V D F K H Z H L V X Q J Q U H
L Q V I X H U G L H N U L H J V I X H K U X Q J Q D F K G H
P D O O H S R O L W L V F K H Q P R H J O L F K N H L W H Q
H U V F K R H S I W V L Q G X P D X I I U L H G O L F K H P
Z H J H H L Q H I X H U G H X W V F K O D Q G X Q H U W U D
H J O L F K H O D J H D Q V H L Q H U R V W J U H Q C H C X
E H V H L W L J H Q K D E H L F K P L F K C X U J H Z D O W
V D P H Q O R H V X Q J H Q W V F K O R V V H Q G H U D Q J
U L I I D X I S R O H Q L V W Q D F K G H Q I X H U G H Q I
D O O Z H L V V J H W U R I I H Q H Q Y R U E H U H L W X Q
J H Q C X I X H K U H Q P L W G H Q D E D H Q G H U X Q J H
Q G L H V L F K E H L P K H H U G X U F K G H Q L Q C Z L V
F K H Q I D V W Y R O O H Q G H W H Q D X I P D U V F K H U
J H E H Q D X I J D E H Q Y H U W H L O Y Q J X Q G R S H U
D W L R Q V C L H O E O H L E H Q X Q Y H U D H Q G H U W D
Q J U L I I V W D J H U V W H U Q H X Q W H U Q H X Q C H K
Q K X Q G H U W Q H X Q X Q G G U H L C L J D Q J U L I I V
C H L W Y L H U X K U I X H Q I X Q G Y L H U C L J

Abb. 69. Fiktives Chiffrat eines „Führerbefehls“ aus dem Jahr 1939

J H K **H L P H** N R P P D Q G R V D F K H Z H L V X Q J Q U H
L Q V I X H U G L H N U L H J V I X H K U X Q J Q D F K G H
P D O O H S R O L W L V F K H Q P R H J O L F K N **H L W H** Q
H U V F K R H S I W V L Q G **X P D X** I I U L H G O L F K **H P**
Z H J H **H L Q H I X H U G H** X W V F K O D **Q G X Q** H U W U D
H J O L F K H O **D J H D** Q V **H L Q H** U R V W J U **H Q C H** C X
E H V H L W L J H Q K D E H L F K P L F K C X U J H Z D O W
V D P H Q O R H V X **Q J H Q** W V F K O R V V **H Q G H** U D Q J
U L I **I D X I** S R O H Q L V W Q D F K G H Q I X **H U G H** Q I
D O O Z H L V V J H W U R I I H Q H Q Y R **U E H U** H L W X **Q**
J H Q C X I X **H K U H** Q P L W G H Q D E D **H Q G H** U X Q J H
Q G **L H V L** F K E H L P K H H **U G X U** F K G H Q L Q C Z L V
F K H Q I D V W Y R O O **H Q G H** W H Q D X I P D U V F K **H U**
J H E H Q D X I J D E **H Q Y H U W H** L O Y **Q J X Q** G R S H U
D W L R Q V C L H O E O **H L E H** Q X Q Y **H U D H Q G H** U W D
Q J U L I I V W D J H U V W H U **Q H X Q** W H U **Q H X Q** C H K
Q K X Q G H U W **Q H X Q** X Q G G U H L C L J D Q J U L I I V
C H L W Y L H U X K U I X H Q I X Q G Y L H U C L J

Abb. 70. Vorkommen des Musters *1231*

13.5.3 Wie viel ein einziges wahrscheinliches Wort bringen kann, zeigt folgendes, von *U. Kratzer* stammendes fiktives Beispiel (Abb. 69), dem als Klartext ein berüchtigter „Führerbefehl“ von 1939 zugrundeliegt. Nach den

```
J e h e L P e N R P P D n d R V D F h e Z e L V u n J n r e
L n V I u e r d L e N r L e J V I u e h r u n J n D F h d e
P D O O e S R O L t L V F h e n P R e J O L F h N e L t e n
e r V F h R e S I t V L Q d u P D u I I r L e d O L F h e P
Z e J e e L n e I u e r d e u t V F h O D n d u n e r t r D
e J O L F h e O D J e D n V e L n e r R V t J r e n z e z u
E e V e L t L J e n h D E e L F h P L F h z u r J e Z D O t
V D P e n O R e V u n J e n t V F h O R V V e n d e r D n J
r L I I D u I S R O e n L V t n D F h d e n I u e r d e n I
D O O Z e L V V J e t r R I I e n e n Y R r E e r e L t u n
J e n z u I u e h r e n P L t d e n D E D e n d e r u n J e
n d L e V L F h E e L P h e e r d u r F h d e n L n z Z L V
F h e n I D V t Y R O O e n d e t e n D u I P D r V F h e r
J e E e n D u I J D E e n Y e r t e L O Y n J u n d R S e r
D t L R n V z L e O E O e L E e n u n Y e r D e n d e r t D
n J r L I I V t D J e r V t e r n e u n t e r n e u n z e h
n h u n d e r t n e u n u n d d r e L z L J D n J r L I I V
z e L t Y L e r u h r I u e n I u n d Y L e r z L J
```

Abb. 71. Fragmentarische Entzifferung mittels „neunzehnhundertneun“

```
g e h e i P e N R P P D n d R V D F h e Z e i V u n g n r e
i n V f u e r d i e N r i e g V f u e h r u n g n D F h d e
P D O O e S R O i t i V F h e n P R e g O i F h N e i t e n
e r V F h R e S f t V i Q d u P D u f f r i e d O i F h e P
Z e g e e i n e f u e r d e u t V F h O D n d u n e r t r D
e g O i F h e O D g e D n V e i n e r R V t g r e n z e z u
E e V e i t i g e n h D E e i F h P i F h z u r g e Z D O t
V D P e n O R e V u n g e n t V F h O R V V e n d e r D n g
r i f f D u f S R O e n i V t n D F h d e n f u e r d e n f
D O O Z e i V V g e t r R f f e n e n v R r E e r e i t u n
g e n z u f u e h r e n P i t d e n D E D e n d e r u n g e
n d i e V i F h E e i P h e e r d u r F h d e n i n z Z i s
F h e n f D V t v R O O e n d e t e n D u f P D r V F h e r
g e E e n D u f g D E e n v e r t e i O v n g u n d R S e r
D t i R n V z i e O E O e i E e n u n v e r D e n d e r t D
n g r i f f V t D g e r V t e r n e u n t e r n e u n z e h
n h u n d e r t n e u n u n d d r e i z i g D n g r i f f V
z e i t v i e r u h r f u e n f u n d v i e r z i g
```

Abb. 72. Weitere fragmentarische Entzifferung mittels „vieruhrfuenfundvierzig“

Umständen wäre denkbar, daß das Jahr 1939 im Klartext vorkommt, und angesichts des Schwulsts, mit dem Hitlers Generäle seine Verlautbarungen ausstatteten, wäre nicht einmal auszuschließen, daß, entgegen aller Vorsicht,

„**neun**zehnhundert**neun**unddreissig“ ausgeschrieben vorkäme. Das würde die Suche nach dem Muster *1231* von **neun** nahelegen, obschon es sehr kurz ist und zahlreiche Blindtreffer zu befürchten wären.

Tatsächlich kommt dieses Muster etliche Male vor (Abb. 70), insbesondere als **HQGH** viermal, als **QHXQ** zweimal in der drittletzten und einmal in der vorletzten Zeile. Dabei hat das letzte Vorkommnis in der drittletzten Zeile vom Vorkommnis in der vorletzten Zeile gerade den richtigen Abstand für „**neun**zehnhundert**neun**“. Dieser durch die Wiederholung von **QHXQ** provozierte Einstieg liefert die fragmentarische Entzifferung von Abb. 71.

Offensichtlich befinden sich am Ende des Textes Datumangaben. Es drängt sich auf, den Schluß als „**vieruhrfuenfundvierzig**“ zu lesen. Damit sind bereits 12 Zeichen entziffert:

.	.	.	d	e	f	g	h	i	.	.	.	.	n	.	.	.	r	.	t	u	v	.	.	z
.	.	.	G	H	I	J	K	L	.	.	.	.	Q	.	.	.	U	.	W	X	Y	.	.	C

und es ergibt sich die fragmentarische Entzifferung von Abb. 72, die sich schon recht flüssig liest.

Dabei kommt m für P, a für D, s für V, o für R und c für F ganz zwingend. Es sind also nun 17 Zeichen wiederhergestellt:

a	.	c	d	e	f	g	h	i	.	.	.	m	n	o	.	.	r	s	t	u	v	.	.	z
D	.	F	G	H	I	J	K	L	.	.	.	P	Q	R	.	.	U	V	W	X	Y	.	.	C

Abb. 73 zeigt das zugehörige Zwischenergebnis und Abb. 74 das Endergebnis, die „Weisung Nr. 1 für die Kriegsführung“.

Das Beispiel ist selbstverständlich fiktiv; ein Anweisung dieser Brisanz geht regulär nicht über Funk, sondern durch Kurier und bräuchte damit überhaupt nicht chiffriert zu werden — schon gar nicht mit einer CAESAR-Addition! Wer genügend Phantasie hat, mag sich aber vorstellen, *Canaris* habe den Text weitergegeben und ein einfacher Agent habe ihn nach Schweden gefunkt.

13.5.4 Das Beispiel wäre jedoch genauso verlaufen, wenn irgend eine andere monoalphabetische Substitution zugrunde gelegen hätte. Es zeigt damit, daß die Mustererkennungsmethode von der Art der einfachen Substitution, gegen die sie gerichtet ist, gänzlich unabhängig ist.

13.6 Maschinelle Exhaustion der Belegungen eines Musters

Helen Fouché Gaines schreibt, daß die Anfertigung von Listen von Wörtern gleichen Musters sehr nützlich sei, um auch die vertracktesten monoalphabetischen Substitutionen zu lösen.

13.6.1 Es darf angenommen werden, daß die professionellen Dienste dies schon lange wußten und spätestens seit der Verfügbarkeit von Rechenanlagen

g e h e i m e N o m m a n d o s a c h e Z e i s u n g n o e
i n s f u e r d i e N r i e g s f u e h r u n g n a c h d e
m a O O e S o O i t i s c h e n m o e g O i c h N e i t e n
e r s c h o e S f t s i n d u m a u f f r i e d O i c h e m
Z e g e e i n e f u e r d e u t s c h O a n d u n e r t r a
e g O i c h e O a g e a n s e i n e r o s t g r e n z e z u
E e s e i t i g e n h a E e i c h m i c h z u r g e Z a O t
s a m e n O o e s u n g e n t s c h O o s s e n d e r a n g
r i f f a u f S o O e n i s t n a c h d e n f u e r d e n f
a O O Z e i s s g e t r o f f e n e n v o r E e r e i t u n
g e n z u f u e h r e n m i t d e n a E a e n d e r u n g e
n d i e s i c h E e i m h e e r d u r c h d e n i n z Z i s
c h e n f a s t v o O O e n d e t e n a u f m a r s c h e r
g e E e n a u f g a E e n v e r t e i O v n g u n d o S e r
a t i o n s z i e O E O e i E e n u n v e r a e n d e r t a
n g r i f f s t a g e r s t e r n e u n t e r n e u n z e h
n h u n d e r t n e u n u n d d r e i z i g a n g r i f f s
z e i t v i e r u h r f u e n f u n d v i e r z i g

Abb. 73. Zwischenergebnis

g e h e i m e k o m m a n d o s a c h e w e i s u n g n o e
i n s f u e r d i e k r i e g s f u e h r u n g n a c h d e
m a l l e p o l i t i s c h e n m o e g l i c h k e i t e n
e r s c h o e p f t s i n d u m a u f f r i e d l i c h e m
w e g e e i n e f u e r d e u t s c h l a n d u n e r t r a
e g l i c h e l a g e a n s e i n e r o s t g r e n z e z u
b e s e i t i g e n h a b e i c h m i c h z u r g e w a l t
s a m e n l o e s u n g e n t s c h l o s s e n d e r a n g
r i f f a u f p o l e n i s t n a c h d e n f u e r d e n f
a l l w e i s s g e t r o f f e n e n v o r b e r e i t u n
g e n z u f u e h r e n m i t d e n a b a e n d e r u n g e
n d i e s i c h b e i m h e e r d u r c h d e n i n z w i s
c h e n f a s t v o l l e n d e t e n a u f m a r s c h e r
g e b e n a u f g a b e n v e r t e i l v n g u n d o p e r
a t i o n s z i e l b l e i b e n u n v e r a e n d e r t a
n g r i f f s t a g e r s t e r n e u n t e r n e u n z e h
n h u n d e r t n e u n u n d d r e i z i g a n g r i f f s
z e i t v i e r u h r f u e n f u n d v i e r z i g

Abb. 74. Endergebnis: „Weisung Nr. 1 für die Kriegsführung“

mit Magnetbandspeichern, also etwa ab 1955, auch praktisch nutzten. Es gibt neuerdings publizierte Tabellenwerke für Belegungen von Mustern im

Englischen.[5] Bei der Aufschreibung verwendet man zweckmäßigerweise die Methode des 'Quick Index', wobei rechts und links überschießende Wortreste, durch Klammern abgesetzt, mitgedruckt werden. Ein Beispiel, für das Muster *12131* , zeigt Abb. 75. Beachte, daß anana(s) oder (r)okoko nicht zum Muster *12131* , sondern zum Muster *12121* gehört.

(m) acada (m)	ebene	(r) igidi (taet)	(l) oboto (mie)
(m) ahara (ni)	(l) edere (inband)	(n) ihili (smus)	(s) olomo (n)
(m) alaga	(v)eheme(nt)	(b) ikini	(d) oloro (sa)
(c) alama (ri)	(b) elebe (n)	(m) iliti (a)	(g) onoko (kken)
(p) alata (l)	(b) elege (n)	imiti(eren)	(m) onolo (g)
(m) alaya	(g) elege (n)	(l)imiti(eren)	(m) onopo (l)
(t) amara	eleme (nt)	(d) irigi (eren)	(m) onoto (n)
(p) anama	(t) eleme (trie)	(v) isiti (eren)	(t) opolo (gie)
(s) araba (nde)	(h) elene	(c) ivili (st)	(d) oxolo (gie)
(f) arada (y)	(s) elene	(d) ividi (eren)	
(k) araja (n)	(g) elese (n)	(d) ivisi (on)	(s) tatut
(c) arava (n)	eleve		
(k) atala (nien)	(h) exere (i)		(c)umulu(s)
(k) atara (kt)			

Abb. 75. Quick-Index-Auflistung von Worten mit dem Muster *12131*

Solche Sammlungen von Mustern können maschinell hergestellt werden mit Hilfe eines Lexikons der betreffenden Sprache. Dabei werden aber wortübergreifende Kontakte, darunter auch solche, die beim Unterdrücken des Zwischenraums entstehen, nicht erfaßt. Teilweise Abhilfe bringt die Aufnahme aller grammatikalischen Endungen. Besser ist es, eine Textbasis des betreffenden Genres (vgl. Praktikumsaufgabe 1) zu verarbeiten.

13.6.2 Maschinelle Unterstützung ist auch beim sukzessiven Auffinden von Mustern in einem Geheimtext und beim Vorführen passender Belegungen, etwa auf einem Bildschirm, angebracht.[6]

Bei einem systematischen Vorgehen sucht man im Text möglichst solche Muster zu finden, die nicht allzuviele Belegungen erlauben, und wendet darauf die Exhaustionsmethode des 12. Kapitels an. Diese **Methode der Mustererkennung**, die zunächst ohne Intuition arbeitend, ein Angebot macht, das exhaustiv abgearbeitet werden muß, wird nachfolgend zur Methode der **gekoppelten Mustererkennung** verfeinert.

13.6.3 Beim Auffinden mehrerer Muster schließen sich häufig einige Belegungen gegenseitig aus. Dadurch wird der Suchraum verkleinert. Beispielsweise finden sich in dem Geheimtext

[5] *Richard V. Andree*, Pattern & Non-Pattern Words, Raja Press, Norman, Oklahoma.

[6] Insbesondere wird man auch nach wiederholten Mustern im Geheimtext suchen, die womöglich (ja sogar „wahrscheinlich") die selbe, häufiger vorkommende Klartextstelle chiffrieren. Wir werden darauf („Parallelstellensuche") im Kapitel 15 zurückkommen.

S E N Z E I S E J P A N O A I A O P A N C A H A O A J
1 2 3 2 1 4 2 *1 2 1 3 1*

die Muster *1232142* und *12131* ; zu der in 13.3 verzeichneten Belegung s e m e s t e r für *1232142* passen aber nur wenige Belegungen für *12131* , nämlich nur solche, die mit e H e s e verträglich sind; das ist aus der Liste von Abb. 75 lediglich (g) e l e s e (n) . Zu der ebenfalls in frage kommenden Belegung g e r e g n e t für *1232142* passen nur solche Belegungen für *12131* , die mit e H e g e verträglich sind; das sind aus der Liste von Abb. 75 lediglich (g) e l e g e (n) und (b) e l e g e (n) . P $\hat{=}$ n aus der Belegung mit g e r e g n e t stößt sich aber mit J $\hat{=}$ n sowohl aus (g) e l e g e (n) wie auch aus (b) e l e g e (n) . Dieser Versuch bricht also bereits ab.

Mit s e m e s t e r für *1232142* und (g) e l e s e (n) für *12132* wären nun sieben Buchstaben festgelegt und das folgende Fragment erzielt:

SErZEmSEntersemestergelesen

Für die Wahl der Klartextzeichen für S , E und Z verblieben also $19 \cdot 18 \cdot 17 = 5814$ Möglichkeiten. Diese Zahl wird aber noch drastisch reduziert, wenn man die rund ein Dutzend Muster für S E n t e r aufsucht. Offen und der Intuition anheimgegeben bleibt sodann noch die Entzifferung von Z . Diese etwa $12 \cdot 16 \approx 200$ Fälle sind mit maschineller Unterstützung schnell überprüft. Angenommen, man fände neben der naheliegenden vollen Entzifferung

wirdimwintersemestergelesen

noch eine zweite oder diese Entzifferung würde angesichts der gegenüber der Unizitätslänge kurzen Länge des Textes (27) angezweifelt, so wäre im Sinne von *Rohrbach* ohnehin noch der Schlüssel aufzustellen, der sich für diese Entzifferung als ein CAESAR mit der Verschiebung $22 \simeq -4$ herausstellt. Das dürfte schließlich genügend glaubwürdig sein.

13.6.4 Man sollte erwarten, daß in einem monoalphabetisch chiffrierten Geheimtext die Anzahl der vorkommenden Muster proportional der Länge ist; die Kopplung der Muster jedoch mindestens quadratisch mit der Länge anwächst, so daß die aus der Kopplung der Muster hervorgehenden Einschränkungen rasch zunehmen und den Suchraum der Exhaustion entsprechend einengen.

13.7 Pangramme

Nützlich sind ferner Listen von langen Wörtern, die keine wiederholten Buchstaben enthalten (Pangramme[7], ***non-pattern words***). *Andree* zählt einige hundert Wörter der Länge 11 wie

---

[7] *Richard V. Andree*, Nonpattern Words of 3 to 14 letters, Raja Press, Norman, Oklahoma 1982.

„abolishment“ „atmospheric“ „comradeship“ „exculpation“ „filamentous“ „hypogastric“ „nightwalker“ „questionary“ „slotmachine“ „spaceflight“

und einige Dutzend der Länge 12 wie

„ambidextrous“ „bakingpowder“ „bodysnatcher“ „disreputably“ „housewarming“ „hydrosulfite“ „springbeauty“ „talcumpowder“

auf. Kommen solche Wörter im Klartext vor, erfordert der Einstieg nur eine Exhaustion von kleinem Umfang.

Echte Pangramme sind Sätze, die jeden Buchstaben genau einmal enthalten. Im Deutschen ist kein echtes Pangramm bekannt, gute Approximationen sind

sylvia wagt quick den jux bei pforzheim (33 Zeichen),
bayerische jagdwitze von maxl querkopf (34 Zeichen) und
zwei boxkaempfer jagen eva quer durch sylt (36 Zeichen).

Im Englischen sind Pangramme in sehr freier Sprache möglich, etwa

cwm, fjord-bank glyphs rest quiz (*Dmitri Borgmann*) und
squdgy fez, blank jimp, crwth vox (*Claude E. Shannon*).

Gute Approximationen sind

waltz, nymph, for quick jigs vex bud (28 Zeichen),
pack my box with five dozen liquor jugs (32 Zeichen).

Bekannt sind seit langem die Testtexte für Fernschreibverbindungen

kaufen sie jede woche vier gute bequeme pelze
the quick brown fox jumps over the lazy dog
voyez le brick geant que j'examine pres du wharf.

Für Vokal-Pangramme, in denen jeder Vokal genau einmal vorkommt, eignet sich besonders das Französische. Gute Annäherungen an echte Vokal-Pangramme sind *ultraviolet, trouvaille, autrefois, ossuaire, oripeau, ouaille* und *oiseau*, das den Vogel abschießt.

Praktikumsaufgabe 2: Schreibe ein Programm, das eine Textbasis nach Zeichenwiederholungsmustern in Normalform sortiert.

Praktikumsaufgabe 3: Schreibe auf der Basis der Aufgabe 2 ein Programm für das Brechen einer einfachen monoalphabetischen funktionalen Substitution, das alle im Chiffrat vorkommenden Muster feststellt und nur solche Substitutionen zur interaktiven Inspektion anbietet, die mit allen Mustern verträglich sind.

14 Muster im polyalphabetischen Fall

14.1 Negative Mustersuche

Mustervergleich ist notwendigerweise auf monoalphabetische Chiffrierungen beschränkt. Für eine weite Klasse von polyalphabetischen Chiffrierungen, nämlich für solche, bei denen in jedem Alphabet nie ein Zeichen durch das selbe Zeichen chiffriert wird, ist jedoch eine Negativsuche nach einem Muster angezeigt: sie liefert zwar lediglich die möglichen L a g e n eines wahrscheinlichen Wortes, aber das kann einen Einstieg erleichtern, wenn die Alphabete selbst bekannt sind.

Für die Phrase „Erloschen ist Leuchttonne“ (vgl. 10.1.3) sind im nachfolgendem Chiffrat unter der angegebenen Bedingung nur zwei Lagen möglich, alle anderen führen zu einem *'crash'* :

YOAQUTHNCHWSYTIWHTOJQMTCFKUSLZVSMFNGTDUQNYAVH

erlosc**h**enistleuc**ht**tonne
erloscheni**s**tleuchttonne
erloschenis**t**leuchttonne
erlos**ch**enistleuchttonne
erloschenistleucht**t**onne
erloscheni**s**tleuch**t**tonne
erloschenis**t**leuchttonne
erlo**s**chenistleuchttonne
erloschenistleu**ch**ttonne
→ erloschenistleuchttonne
erlosc**h**enistleuchttonne
erloschenis**t**leuchttonne
erloschenistle**u**chttonne
erloschenistleuchttonn**n**e
erloschenistleuchtto**n**ne

erl**o**schenistleuchttonne

erloschenist**l**euchttonne

erloschenii**s**tleuchttonne

erlos**c**henistleucht**t**onne

erloschenistleuch**t**tonn**e**

erloschenistleuchtto**n**ne

erloschenii**s**tleuchttonne

→ erloschenistleuchttonne

Die obige Voraussetzung des Verfahrens ist öfter erfüllt, als man zunächst denken möchte. Es kann sehr wohl sein, daß jemand mit bester Absicht Einerzyklen vermeidet. Einfache monoalphabetische Substitutionen tun dies ständig, und polyalphabetische Substitutionen, die einen Satz solcher Alphabete verwenden, tun es dann natürlich auch — nicht bedenkend, daß es sich um eine *complication illusionaire* handelt.

Überdies erfüllen alle polyalphabetischen Substitutionen mit echt involutorischen Alphabeten die Voraussetzung. Dazu gehören insbesondere die Verfahren mit PORTA-Chiffrierschritten (7.3.2), sofern $N = |V|$ ungerade ist; nicht jedoch die mit BEAUFORT-Chiffrierschritten (7.3.1).

Außer im monoalphabetischen Fall liefert die Methode in der Regel mehrere mögliche Lagen eines vermuteten wahrscheinlichen Wortes, die exhaustiv zu bearbeiten sind. Sind aber die Alphabete bekannt, so kann der Einstieg zur Rekonstruktion des Schlüssels gelingen; im Falle eines periodischen Schlüssels oder eines Schlüssels mit bekanntem Bauprinzip ist damit alles erledigt.

Eine Reihe maschineller Chiffrierverfahren sind gegen die Methode anfällig. Erstens: Streifen- und Zylindergeräte (vgl. 7.4.3), deren Alphabete einfache zyklische Permutationen sind: die einzige dieser Substitutionen, die die Voraussetzung nicht erfüllt, ist die identische, und die vermeidet man ohnehin.

Zweitens: Geräte, die „zur Erleichterung der Arbeitsweise" involutorisch arbeiten. Dann ist jedes Alphabet eine involutorische Permutation. Kann man jetzt wieder Zyklen der Länge 1 ausschließen, so ist wieder die Voraussetzung für die Negativsuche nach einem Muster gegeben.

n	$P(\%)$	n	$P(\%)$
1	96.15	12	62.45
2	92.45	16	53.39
3	88.90	24	39.01
4	85.48	32	28.51
5	82.19	48	15.22
6	79.03	64	8.13
8	73.07	96	2.32
10	67.56	128	0.66

Abb. 76. Gesamt-Trefferwahrscheinlichkeit der Negativ-Mustersuche

Bei den Chiffriermaschinen von *Hagelin* traf dies nicht zu. Die ENIGMA aber litt unter dieser Schwachstelle gerade wegen der als besonders raffiniert gedachten Einführung der Umkehrwalze. Es fiele schwer, zu glauben, daß die über die Sicherheit der eigenen Systeme wachende Gruppe IV (*Hüttenhain*) der Chiffrierabteilung des OKW d i e s e Einbruchmöglichkeit nicht kannte oder unterschätzte. Jedenfalls war sie e i n wesentlicher Bestandteil für die Arbeit des polnischen Biuro Szyfrów und der britischen Dechiffrierer in *Bletchley Park*. Aber die in der amerikanischen Kriegsmarine ebenso sorglos verwendete CSP-642, polyalphabetisch mit unabhängigen Alphabeten, war gleichermaßen gefährdet; die Japaner machten sich das zu nutze, nachdem sie auf den Inseln Wake und Kiska die Streifengeräte erbeutet hatten.

Kurze Wörter erlauben selbstverständlich viele Treffer und damit auch viele Blindtreffer. Die Gesamt-Trefferwahrscheinlichkeit der Negativsuche nach einem Wort der Länge n ist

$$P = (1 - 1/N)^n \asymp e^{-n/N} \ .$$

Abb. 76 zeigt einige Werte für den üblichen Fall $N = 26$.

Nachfolgender Klartext der Länge 60 (*Konheim*) ist mit einer ENIGMA chiffriert:

```
m a n y o   r g a n i   z a t i o   n s r e l   y o n c o   m p u t e
G R S U Z   T L D S Z   N K W N E   R D P F B   O V V Q N   O B K Y I

r s a n d   d a t a c   o m m u n   i c a t i   o n s t o   k e e p t
Q N J R C   Q L I F R   V T P K I   L H G Q V   T M M J Y   M A J U J
```

Bei der Negativsuche für das 8-Zeichen-Wort *computer* sollten für die ersten zwanzig Positionen ungefähr 15 ($20 \cdot 0.7307$) mögliche Lagen auftreten. Tatsächlich sind 16 der Lagen nicht auszuschließen und damit Blindtreffer:

```
  G R S U Z T L D S Z N K W N E R D P F B O V V Q N O B K Y I
  c o m p u t e r
→   c o m p u t e r
  →   c o m p u t e r
    →   c o m p u t e r
      →   c o m p u t e r
        →   c o m p u t e r
          →   c o m p u t e r
            →   c o m p u t e r
                  c o m p u t e r
                →   c o m p u t e r
                  →   c o m p u t e r
                    →   c o m p u t e r
                      →   c o m p u t e r
                        →   c o m p u t e r
```

c o m p u t e r
→ c o m p u t e r
→ c o m p u t e r
→ c o m p u t e r
→ c o m p u t e r
c o m p u t e r

/computer/ ist eben ein sehr kurzes Wort, /oberkommandoderwehrmacht/ (s. 19.5) ist da schon besser. Textstücke von 100 Zeichen wären bereits ideal.

Praktikumsaufgabe 4: Schreibe ein Programm, das unter den Voraussetzungen für Negativ-Mustersuche für ein gegebenes Klartextwort alle möglichen Lagen im Chiffrat zur interaktiven Inspektion anbietet.

14.2 Binäre Mustersuche bei Porta-Alphabeten

Besonders günstig ist die Situation für die Mustersuche, wenn es sich um (polyalphabetische) Involutionen handelt, die die erste Hälfte des Alphabets in die zweite abbilden und umgekehrt (PORTA-Schritte, vgl. 7.3.2), etwa

$$\{abc...m\} \overset{2}{\longleftrightarrow} \{nop...z\}$$

Das **binäre Muster** eines Wortes erhält man, wenn man jedes Zeichen durch α oder β ersetzt, jenachdem ob es aus der ersten oder der zweiten Hälfte des Alphabets ist.

oberkommandoderwehrmacht

hat also das binäre Muster

$$\beta\alpha\alpha\beta\alpha\beta\alpha\alpha\alpha\beta\alpha\beta\alpha\alpha\beta\beta\alpha\alpha\beta\alpha\alpha\alpha\alpha\beta \quad ,$$

im Chiffrat muß dementsprechend nach dem Muster

$$\alpha\beta\beta\alpha\beta\alpha\beta\beta\beta\alpha\beta\alpha\beta\beta\alpha\alpha\beta\beta\alpha\beta\beta\beta\beta\alpha$$

gesucht werden. Bei genügend langen Musterworten sind Blindtreffer selten.

14.3 Mustersuche bei bekannten Alphabeten – De Viaris

Für Streifen- und Zylindergeräte mit (zyklischen) unabhängigen Alphabeten, für die nach 14.1 bereits die negative Mustersuche möglich ist, kann der unberufene Entzifferer noch mehr tun. Dies mußte *Étienne Bazeries*, der große Praktiker der Kryptologie, schmerzlich erfahren, als das von ihm für unüberwindlich gehaltene Zylindergerät von seinem Gegenspieler *de Viaris* (7.4.3) bloßgestellt wurde. Die Methode von *de Viaris* 1893 und *Friedman* 1918 setzt übrigens nicht voraus, daß die Alphabete zyklisch sind.

14.3.1 Auch die allgemeine Methode setzt aber den Besitz des Gerätes voraus. Da die Anzahl der Scheiben oder Streifen systemmäßig keiner Beschränkung unterliegt, ist die Anzahl der jeweiligen Anordnungen immer als groß genug anzusehen, um eine Exhaustion auszuschließen. Die Periode ist systemmäßig festgelegt; die bekannten Alphabete könnten also gegen Kolonnen monographisch chiffrierter Zeichen geprüft werden (18.2.5); aber das Material reicht oft nicht aus um eine Häufigkeitsanalyse durchzuführen.

Für den speziellen Fall der Streifen- und Zylindergeräte kommt die scheinbare Komplikation der Homophonie hinzu. Zunächst sei angenommen, die (homophone) Chiffre sei in der k-ten Zeile nach dem eingestellten Klartext-Stück (in der k-ten Generatrix, vgl. 7.4.3) abgelesen worden. Man wird regelmäßig mit kleinen Werten von k beginnen und hat schlimmstenfalls zwei Dutzend Fälle durchzuprobieren. Ferner sei angenommen, ein wahrscheinliches Wort oder Textstück sei kurz genug, um nicht zerrissen zu werden.

Nun wird für ein bestimmtes wahrscheinliches Wort festgestellt, welches Zeichen in der k-ten Generatrix auf der i-ten Scheibe oder dem i-ten Streifen stehen. Mit dieser Information fährt man am Geheimtext entlang und stellt fest, welche Lagen ihn überhaupt ergeben konnten. Ist das wahrscheinliche Wort kurz, so erhält man womöglich mehrere Möglichkeiten, die exhaustiv weiterzubehandeln sind. Ist das wahrscheinliche Wort lang, so ergibt sich vielleicht gar keine Möglichkeit; dann ist zu einer anderen Generatrix überzugehen. Gelingt es für keine Generatrix, so kommt das wahrscheinliche Wort, entgegen der Annahme, nicht vor — oder es wurde zerrissen.

Am Beispiel des Zylinders von *Bazeries* sei das Verfahren geschildert, mit einem Geheimtext, der auf Angaben von *Givierge* zurückgeht:

```
F S A M C   R D N F E   Y H L O E   R T X V Z
L R M Q U   U X R G Z   N B O M L   N D N P V
R T M U K   H R D O X   L A X O D   C R E E H
V R E X Z   G U G L A   B S E S T   V F N G H
```

Als wahrscheinliches Wort sei /division/ angenommen. Für die 20 Zyklen von *Bazeries* (7.4.3, Abb. 44) ergeben sich für die erste Generatrix die Bildmengen von /division/ in Abb. links. Schiebt man jetzt einen Papierstreifen mit dem Geheimtext an diesen Bildmengen entlang, so kann man für jede Lage des wahrscheinlichen Wortes feststellen, ob die sämtlichen Chiffrenbuchstaben für dieses Wort unter den verfügbaren zu finden sind. Beispielsweise ist das nicht der Fall für die folgende Lage

F S A **M** **C**   **R** D N F E   Y H L O E   R T X V Z
d i v i s   i o n

bei der sich nur die vier fettgedruckten Chiffren (statt acht) in der 1. Generatrix wiederfinden. Auch für die nächste Lage

F S A M **C**   **R** D **N** **F** E   Y H L O E   R T X V Z
  d i v i   s i o n

finden sich nur die vier fettgedruckten Chiffren (statt acht) in der 1. Generatrix wieder. Für die übernächste Lage

	d	i	v	i	s	i	o	n
1	E	J	X	J	T	J	P	O
2	F	O	X	O	T	O	U	P
3	F	O	X	O	T	O	J	P
4	C	H	U	H	R	H	N	M
5	C	Q	T	Q	R	Q	I	M
6	C	E	T	E	R	E	I	M
7	P	J	B	J	E	J	N	S
8	T	E	D	E	P	E	Y	H
9	E	J	X	J	L	J	P	O
10	I	E	X	E	V	E	T	C
11	B	T	I	T	**C**	T	U	D
12	G	C	Y	C	A	C	R	P
13	N	R	Y	R	A	**R**	I	S
14	**F**	B	X	B	V	B	N	E
15	F	N	X	N	T	N	P	S
16	K	M	X	**M**	V	M	G	F
17	F	E	X	E	O	E	N	A
18	I	U	X	U	T	U	M	Q
19	F	J	L	J	U	J	N	T
20	G	J	X	J	T	J	U	O

	d	i	v	i	s	i	o	n
1	**H**	M	A	M	X	A	S	R
2	J	B	E	B	Z	B	E	S
3	I	**L**	E	L	Z	L	M	Q
4	Z	E	R	**E**	O	E	K	J
5	U	M	**O**	M	Q	M	N	E
6	U	X	Q	X	N	X	Z	J
7	J	V	K	V	D	V	F	T
8	M	U	J	U	D	U	F	X
9	L	N	H	N	I	N	V	U
10	P	R	D	R	Z	R	A	J
11	**H**	S	L	S	**R**	S	N	G
12	K	B	R	B	U	B	Z	**V**
13	U	T	L	T	B	**T**	M	X
14	K	F	H	F	Z	F	R	T
15	K	R	N	R	E	R	**X**	U
16	S	O	J	O	Z	O	R	H
17	J	O	Y	O	B	O	C	D
18	B	C	L	C	U	C	R	Y
19	J	Q	F	Q	M	Q	Z	A
20	J	P	N	P	A	P	E	T

Abb. 77. Bildmengen von /division/ ,
links 1. Generatrix (mit **FSAMCR**DN) , rechts 4. Generatrix (mit **HLOERTXV**)

FSA**M**C **R**D**N**F**E** YHLOE RTXVZ
div ision

sieht es nicht besser aus. So kann man fortfahren und für weitere Lagen von /division/ die 1. Generatrix ausschließen.

Nun wendet man sich einer anderen Generatrix zu. Abb. 77 rechts zeigt für die 4. Generatrix die Bildmengen von /division/ mit den gleichen 20 Alphabeten. Beginnt man wieder ganz links, so ergibt sich für die Lage

FSAMC RDNFE Y**HLOE** **RTXV**Z
divi sion

erstmals ein Treffer: alle acht (fettgedruckten) Chiffren sind in der Bildmenge, und sieben von ihnen finden sich sogar nur einmal, legen also das zugehörige Alphabet fest. Lediglich für **H** hat man die Qual der Wahl zwischen dem ersten und dem elften Alphabet.

An dieser Stelle geht eine weitere Kenntnis über das System in die Kryptanalyse ein. Prinzipiell könnte auch ein unabhängiges Alphabet, so wie begleitende Alphabete, mehrfach verwendet werden. Für Zylinder- und Streifengeräte gilt aber üblicherweise, daß jeder Zylinder bzw. jeder Streifen nur einmal vorhanden ist und innerhalb der Periode genau einmal verwendet wird. Dieser Bedingung entspräche bei VIGENÈRE-Schritten, daß im Schlüsselwort jedes Zeichen nur einmal vorkommt. Während es dort dafür sorgt, daß die Alphabete der einzelnen Kolonnen nicht kumuliert werden (‚progressive Chiffrierung', 8.4.2), liegt hier offensichtlich eine *complication illusionaire* vor.

Unter der insbesondere für den Zylinder von *Bazeries* geltenden Annahme kann nun für H = d das elfte Alphabet ausgeschlossen werden, da es bereits eindeutig für R ≙ s benötigt wird. Also ergibt sich die folgende Anordnung von acht der 20 Zylinder

* * * * * * * * * * * 1 3 5 4 11 13 15 12 *

Sollte das kein Blindtreffer sein, so müßte sich im Abstand von 20 Zeichen jeweils wieder eine Entzifferung ergeben. Man erhält für die Lage

LRMQU	UXRGZ	NBOML	NDNPV	
		1 3 5 4	11131512	
		z h p n	r m y k	24.
		a i n m	a t i n	←
		B O M L	N D N P	1.
		c j l k	d n s q	2.
		d k k j	b s t t	3.

eine überzeugende Entzifferung /ainmatin/ : für diese Runde wurde also die 1. Generatrix benutzt. Weiterhin erhält man im Abstand von 40 Zeichen

RTMUK	HRDOX	LAXOD	CREEH	
		1 3 5 4	11131512	
		A X O D	C R E E	**22.**
		b z i c	o e z z	23.
		c a q b	u m l l	24.
		d e p a	r t a s	←
		e b n z	a d j a	1.

die überzeugende Entzifferung /departas/ (22. Generatrix). Das kann man auf zweierlei Weise ergänzen: zu /departasixheures/ oder zu /departaseptheures/ . Bedenkt man, daß 6 Uhr für die französische Armee schrecklich früh wäre, so wird man es vielleicht zunächst versuchen mit /departaseptheures/ als wahrscheinlichem Wort , das zerrissen wird in /departase/ und /ptheures/ . Letzteres ergibt in der unmittelbar anschließenden Lage (die Bildmenge von /ptheures/ mit der 3. Generatrix zeigt Abb. 78, die Chancen für einen Blindtreffer stehen 1:189) den Treffer

VREXZ GUGLA BSEST VFNGH
p t h e u r e s

der auch die Position von fünf weiteren, nicht verbrauchten Zylindern festlegt: V ≙ p ist mit dem 9., (12.,) 16. oder 20. Zylinder erreichbar. R ≙ t erfordert den 7., E ≙ h den (4.,) 14. oder 18. Zylinder, X ≙ e den 6. Zylinder. Z ≙ u ist mit dem 9. oder 17. Zylinder erreichbar, dabei müssen wir es momentan belassen. G ≙ r erfordert den 10., U ≙ e den 2. oder 8. Zylinder. Schließlich ist G ≙ s nur mit dem 9. Zylinder erreichbar, der also für Z ≙ u und V ≙ p ausscheidet. Lediglich ob zu U ≙ e der 2. oder der 8. Zylinder, zu E ≙ h der 14. oder der 18. Zylinder, zu V ≙ p der 16. oder der 20. Zylinder gehört, bleibt offen; es ergibt sich folgende Verteilung von 19 der 20 Zylinder

$\genfrac{}{}{0pt}{}{16}{20}$ 7 $\genfrac{}{}{0pt}{}{14}{18}$ 6 17 10 $\genfrac{}{}{0pt}{}{2}{8}$ 9 * * * 1 3 5 4 11 13 15 12 *

		p	t	h	e	u	r	e	s
•	1	S	X	K	H	Y	U	H	V
	2	S	Z	L	U	C	V	**U**	X
•	3	Q	Z	J	D	R	V	D	X
•	4	M	Q	**E**	B	R	O	B	P
•	5	L	O	D	H	V	Q	H	I
	6	L	Q	D	**X**	E	N	X	P
	7	J	**R**	Q	D	B	U	D	T
	8	D	M	X	U	L	S	**U**	V
	9	**V**	F	Y	L	**Z**	D	L	**G**
	10	T	A	M	R	O	**G**	R	Y
•	11	Y	S	M	T	N	D	T	U
•	12	**V**	F	N	S	D	Z	S	C
•	13	Y	S	P	D	C	T	D	X
	14	B	I	**E**	T	P	A	T	Y
•	15	X	E	O	A	L	Z	A	U
	16	**V**	B	C	G	D	U	G	Y
	17	U	X	P	O	**Z**	L	O	A
	18	T	U	**E**	S	C	D	S	I
	19	S	A	B	C	M	X	C	Y
	20	**V**	A	K	C	E	Y	C	L

Gesamt-Trefferwahrscheinlichkeit

$$\frac{12}{25} \times \frac{13}{25} \times \frac{14}{25} \times \frac{13}{25} \times \frac{13}{25} \times \frac{14}{25} \times \frac{13}{25} \times \frac{12}{25}$$
$$\approx 1 : 189$$

Abb. 78. Bildmengen von /ptheures/ , 3. Generatrix (mit **VREXZGUG**)

Die restliche Entzifferung ist eine Kleinigkeit: die bereits festgestellte Anordnung der Zylinder gibt die fragmentarische Entzifferung

F S A M C	R D N F E	Y H L O E	R T X V Z
* a * r o	i * i * *	* d i v i	s i o n *
L R M Q U	U X R G Z	N B O M L	N D N P V
* p * r t	e * a * *	* a i n m	a t i n *
R T M U K	H R D O X	L A X O D	C R E E H
* r * e i	m * s * *	* d e p a	r t a s e
V R E X Z	G U G L A	B S E S T	V F N G H
p t h e u	r e s * *	* p x x x	x x x x *

in der weitere Bruchstücke /la troisieme/ , /demain/ sofort ergänzt werden können und weitere Festlegungen erlauben. Die komplette Reihenfolge der Zylinder, der Schlüssel, kann so zu

16 7 18 6 17 10 8 9 20 19 2 1 3 5 4 11 13 15 12 14

rekonstruiert werden und liefert (beachte die auffüllenden x's am Ende)

F S A M C	R D N F E	Y H L O E	R T X V Z
l a t r o	i s i e m	e d i v i	s i o n s
L R M Q U	U X R G Z	N B O M L	N D N P V
e p o r t	e r a d e	m a i n m	a t i n s
R T M U K	H R D O X	L A X O D	C R E E H
u r r e i	m s s t o	p d e p a	r t a s e
V R E X Z	G U G L A	B S E S T	V F N G H
p t h e u	r e s s t	o p x x x	x x x x x

Auch beim Fehlen eines wahrscheinlichen Wortes ist die periodische polyalphabetische Chiffrierung mit unabhängigen Alphabeten, sofern diese bekannt sind, angreifbar: *Givierge* folgend, zieht man häufige Bigramme, Trigramme und Tetragramme heran, um zu einem gewissen Zylinder die rechten und linken Nachbarn zu finden. Wir zeigen das am Beispiel der französischen Allerweltsendung /ation/ : In Abb. 79 findet man die Bildmengen für die erste Generatrix; die Chancen stehen 1:51, Blindtreffer sind also noch recht selten zu erwarten.

	a	t	i	o	n
1	B	U	J	P	O
2	E	V	O	U	P
3	E	V	O	J	P
4	Z	S	H	N	M
5	J	S	Q	I	M
6	Z	S	E	I	M
7	L	D	J	N	S
8	V	O	E	Y	H
9	R	S	J	P	O
10	F	G	E	T	C
11	N	Z	T	U	D
12	I	V	C	R	P
13	U	D	R	I	S
14	I	P	B	N	E
15	J	R	N	P	S
16	I	H	M	G	F
17	B	U	E	N	A
18	B	D	U	M	Q
19	C	E	J	N	T
20	C	E	J	U	O

Gesamt-Trefferwahrscheinlichkeit

$$\frac{12}{25} \times \frac{11}{25} \times \frac{12}{25} \times \frac{10}{25} \times \frac{12}{25}$$

$$\approx 1:51$$

Abb. 79. Bildmengen von /ation/ , 1. Generatrix

Sowohl die Technik von *de Viaris* und *Friedman* wie die letzterwähnte von *Givierge*, die versucht, viele kleine Inseln zu finden und zusammenzuschließen, sind mit Arbeitsplatzrechnern leicht mechanisierbar. Nicht ohne Stolz bemerkt *Givierge*, daß man sich dank eines «mot probable» Quintillionen von Versuchen ersparen kann.

Die Methode von *de Viaris* und *Friedman* zur Einengung des Suchraums setzt, wie oben gesagt, nicht voraus, daß die Alphabete zyklisch sind. Sie kann auch versagen, nämlich wenn (mindestens) $d = N$ Alphabete verwendet werden, die ein lateinisches Quadrat (7.4.4) bilden: dann ist für jedes Wort keine Lage ausschließbar.

14.3.2 Der französische Marquis *Gaëtan Henri Léon de Viaris* (gallisierter *di Lesegno*) wurde am 13. Februar 1847 in Cherbourg geboren, sein Vater war Artilleriehauptmann. Mit 19 Jahren kam *de Viaris* auf die berühmte *École Polytechnique*. Mit 21 ging er zur See, später wurde er Polizeipräfekt und schließlich Infanterieoffizier. Sein Interesse für die Kryptologie erwachte um 1885; er betätigte sich zuerst als Erfinder einer der ersten druckenden Chiffriermaschinen. Sicherlich war er nach *Babbage* der erste, der mathematische Beziehungen in der Kryptologie einsetzte, nämlich bei der Charakterisierung linearer Substitutionen in einer Reihe von Artikeln 1888. 1893 schrieb er dann die kryptanalytische Abhandlung *De la cryptographie*, die ihn berühmt machte. 1898 publizierte er auch einen kommerziellen Code. Er starb am 18. Februar 1901.

Marcel Givierge baute als Major beim Ausbruch des 1. Weltkriegs eine Entzifferungsabteilung des französischen Generalstabs auf. 1925, als sein Buch *Cours de Cryptographie* erschien, war er Oberst; er wurde später zum General befördert. Unter ihm arbeitete *George Jean Painvin*, ein genialer Entzifferer, der nach dem Krieg ein bedeutender Wirtschaftsführer wurde.

14.3.3 Zu den wenigen bekanntgewordenen Fällen, in denen systematisch und in großem Ausmaß eine Zylinder- oder Streifenchiffrierung gebrochen wurde, gehört im 2. Weltkrieg die Überwindung der O-2 , einer Version der M-138-A für den Diplomatischen Dienst der USA, durch eine Mannschaft im Auswärtigen Amt („Sonderdienst Dahlem"), unter maßgeblicher Mitwirkung der Mathematiker *Werner Kunze*, *Hans Rohrbach*, *Annelise Hünke*, *Erika Pannwitz*, *Hansgeorg Krug*, *Helmut Grunsky* — Linguisten wie *Hans-Kurt Müller*, *Asta Friedrichs*, *Joachim Ziegenrücker*, *Ottfried Deubner* nicht zu vergessen. Wie *Rohrbach* berichtete, begann die Arbeit mit der Sammlung und Aufbereitung eines umfangreichen aufgefangenen Spruchmaterials, hauptsächlich aus der und in die US-Botschaft in Bern, wobei auffällig war

1. das häufige Vorkommen von Parallelen, auch längeren, aber niemals über mehr als 30 Zeichen gehend und häufig mit dem 15. Zeichen abbrechend,
2. das gehäufte Vorkommen von Parallelen in Sprüchen des gleichen Tages, jedoch niemals in zwei Sprüchen des gleichen Monats,
3. das Nichtvorkommen von Parallelen zwischen einem Spruch vor und einem Spruch nach dem 1. August 1942.

Man zog daraus den Schluß, daß immer 15 Zeichen (eine ‚Linie') in der selben Weise chiffriert wurden (Periode 15), gelegentlich sogar 30 Zeichen; daß der Schlüssel täglich wechselte, aber mehrfach verwendet werden konnte, und daß am 1. August das Chiffriersystem grundlegend geändert worden war.

Als Arbeitshypothese durfte also eine polyalphabetische Chiffrierung der Periode 15 angenommen werden, und zwar eine monographische, wofür auch vorangegangene Erfahrung mit stereotypen Wiederholungen am Spruchbeginn (*"For Murphy"*) sprach. Es war anzunehmen, daß insgesamt mehr als 15 Alphabete zur Verfügung standen.

Bekannt war ferner eine Vorliebe der US-Dienste für Zylinder- und Streifengeräte, die dazu führte, daß kein Zeichen in sich übergehen konnte und daß bei übereinstimmenden Klartextstücke Ablesungen in verschiedenen Generatrizen keine paarweisen Übereinstimmungen erlaubten.

Eine ‚Familie' bestand aus allen Sprüchen mit gleichem Schlüssel, also mit ein- und demselben Satz von Alphabeten in gleicher Anordnung; zu einer ‚Klasse' wurden zusammengefaßt die 25 Familien, die den 25 verschiedenen Generatrizen ($N = 26$) entsprachen. Unter massivem Einsatz von Lochkartenmaschinen und von Sonderanfertigungen, worum sich besonders *Krug* verdient machte, wurde das Material zu Familien verdichtet und diese in Klassen eingeteilt; die umfangreichste dieser Klassen (Klasse III) mit ungefähr 3000 Linien umfaßte 25 Familien mit je 60 bis 150 Linien . Man fand zunächst roh knapp 50 Klassen, am Ende war das gesamte Material genau 40 verschiedenen Klassen zugeordnet, wobei nur wenig Material, von Tagen mit geringem Verkehr stammend, unberücksichtigt bleiben mußte. Die Rekonstruktion der Alphabete einer solchen Klasse setzte dann an phasenreinen Bigramm- und Trigrammparalleln zwischen den Linien an, in geradliniger Fortsetzung der Überlegungen von *Givierge*. Der Einbruch gelang über das häufig vorkommende Tetragramm /tion/ und das Pentagramm /ation/, unterstützt von den Bigramm-Drillingen /in/, /an/, /on/ und /in/, /an/, /un/. *Rohrbach* beschreibt eindringlich, wie langsam Keime der Lösung durchschimmerten, wie sich dann Lücken füllen ließen und schließlich das Unternehmen „aus eigener Kraft" lief. Der Erfolg war garantiert, als die ersten 30 Alphabete, nämlich die der Klasse III, bestimmt waren. Die Betrachtung anderer Klassen brachte eine Erweiterung auf insgesamt 50 Alphabete, die vollständig bestimmt wurden, dazu traten die 40 schließlich festgestellten Tagesschlüssel, so daß alles aufgefangene Material der Geräte O-2 entziffert werden konnte. Um dies zu beschleunigen (von Hand konnte eine Person pro Schicht knapp 100 Linien bewältigen), baute *Kunze* eine halbautomatische Vorrichtung, die dem Auswerter das Einstellen der Streifen abnahm; er hatte nur noch die richtige Generatrix zu finden. Damit war es möglich, das gesamte Material innerhalb eines Monats zu entziffern. Leider ging, je besser es klappte, umso weniger neues Material ein: Mitte 1944 stellte das State Department auf ein moderneres und sichereres Chiffrierverfahren mittels der von der U.S.Army gelieferten SIGTOT-Maschinen mit individuellem Schlüssel um. Außerdem mußte der Sonderdienst Dahlem erst vor dem Bombenterror in Berlin und dann vor der nach Schlesien vorrückenden Sowjetarmee flüchten. Nicht besser erging es dem „Forschungsamt" des Reichsluftfahrtministeriums, *Görings* Abhördienst.

Die Japaner versuchten sich auch an der M-138-A, waren aber nicht sehr erfolgreich: *Kahn* meint, sie hätten *de Viaris*, *Friedman* (und *Givierge*) genauer studieren sollen. Wieviel den Russen gelang, ist unbekannt.

14.4 Geheimtext-Klartext-Kompromittierung

Eine Geheimtext-Klartext-Kompromittierung (10.1) gibt bei monoalphabetischer Chiffrierung, selbst wenn sie hochgradig polygraphisch ist, den Schlüssel preis — zumindest den ganzen verwendeten Schlüssel. Aber auch bei polyalphabetischer Chiffrierung durch l i n e a r e Substitutionen (5. Kapitel) ist der Schlüssel — sei er nun periodisch oder nicht — durch simple Subtraktion auszurechnen. Auf diese Möglichkeit stützte sich 1846 auch *Babbage*.

Für Substitutionen, die nicht linear sind, also insbesondere für ALBERTI-Schritte, ROTOR-Schritte und für Substitutionen mit unabhängigen Alphabeten, stehen immer noch alle Angriffsmöglichkeiten des wahrscheinlichen Wortes in voller Breite zur Verfügung. Eine Geheimtext-Klartext-Kompromittierung gibt also praktisch in den allermeisten Fällen den Schlüssel preis und erlaubt dabei den weiteren Angriff bei mehrfacher Verwendung eines nichtperiodischen Schlüssels; noch schlimmer: es wird ein tiefer Einbruch in das Chiffriersystem möglich.

14.4.1 Dies zeigt sich besonders bei der **Isomorphie-Methode**, die schon 1937 von *Dillwyn Knox* benutzt wurde, aber in der offenen Literatur erst 1946 von *Rosario Candela* beschrieben wurde. Die polyalphabetische Substitution sei von der Form (c_i Klartext-Zeichenfolge, p_i Geheimtext-Zeichenfolge)

$$c_i = p_i \; S_i \; U \; S_i^{-1}$$

mit bekannten Alphabeten S_i, deren Reihenfolge ebenfalls bekannt ist — der unbekannte Schlüssel besteht aus U und dem Anfangsindex der Folge. Bildet man nun die Folgen $c_i S_i$ und $p_i S_i$, so gilt $c_i S_i = p_i S_i U$; die Folge $c_i S_i$ ist also monoalphabetisches Bild der Folge $p_i S_i$ unter der Substitution U, die damit aufgedeckt ist. Man sagt auch, $c_i S_i$ und $p_i S_i$ seien **isomorph**.

Die Voraussetzung liegt insbesondere vor im Fall c) von 7.1.1 mit $S_i = S^i$ und spezifisch im Fall der ENIGMA ohne Steckerbrett (vgl. 7.2.2, wo die Steckerverbindung T die Identität ist). Nach einem Beispiel von *Deavours* und *Kruh* ergibt die folgende Kompromittierung

r e c o n n a i s s a n c e
U P Y T E J O J Z E G B O T

für eine gewisse Folge von ENIGMA-S_i, die nur den schnellen Rotor bewegen, folgendes isomorphes Paar von Klartext und Geheimtext

j g m g f u h r w c n s e w
U Z C Z B J O T A M Q E S A

und bestimmt damit, 14 Zeichen benutzend, bereits neun Zweierzyklen von U, nämlich (j u) (m c) (s e) sowie (g z) (f b) (h o) (r t) (w a) (n q) .

Die Isomorphie-Methode wurde für den Fall der ENIGMA als «*méthode des bâtons*» oder als *'cliques on the rods'* bezeichnet; sie war der Hauptgrund für die Einführung des Steckerbrettes bei der Wehrmacht-ENIGMA.

14.4.2 Eine verdeckte Geheimtext-Klartext-Kompromittierung entsteht, wenn beim Schlüsselnachschub Probleme auftreten und eine Nachricht, die noch im alten Schlüssel übermittelt wurde, im neuen Schlüssel nochmals gesendet wird. Ist nämlich der alte Schlüssel gebrochen worden — und dies muß man gegen Ende seiner Laufzeit ohnehin eher erwarten — so kann der Klartext ermittelt werden. Auf diese Weise wurde nach *Hüttenhain* von 1942 bis September 1944 eine Reihe von sogenannten cq-Funksprüchen des State Departments in Washington an seine diplomatischen Vertretungen von den Deutschen mitgelesen.

Praktikumsaufgabe 5: Schreibe ein Programm, das bei bekannten Alphabeten für ein gegebenes wahrscheinliches Wort die Bildmenge der Chiffrierung [bezüglich der i-ten Generatrix] feststellt und alle möglichen Lagen bestimmt.

15 Anatomie der Sprache: Häufigkeit

"We can only say that the decriptment of any cipher even the simplest will at times include a number of wonderings."

Helen Fouché Gaines 1939

Die im 13. Kapitel besprochene Entzifferung mit Hilfe der Mustererkennung benutzt von der Anatomie der Sprache das Skelett. Die nunmehr zu besprechenden Methoden zielen auf die Weichteile: Sie gehen auf statistische Gesetzmäßigkeiten der Sprache, insbesondere auf Häufigkeiten, aus. Schon 1466 wußte *Leone Battista Alberti* (1404-1472) davon (*Trattati in cifra*, 1470).

Zunächst haben wir

Invarianzsatz 2: Für alle Transpositionen gilt:
Häufigkeiten der Einzelzeichen innerhalb des Textes bleiben erhalten.

15.1 Ausschließung von Chiffrierverfahren

Satz 2 kann negativ zur Ausschließung von Transpositionen gebraucht werden – wenn nämlich die Häufigkeit der Einzelzeichen des Chiffrats der vermuteten Sprache ganz und gar nicht entspricht.

15.1.1 Die Geheimnachricht

```
FDRJN  UHVXX  URDMD  SKVSO  PJRKZ  DYFZJ
XGSRR  VTQYR  WDARW  DFVRK  VDRKV  TDFSZ
ZDYFR  DNNVO  VTSXS  AWVZR
```

hat als häufigste Zeichen R, D, V, S ; überaus selten, nämlich gar nicht vorhanden sind B, C, I, E . Sie kann kaum aus einem deutschen, englischen, französischen oder italienischen Klartext durch Transposition entstanden sein. (Tatsächlich liegt, vgl. 13.3.1, eine einfache Substitution vor).

15.1.2 Dagegen ist nicht auszuschließen, daß die Geheimnachricht

```
SAEWS  HRCNU  ODKLN  ELIAS  HNCIO  NBNNA
AKIHM  CWNZA  MCGIM  IHEEN  NAUFK  NNCTI
TIHMD  RTEWO  ATAIM  TALKB  UEAFZ  LNUSE
ASDEN  .....
```

mit E und T unter den häufigsten Einzelzeichen und fehlenden V, P, J, Q, X und Y durch Transposition eines deutschen Textes entstanden ist (vgl. Abb. 60).

15.1.3 Satz 2 wird auch (logisch unzulässig) verwendet im Sinne des plausiblen Schließens: Ist die Häufigkeitsverteilung der Einzelzeichen die einer in Betracht kommenden natürlichen Sprache, so liegt v e r m u t l i c h Transposition vor. Die naive Argumentation lautet: Was sonst – welches andere Verfahren würde die Häufigkeitsverteilung der Einzelzeichen invariant lassen. Sie ist natürlich falsch: es kann zwar keine nichttriviale einfache monoalphabetische Substitution vorliegen, aber man kann unschwer eine Polygramm-Substitution, etwa einen Code, konstruieren derart daß die Einzelzeichenhäufigkeitsverteilung der Geheimnachrichten hinreichend genau mit der Einzelzeichenhäufigkeit einer bestimmten Sprache übereinstimmt.[1]

Mit derartigen Tricks kann man den unberufenen Entzifferer aber nicht allzulange hinhalten. Immerhin wurde *Bazeries*, als er 1892 eine Nachricht brechen sollte, die einer französischen Anarchistengruppe abgenommen worden war, für 14 Tage aufgehalten, weil er in die falsche Richtung geführt wurde durch je sechs am Anfang und am Ende angefügte und mehrere in den Text als Blender eingestreute seltene Buchstaben. Tatsächlich war die Nachricht lediglich linear polyalphabetisch mit einer Periodenlänge 6 chiffriert. Am Anfang und Ende gerade soviel Zeichen anzufügen, wie die Periodenlänge beträgt, mag ein Fehler gewesen sein, trotzdem war die Irreführung nach *Bazeries* eigenem Bekunden vorzüglich gelungen. Ein Teil der entzifferten Nachricht lautete übrigens *«La femme et lui sont des mouchards, s'il m'arrive quelque chose, songe à les supprimer»* .

15.2 Invarianz der Partitionen

Eine Partition ist eine Zerlegung einer natürlichen Zahl M in eine Summe von natürlichen Zahlen m_i. Zu jedem (Klar-)Text der Länge M gehört eine Partition von M, nämlich in die Anzahlen, mit denen die einzelnen Zeichen vorkommen. Zum Text w i n t e r s e m e s t e r gehört die Partition $14 = 4+2+2+2+1+1+1+1$. Wir sprechen von der Partition der Einzelzeichen.

Es gilt der fundamentale, zu 13.1, Satz 1 parallele

> **Invarianzsatz 3:** Für alle monoalphabetischen, funktionalen einfachen Substitutionen , insbesondere auch für alle linearen monoalphabetischen einfachen Substitutionen gilt:
> *Partitionen der Einzelzeichen innerhalb des Textes bleiben erhalten.*

Das Chiffrat von w i n t e r s e m e s t e r besteht also aus vier Exemplaren eines gewissen Zeichens, zwei Exemplaren eines gewissen anderen Zeichens, zwei Exemplaren eines gewissen dritten Zeichens, und so weiter.

[1] *W. B. Homan* hat z.B. ein solches Verfahren angegeben, bei dem alle Zeichen gleich häufig auftreten (*'equifrequency cipher'*).

Würde der unberufene Entzifferer die zum Chiffrat

ZLQWHUVHPHVWHU

gehörige Häufigkeit des Vorkommens der Zeichen im Klartext kennen, also wissen daß /e/ viermal, /t/ zweimal, /r/ zweimal, /s/ zweimal, /n/ einmal, /i/ einmal, /w/ einmal, /m/ einmal vorkommt, so wüßte er, daß H$\hat{=}$e, {UVW}$\hat{=}${r s t}, {LPQZ}$\hat{=}${i m n w}.

Nun folgt aber die Häufigkeit der Einzelzeichen inneren Gesetzen der Sprache. In einfachster Näherung kommt jedem Einzelzeichen χ_i eine Wahrscheinlichkeit p_i des Auftretens („stochastische Quelle' Q) zu, derart daß die Häufigkeit $m_i = Q[\chi_i]$ seines Vorkommens in einem Text der Länge M nahe bei $M \cdot p_i$ liegt.

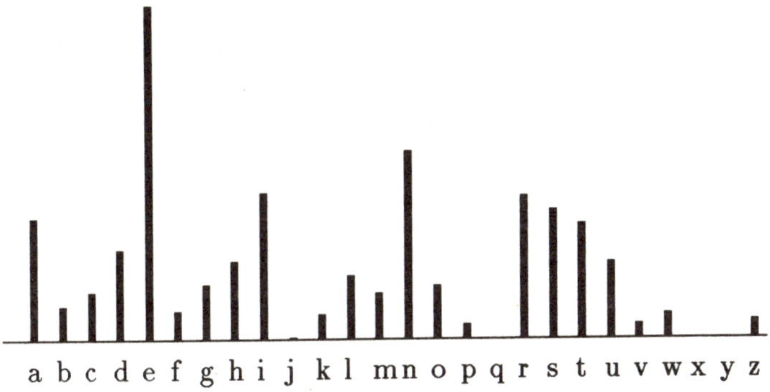

Abb. 80. Häufigkeitsgebirge im Deutschen

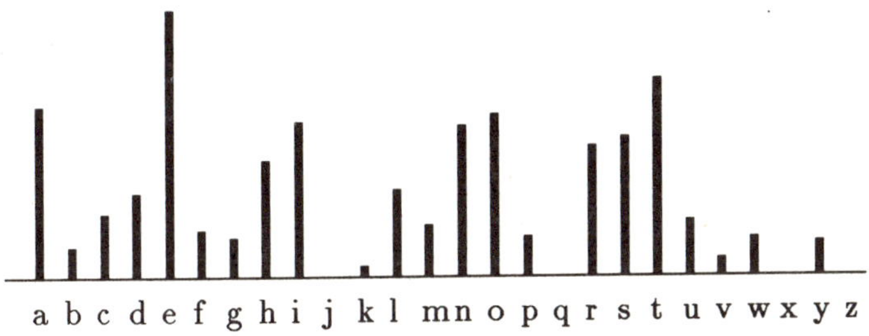

Abb. 81 Häufigkeitsgebirge im Englischen

15.3 Intuitive Häufigkeitserkennung: Häufigkeitsgebirge

Zur intuitiven Häufigkeitserkennung ist es zweckmäßig, sich das ‚Häufigkeitsgebirge' einer Sprache optisch einzuprägen.

Im Deutschen (Abb. 80) sind besonders auffällig die e-Spitze und der n-Gipfel, die f-g-h-i-Flanke mit anschließender j-k-Senke, die o-p-q-Senke mit anschließendem r-s-t-u-Kamm.

Demgegenüber bestehen im Englischen (Abb. 81) signifikante Unterschiede: es ist ein a-Gipfel ausgeprägter, es besteht ein h-i-Kamm und ein l-m-n-o-Kamm, der r-s-t-u-Kamm hat einen t-Gipfel; jedoch finden sich b-c-d-Flanke, j-k-Senke und v-w-x-y-z-Niederung wieder.

15.3.1 Liegt eine Transposition vor, so ergibt eine Häufigkeitszählung direkt das Häufigkeitsgebirge. Aber auch eine lineare monoalphabetische einfache Substitution mit $q = 1$, eine CAESAR-Addition, springt sofort ins Auge:

> **Invarianzsatz 4:** Für alle CAESAR-Additionen gilt:
> *Das Häufigkeitsgebirge des Textes ist lediglich verschoben, und zwar mit zyklischer Schließung.*

Die nachfolgende Geheimnachricht von 349 Zeichen

H V Z D U	V F K R Q	G X Q N H	O D O V L	F K L Q E	R Q Q D Q
N D P L F	K C Z D Q	J P L F K	P H L Q H	D Q N X Q	I W Q L F
K W P L W	G H U D X	W R P D W	L N D E O	D X I H Q	C X O D V
V H Q G L	H V L F K	L Q I X H	Q I M D H	K U L J H	P X Q W H
U Z H J V	V H L Q K	H U D X V	J H E L O	G H W K D	W E D K Q
V W H L J	W U H S S	H U X Q W	H U E D K	Q V W H L	J W U H S
S H U D X	I U H L V	H W D V F	K H D E V	W H O O H	Q I D K U
N D U W H	D X V G H	U P D Q W	H O W D V	F K H Q H	K P H Q U
H L V H W	D V F K H	D X I Q H	K P H Q I	D K U N D	U W H D E
J H E H Q	C X P C H	L W X Q J	V V W D Q	G D E H Q	G C H L W
X Q J H Q	N D X I H	Q Q D F K	G U D X V	V H Q J H	K H Q X Q
G H L Q W	D A L K H	U D Q Z L	Q N H Q		

hat das in Abb. 82 aufgeführte Häufigkeitsgebirge. Man erkennt mit einem Blick, daß es sich um einen CAESAR mit einer Verschiebung um 3 Zeichen handelt. (Der entzifferte Text, vgl. auch Abb. 59, ist der Anfang eines 1963 erschienenen Romans.)

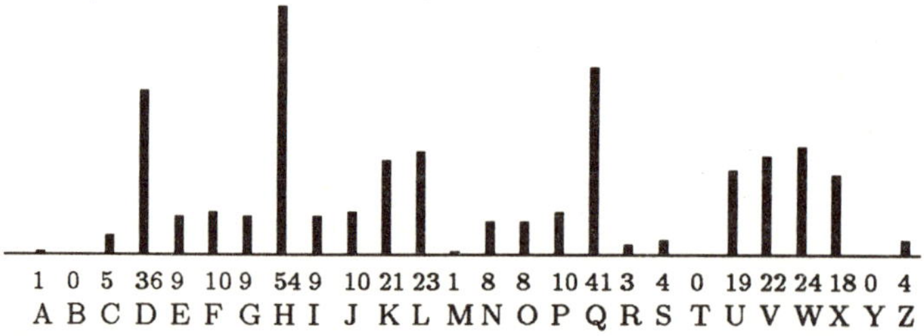

Abb. 82. Häufigkeitsgebirge für den Geheimtext von 15.3.1

15.3.2 Aus dem Auftreten eines verschobenen Häufigkeitsgebirges kann man umgekehrt nicht auf einen CAESAR schließen: Es könnte sich auch um eine Kombination von Transposition und CAESAR-Addition handeln.

15.3.3 Natürlich kann diese Methode auch sonst irreführen, etwa bei folgendem Geheimtext von 175 Zeichen

V Q P O U	I K T C B	N H P K O	H U P T I	P X Z P V	I P X B C
V O D I P	G C S K H	I U Z P V	O H G P M	L T E K E	G K O E B
D I B N Q	K P O B N	B O X K U	I C P Z T	B O E H K	S M T P G
I K T P X	O B N B O	P G T P E	P N K O U	K O H B O	E I B Q Q
Z K O E K	W K E V B	M K U Z U	I B U Z P	V U I K T	E S B X O
U P I K N	B T K T B	G M Z U P	B T V H B	S C P X M	

Das Häufigkeitsgebirge (Abb. 83) zeigt eine große Abweichung von dem der Abb. 80 oder Abb. 81. Man kommt jedoch leicht auf den Verdacht, daß ebenfalls ein CAESAR (über Z_{25}) mit einer Verschiebung um 1 Zeichen vorliegt: '*upon this basis i am going to show .....*' — die Streifenmethode von 12.7 liefert schon für die ersten vier Zeichen so gut wie eindeutig '*upon*'. Daß die Häufigkeitserkennung versagt, liegt daran, daß der Text ein aus "Gadsby" entnommenes Lipogramm (13.3.2) ist.

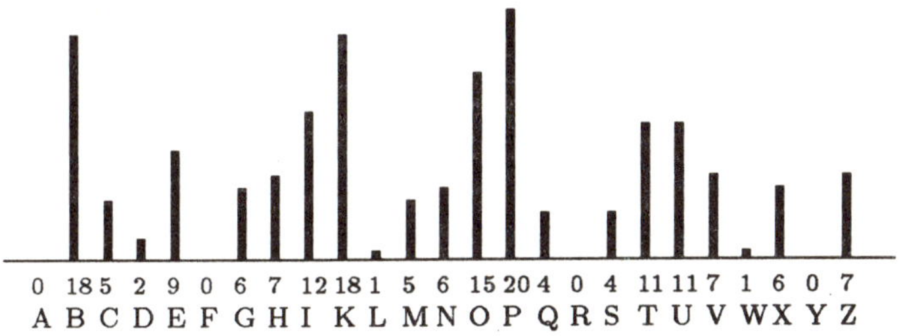

Abb. 83. Häufigkeitsgebirge für den Geheimtext von 15.3.3

15.4 Häufigkeitsreihenfolge

Für eine einfache monoalphabetische Substitution, die nicht linear mit $q = 1$ ist, besagt das Häufigkeitsgebirge nichts mehr — die einzelnen Buchstabennachbarschaften sind zerrissen. Die naive Intuition setzt in diesem Fall an der Häufigkeitsreihenfolge an: Das häufigste Zeichen im Geheimtext sollte dem häufigsten Buchstaben der betreffenden Sprache entsprechen; nach Entfernen des so bestimmten Paares wiederholt sich das Verfahren für den Rest, bis alle Zeichen erschöpft sind.

15.4.1 Theoretisch sollte das Verfahren zumindest für genügend lange Texte zum Ziel führen — genügend lang würde u.a. heißen, daß die wenigen Lipogramme, die es in der Literatur gibt, untergehen gegenüber der Masse der „normalen" Texte. Praktisch hilft natürlich diese Überlegung wenig. Das liegt vor allem daran, daß die Angaben über die Häufigkeiten der einzelnen Buchstaben in verschiedenen Sprachen sehr schwanken. Überwiegend liegen diesen Werten Auszählungen von Texten mit nur 10000 oder weniger Buchstaben zugrunde. Darauf werden wir in 15.5 zurückkommen.

Schon für die Häufigkeitsreihenfolge findet man verschiedene Angaben, und zwar in jedem Werk andere, die nur in groben Zügen übereinstimmen:[2]

Für die deutsche Sprache:

enrisdutaghlobmfzkcwvjpqxy	(*Ch. Vesin de Romanini* 1840)
enirsahtudlcgmwfbozkpjvqxy	(*F.W. Kasiski* 1863)
enirstudahgolbmfzcwkvpjqxy	(*E.B. Fleissner von Wostrowitz* 1881)
enritsduahlcgozmbwfkvpjqxy	(*P. Valério* 1893)
enrisatdhulcgmobzwfkvpjyqx	(*F. W. Kaeding* 1898)
enritsduahlcgozmbwfkvpjyqx	(*M. Givierge* 1925)
enirstudahgolbmfczwkvpjqxy	(*A. Figl* 1926)
enirsadtugholbmcfwzkvpjyqx	(*H.F. Gaines, J. Arthold* 1939)
enisrtahduglcofmbwkzvpjyqx	(*Ch. Eyraud* 1953)
enristudahglocmbzfwkvpjqxy	(*L. D. Smith* 1943)
enritsudahlcgozmbwfkvpjqxy	(*L. Sacco* 1951)
enristdhaulcgmobzwfkvüpäöjyqx	(*K. Küpfmüller* 1954)
enisratduhglcmwobfzkvpjqxy	(*W. Jensen* 1955)

Für die englische Sprache:

etaoinshrdlucmfwypvbgkqjxz	(*O. Mergenthaler 1884*)
etoanirshdlcfumpywgbvkxjqz	(*P. Valério* 1893)
etaonisrhldcupfmwybgvkqxjz	(*H.F. Gaines, O.P. Meaker* 1939)
etoanirshdlcwumfygpbvkxqjz	(*L. D. Smith* 1943)
etoanirshdlufcmpywgbvkxzjq	(*L. Sacco* 1951)
etaonirshdlucmpfywgbvjkqxz	(*D. Kahn* 1967)
etaonrishdlfcmugpywbvkxjqz	(*A.G. Konheim* 1981)
etaoinsrhldcumfpgwybvkxjqz	(*C.H. Meyer, S.M. Matyas* 1982)

Für die französische Sprache:

esriantouldmcpvfqgxjbhzykw	(*A. Kerckhoffs* 1883)
easintrulodcpmvqfgbhjxyzkw	(*G. de Viaris* 1893)
enairstuoldcmpvfbgqhxjyzkw	(*P. Valério* 1893, *M. Givierge* 1925)
eaistnrulodmpcvqgbfjhzxykw	(*H.F. Gaines* 1939)
etainroshdlcfumgpwbyvkqxjz	(*Ch. Eyraud* 1953)

[2] Die Auszählung von *K. Küpfmüller* und *H. Zemanek*, die die deutschen Umlaute berücksichtigt, ist natürlich kryptologisch uninteressant; sie ist lediglich zu Vergleichszwecken aufgeführt.

Angaben für italienisch, spanisch, holländisch, lateinisch finden sich bei *Lange-Soudart 1935.*

Für die ersten rund ein Dutzend Buchstaben gibt es hübsche Merkverse, etwa

deutsch:	enirstaduhl	(*Hüttenhain*)
englisch:	etaoinshrdlu	(LINOTYPE)
französisch:	esarintulo	(*Bazeries, Givierge*)
italienisch:	eiaorlnts	(*Sacco*) .

Die Häufigkeitsverteilung im Englischen spiegelt sich bereits in der Länge der Morsezeichen wieder — *Morse* hatte den Setzkasten einer Druckerei in Philadelphia ausgezählt und gefunden: 12000 /e/, 9000 /t/, je 8000 /a/, /i/, /n/, /o/, /s/, 6400 /h/. Die Häufigkeitsverteilung bestimmte aus technischen Gründen auch die Anordnung (etaoin – shrdlu – cmfwyp – .....) auf der Tastatur der Setzmaschine LINOTYPE (Abb. 84) von *Ottmar Mergenthaler.*

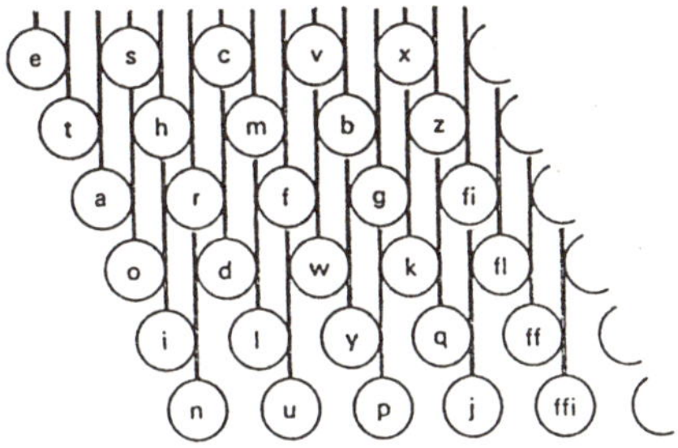

Abb. 84. Originaltastatur von *Ottmar Mergenthaler*

15.4.2 Für die deutsche Sprache hat *F. W. Kaeding* 1898 eine sehr umfangreiche Häufigkeitszählung vorgenommen; er untersuchte für Zwecke der Stenographie Texte, die zusammen 20 Millionen Silben umfaßten und kam damit (Umlaute ä, ö, ü durch ae, oe, ue ersetzt) auf 62 069 452 Buchstaben. Man kann annehmen, daß diese Auszählung ziemlich zuverlässig ist.

Nimmt man die darauf basierende Reihenfolge, wie sie oben angegeben ist, und stellt sie der Reihenfolge der Häufigkeiten im Geheimtext von 15.3.1 (Abb. 82) gegenüber, so ergäbe sich (bei alphabetischer Reihenfolge der gleichhäufigen Chiffren) die Dechiffriertabelle

54	41	36	24	23	22	21	19	18	10	10	10	9	9	9	8	8	5	4	4	3	1	1	0	0	0
H	Q	D	W	L	V	K	U	X	F	J	P	E	G	I	N	O	C	S	Z	R	A	M	B	T	Y
e	n	r	i	s	a	t	d	h	u	l	c	g	m	o	b	z	w	f	k	v	p	j	y	q	x .

Beginnt man damit den Anfang des Geheimtexts von 15.3.1

HVZDU VFKRQ GXQNH ODOVL FKLQE RQQDQ

zu dechiffrieren, so erhält man

eakrd autvn mhnbe zrzai uting vnnrn,

einen völlig inakzeptablen Klartext. Nimmt man die gleichhäufigen Chiffren in anderer Reihenfolge, wird es nicht besser. Tatsächlich lautet die Dechiffriertabelle, die (vgl. 15.3.1) auf Rückwärtszählen um drei Buchstaben hinausläuft

H Q D W L V K U X F J P G E I O N C Z S R A M Y B T
e n a t i s h r u c g m d b f l k z w p o x j v y q .

und gibt folgende Entzifferung

e s w a r s c h o n d u n k e l a l s i c h i n b o n n a n .

Die wirklich auftretende Häufigkeitsreihenfolge unterscheidet sich von der theoretisch zu erwartenden auf grund der kurzen Länge des Textes ganz beträchtlich. Es ergeben sich (Abb. 85) lokale Permutationen, wobei /r/, /d/ und /l/ um 5 Plätze springen, /o/ sogar um 6 . Nur wenige Buchstaben — darunter /e/, /n/ — stehen sich gegenüber.

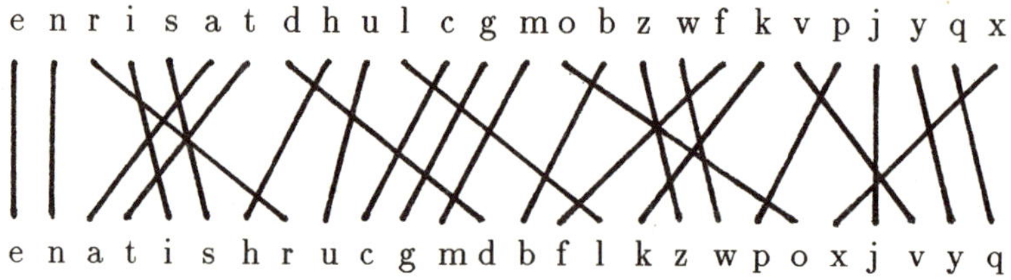

Abb. 85. Gegenüberstellung

15.5 Cliquen und Partitionsanpassung

Die bloße Häufigkeitsreihenfolge bringt, wie wir gesehen haben, im allgemeinen keine automatische Entzifferung. Der Grund dafür ist ersichtlich, daß die wirklich auftretenden Häufigkeiten innerhalb von Bereichen schwanken, die sich bei kurzen Texten — das obige Beispiel mit 239 Zeichen zeigt es bereits — sogar überlappen.

In der Tat schwanken in der Literatur nicht nur die Angaben über die Häufigkeitsreihenfolge, sondern auch über die Häufigkeiten selbst, hervorgerufen auch durch das Genre der Texte, über die sich die Auszählung erstreckt. Statt die einzelnen ad-hoc-Auszählungen wiederzugeben, die sich in der Literatur finden, wird es also besser sein, die Bereiche anzugeben, in denen die empirischen Häufigkeiten bei Texten von 1000 Zeichen, von 10000 Zeichen oder von 100000 Zeichen schwanken. Dies wird dazu führen, Teilmengen von Zeichen (‚Cliquen') einzuführen, die sich bei gegebenem Umfang des Textes häufigkeitsmäßig nicht unterscheiden lassen.

15.5.1 Das Ergebnis einer umfangreichen Untersuchung, bei der jeweils 10 Fälle von Texten mit M = 100 Zeichen, M = 1000 Zeichen, M = 10000 Zeichen oder M = 100000 Zeichen analysiert wurden, findet sich für die

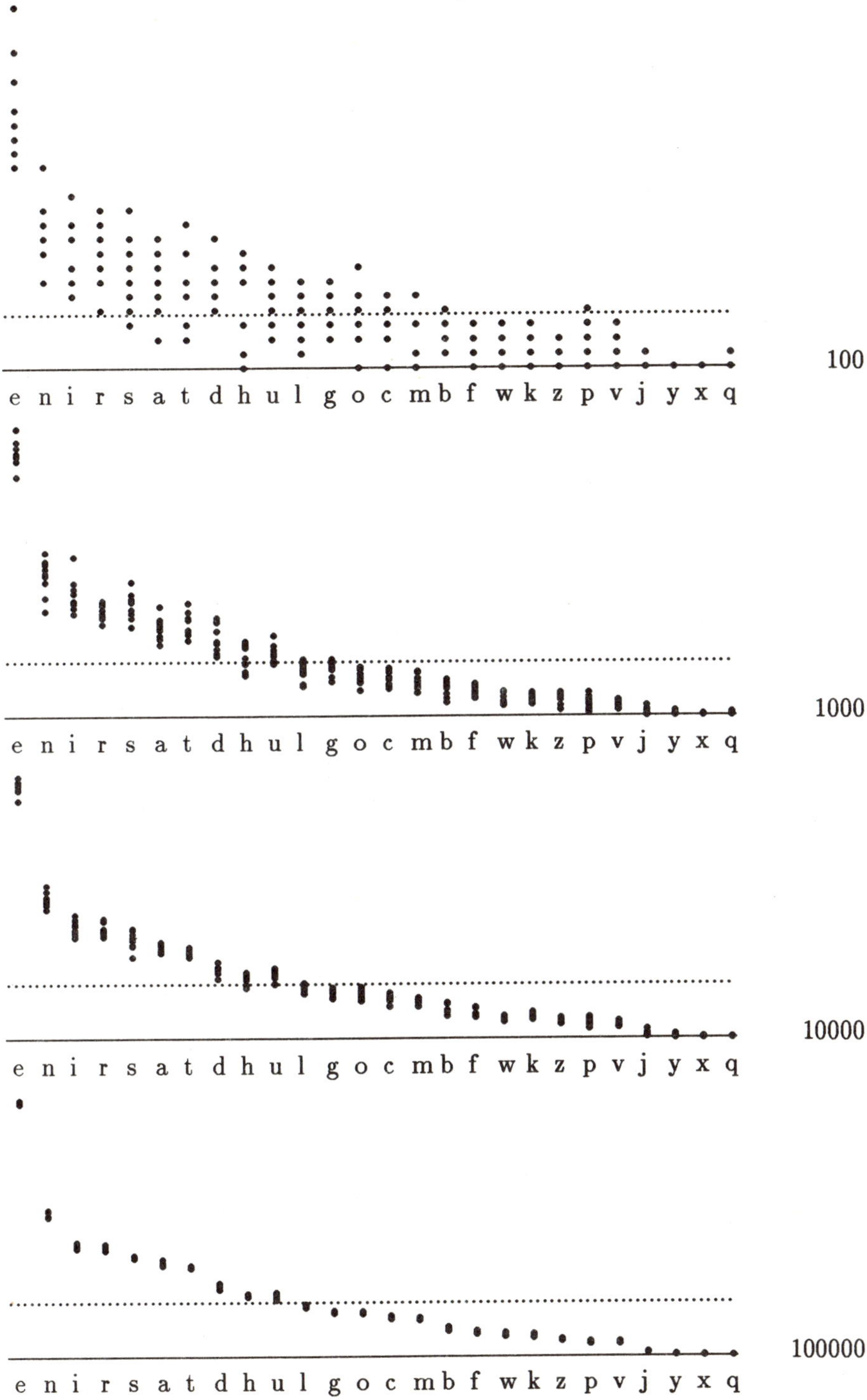

Abb. 86. Schwankungen der Häufigkeiten der Einzelzeichen im Deutschen

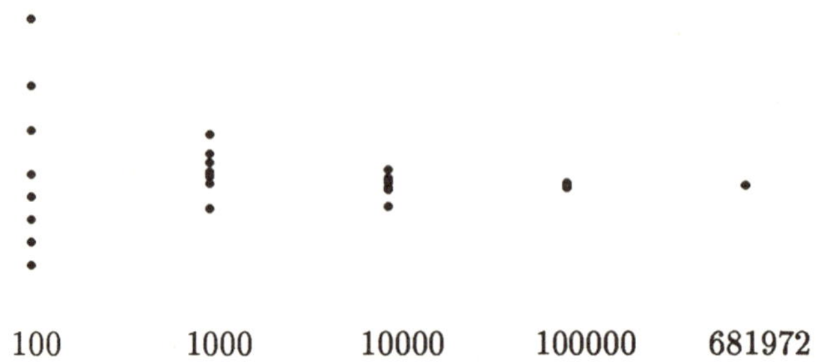

Abb. 87. Schwankungen der Häufigkeiten des /e/ im Deutschen abhängig von der Länge des Textes

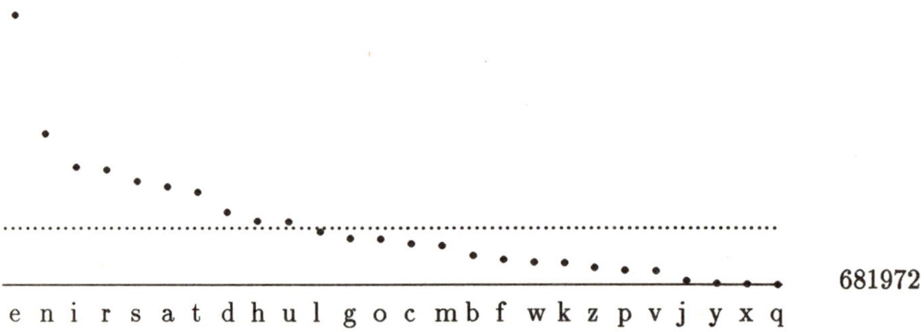

Abb. 88. Häufigkeiten der Einzelzeichen im Deutschen (Textbasis *SZ3*)

deutsche Sprache in Abb. 86 (gestrichelt: durchschnittliche Häufigkeit). Als Textbasis dienten politische Kommentare, nämlich die gesammelte 'Seite Drei' der Süddeutschen Zeitung vom März 1992 (hinfort Textbasis *SZ3* genannt). Es zeigt sich, daß die Überlappung der Schwankungsbereiche geringer wird, je länger der Text ist, und die Schwankung selbst, grob gesagt, mit der Quadratwurzel aus der Textlänge zurückgeht (Abb. 87). Für den gesamten Text von $M = 681\,972$ Zeichen kann man schließlich annehmen, daß sich die empirischen relativen Häufigkeiten $q_i = Q_i/M$ (sie sind in Abb. 88 aufgezeichnet) einer hypothetischen Wahrscheinlichkeitsverteilung (einer stochastischen Quelle) p_i von Nachrichten des Genres von *SZ3* genügend angenähert haben. Die numerischen Werte sind in Abb. 89 zu finden.

Für die englische Sprache herrscht eine entsprechende Situation. In Abb. 89 ist auch das Ergebnis von *Meyer-Matyas* einer Auszählung mit 4 000 000 Zeichen, basierend auf einem Corpus von Alltagsenglisch, angegeben. *Kullback* weist darauf hin, daß starke Schwankungen auch durch das Genre der Kommunikation hervorgerufen werden, und unterscheidet *'Literary English'* mit einer Häufigkeit von 12.77% für /e/ und *'Telegraphic English'* mit einer Häufigkeit von 13.19% für /e/.

Zeichen	englisch	deutsch	Zeichen	englisch	deutsch
a	8.04%	6.47%	n	7.09%	9.84%
b	1.54%	1.93%	o	7.60%	2.98%
c	3.06%	2.68%	p	2.00%	0.96%
d	3.99%	4.83%	q	0.11%	0.02%
e	12.51%	17.48%	r	6.12%	7.54%
f	2.30%	1.65%	s	6.54%	6.83%
g	1.96%	3.06%	t	9.25%	6.13%
h	5.49%	4.23%	u	2.71%	4.17%
i	7.26%	7.73%	v	0.99%	0.94%
j	0.16%	0.27%	w	1.92%	1.48%
k	0.67%	1.46%	x	0.19%	0.04%
l	4.14%	3.49%	y	1.73%	0.08%
m	2.53%	2.58%	z	0.09%	1.14%

Abb. 89. Hypothetische Zeichenwahrscheinlichkeiten im Englischen und im Deutschen

Für die deutsche Sprache erhält man die im wesentlichen schon von *Lange-Soudart* 1935 angegebene Partition in die Cliquen

{e} {nirsatdhu} {lgocmbfwkz} {pvjyxq}

oder etwas feiner zerlegt

{e} {n} {irsat} {dhu} {lgocm} {bfwkz} {pv} {jyxq},

die bei längeren Texten vielleicht noch unterteilt werden kann in

{e} {n} {ir} {sat} {dhu} {lgo} {cm} {bfwkz} {pv} {jyxq} oder

{e} {n} {irs} {at} {dhu} {lgc} {om} {bfwkz} {pv} {jyxq}.

Für die englische Sprache bestätigt sich die schon von *L. D. Smith* 1943 angegebene Partition in die Cliquen

{etoani} {rsh} {dl} {ucwmfygpb} {vk} {xjqz}

oder etwas feiner zerlegt

{e} {t} {oani} {rsh} {dl} {ucwm} {fygpb} {vk} {xjqz},

die bei längeren Texten vielleicht noch unterteilt werden kann in

{e} {t} {oa} {ni} {rsh} {dl} {uc} {wm} {f} {ygp} {b} {v} {k} {xjqz}.

15.5.2 Damit ist mit interaktiver Rechnerunterstützung ein exhaustives Vorgehen angezeigt, das die einzelnen Cliquen eine nach der anderen behandelt, wobei insbesondere für Zweier- und Dreiercliquen nur ein erträglicher Aufwand anfällt.

Das nachfolgende, über vier Seiten gehende, ziemlich lange Chiffrat von 8118 Zeichen hat die in Abb. 90 wiedergegebene Häufigkeitsverteilung.

```
IKGYX JMRAK RPGNV RWRMX GQGXR AIRZV
PAARM RZGNV RPSXI RAKCB RKMGR PSRAR
VZJIR ZAPSI RZOMK NVRUC YYRMK SIRZI
PRBRG XPZSR KSBRV ROXRX GPSII PRBKS
ERUCY YRMKT RZIZR VXGPN VPAMK CORRP
SRGXK BRGCA RPSRK NVGRI RZRSM KBRKA
VPAAR MICZN VIRSY JMKZG XRZST RERPN
VSRXW PZIGJ MKSBR IPRGR ZKCBR SGNVR
PSKMG WPZUM PNVUR PXBKM XWKZR PSRCR
TRZXZ KBCSB IRZBR JARXZ PRLJS IRZRZ
IRKCO IRSWR MXRSZ KCACR TRZOM CRGGP
BCSIW CZIRX KXGKR NVMPN VSPNV XLJMM
EJBRS IRSSM KRSBR SRSXO RZSCS BRSIP
RAPXP ZIPGN VRSRP SVRPX RSARG GTKZW
KRZRS GPSIS PNVXL JZVKS IRSEC ZTRER
PNVSC SBIRZ GXRMM CSBRS IRZBR GXPZS
RBRSC RBXIP RKSBK TRIRZ GNVRP STKZR
SWPSU RMIPR IPRTM PNUZP NVXCS BLJAT
RJTKN VXRZS KNVIR ABRGX PZSAP XIRAV
JZPEJ SXCSI RPSRZ KSIRZ SBRRP BSRXB
RWKRV MXRSR TRSRT PMIRX PSIPR GRAGX
KIPCA IRZRZ URSSX SPGPG XIPRR ZIJTR
ZOMKR NVRIR ZZCVR SIRRW PBRBZ CSIIR
GKMMG IPRWJ ZXRJT RSCSI CSXRS VKTRS
RPSRS KTGJM CXRSG PSSCS IWRSS IPNVX
RZPGN VRYVK SXKGP RJIRZ YVPMJ GJYVP
GNVRG YRUCM KXPJS IPRVJ RVRIR GVPAA
RMGIP RXPRO RIRGX KZXKZ CGKTE CGNVK
RXERS CSXRZ SRVAR SGJTZ KCNVX IPRTR
IRCXC SBIPR GRZTR BZPOO RAPXU RPSRA
WJZXR ZMKRC XRZXE CWRZI RSIKG CSAPX
XRMTK ZRRZM RTSPG IRZKS GNVKC CSBMP
RORZX GPRJV SRGYR UCMKX PJSVP RZGNV
JRYOX IPRSK XCZWP GGRSG NVKOX MPNVR
TRBZP OOGTP MICSB SJNVB KSEKC GIRZO
CRMMR IRZGC TFRUX PLRSB RBRTR SVRPX
JSORP SRZRS XKXGK NVRSC RTRZI PRTRW
RBCSB IRZGJ SSRIR GAJSI RGIRZ YMKSR
XRSCS IRGTR WKRMX PBXGP RXVRJ ZRXPG
NVAPX TRXZK RNVXM PNVRA RZOJM BIJNV
VKRMX RGORG XKSIR ZKTGJ MCXZC VRSIR
SRZIR CAIPR IPRBR GXPZS RPSCS ARGGT
KZRSR SXORZ SCSBR SUZRP GRSPV ZRTKV
SRSWR ZIRSK MGUZR PGRCS IRYPE QURMS
SKNVI RSBRG RXERS IRZPZ IPGNV RSBRJ
ARXZP RTRGX PAAXI JNVWP ZIIKI CZNVS
PNVXR PBRSX MPNVI RZWRM XZKCA IRZBR
JARXZ PRCSX RZWJZ ORSIR SSIPR TKVSR
SMPRB RSBMR PNVGN VPRSR SKCOI RSUZP
GXKMM RSRSG NVKMR STROR GXPBX IPRVP
SXRZR PSKSI RZBRG NVPNV XRXIR SVPAA
RMTRI RCXRS IKGUJ YRZSP UKSPG NVRWR
MXGQG XRAAK SWRPG GIKGG TRZRP XGBZP
RZRZI RRSXI RNUXR SCSII PRRZG XRSGN
VZPXX RLJAY XJMRA KRPGN VRSBR JERSX
ZPGNV RSWRM XGQGX RAECV JRVRZ RSKTG
XZKUX PJSRS WKBXR SKTRZ RZGXM KSBRS
KNVIR AKTGX RZTRS IRZBZ PRNVP GNVRS
UCMXC ZTRPK SIRZS LJRMU RZSKS IRZRZ
MKRSI RZWCZ IRIPR RZIUC BRMYV QGPUK
MPGNV RWPZU MPNVU RPXIK GPGXI PRRZG
XRBKS EBZJG GRKTW RSICS BLJAK CBRSG
NVRPS CSIEC BMRPN VIPRR ZGXRB KSEBZ
JGGRZ RMKXP LPRZC SBWPR IRZGP SIFKV
ZVCSI RZXRG RPXFR SRZWR SIRLR ZBKSB
RSCSI WKGIK AKMGC SRZVJ RZXRR SXIRN
UCSBW KZPGX VRCXR GNVCM WRPGV RPXOC
RZUMR PSRUP SIRZI KZCAP GXRGG NVWRZ
GPNVU MKZEC AKNVR SWKGR GIRAI RSURS
TRIRC XRXRK MGIPR TRBZP OORJT RSCSI
CSXRS PVZRS KTGJM CXRSG PSSLR ZMJZR
SCSII KGZRN VXIRG KSXPY JIRSK SRZUK
SSXWR ZIRSA CGGXR IPRZP NVXCS BPAZK
CAJTR SECSR SSRSI PRVPR ZCSXR SVRPG
GXKTR ZKMGI PRRZG XRRZI CAGRB RMCSB
BRMCS BRSWK ZWCZI RIPRG KNVRG JVKSI
BZRPO MPNVI KGGFR IRZWP IRZGY ZCNVL
RZGXC AAXRK CGIPR GRABZ CSIRT JXKCN
VIPRR SXIRN UCSBI RGBMJ TCGKS GPNVU
RPSRS KSMKG GECAU KAYOE WPGNV RSJTF
RUXPL RZCSI GCTFR UXPLR ZWRMX KCOOK
GGCSB EWPGN VRSSK XCZOJ ZGNVC SBCSI
```

UPZNV	RIPRG	RZUKA	YORSX	TZKSS	XRRZG
XKMGU	JYRZS	PUCGI	PRRZI	RPVZR	ZERSX
ZKMRS	GXRMM	CSBPA	WRMXK	MMRSX	GRXEX
RCSII	KGVRM	PJERS	XZPGN	VRWRM	XGQGX
RAGNV	COVPR	ZMPRB	XKSGP	NVUKC	ARPSR
VJRVR	ZRZRM	KXPLP	RZCSB	LJZKT	RZIPR
TRIRC	XCSBI	RZRSX	IRNUC	SBOCR	ZIPRR
SXWPN	UMCSB	IRGAR	SGNVM	PNVRS	BRPGX
RGMPR	BXIKZ	PSIKG	GIPRR	ZIRIP	RARSG
NVVRP	XIKGR	PSERM	SRPNV	RSXXV	ZJSXW
RZIRS	IPRRZ	IRWPZ	IRPSX	ZKTKS	XIRZG
JSSRC	SIGNV	MRYYX	IPRKC	OPVZW	PAARM
SIRAR	SGNVV	RPXPA	WRMXZ	KCAVR	ZCASR
TRSPV	ZUZRP	GRSKR	VSMPN	VRBMR	PNVWR
ZXPBR	YMKSR	XRSPS	IRZKG	XZJSJ	APRPG
XIRZA	RSGNV	SPNVX	ARVZW	PNVXP	BKTRZ
SJNVW	RPXRZ	KMMRI	PRGRC	SBRVR	CRZMP
NVURP	XRSOM	PRGGR	SSPNV	XKCGB	ZJTRS
XKXGK	NVRSW	PRRGR	XWKRP	SRRZI	CAGRB
RMCSB	PGXGJ	SIRZS	KCGOC	RZFRS	RERPX
ORPSR	SGCTX	PMRST	RJTKN	VXCSB	RSGNV
WPRZP	BRSZR	NVSCS	BRSCR	TRZYM	KSRXR
STKVS	RSFRI	RSOKM	MGMKC	XRZTR	WRPGB
ZCRSI	RSIPR	WRIRZ	FRIRZ	AKSSE	CBKRS
BMPNV	SJNVO	CRZIK	GKMMX	KRBMP	NVRMR
TRSLJ	SPZBR	SIWRM	NVRZW	PNVXP	BURPX
GPSIK	CBRSG	NVRPS	KSGNV	KCCSB	VRPMP
BRCSI	YZJOK	SRCRT	RZMPR	ORZCS	BGYZR
NVRSB	RBRSI	PRSRC	RMRVZ	RKSIP	RGXRM
MRIRZ	GPNVX	TKZRS	GJSSR	SGNVR	PTRGR
XEXIP	RGRRP	SRSCS	LJZGX	RMMTK	ZZPRG
PBRSO	RCRZT	KMMKS	IPRGX	RMMRI	RZOZR
CSIMP	NVRSV	PAARM	GMPNV	XRZRT	RSGJM
NVROR	CRZTK	RMMRP	SCSTR	BZRPO	MPNVR
SORZS	RSJIR	ZRZIR	SKZXP	BRUCB	RMSIP
ROZRA	IRGMP	NVXWP	IRZGX	ZKVMR	SCSIK
MMRGP	NVXTK	ZRSAK	GGRGJ	MMRSX	KRCGN
VCSBG	RPSWK	VZVRP	XKTRZ	CSRZA	RGGMP
NVRRS	XORZS	CSBRS	ZKGRS	IRBRG	NVWPS
IPBUR	PXRSC	SIXZJ	XEIRA	ACGGX	RIPRS
RCRMR	VZRGP	RBRSI	RSSPV	ZRUZK	OXWKZ
IRZOR	GXRWP	MMRFR	IRGIR	SURSI	RSARS
GNVRS	KMMRI	PSBRI	RZSKX	CRZMP	NVRSW
RMXCS	IGRPR	SGPRS	JNVGJ	TRIRC	XCSBG
MJGOC	RZIKG	ARSGN	VMPNV	RIKGR	PSKMG
RPSRB	RGRXE	AKRGG	PBRRP	SVRPX	ICZNV
RPSOK	NVRIC	ZNVGP	NVXPB	RWRSS	KCNVK
TGXZK	UXRTR	BZPOO	RECRZ	OKGGR	STRPI
PRGRA	YZJER	GGIRZ	IKGWR	GRSIR	ZSKXC
ZWPGG	RSGNV	KOXMP	NVRSO	JZGNV	CSBKC
GAKNV	XGNVR	CXIRZ	BRPGX	SPNVX	IKLJZ
ECZCR	NUIPR	GPSSO	KRMMP	BGXRS	XKXGK
NVRSI	RZKSG	NVKCC	SBECT	REWRP	ORMSJ
IRZKM	GXKRC	GNVCS	BECRZ	UMKRZ	RSKTR
ZRZBZ	RPOXM	PRTRZ	ECIRS	VJRNV	GXRSK
TGXZK	UXPJS	RSRVR	RZRPS	RGPNV	RZRXK
XGKNV	RGRPG	PRSJN	VGJCS	TRIRC	XRSIK
CGIRA	SKXCZ	TPMIK	CGGNV	MPRGG	XLJSI
RZBZJ	GGRSZ	RMKXP	LPRZC	SBGXK	XIRGU
JYRZS	PUCGG	XKAAR	SKMMR	IPRCS	EKRVM
PBRSK	RVSMP	NVRSK	TRZUM	RPSRZ	RSZRM
KXPLP	RZCSB	RSIRZ	WKNVG	RSIRS	SKXCZ
WPGGR	SGNVK	OXTPG	RPSGX	RPSGM	RPGXC
SBWPR	IRZWC	RZIPB	KSIPR	GRPXR	IRGBZ
JGGRS	LJZTP	MIRGX	ZPXXS	CSACR	GGRSW
PZKTR	ZAPXW	RSPBR	SWJZX	RSIRS	UJGAJ
GGNVP	MIRZS	WPRPV	SUJYR	ZSPUC	GRSXW
JZORS	VKXIK	PGXEC	RZGXE	CGKBR	SIKGG
IPRTR	BZPOO	RCSIB	RGRXE	RIRZP	ZIPGN
VRSBR	JARXZ	PRJVS	RWRPX	RZRGK	COIRS
WRMXR	SZKCA	CRTRZ	XZKBR	SWRZI	RSKSG
XRMMR	IRZSJ	NVOMK	RNVRS	VKOXL	JZBRG
XRMMX	RSEQU	RMSIR	ZYXJM	RAKRP	GNVRS
WRMXX	ZRXRS	SCSWP	ZUMPN	VRTKV	SRSPA
ZKCAI	RZRSR	TRSRS	LRZGN	VPRIR	SRGXR
MMCSB	RSVKT	RSUJR	SSRSI	KGERS	XZCAI
RGWRM	XGQGX	RAGPG	XIPRG	JSSRC	AGPRE
PRVRS	IPRYM	KSRXR	SPVZR	UZRPG	RRPSR
ZLJSP	VSRSP	GXIPR	RZIRI	PRGPN	VGRMT
GXCAP	VZRKN	VGRIZ	RVXCS	ICAIP	RIRZA
JSIWP	RIRZK	CORPS	RZUZR	PGTKV	SMKRC
OXIZK	CGGRS	KTRZP	SCSBR	VRCZR	SRSXO
RZSCS	BRSGP	SIIPR	OPHGX	RZSRG	JSSRS
BMRPN	VIRZC	SGRZP	BRSPA	ZKCAR	ZCVRS
IUJYR	ZSPUC	GUJSG	XZCUX	PLRMR	PGXCS
BPGXI	RZSKN	VWRPG	IKGGT	RPIPR	GRZKS

S K V A R	I R Z K S	T M P N U	I R G V P	A A R M G	K M M R F
R S R R Z	G N V R P	S C S B R	S E R P B	R S A C G	G I P R I
K G C R T	R Z M P R	O R Z X R	W R M X G	Q G X R A	S C Z I C
Z N V L R	Z W P N U	R M X R C	S I U C R	S G X M P	N V R V Q
Y J X V R	G R S R Z	U M K R Z	R S U J S	S X R I R	Z W R N V
G R M L J	S X K B C	S I S K N	V X I P R	F K V Z R	G E R P X
R S I P R	R Z G N V	R P S C S	B R S I R	Z A J S I	Y V K G R
S I P R L	R Z G N V	M C S B R	S R S Y M	K S R X R	S T K V S
R S K M M	R G W P Z	I K C O R	P S A K M	I C Z N V	G P N V X
P B L R Z	G X K R S	I M P N V	C S I Z R	M K X P L	R P S O K
N V R S T	R Z R N V	S C S B R	S E C B K	R S B M P	N V I R Z
K C G T K	C I R Z U	J Y R Z S	P U K S P	G N V R S	M R V Z R
I P R U Z	R P G T K	V S R S I	R G U J Y	R Z S P U	C G B R S
C R B X R	S T K M I	I R S T R	J T K N V	X C S B R	S S P N V
X A R V Z	J O O R S	T K Z G P	S I I P R	W P Z U M	P N V R S
T K V S R	S W R G R	S X M P N	V L R Z W	P N U R M	X R Z R G
W K Z S C	S R S X G	N V R P I	R S I O C	R Z I R S	W R Z X I
R Z S R C	R S W R M	X K C O O	K G G C S	B J T W P	R I R Z U
C R S G X	M P N V R	U J S G X	Z C U X P	J S R S W	P R I P R
R Y P E Q	U R M S I	R G Y X J	M R A K R	P G N V R	S G Q G X
R A G S J	X W R S I	P B W C R	Z I R S J	I R Z J T	I P R L R
Z T R G G	R Z C S B	I R Z T K	V S T R Z	R N V S C	S B J V S
R U J A Y	M P U K X	P J S R S	B R M K S	B U R Y M	R Z G C S
G X R Z T	M P N V R	G L R Z I	P R S G X	P G X R G	I P R R P
S O K N V	R S C S I	I C Z N V	G P N V X	P B R S B	R G R X E
R I R Z Y	M K S R X	R S T K V	S R S B R	O C S I R	S C S I I
K I C Z N	V I K G U	J Y R Z S	P U K S P	G N V R G	Q G X R A
P S R P S	R Z U Z P	G P G B R	Z R X X R	X E C V K	T R S I P
R T K V S	R S G P S	I E W K Z	S P N V X	U Z R P G	R C A I P
R G J S S	R K T R Z	I R A U Z	R P G R S	K V L R Z	W K S I X
R U C Z L	R S R M M	P Y G R S	P S I R Z	R S R P S	R A T Z R
S S Y C S	U X I P R	G J S S R	G X R V X	W P R I P	R G R G B
R G R X E	I P R O J	Z A I R Z	T K V S R	S P S R P	S O K N V
G X R Z W	R P G R Z	R B R M X	G J T R G	X P A A R	S I P R T
R P I R S	K S I R Z	R S B R G	R X E R U	R Y M R Z	G I P R B
R G N V W	P S I P B	U R P X R	S A P X I	R S R S G	P R I C Z
N V M K C	O R S W R	Z I R S C	S I I P R	T R E P R	V C S B I
R Z C A M	K C O G E	R P X E C	I R S K T	A R G G C	S B R S I
R Z R M M	P Y G R U	R Y M R Z	G E R P X	B R S J G	G R B K M
P M R P Z	P N V X R	X R I K G	S R C R Z	O C S I R	S R O R Z
S Z J V Z	K C O I R	S G X R Z	S V P A A	R M C S I	R S X I R
N U X R I	P R F C Y	P X R Z A	J S I R P	S P V S R	S R Z U K
S S X R R	Z R P S L	R Z U M R	P S R Z X	R G K T T	P M I I R
G Y M K S	R X R S G	Q G X R A	G G K V I	R G U J Y	R Z S P U
C G P I R	R S K M G	J Y X P G	N V R W P	Z U M P N	V U R P X
R S B K M	P M R P G	B Z J R G	G R Z R G	L R Z I P	R S G X K
T R Z P G	X I P R R	S X W P N	U M C S B	I R Z Y Z	P S E P Y
P R S I R	Z A R N V	K S P U I	R Z R S K	S W R S I	C S B K C
O I P R Y	M K S R X	R S T K V	S R S I C	Z N V S R	W X J S I
P R L J M	M R S I C	S B I R G	U J Y R Z	S P U K S	P G N V R
S W R M X	G Q G X R	A G V R Z	T R P O C	R V Z X R	U J Y R Z
S P U C G	U Z R P G	R C S I U	R Y M R Z	G R M M P	Y G R S G
P S I I K	G W K G I	P R V R C	X P B R W	P G G R S	G N V K O
X R P S R	U P S R A	K X P G N	V R J I R	Z Y V J Z	J S J A P
G N V R I	K Z G X R	M M C S B	I R Z T K	V S R S S	R S S X S
K R A M P	N V R P S	R A K X V	R A K X P	G N V R O	J Z A C M
P R Z C S	B I R Z T	R W R B C	S B R S J	V S R K S	B K T R I
R Z C Z G	K N V R S	C S I E C	G K A A R	S V K R S	B R I P R
B R Z K I	R I P R G	R T R W R	B C S B R	S V R Z L	J Z T Z P
S B R S I	P R U K C	G K M R O	K G G C S	B L J S T	R W R B C
S B G B R	G R X E R	S P G X I	R Z P S V	K M X I R	Z L J S B
K M P M R	P T R B Z	C R S I R	X R S I Q	S K A P U	J I R Z U
P S R X P	U S R W X	J S V K X	I P R G R	M R V Z R	K C O I P
R T R W R	B C S B R	S I R Z V	P A A R M	G U J R Z	Y R Z K S
B R W K S	I X C S I	I C Z N V	R P S R V	J R N V G	X B R S P
K M R P S	X R Z Y Z	R X K X P	J S L J S	U R Y M R	Z G B R G
R X E R S	I R S C Z	G K N V R	S T R B Z	P O O K M	G A R N V
K S P G N	V R U Z K	O X P S I	P R K G X	Z J S J A	P R R P S
B R O C R	V Z X I K	G S R W X	J S G N V	R B R G R	X E I R Z
K M M B R	A R P S R	S K S E P	R V C S B	G U Z K O	X J I R Z
B Z K L P	X K X P J	S T R W P	R G G R P	S R C R T	R Z M R B
R S V R P	X C R T R	Z I P R K	R M X R Z	R S X V R	J Z P R S
I C Z N V	I P R R Z	U M K R Z	C S B K M	M R Z K T	W R P N V
C S B R S	L J S U R	Y M R Z G	B R G R X	E R S I P	R G J B R
S K S S X	R S T K V	S G X J R	Z C S B R	S I P R I	C Z N V I
P R L R Z	O R P S R	Z X R T R	J T K N V	X C S B G	U C S G X
P S E W P	G N V R S	E C X K B	R B R O J	R Z I R Z	X W J Z I
R S W K Z	R S I P R	G R I Q S	K A P G N	V R K C O	O K G G C
S B I R Z	T R W R B	C S B G L	J Z B K R	S B R P A	W R M X R
S Z K C A	T R I P S	B X R S C	S K T R Z	G J B M R	P N V R P
S R G N V	K R Z O R	Z R O K G	G C S B I	R Z L J Z	K C G G R
X E C S B	R S C R T	R Z Z K C	A C S I E	R P X T R	P S R W X
J S X Z R	X R S I P	R G R K H	P J A R E	C A R Z G	X R S A K
M R K C G	I Z C R N	U M P N V	O J Z A C	M P R Z X	P S R Z G
N V R P S	C S B A K	S I K Z O	I K V R Z	I P R T P	G E C R P
S G X R P	S G K C O	X Z R X R	S B R M X	R S I R S	G K R X E

```
RKMGS  RWXJS  GMRVZ  RLJSZ  KCACS  IERPX
TRERP  NVSRS  ECPVZ  RALRZ  GXKRS  ISPGP
GXRGC  SCABK  RSBMP  NVIPR  BZCSI  TRBZP
OORIR  ZARNV  KSPUU  MKZEC  CRTRZ  GRVRS
CSIEW  KZLJS  RPSRA  PSIRS  RMRAR  SXKZR
SMRVZ  TCRNV  RZSBR  WJRVS  MPNVL  RZSKN
VMKRG  GPBXR  SGXKS  IYCSU  XIRZI  PROZK
BRSKN  VIRZZ  RMKXP  LPXKR  XPSIR  SLJZI
RZBZC  SIZCR  NUXWP  ZWRZI  RSIKV  RZECS
KRNVG  XIPRR  PSOKN  VGXRS  XKXGK  NVRSI
ROPSP  XPJSR  SCSIB  RGRXE  RIRZA  RNVKS
PUECR  ZJRZX  RZSVK  TRS
```

169	250	355	0	81	13	541	2	449	189	423	56	296
A	B	C	D	E	F	G	H	I	J	K	L	M
240	116	618	18	1578	864	163	134	361	135	446	68	553
N	O	P	Q	R	S	T	U	V	W	X	Y	Z

Abb. 90. Häufigkeitsverteilung im Geheimtext von 15.5.2

Die darauf beruhende Entzifferung durch Gegenüberstellung der Cliquen zeigt Abb. 91. Für die häufigsten acht Buchstaben fallen $2 \cdot 2 \cdot 24$ Permutationen an. Eine von diesen zeigt Abb. 92. Sie ist als Rohentzifferung ganz brauchbar, wie ein Blick auf den anschließenden Klartext zeigt:

```
dasvt  olema  eisgh  efelt  sjste  mderh
immel  ersgh  eintd  emauc  ealse  ineme
hrode  rmind  erwla  ghezu  vvela  nderd
ieces  tirne  anceh  ewtet  sindd  iecan
kezuv  velab  erdre  htsig  himla  uweei
nesta  cesum  einea  ghsed  erenl  aceam
himme  ldurg  hdenv  olars  ternb  ekeig
hnetf  irdso  lance  diese  rauce  nsghe
```

{R}{S}{P}{ZG}{IXK}{VC}{M}{BN}{J}{AT}{WUOE}{YL}{QFHD}

{e} {n} {ir} {satd} {hu} {lcg} {om} {bfzwk} {vp} {jqxy}

Abb. 91. Gegenüberstellung der Cliquen

```
R S P Z G I X K V C M B N J A T W U O E Y L Q F H D
e n i r s d t a h u l c g o m b f z w k v p j q x y
```

Abb. 92. Rohentzifferung für den Geheimtext von 15.5.2

Daß die Rohentzifferung so gut ausfällt, hängt hier auch damit zusammen, daß die nächste Clique {hu} in der vorgenommenen Reihenfolge gerade richtig getroffen wurde. Andernfalls würde sich der Exhaustionsaufwand nochmals verdoppeln. Mit den derart richtig bestimmten zehn häufigsten Zeichen sind bereits 76% aller Zeichen rekonstruiert, dazu kommen im weiteren Verlauf

/l/, /o/, /m/, /b/, /x/, so daß insgesamt 86% aller Zeichen korrekt sind. Man sagt in der Praxis, daß eine Entzifferung nicht zu beanstanden ist, wenn rund 90% aller Zeichen, d.h. die häufigsten dreizehn bis fünfzehn Buchstaben, korrekt rekonstruiert sind. Abb. 93 zeigt die richtige Entzifferung, anschließend ist der Anfang des von *Max Born* stammenden Klartexts wiedergegeben. Auch der Rest ist lesenswert.

R	S	P	Z	G	I	X	K	V	C	M	B	N	J	A	T	W	U	O	E	Y	L	Q	F	H	D
e	n	i	r	s	d	t	a	h	u	l	g	c	o	m	b	w	k	f	z	p	v	y	j	x	q

Abb. 93. Entzifferung für den Geheimtext von 15.5.2

d a s p t	o l e m a	e i s c h	e w e l t	s y s t e	m d e r h
i m m e l	e r s c h	e i n t d	e m a u g	e a l s e	i n e m e
h r o d e	r m i n d	e r f l a	c h e k u	p p e l a	n d e r d
i e g e s	t i r n e	a n g e h	e f t e t	s i n d d	i e g a n
z e k u p	p e l a b	e r d r e	h t s i c	h i m l a	u f e e i
n e s t a	g e s u m	e i n e a	c h s e d	e r e n l	a g e a m
h i m m e	l d u r c	h d e n p	o l a r s	t e r n b	e z e i c
h n e t w	i r d s o	l a n g e	d i e s e	r a u g e	n s c h e

15.5.3 Für den kurzen Text von 15.3.1 wird man mit der Verwendung einer so feinen Einteilung Schwierigkeiten erwarten. 54 H und 41 Q legen H $\hat{=}$ e und Q $\hat{=}$ n nahe. Angesichts der weiteren Häufigkeiten 36 D, 24 W, 23 L, 22 V, 21 K, von denen die letzten vier sehr nahe beieinanderliegen, ist kaum zu erwarten, daß genau {DWL} auf {irs} und {VK} auf {at} treffen. Wir betrachten deshalb eine weiter übergreifende Cliqueneinteilung, die die 2×3 Fälle {DW} $\hat{=}$ {ir}, {L} $\hat{=}$ {sat} und die 2×3 Fälle {DL} $\hat{=}$ {ir}, {W} $\hat{=}$ {sat} umfaßt, also die zwölf speziellen Zuordnungen aus {DWL} $\hat{=}$ {irsat}

D $\hat{=}$ i, W $\hat{=}$ r, L $\hat{=}$ s	D $\hat{=}$ i, W $\hat{=}$ r, L $\hat{=}$ a	D $\hat{=}$ i, W $\hat{=}$ r, L $\hat{=}$ t
D $\hat{=}$ r, W $\hat{=}$ i, L $\hat{=}$ s	D $\hat{=}$ r, W $\hat{=}$ i, L $\hat{=}$ a	D $\hat{=}$ r, W $\hat{=}$ i, L $\hat{=}$ t
D $\hat{=}$ i, W $\hat{=}$ s, L $\hat{=}$ r	D $\hat{=}$ i, W $\hat{=}$ a, L $\hat{=}$ r	D $\hat{=}$ i, W $\hat{=}$ t, L $\hat{=}$ r
D $\hat{=}$ r, W $\hat{=}$ s, L $\hat{=}$ i	D $\hat{=}$ r, W $\hat{=}$ a, L $\hat{=}$ i	D $\hat{=}$ r, W $\hat{=}$ t, L $\hat{=}$ i

Damit ergibt sich jeweils für die erste Zeile des Geheimtexts (da W in dieser Zeile gar nicht vorkommt, verbleiben nur acht wesentliche Möglichkeiten)

eVZi U	VFKRn	GXnNe	Oi OVs	FKanE	Rnni n
eVZi U	VFKRn	GXnNe	Oi OVa	FKanE	Rnni n
eVZi U	VFKRn	GXnNe	Oi OVt	FKt nE	Rnni n
eVZr U	VFKRn	GXnNe	Or OVs	FKs nE	Rnnr n
eVZr U	VFKRn	GXnNe	Or OVa	FKanE	Rnnr n
eVZr U	VFKRn	GXnNe	Or OVt	FKt nE	Rnnr n
eVZi U	VFKRn	GXnNe	Os OVr	FKr nE	Rnni n
eVZr U	VFKRn	GXnNe	Or OVi	FKi nE	Rnnr n

Keine dieser Rohentzifferungen führt jedoch weiter.

Tatsächlich war die Zerlegung zu fein; erst eine Permutation von irsatdhu , nämlich atishrud , entspricht der Folge DWLVKUXG und verspricht mit

esZar sFhRn GunNe OaOsi FKinE Rnnan

ein Weiterkommen. Die interaktive Exhaustion aller in dieser Achterclique liegenden Permutationen ist aber mit $8! = 40\,320$ Versuchen überstrapaziert.

Kurze Beispiele dieser Art verlangen, außer der Einzelzeichenhäufigkeit noch weitere stochastische Eigentümlichkeiten der Sprache heranzuziehen, etwa Bigrammhäufigkeiten. Darauf werden wir in 15.7 zurückkommen.

15.5.4 *George K. Zipf* und *Benoît Mandelbrot* haben empirische Formeln angegeben für die relative Häufigkeit des k-ten Buchstabens, die erstaunlich gut für viele Sprachen passen, nämlich

$p(k) \propto 1/k$ sowie $p(k) \propto 1/(k+c)^m$ für geeignete positive c, m .

Eine überzeugende theoretische Erklärung liegt nicht vor.

15.6 Abstandsminimierung

Wir schließen an 15.2 an.

15.6.1 Es sei M die Länge eines Textes T aus einer stochastischen Quelle Q mit den Wahrscheinlichkeiten p_i für das Auftreten des i-ten Zeichens χ_i $(i = 1 \dots N)$; m_i sei die Häufigkeit von χ_i im Text T, wobei $\sum_{i=1}^N m_i = M$. Die Häufigkeits-Abweichung des tatsächlichen Textes T von einem zu erwartenden Text T^Q gleicher Länge kann gemessen werden durch den **Abstand**

$$d(T, T^Q) = \sum_{i=1}^N (m_i - M \cdot p_i)^2 \quad .$$

σ sei die Substitution, die die Geheimtextzeichen in die Klartextzeichen überführt. Der Wert von

$$d_\sigma = d(T, T^{\sigma(Q)}) = \sum_{i=1}^N (m_i - M \cdot p_{\sigma(i)})^2$$

ist ein Maß für die Übereinstimmung zwischen dem Geheimtext T mit den beobachteten Häufigkeiten m_i und dem zu erwartenden Geheimtext $T^{\sigma(Q)}$ der Quelle $\sigma(Q)$;

$$\min_\sigma d_\sigma = \min_\sigma \sum_{i=1}^N (m_i - M \cdot p_{\sigma(i)})^2$$

charakterisiert die Substitutionen, die bestmögliche Übereinstimmung bringen und damit Kandidaten für die Entzifferung sind. Wegen der auftretenden Schwankungen sind aber auch Substitutionen σ, für die d_σ in die Nähe des Minimums kommt, in Betracht zu ziehen, wobei sie mit wachsender Entfernung vom Minimum weniger und weniger in Frage kommen.

15.6.2 Offensichtlich gilt $\sum_{i=1}^N p_{\sigma(i)}^2 = \sum_{i=1}^N p_i^2$ und damit

$$\min_\sigma \sum_{i=1}^N (m_i - M \cdot p_{\sigma(i)})^2 = \sum_{i=1}^N m_i^2 + M^2 \sum_{i=1}^N p_i^2 - 2M \max_\sigma \sum_{i=1}^N m_i \cdot p_{\sigma(i)} \ .$$

Zur Entzifferung genügt es also, folgendes Maximum

$$\max_\sigma \sum_{i=1}^{N} m_i \cdot p_{\sigma(i)}$$

zu suchen. Nun gilt aber der

Satz: Es sei für alle i $m_i \geq m_{i+1}$.
$\sum_{i=1}^{N} m_i \cdot p_{\sigma(i)}$ wird genau dann maximal, wenn für alle i $p_{\sigma(i)} \geq p_{\sigma(i+1)}$.

Beweis: Da jede Permutation als Kette zweigliedriger Vertauschungen dargestellt werden kann, genügt es, den Beitrag zweier Zeichen χ_j, χ_k zur Summe zu betrachten. Dann ist

$m_j \cdot p_{\sigma(j)} + m_k \cdot p_{\sigma(k)} \geq m_j \cdot p_{\sigma(k)} + m_k \cdot p_{\sigma(j)}$ genau dann, wenn
$(m_j - m_k) \cdot (p_{\sigma(j)} - p_{\sigma(k)}) \geq 0$, d.h. wenn $p_{\sigma(j)} \geq p_{\sigma(k)}$. ⋈

Es ergibt sich also das erwartete Resultat, daß theoretisch die Entzifferung gelingen sollte mit einer Zuordnung nach der Häufigkeitsreihenfolge. Um aber die praktisch auftretenden Schwankungen zu berücksichtigen, empfiehlt es sich, von diesen Zuordnungen ausgehend, paarweise Zeichen χ_j, χ_k zu vertauschen, beginnend mit möglichst kleinen Werten von
$(m_j - m_k) \cdot (p_{\sigma(j)} - p_{\sigma(k)})$.

Beispiel: Mit den Wahrscheinlichkeiten p_i von Abb. 89 ergibt sich für den Geheimtext von 15.3.1 mit den in Abb. 82 angegebenen Häufigkeiten m_i und der Zuordnung nach der Häufigkeitsreihenfolge von Abb. 89 ein Wert von 2634.56% = $M \cdot 7.55\%$; vertauscht man die Zuordnung D $\hat{=}$ i , W $\hat{=}$ r zu der nach der Reihenfolge von *Kaeding* auftretenden D $\hat{=}$ r , W $\hat{=}$ i ; so verringert sich der Wert geringfügig um (36−24)·(7.73%−7.54%) = 2.28% = $M \cdot 0.0065\%$. Für die tatsächliche Entzifferung errechnet sich ein Wert von 2585.80% = $M \cdot 7.41\%$. Der Wert von $\sum_{i=1}^{N} m_i^2$ in diesem Beispiel ist 9347 = $M^2 \cdot 7.67\%$, der Wert von $\sum_{i=1}^{N} p_i^2$ nach Abb. 89 beträgt 7.62%.

Praktikumsaufgabe 6: Schreibe ein Programm, das bei gegebenen T, m_i und p_i die Substitutionen σ in der Reihenfolge steigender d_σ feststellt und exhaustiv zur Inspektion anbietet.

15.7 Häufigkeit von n-grammen

Noch mehr als die Einzelzeichenhäufigkeit prägt die Häufigkeit von Multigrammen eine Sprache. Die Multigramm-Häufigkeiten sind auch wesentlich weniger ausgeglichen. In kurzen Texten treten jedoch schon Bigramme so selten auf, daß die Schwankungseinflüsse erheblich sind.

Invarianzsatz 3$^{(n)}$: Für alle monoalphabetischen, funktionalen einfachen Substitutionen , insbesondere auch für alle linearen monoalphabetischen einfachen Substitutionen gilt:
Partitionen der n-gramme innerhalb des Textes bleiben erhalten.

	.a	.b	.c	.d	.e	.f	.g	.h	.i	.j	.k	.l	.m	.n	.o	.p	.q	.r	.s	.t	.u	.v	.w	.x	.y	.z
a.	8	31	27	11	64	15	30	20	5	1	7	59	28	102		4		51	53	46	75	2	3		1	2
b.	16	1		1	101		3	1	12		1	9		1	8			9	6	4	14		1		1	1
c.	2			2	1			242	1		14	1			2				1							
d.	54	3	1	13	227	3	4	2	93	1	3	5	4	6	9	3		10	11	6	16	3	4			3
e.	26	45	25	51	23	26	50	57	193	3	19	63	55	400	6	13	1	409	140	55	36	14	23	2	1	11
f.	19	2		9	25	12	3	1	7		1	5	1	2	9	1		18	4	20	24	1	1			1
g.	20	3		12	147	2	3	3	19	1	3	9	3	5	6	1		14	18	18	11	4	3			3
h.	70	4	1	14	102	2	4	3	23	1	3	25	11	19	18	1		37	11	47	11	4	9			3
i.	7	7	76	20	163	5	38	12	1	1	12	25	27	168	20	2		17	79	78	3	5	1			5
j.	9				9										2						5					
k.	26	1		2	26	1	1	1	7		1	10	1	1	24	1		13	5	14	9	1	1			1
l.	45	7	2	14	65	5	6	2	61	1	7	42	3	4	14	2		2	22	27	13	3	2			3
m.	40	6	1	8	50	4	4	3	44	2	3	4	23	3	15	7		2	10	8	14	4	3			2
n.	68	23	5	187	122	19	94	17	65	5	25	10	23	43	18	10		10	74	59	33	18	29			25
o.	3	8	15	7	25	6	5	9	1	1	3	31	17	64	1	6		50	19	9	3	3	7		1	6
p.	16			3	10	6		2	4			4			11	5		23	1	3	4					
q.																					2					
r.	80	25	9	67	112	18	27	19	52	4	23	18	20	31	30	9		15	54	49	48	12	17			14
s.	36	10	89	20	99	7	13	9	65	2	11	9	12	7	28	22		8	76	116	15	9	10		2	7
t.	57	8	1	35	185	5	10	14	59	2	4	11	9	9	15	3		31	50	23	26	8	21		1	26
u.	3	8	16	5	78	27	8	4	2		3	7	21	119		5		33	48	23	1	3	2			1
v.	3				37				9						43											
w.	34				48				36	1				1	17				1		9					
x.									1						1					1						
y.					1							1	1						1							
z.	4	1		1	28		1		11		1	2	1		2				1	7	43	1	9			1

Abb. 94. Bigramm-Häufigkeiten (in %%) im Deutschen (Textbasis *SZ3*)

15.7.1 Damit kann auch die Häufigkeit von n-grammen in einem Geheimtext zur Entzifferung herangezogen werden. Allerdings gibt es für $N = 26$ bereits 676 Bigramme und 17576 Trigramme; nur bei recht langen Geheimtexten wird man also einigermaßen genügend viele Bigramme und Trigramme finden. Eine Kryptanalyse monographischer Chiffrierungen auf grund etwa von Bigrammen allein an Stelle von Einzelzeichen bringt keine Vorteile.

Die Häufigkeit von Bigrammen (einen Anhaltspunkt dafür geben Abb. 94 und Abb. 95) und Trigrammen zeigt noch mehr Unausgeglichenheit [3] als die von Einzelzeichen. Die 18 häufigsten Bigramme im Deutschen (sie machen 92.93% aller Bigramme aus) und die 19 häufigsten Bigramme im Englischen zeigen Abb. 96 und Abb. 97; die 112 häufigsten Trigramme im Deutschen (sie machen aber nur noch 52.11% aller Trigramme aus) und die 98 häufigsten Trigramme im Englischen finden sich in Abb. 98 und Abb. 99. Die Auszählungen

[3] Beim Vergleich von Werten in der Literatur ist darauf zu achten, ob der Wortzwischenraum unberücksichtigt bleibt; gelegentlich (so bei *Fletcher Pratt* 1939) werden nur Bigramme und Trigramme innerhalb von Worten gezählt.

	.a	.b	.c	.d	.e	.f	.g	.h	.i	.j	.k	.l	.m	.n	.o	.p	.q	.r	.s	.t	.u	.v	.w	.x	.y	.z
a.	1	32	39	15		10	18		16		10	77	18	172	2	31	1	101	67	124	12	24	7		27	1
b.	8				58				6	2		21	1		11			6	5		25				19	
c.	44		12		55	1		46	15		8	16			59	1		7	1	38	16		1			
d.	45	18	4	10	39	12	2	3	57	1		7	9	5	37	7	1	10	32	39	8	4	9		6	
e.	65	11	64	107	39	23	20	15	40	1	2	46	43	120	46	32	14	154	145	80	7	16	41	17	17	
f.	21	2	9	1	25	14	1	6	21	1		10	3	2	38	3		4	8	42	11	1	4		1	
g.	11	2	1	1	32	3	1	16	10			4	1	3	23	1		21	7	13	8		2		1	
h.	84	1	2	1	251	2		5	72			3	1	2	46	1		8	3	22	2		7		1	
i.	18	7	55	16	37	27	10				8	39	32	169	63	3		21	106	88		14	1	1		4
j.					2										4						4					
k					28				8					3	3				2	1			3		3	
l.	34	7	8	28	72	5	1		57	1	3	55	4	1	28	2	2	2	12	19	8	2	5		47	
m.	56	9	1	2	48			1	26				5	3	28	16			6	6	13		2		3	
n.	54	7	31	118	64	8	75	9	37	3	3	10	7	9	65	7		5	51	110	12	4	15	1	14	
o.	9	18	18	16	3	94	3	3	13		5	17	44	145	23	29		113	37	53	96	13	36		4	2
p.	21	1			40			7	8			29			28	26	42	3	14	7		1		2		
q.																					20					
r.	57	4	14	16	148	6	6	3	77	1	11	12	15	12	54	8		18	39	63	6	5	10		17	
s.	75	13	21	6	84	13	6	30	42		2	6	14	19	71	24	2	6	41	121	30	2	27		4	
t.	56	14	6	9	94	5	1	315	128			12	14	8	111	8		30	32	53	22	4	16		21	
u.	18	5	17	11	11	1	12	2	5			28	9	33	2	17		49	42	45				1	1	1
v.	15				53				19						6											
w.	32		3	4	30	1		48	37			4	1	10	17	2		1	3	6	1	1	2			
x.	3		5		1				4						1	4				1	1					
y.	11	11	10	4	12	3	5	5	18			6	4	3	28	7		5	17	21	1	3	14			
z.					5				2			1														1

Abb. 95. Bigramm-Häufigkeiten (in %%) im Englischen (nach *O. Phelps Meaker*)

streuen überdies sehr, wie man unschwer aus Abb. 96 und Abb. 97 ersieht.[4] Abb. 94 und Abb. 95 zeigen auch auf einen Blick, daß die Bigramm-Häufigkeitsmatrix nicht symmetrisch ist. Häufig vorkommende Bigramme mit seltenen Reversen (‚Drehern') sind

/th/, /he/, /ea/, /nd/, /nt/, /ha/, /ou/, /ng/, /hi/, /eo/, /ft/, /sc/, /rs/ ,

sie sind zum Auflösen von Cliquen nützlich. Dagegen kommen folgende Bigramme ungefähr gleich häufig vor:

/er/ - /re/, /es/ - /se/, /an/ - /na/, /ti/ - /it/, /on/ - /no/, /in/ - /ni/, /en/ - /ne/, /at/ - /ta/, /te/ - /et/, /or/ - /ro/, /to/ - /ot/, /ar/ - /ra/, /st/ - /ts/, /is/- /si/, /ed/ - /de/, /of/ - /fo/ .

15.7.2 Nicht uninteressant sind auch die Häufigkeiten des Vorkommens von Wörtern. Die zehn häufigsten Worte sind

[4] Häufigkeitstabellen für eine Reihe von indogermanischen Sprachen finden sich insbesondere bei *H.F. Gaines* und bei *Ch. Eyraud.*

	Abb. 94	Bauer-Goos	Valerio	Eyraud
er	409	340	337	375
en	400	447	480	443
ch	242	280	266	280
de	227	214	231	233
ei	193	226	187	242
nd	187	258	258	208
te	185	178	222	178
in	168	204		197
ie	163	176	222	188
ge	147	168	160	196
es	140	181		168
ne	122	117		143
un	119	173	169	139
st	116	124		118
re	112	107	213	124
he	102	117		124
an	102	92		82
be	101	96		104

Abb. 96. Die achtzehn häufigsten Bigramme im Deutschen (Häufigkeiten in %%)

im Deutschen:	die der und den am in zu ist daß es ,
im Englischen:	the of and to a in that it is I ,
im Französischen:	de il le et que je la ne on les ,
im Italienischen:	la di che il non si le una lo in ,
im Spanischen:	de la el que en no con un se sa .

Einbuchstabige Wörter sind im Englischen nur a und I , zweibuchstabig sind an at as he be in is it on or to of do go no so my .

Die häufigsten Worte in den indogermanischen Sprachen sind weit überwiegend **Formwörter**[5] (*mots vides*, *non-content words*, „inhaltsleere Worte“), nämlich Artikel, Präpositionen, Konjunktionen und andere Hilfspartikel, im Gegensatz zu **Begriffswörtern** wie Substantiven, Adjektiven und Verben. Unter den 70 häufigsten Worten der englischen Sprache sind keine Begriffswörter, unter den 100 häufigsten sind nur 10 Begriffswörter.

15.7.3 Auch wenn man (oder gerade weil man) professionell den Wortzwischenraum unterdrückt, ist die mittlere Wortlänge eine nicht unwichtige Kenngröße einer Sprache, sowie die Vokalhäufigkeit und die Häufigkeit der fünf häufigsten Konsonanten {lnrst}. Angaben dazu finden sich in Abb. 100.

---

[5] Im Englischen sind es gerade die Formwörter, die in Überschriften nicht groß geschrieben werden.

	Abb. 95	Kullback	Sinkov	Eyraud
th	315	156	270	330
he	251	40	257	270
an	172	128	152	167
in	169	150	194	202
er	154	174	179	191
re	148	196	160	169
on	145	154	154	134
es	145	108	115	149
ti	128	90	108	126
at	124	94	127	127
st	121	126	103	116
en	120	222	129	146
or	113	128	108	91
nd	118	104	95	122
to	111	100	95	79
nt	110	164	93	124
ed	107	120	111	125
is	106	70	93	79
ar	101	88	96	83

Abb. 97. Die neunzehn häufigsten Bigramme im Englischen (Häufigkeiten in %%)

Im Deutschen sind die Wortlängenhäufigkeiten folgendermaßen verteilt:

1	0.05%	6	11.66%	11	3.24%	16	0.32%
2	8.20%	7	6.04%	12	2.06%	17	0.38%
3	28.71%	8	4.43%	13	1.40%	18	0.16%
4	13.49%	9	3.67%	14	0.59%	19	0.10%
5	11.55%	10	2.64%	15	0.65%		

15.7.4 Die Häufigkeit eines Buchstabens hängt oft sehr von seiner Lage im Wort ab. Beispielsweise steht /e/ im Deutschen

an erster Stelle	7.7%
an zweiter Stelle	21.7%
an dritter Stelle	16.5%
⋮	
an drittletzter Stelle	8.8%
an vorletzter Stelle	7.7%
an letzter Stelle	15.0% .

15.7.5 Vokale und Konsonanten wechseln sich oft gegenseitig ab. Vokale bilden das sangliche Lautgerüst einer Sprache. Im Französischen können sie sehr gehäuft auftreten: *ouïe, aïeul*. Konsonanten, die im Arabischen das Schreibgerüst einer Sprache bilden, treten in slawischen Sprachen ebenfalls oft

ein	122	das	47	erd	33	ese	27	eni	23	ner	20	hei	18
ich	111	hen	47	enu	33	auf	26	ige	23	nds	20	lei	18
nde	89	ind	46	nen	32	ben	26	aen	22	nst	20	nei	18
die	87	enw	45	rau	32	ber	26	era	22	run	20	nau	18
und	87	ens	44	ist	31	eit	26	ern	22	sic	20	sge	18
der	86	ies	44	nic	31	ent	26	rde	22	enn	19	tte	18
che	75	ste	44	sen	31	est	26	ren	22	ins	19	wei	18
end	75	ten	44	ene	30	sei	26	tun	22	mer	19	abe	17
gen	71	ere	43	nda	30	and	25	ing	21	rei	19	chd	17
sch	66	lic	42	ter	30	ess	25	sta	21	eig	18	des	17
cht	61	ach	41	ass	29	ann	24	sie	21	eng	18	nte	17
den	57	ndi	41	ena	29	esi	24	uer	21	erg	18	rge	17
ine	53	sse	39	ver	29	ges	24	ege	20	ert	18	tes	17
nge	52	aus	36	wir	29	nsc	24	eck	20	erz	18	uns	17
nun	48	ers	36	wie	28	nwi	24	eru	20	fra	18	vor	17
ung	48	ebe	35	ede	27	tei	24	mme	20	hre	18	dem	17

Abb. 98. Die 112 häufigsten Trigramme im Deutschen (Häufigkeiten in %%)

the	353	hat	55	man	40	ant	32	rom	28	str	25	nte	23
ing	111	ers	54	red	40	hou	31	ven	28	tic	25	rat	23
and	102	his	52	thi	40	men	30	ard	28	ame	24	tur	23
ion	75	res	50	ive	38	was	30	ear	28	com	24	ica	23
tio	75	ill	47	rea	38	oun	30	din	27	our	24	ich	23
ent	73	are	47	wit	37	pro	30	sti	27	wer	24	nde	23
ere	69	con	46	ons	37	sta	30	not	27	ome	24	pre	23
her	68	nce	45	ess	36	ine	29	ort	27	een	24	enc	22
ate	66	all	44	ave	34	whi	28	tho	26	lar	24	has	22
ver	64	eve	44	per	34	ove	28	day	26	les	24	whe	22
ter	63	ith	44	ect	33	tin	28	ore	26	san	24	wil	22
tha	62	ted	44	one	33	ast	28	but	26	ste	24	era	22
ati	59	ain	43	und	33	der	28	out	25	any	23	lin	22
for	59	est	42	int	32	ous	28	ure	25	art	23	tra	22

Abb. 99. Die 98 häufigsten Trigramme im Englischen (Häufigkeiten in %%)

gehäuft auf: *czyszczenie* (polnisch), *cvrčak* (serbokroatisch), *nebezpečenství* (tschechisch). Im Englischen sind Wörter mit 4-Konsonanten-Folgen wie *sixths* sehr selten; im Deutschen sind *Schlacht, schlecht, schlicht, Schlucht* achtbuchstabige Wörter mit nur einem Vokal. Auch Vokalabstände haben typische Häufigkeiten: Im Deutschen (ohne Zwischenräume)

1	20.77%	5	2.63%
2	25,06%	6	1.03%
3	35.95%	7	0.15%
4	14.75%	8	0.03%

15.7.6 Für *informal ciphers*, die Wortzwischenräume (und eventuell auch Interpunktionen) beibehalten, enthalten Bigrammtabellen natürlich auch Häufigkeiten für an- und auslautende Buchstaben, Trigrammtabellen Häufigkeiten für an- und auslautende Bigramme und für einbuchstabige Wörter. Werden Zwischenräume (und Interpunktionen) nicht unterdrückt, so müssen sie zumindest in die Chiffrierung einbezogen werden; damit wird der Zwischenraum zum häufigsten Zeichen, geringfügig häufiger als das /e/ .

Werden aber Zwischenräume (und Interpunktionen) durch sich selbst chiffriert, wie das für die *aristocrats* üblich ist, läuft das darauf hinaus, daß e i n Zeichen von vornherein entziffert ist. Das erleichtert natürlich jeden Einstieg ganz bedeutend. Erfahrene Kryptologen lesen solche *informal ciphers* manchmal auf den ersten Blick (*"Not infrequently, the cryptogram which retains its word-divisions can be read at sight ... and this regardless of how short it may be"* — *Helen Fouché Gaines* 1939).

In der professionellen Kryptologie verwendet man jedenfalls, wie wir es getan haben, aus guten Gründen *formal ciphers*. Wenn aus technischen Gründen, wie im Fernschreibbetrieb und bei Verwendung eines ASCII-Codes, Sonderzeichen verfügbar sind, so heißt das noch lange nicht, daß sie bedenkenlos benutzt werden müssen — ein gut ausgebildeter und verantwortungsbewußter *cipher clerk* wird das wissen.

	mittlere Wortlänge	Vokal-häufigkeit	{lnrst}-Häufigkeit	seltene Buchstaben						
engl.	4.5	40%	33%	j		q		x		z
dtsch.	5.9	39%	34%	j		q		x	y	
franz.	4.4	45%	34%		k		w			
ital.	4.5	48%	30%	j	k		w	x	y	
span.	4.4	47%	31%		k		w			
russ.	6.3	45%								

Abb. 100. Kenngrößen verschiedener Sprachen

15.8 Die kombinierte Methode der Häufigkeitserkennung

Zur Mechanisierung der Entzifferung monoalphabetischer einfacher Substitutionen, insbesondere bei kürzeren Texten, ist es angezeigt, die Häufigkeiten von Einzelzeichen, von Bigrammen und eventuell von Trigrammen kombiniert heranzuziehen, und zwar so, daß man Bigrammhäufigkeiten betrachtet, wenn eine Clique von Zeichen durch Einzelhäufigkeiten nicht getrennt werden kann; Trigrammhäufigkeiten betrachtet, wenn eine Clique von Bigrammen durch Bigrammhäufigkeiten nicht getrennt werden kann. Über Trigramme wird man nicht gerne hinausgehen. Sofern dabei keine Mustererkennungstechniken (‚wahrscheinliche Worte') herangezogen werden, spricht man von **ciphertext-only attack**.

15.8.1 Für folgenden Geheimtext von 280 Zeichen (*Kahn* 1967)

G J X X N	G G O T Z	N U C O T	W M O H Y	J T K T A	M T X O B
Y N F G O	G I N U G	J F N Z V	Q H Y N G	N E A J F	H Y O T W
G O T H Y	N A F Z N	F T U I N	Z A N F G	N L N F U	T X N X U
F N E J C	I N H Y A	Z G A E U	T U C Q G	O G O T H	J O H O A
T C J X K	H Y N U V	O C O H Q	U H C N U	G H H A F	N U Z H Y
N C U T W	J U W N A	E H Y N A	F O W O T	U C H N P	H O G L N
F Q Z N G	O F U V C	N Z J H T	A H N G G	N T H O U	C G J X Y
O G H T N	A B N T O	T W G N T	H N T X N	A E B U F	K N F Y O
H H G I U	T J U C E	A F H Y N	G A C J H	O A T A E	I O C O H
U F O X O	B Y N F G				

ergibt die Häufigkeitszählung der Buchstaben

17	4	13	0	7	17	23	26	5	12	3	2	2	36	25	1	5	0	0	23	20	3	6	9	13	8
A	B	C	D	E	F	G	H	I	J	K	L	M	N	O	P	Q	R	S	T	U	V	W	X	Y	Z

Es besteht kein Anklang an ein verschobenes Häufigkeitsgebirge, es darf also nicht mit dem Vorliegen einer CAESAR-Addition gerechnet werden. Die Häufigkeitsreihenfolge ist

36	26	25	23	23	20	17	17	13	13	12	9	8	7	6	5	5	4	3	3	2	2	1	0	0	0
N	H	O	G	T	U	A	F	C	Y	J	X	Z	E	W	I	Q	B	K	V	L	M	P	D	R	S

Den Umständen nach ist zu erwarten, daß es sich um einen englischen Text handelt. Eine Gegenüberstellung mit der Häufigkeitsreihenfolge des Englischen

e t a o n i r s h d l u c m p f y w g b v j k q x z .

legt angesichts des deutlichen Abfalls von 17 auf 13 eine Cliquenbildung {e} {t} {aonirs} nahe. Es sollte also

$$\text{N} \hat{=} \text{e} , \quad \text{H} \hat{=} \text{t} \quad \text{und } \{\text{OGTUAF}\} \hat{=} \{\text{aonirs}\} \quad \text{sein.}$$

Zur Auflösung der letzteren Unsicherheit setzt nun die Betrachtung der Bigrammhäufigkeit ein.

Abb. 101 zeigt den relevanten Ausschnitt aus einer Bigrammtabelle für die englische Sprache (10000 Zeichen), Abb. 102 die Bigramm-Auszählung für den vorliegenden Text.

In der Bigrammtabelle, Abb. 101 zeigt sich, daß /a/, /i/ und /o/ untereinander Kontakt meiden, außer dem Bigramm /io/ — /io/ kommt häufig, /oi/ nur selten vor. In der Auszählung meiden O, U und A ebenfalls Kontakt, OA kommt zweimal vor gegenüber AO keinmal. Es sollte also

$$\text{O} \hat{=} \text{i} , \quad \text{A} \hat{=} \text{o} \quad \text{und somit auch} \quad \text{U} \hat{=} \text{a} \quad \text{gelten.}$$

	e	t	a	o	n	i	r	s	h	l	d	u	c
e	39	80	131	46	120	40	154	145	15	46	107	7	64
t	94	53	56	111	8	128	30	32	315	12	9	22	6
a	–	124	1	2	172	16	101	67	–	77	15	12	39
o	3	53	9	23	145	13	113	37	3	17	16	96	18
n	64	110	54	65	9	37	5	51	9	10	118	12	31
i	37	88	18	63	169	–	21	106	–	39	16	–	55
r	148	63	57	54	12	77	18	39	3	12	16	6	14
s	84	121	75	71	19	42	18	41	30	6	6	30	21
h	251	22	84	46	2	72	8	3	5	3	1	2	2
l	72	19	34	28	1	57	2	12	–	55	28	8	8
d	39	39	45	37	5	57	10	32	3	7	10	8	4
u	11	45	18	2	33	5	49	42	2	28	11	–	17
c	55	38	44	59	–	15	7	1	46	16	–	16	12

Abb. 101. Bigrammtabelle für die 13 häufigsten Buchstaben im Englischen

	N	H	O	G	T	U	A	F	C	Y	J	X	Z
N	–	1	–	5	4	5	5	7	1	–	–	1	3
H	3	2	4	1	2	1	1	–	1	9	1	–	–
O	–	4	–	4	7	1	2	1	2	–	–	–	–
G	4	2	6	2	–	–	2	–	–	–	3	–	–
T	1	4	1	–	–	3	3	–	1	–	1	3	1
U	–	1	–	2	4	–	–	3	5	–	–	–	1
A	1	1	–	–	2	–	–	4	1	–	1	–	1
F	3	2	1	2	1	2	–	–	–	1	–	–	1
C	2	1	4	1	–	1	–	–	–	–	2	–	–
Y	7	–	3	–	–	–	1	–	–	–	1	–	–
J	–	2	2	–	1	2	–	2	1	–	–	3	–
X	3	–	2	–	–	1	–	–	–	1	–	1	–
Z	3	1	–	1	–	–	1	–	–	–	1	–	–

Abb. 102. Bigramm-Auszählung

Daß dann zu OU gerade /ia/ gehört, das häufig vorkommt, paßt. Überdies kommt NU, das für /ea/ stünde, häufig vor, während UN, das gar nicht vorkommt, für das seltene /ae/ stünde.

Die hier getroffene Argumentation betrifft Zeichen, die Kontakt meiden. Daß dies gerade Vokale sind, ist eine Eigentümlichkeit des Englischen; die in der angelsächsischen Literatur zu findende Bezeichnung 'Vowel-Solution Method' (*Helen Fouché Gaines* 1939) ist also akzidentell.

Übrigens zeigt auch der Konsonant /n/ Kontakteigentümlichkeiten: /n/ geht sehr häufig ein Vokal voraus. Dies zeichnet T vor G, F und der Clique {C, Y} aus. Also steht zu vermuten, daß

T $\hat{=}$ n gilt.

Für /r/ und /s/ ist weniger zu gewinnen. Am auffallendsten ist /h/: /th/ ist überaus häufig, /he/ und /ha/ sind häufig. Die noch verbleibenden G, F und C zeigen keine entsprechenden Kontakte; dies legt nahe, daß Y die Chiffre für /h/ ist. Tatsächlich erfüllt Y das Verlangte: HY (für /th/) kommt sehr häufig, YN (für /he/) und YO (für /ha/) kommen häufig vor. Wir dürfen also weiterhin annehmen, daß

Y $\hat{=}$ h gilt.

Damit haben wir sieben der zehn häufigsten Geheimtextzeichen bestimmt:

N	H	U	A	T	O	*	*	Y	*	*	*	*	*	*	*	*	*	*	*	*	*	*	*	*
e	t	a	o	n	i	r	s	h	d	l	u	c	m	p	f	y	w	g	b	v	j	k	q	x z .

15.8.2 Die Lösung sollte nach diesem Einstieg „im Trab“ gehen. Tatsächlich ergibt sich

GJ XXe	GGi n Z	e a Ci n	WMi t h	J n Kn o	Mn Xi B
h e F Gi	GI e a G	J F e Z V	Qt h e G	e E o J F	t h i n W
Gi n t h	e o F Z e	F n a I e	Z o e F G	e L e F a	n Xe Xa
F e E J C	I e t h o	Z Go E a	n a CQG	i Gi n t	J i t i o
n C J XK	t h e a V	i Ci t Q	a t Ce a	Gt t o F	e a Z t h
e C a n W	J a We o	Et h e o	F i Wi n	a Ct e P	t i GLe
F QZ e G	i F a VC	e Z J t n	o t e GG	e n t i a	CGJ Xh
i Gt n e	o B e n i	n WGe n	t e n Xe	o E B a F	Ke F h i
t t GI a	n J a CE	o F t h e	Go CJ t	i o n o E	I i Ci t
a F i Xi	B h e F G				

Einzelne Ergänzungen fallen sofort auf: in der ersten Zeile Mith bedeutet with , woraus M $\hat{=}$ w , und JnKnown bedeutet unknown , woraus J $\hat{=}$ u , K $\hat{=}$ k . thinW in der zweiten Zeile bedeutet thing , woraus W $\hat{=}$ g ; in der vierten Zeile bedeutet IethoZ method , woraus I $\hat{=}$ m , Z $\hat{=}$ d ; das Wort intuition paßt. Des weiteren sollte man nach Stellen suchen, an denen die noch fehlenden Buchstaben aus der Clique {hdlcwum}, nämlich /l/ und /c/ , vorkommen könnten.

Viel weiter kommt man jedoch mit einer vorherigen Bestimmung von G und F . Man kann ziemlich sicher sein, daß {GF}$\hat{=}${rs}. Das Vorkommen von FG in der zweiten Zeile und der Umstand, daß das Bigramm /sr/ sehr selten ist, läßt es wert erscheinen,

G $\hat{=}$ s , F $\hat{=}$ r

zu versuchen. Das ergibt die Teilentzifferung

s J XXe	s s i n Z	e a Ci n	WMi t h	J n Kn o	Mn Xi B
h e r s i	s I e a s	J r e Z V	Qt h e s	e E o J r	t h i n W
s i n t h	e o r Z e	r n a I e	Z o e r s	e L e r a	n Xe Xa
r e E J C	I e t h o	Z s o E a	n a CQs	i s i n t	J i t i o
n C J XK	t h e a V	i Ci t Q	a t Ce a	s t t o r	e a Z t h
e C a n W	J a We o	Et h e o	r i Wi n	a Ct e P	t i s Le

rQZes	iraVC	eZJtn	otess	entia	CsJXh
istne	oBeni	nWsen	tenXe	oEBar	Kerhi
ttsIa	nJaCE	orthe	soCJt	ionoE	IiCit
ariXi	Bhers				

Nun liest man in der ersten Zeile sJXXess $\hat{=}$ suXXess als success , woraus X $\hat{=}$ c , und ZeaCinW $\hat{=}$ deaCing als dealing , woraus C $\hat{=}$ l .

Insgesamt kennt man jetzt alle bis auf einige der seltenen Buchstaben:

N	H	U	A	T	O	F	G	Y	Z	C	J	X	I	*	*	*	M	W	*	*	*	K	*	*	*
e	t	a	o	n	i	r	s	h	d	l	u	c	m	p	f	y	w	g	b	v	j	k	q	x	z .

Der sich ergebende Text liest sich bereits in flüssigem Galopp:

succe	ssind	ealin	gwith	unkno	wnciB
hersi	smeas	uredV	Qthes	eEour	thing
sinth	eorde	rname	doers	eLera	nceca
reEul	metho	dsoEa	nalQs	isint	uitio
nluck	theaV	ilitQ	atlea	sttor	eadth
elang	uageo	Etheo	rigin	alteP	tisLe
rQdes	iraVl	edutn	otess	entia	lsuch
istne	oBeni	ngsen	tence	oEBar	kerhi
ttsma	nualE	orthe	solut	ionoE	milit
arici	Bhers				

Der Reihe nach ergänzt man jetzt mühelos B $\hat{=}$ p , V $\hat{=}$ b , $\hat{=}$ y , E $\hat{=}$ f ; hat dann in der dritten Zeile mit rname doers eLera nceca vielleicht eine Schwierigkeit; findet weiter in der sechsten/siebten Zeile altex tisve rydes , also P $\hat{=}$ x , L $\hat{=}$ v . Damit findet man auch einen Chiffrierfehler in der dritten Zeile: die vierte Gruppe muß lauten ZBNFG ; und in der letzten Zeile: die erste Gruppe muß lauten UFQXO .

15.8.3 Wenn das nicht genügen sollte, um die Korrektheit der Entzifferung zu erhärten, so kann man auch noch den Schlüssel aufstellen: bis auf die drei nicht vorkommenden Buchstaben erhält man

a	b	c	d	e	f	g	h	i	j	k	l	m	n	o	p	q	r	s	t	u	v	w	x	y	z
U	V	X	Z	N	E	W	Y	O	*	K	C	I	T	A	B	*	F	G	H	J	L	M	P	Q	* .

Das Kennwort NEWYORKCITY springt ins Auge und liefert noch Chiffren für die drei gar nicht vorkommenden Zeichen.

Die Botschaft lautet in menschenfreundlicher Form

> "Success in dealing with unknown ciphers is measured by these four things in the order named: perseverance, careful methods of analysis, intuition, luck. The ability at least to read the language of the original text is very desirable, but not essential."

So nämlich beginnt *Parker Hitts*[6] "Manual for the Solution of Military Ciphers". Der letzte Satz drückt aus, daß semantische Unterstützung nicht ausschlaggebend ist; er sollte als Ermutigung verstanden werden, einen beträchtlichen, wenn auch nicht den wesentlichen Teil der unbefugten Entzifferung maschinell durchführen zu lassen.

Beachte, daß diese Entzifferung ausschließlich mit Einzelzeichen- und Bigramm-Häufigkeitsbetrachtungen, also auf grund von Satz 3 und Satz $3^{(2)}$, durchgeführt wurde, und auf naheliegende andere Zugänge, wie Mustererkennung, verzichtet wurde. Über gemischte Methoden mehr in 15.9.

15.8.4 Manchmal ist es einfacher, statt den Text zu rekonstruieren, den aus einem Kennwort abgeleiteten Schlüssel (sofern das so ist) zu rekonstruieren. Diese Schlüsselrekonstruktion könnte im obigen Beispiel bereits einsetzen, sobald der Einstieg geschafft ist: Hat man die Zuordnung

U	*	*	*	N	*	*	Y	O	*	*	*	*	T	A	*	*	F	G	H	*	*	*	*	*	*
a	b	c	d	e	f	g	h	i	j	k	l	m	n	o	p	q	r	s	t	u	v	w	x	y	z

gefunden, so drängt sich auf, von den vier Buchstaben B C D E zwei einzusortieren, die zwei übrigen zum Aufbau des Kennworts zu nutzen. Von den sechs Fällen führt exhaustiv im weiteren Verlauf zum Erfolg das Einsortieren von B und D mit der sich ergebenden Zuordnung

U	*	*	*	N	E	*	Y	O	*	*	C	*	T	A	B	D	F	G	H	*	*	*	*	*	*
a	b	c	d	e	f	g	h	i	j	k	l	m	n	o	p	q	r	s	t	u	v	w	x	y	z

15.8.5 Abb. 103 zeigt die (gerundeten) Erwartungswerte der Bigrammhäufigkeit für die dreizehn häufigsten Buchstaben im Englischen und die tatsächlichen Bigrammhäufigkeiten (nach geeigneter Permutation). Eine maschinelle Durchführung der Anpassung der Bigrammhäufigkeiten hat wie in 15.6 die Aufgabe, Permutationen zu bestimmen, die eine möglichst gute Übereinstimmung der beobachteten Bigrammhäufigkeiten mit den erwarteten ergeben.

15.9 Häufigkeitserkennung für polygraphische Substitutionen

Polygraphische Substitutionen kann man wie einfache Substitutionen behandeln, wenn man m-gramme als Einzelzeichen auffaßt. Allerdings bekommt man dann ein umfängliches Alphabet von N^m Zeichen. Von den 676 Bigrammen des normalen Englisch kommen jedoch normalerweise nur rund hundert vor (Abb. 97), von den 17576 Trigrammen auch nicht mehr (Abb. 99). Es besteht auch eine ausgeprägte Häufigkeitsverteilung, die einen Einstieg in die unberufene Entzifferung erleichtert.

---

[6] Colonel *Parker Hitt* (1877-1971) publizierte 1916 eines der ersten seriösen Bücher über Kryptologie in den Vereinigten Staaten und beschäftigte sich darin als erster mit der systematischen Entzifferung von PLAYFAIR. 1914 konstruierte er die Streifen-Version von *Bazeries* Zylinder (7.4.3). *Hitt* war später ein Vice-President von AT&T und President von dessen kryptologischer Tochter *International Communication Laboratories*.

	e	t	a	o	n	i	r	s	h	l	d	u	c
e	1.1	2.2	3.7	1.3	3.4	1.1	4.3	4.1	0.4	1.3	3.0	0.2	1.8
t	2.6	1.5	1.6	3.1	0.2	3.6	0.8	0.9	8.8	0.3	0.3	0.6	0.2
a	–	3.5	–	0.1	4.8	0.4	2.8	1.9	–	2.2	0.4	0.3	1.1
o	0.1	1.5	0.3	0.6	4.1	0.4	3.2	1.0	0.1	0.5	0.5	2.7	0.5
n	1.8	3.1	1.5	1.8	0.3	1.0	0.1	1.4	0.3	0.3	3.3	0.3	0.9
i	1.0	2.4	0.5	1.8	4.7	–	0.6	3.0	o.o	1.1	0.4	–	1.5
r	4.1	1.8	1.6	1.5	0.3	2.2	0.5	1.1	0.1	0.3	0.4	0.2	0.4
s	2.4	3.4	4.4	2.0	0.5	1.2	0.5	1.1	0.8	0.2	0.2	0.8	0.6
h	7.0	0.6	2.4	1.3	0.1	2.0	0.2	0.1	0.1	0.1	–	0.1	0.1
l	2.0	0.5	1.0	0.8	–	1.6	–	0.3	–	1.5	0.8	0.2	0.2
d	1.1	1.1	1.3	1.0	0.1	1.6	0.3	0.9	0.1	0.2	0.3	0.2	0.1
u	0.3	1.3	0.5	0.1	0.9	0.1	1.4	1.2	0.1	0.8	0.3	–	0.5
c	1.5	1.1	1.2	1.7	–	0.4	0.2	–	1.3	0.4	–	0.4	0.3

	N	H	U	A	T	O	F	G	Y	C	Z	J	X
N	–	1	5	5	4	–	7	5	–	1	3	–	1
H	3	2	1	1	2	4	–	1	9	1	–	1	–
U	–	1	–	–	4	–	3	2	–	5	1	–	–
A	1	1	–	–	2	–	4	–	–	1	1	1	–
T	1	4	1	–	–	3	3	–	1	–	1	3	1
O	–	4	1	2	7	–	1	4	–	2	–	–	–
F	3	2	2	–	1	1	–	2	1	–	1	–	–
G	4	2	–	2	–	6	–	2	–	–	–	3	–
Y	7	–	–	1	–	3	–	–	–	–	–	1	–
C	2	1	1	–	–	4	–	1	–	–	–	2	–
Z	3	1	–	1	–	–	–	1	–	–	–	1	–
J	–	2	2	–	1	2	2	–	–	1	–	–	3
X	3	–	1	–	–	2	–	–	1	–	–	–	1

Abb. 103. Erwartungswerte für die Bigrammhäufigkeit und ausgezählte Bigrammhäufigkeiten (nach geeigneter Permutation)

Trivial wird die Aufgabe, wenn (vgl. 4.1.2) zwar für die Zeilen- und Spalteneingänge Schlüsselworte benutzt werden, die Matrix aber die Standardmatrix ist

	a	m	e	r	i	k	...
e	AA	AB	AC	AD	AE	AF	...
q	BA	BB	BC	BD	BE	BF	...
u	CA	CB	CC	CD	CE	CF	...
a	DA	DB	DC	DD	DE	DF	...
l	EA	EB	EC	ED	EE	EF	...
i	FA	FB	FC	FD	FE	FF	...
⋮	⋮	⋮	⋮	⋮	⋮	⋮	

Es handelt sich dann lediglich um eine monographische periodische 2-alphabetische Chiffrierung (siehe 17. Kapitel).
Ein vor allem bei Amateuren beliebtes, aber neuerdings eher bedeutungsloses polygraphisches Verfahren, PLAYFAIR (vgl. 4.2), ist nicht nur in seiner Komplexität sehr eingeschränkt, sondern zeigt auch verborgene Symmetrien:
Zu jeder Playfair-Matrix ist jede durch waagrechtes und/oder senkrechtes Abrollen des Torus entstehende Playfair-Matrix äquivalent:

P	A	L	M	E		L	M	E	P	A		E	P	A	L	M
R	S	T	O	N		T	O	N	R	S		N	R	S	T	O
B	C	D	F	G		D	F	G	B	C		G	B	C	D	F
H	I	K	Q	U		K	Q	U	H	I		U	H	I	K	Q
V	W	X	Y	Z		X	Y	Z	V	W		Z	V	W	X	Y
B	C	D	F	G		D	F	G	B	C		G	B	C	D	F
H	I	K	Q	U		K	Q	U	H	I		U	H	I	K	Q
V	W	X	Y	Z		X	Y	Z	V	W		Z	V	W	X	Y
P	A	L	M	E		L	M	E	P	A		E	P	A	L	M
R	S	T	O	N		T	O	N	R	S		N	R	S	T	O

Bezeichnend für die Einschränkung ist vor allem, daß für ein Klartextbigramm, das einen Buchstaben X enthält, das Chiffren-Bigramm nur aus zwei von gewissen acht Buchstaben aufgebaut ist, nämlich denen, die in der Zeile von X oder in der Spalte von X stehen.

Die Bigrammhäufigkeit des Geheimtextes entsprechen denen der Sprache. Die Einzelzeichenhäufigkeiten sind jedoch typischerweise verändert, und zwar dahingehend, daß eine umfänglichere Clique häufigerer Zeichen, und eine umfänglichere Clique seltenerer Zeichen entsteht. Eigentümlicherweise ist häufig die Chiffre eines revertierten Bigramms die Revertierung der Chiffre des Bigramms — immer dann nämlich, wenn bei der Chiffrierung der Schritt Nr. 3 angewandt wurde.

Intuitive Lösungsmethoden für PLAYFAIR basieren auf der Bigrammhäufigkeit in Verbindung mit den eben erwähnten Eigentümlichkeiten, wobei auch wahrscheinliche Worte herangezogen werden. Sie wurden erstmals systematisch 1916 von Colonel *Parker Hitt*, 1918 von *André Langie* und 1922 von *W. W. Smith* untersucht.

Normalerweise nimmt der unberufene Entzifferer an, daß er die Phasenlage einer polygraphischen Entzifferung kennt. Das kann ein frommer Wunsch sein: Setzt man vor eine Geheimnachricht in PLAYFAIR eine vereinbarte ungerade Anzahl von Blendern, so ist die Nachricht ‚außer Phase‘ . Zwar macht es nicht viel aus, zwei Fälle durchzuprobieren, aber der unberufene Entzifferer muß darauf vorbereitet sein, um sich nicht zu verrennen.

"No monoalphabetic substitution can maintain security in heavy traffic."

David Kahn 1967

15.10 Freistil-Methoden

Eine klare Trennung der Methoden, wie wir sie vorgenommen haben, dient vor allem dem Verständnis und ist unumgänglich, wenn maschinelle Unterstützung programmiert werden soll. Das Zusammenspiel der so verfügbar gemachten Methoden kann den Wert jeder einzelnen erhöhen. Dieses Zusammenspiel kommt besonders zur Geltung, wenn ein erfahrener Kryptanalyst „von Hand“ arbeitet — die Literatur kennt einige einschlägige Berichte, so von *Bazeries*, von *Hitt*, von *Friedman* — oder wenn phantasiebegabte Amateure — bis hin zu *Babbage* — am Werk sind.

15.10.1 Ein besonders hübsches Beispiel ist in die Weltliteratur eingegangen. Im Jahre 1843 schrieb *Edgar Allan Poe* (1809-1849) die Abenteuererzählung “The Gold-Bug”, die eine chiffrierte Nachricht und ihre Auflösung enthält. Lustigerweise besteht das Chiffrenalphabet nicht aus Buchstaben, sondern aus Ziffern und sonstigen Lettern, die der Buchdrucker greifbar hat — *Poe* war eben ein «homme de lettres». Der Geheimtext von 203 Zeichen lautet[7]

```
5 3 ‡ ‡ † 3 0 5 ) ) 6 * ; 4 8 2 6 ) 4 ‡ . ) 4 ‡ ) ; 8 0 6 * ; 4 8 † 8 ¶
6 0 ) ) 8 5 ; 1 ‡ ( ; : ‡ * 8 † 8 3 ( 8 8 ) 5 * † ; 4 6 ( ; 8 8 * 9 6 *
? ; 8 ) * ‡ ( ; 4 8 5 ) ; 5 * † 2 : * ‡ ( ; 4 9 5 6 * 2 ( 5 * - 4 ) 8 ¶
8 * ; 4 0 6 9 2 8 5 ) ; ) 6 † 8 ) 4 ‡ ‡ ; 1 ( ‡ 9 ; 4 8 0 8 1 ; 8 : 8 ‡
1 ; 4 8 † 8 5 ; 4 ) 4 8 5 † 5 2 8 8 0 6 * 8 1 ( ‡ 9 ; 4 8 ; ( 8 8 ; 4 (
‡ ? 3 4 ; 4 8 ) 4 ‡ ; 1 6 1 ; : 1 8 8 ; ‡ ? ;
```

und *Poe* läßt *Legrand*, den Helden der Geschichte, mit der Bemerkung beginnen, daß es sich wohl um ein System (er nennt es *‘cryptograph’*) handelt, das den Geisteskräften von Captain *Kidd*, dem Bösewicht der Geschichte, angemessen war, also ‘a simple species’, nichtsdestoweniger für einfache Matrosen undurchschaubar. *Legrand*, der sich brüstet, viel tausend mal kompliziertere Geheimnachrichten gebrochen zu haben, stellt dann fest, daß nach den geographischen Umständen Französisch oder Spanisch als Sprache in Frage käme, daß aber glücklicherweise die Unterschrift ‘*Kidd*’ klarerweise auf Englisch hindeute. Auch bemerkt er, daß das Fehlen von Wortzwischenräumen (und Interpunktionen) die Aufgabe erschwere. Er stellte deshalb die Einzelzeichen-Häufigkeitstabelle auf, die da ist

33	26	19	16	16	13	12	11	10	8	8	6	5	5	4	4	3	2	1	1
8	;	4	‡	)	*	5	6	(	†	1	0	9	2	:	3	?	¶	-	.

und beginnt mit der naheliegenden Annahme $8 \doteq e$, die durch das häufige Vorkommen des Doppel-e — eine Bigramm-Überlegung — noch gestützt werde. Dann sucht er nach dem häufigsten Trigram /the/ , nämlich nach einem

[7] Die zahlreichen Nachdrucke und Übersetzungen von *Poes* Geschichte strotzen von Setzfehlern in diesen sechs Zeilen. Man sieht, wie schwierig für einen Setzer die Arbeit ist, wenn er keine semantische Rückkontrolle hat.

wiederholten Muster mit 8 am Ende. Er findet sieben Vorkommen von ;48 , und nimmt weiterhin an ; ≙ t , 4 ≙ h .

'Thus, a great step has been taken'. Der Einstieg ist bereits gelungen. Die vorletzte Zeile wird zu

1the†e5th)he5†52ee06*e1(‡9thet(eeth(.

thet(ee gegen Ende der Zeile läßt ihn sofort an (≙ r denken. Das ergibt fortgesetzt thetreethr‡?3hthe und suggeriert /thetreethroughthe/ , also ‡ ≙ o , ? ≙ u , 3 ≙ g . Des weiteren findet er in der zweiten Zeile †83(88, d.h. †egree als /degree/, was † ≙ d mit sich bringt, und vier Zeichen weiter ;46(;88*, d.h. th6rtee* , als /thirteen/, woraus 6 ≙ i und * ≙ n .

Nun sind fast alle der häufigen Zeichen (bis auf a und s) bestimmt. Der teilentzifferte Text lautet jetzt

5goodg05))inthe2i)ho.)ho)te0inthede¶
i0))e5t1o(t:onedeg(ee)5ndthi(teen9in
ute)no(the5)t5nd2:no(th95in2(5n-h)e¶
enth0i92e5)t)ide)hoot1(o9the0e1te:eo
1thede5th)he5d52ee0ine1(09thet(eeth(
oughthe)hot1i1t:1eetout

und man liest heraus 5 ≙ a ,) ≙ s , sowie weiterhin der Reihe nach

0 ≙ l , 2 ≙ b , . ≙ p , ¶ ≙ v , 1 ≙ f , : ≙ y , 9 ≙ m , - ≙ c .

Die Chiffriertabelle lautet

8	;	4	‡	)	*	5	6	(	†	1	0	9	2	:	3	?	¶	-	.
e	t	h	o	s	n	a	i	r	d	f	l	m	b	y	g	u	v	c	p

und der Klartext in menschenfreundlicher Form

'A good glass in the Bishop's hostel in the Devil's seat — forty-one degrees and thirteen minutes — northeast and by north — main branch seventh limb east side — shoot from the left eye of the death's-head — a bee-line from the tree through the shot fifty feet out.'

15.10.2 Was der Klartext bedeutet, ist allerdings eine Sache für sich; hier muß der Leser zum Original von *Edgar Allan Poe* greifen.

15.11 Nochmals: Unizitätslänge

Die Kenntnis der Wahrscheinlichkeit von n-grammen erlaubt auch, zu verstehen, wie bei der Exhaustion in 12.5 das Herauslesen des „richtigen" Klartextes zustande kommt und wieso es eine ‚Unizitätslänge' (12.6) gibt. Eine unwahrscheinliche Buchstabenfolge ist kaum eine „richtige" Nachricht, eine Buchstabenfolge aber, die eine Wahrscheinlichkeit nahe bei Eins besitzt, kann man als „richtige" ansehen. Die Unizitätslänge ist die kleinste Länge des Textes, die für irgendeine Dechiffrierung eine Wahrscheinlichkeit nahe bei Eins

	Länge 1	Länge 2	Länge 3	Länge 4	Länge 5
V F K R Q	0.76	0.02			
W G L S R	2.03	0.04			
X H M T S	0.01	0.01			
Y I N U T	0.01	0.06	0.06		
Z J O V U	1.21	0.03	0.05		
A K P W V	5.96	1.88	0.01		
B L Q X W	1.77	2.35			
C M R Y X	3.17	0.03			
D N S Z Y	5.22	1.44	0.01		
E O T A Z	17.98	1.58	0.11	1.27	
F P U B A	1.23	0.19	0.03		
G Q V C B	3.25				
H R W D C	4.61	9.54	0.45		
I S X E D	7.97	20.30	0.01		
J T Y F E	0.06				
K U Z G F	1.12	2.34			
L V A H G	3.19	0.71	0.11		
M W B I H	2.47	0.86			
N X C J I	11.06	0.03			
O Y D K J	2.00	0.14	0.01		
P Z E L K	0.59	0.05			
Q A F M L	0.01				
R B G N M	6.42	6.38	0.05		
S C H O N	7.48	22.84	90.51	98.73	100.00
T D I P O	5.55	9.09	8.56		
U E J Q P	4.87	20.09	0.03		
	100.00	100.00	100.00	100.00	100.00

Abb. 104. **Schrittweise Aussiebung der Nachrichten nach der *n*-gramm-Wahrscheinlichkeit (in %)**

(und für alle anderen Dechiffrierungen eine Wahrscheinlichkeit nahe bei Null) zustandebringt.

Das Herauslesen des „richtigen“ Klartextes durch einen Menschen (*'running down the list'*), das durch einen optischen und cerebralen Perzeptionsvorgang geschieht, kann durch eine statistische Analyse simuliert werden.

Für das Beispiel von Abb. 59, und zwar beginnend mit der sechsten Spalte, zeigt dies Abb. 104. Die Wahrscheinlichkeiten sind auf der in 15.5.1 erwähnten Textbasis bestimmt und auf 100% hochgerechnet.

Praktikumsaufgabe 7: Schreibe ein Programm, das für eine Einteilung nach Cliquen durch Heranziehung der Bigramm-Kontakte den Suchraum reduziert.

16 Kappa und Chi

"Riverbank Publication No. 22,
written in 1920 when Friedman was 28,
must be regarded as the most important
single publication in cryptology."
David Kahn 1967

Es mag überraschen, daß man von einem vorgelegten monoalphabetisch chiffrierten Text leichter sagen kann, ob er englisch oder französisch ist, als ihn zu entschlüsseln. Dies gilt natürlich auch für Klartext: es gibt ein einfaches Verfahren, genügend langen Klartext auf Zugehörigkeit zu einer bekannten Sprache zu untersuchen, ohne von ihm „Kenntnis zu nehmen" — ohne seine Syntax und Semantik zu betrachten. Ebenso gibt es ein einfaches Verfahren, um von zwei Texten — ohne sie in Augenschein zu nehmen — zu entscheiden, ob sie in der selben Sprache abgefaßt sind oder nicht.

16.1 Definition und Invarianz von Kappa

Vorgelegt seien zwei Texte $T' = (t'_1, t'_2, t'_3, \dots t'_M)$, $T'' = (t''_1, t''_2, t''_3, \dots t''_M)$ gleicher Länge M über dem selben Zeichenvorrat. Die relative Häufigkeit der zeichenweisen Übereinstimmung in den übereinandergelegten Texten (die **Zeichenkoinzidenz**) soll als das *Kappa* der beiden Texte bezeichnet werden (*W. F. Friedman* 1925, *'index of coincidence'*). Es ist also

$$Kappa(T', T'') = \sum_{\mu=1}^{M} \delta(t'_\mu, t''_\mu)/M$$

mit der **Indikatorfunktion** (‚Delta-Funktion')

$$\delta(x,y) = \begin{cases} 1 & \text{falls } x = y \\ 0 & \text{sonst} \end{cases} .$$

Beispiel 1 ($M = 180$)

```
e s t a u c h t v o n z e i t z u z e i t i m m e r w i e d e r e i n m
u n t e r s c h w e i z e r p o l i t i k e r n w a e c h s t d i e a n
    *                 * *             *

a l a u f u m k u r z d a r a u f e i l f e r t i g d e m e n t i e r t
g s t d e n n a e c h s t e n z u g r i c h t u n g e g z u v e r p a s
                                                  *

z u w e r d e n d a s g e r u e c h t d a s s s i c h d i e o e l e x p
s e n a u s s e n m i n i s t e r r e n e f e l b e r s a h s i c h j e
                              *

o r t i e r e n d e n l a e n d e r v o m d o l l a r l o e s e n w o l
t z t u e b e r r a s c h e n d e i n e r f o r d e r u n g a u s d e m
    *   *   *             * * * *           *       *

l e n z u v e r d e n k e n w a e r e e s i h n e n f r e i l i c h n i
s t a e n d e r a t a u s g e s e t z t e i n b e i t r i t t s g e s u
            * *                 *         *     *     *
```

Beispiel 2 ($M = 180$)

```
t h e p r e c e d i n g c h a p t e r h a s i n d i c a t e d h o w a m
w o u l d s e e m t h a t o n e w a y t o o b t a i n g r e a t e r s e
              *                                   *       *

o n o a l p h a b e t i c c i p h e r c a n b e s o l v e d e v e n i f
c u r i t y w o u l d b e t o u s e m o r e t h a n o n e a l p h a b e
                                  *                     *

t h e o r i g i n a l w o r d l e n g t h s a r e c o n c e a l e d a n
t i n e n c i p h e r i n g a m e s s a g e t h e g e n e r a l s y s t
*                               *               *     *     *

d t h e s u b s t i t u t i o n a l p h a b e t i s r a n d o m i t i s
e m c o u l d b e o n e t h a t u s e s a n u m b e r o f d i f f e r e
                        *                           *

p o s s i b l e t o f i n d a s o l u t i o n b y u s i n g f r e q u e
n t a l p h a b e t s f o r e n c i p h e r m e n t w i t h a n u n d e
                                                      *               *
```

Es ergibt sich in Beispiel 1 $Kappa(T', T'') = 21/180 = 11.67\%$; in Beispiel 2 $Kappa(T', T'') = 14/180 = 7.78\%$.

16.1.1 Selbstverständlich gilt

$$Kappa(T', T'') \leq 1 \ , \quad \text{wobei}$$

$$Kappa(T', T'') = 1 \quad \text{genau dann, wenn } T' \doteq T'' \ .$$

Empirisch findet man, daß genügend lange Texte aus ein und derselben Sprache S (bzw. des selben Genres dieser Sprache) ziemlich übereinstimmende Werte κ_S von $Kappa(T', T'')$ haben, daß sich aber der Wert von Sprache zu Sprache ändert. So findet man folgende Werte für κ_S :

S	N	*Kullback* 1976	*Eyraud* 1953
Englisch	26	6.61%	6.75%
Deutsch	26	7.62%	8.20%
Französisch	26	7.78%	8.00%
Italienisch	26	7.38%	7.54%
Spanisch	26	7.75%	7.69%
Japanisch (Romaji)	26	8.19%	
Russisch	32	5.29%	4.70%

Die Werte in der Literatur streuen noch sehr: 6.5 bis 6.9% für englisch, 7.5 bis 8.3% für deutsch. Auf der Basis des in 15.5.1 erwähnten Textmaterials ergibt sich für das Englische ein Wert $\kappa_e = 6.58\%$, für das Deutsche ein Wert $\kappa_d = 7.62\%$, in guter Übereinstimmung mit den Werten von *Kullback*.

Die Werte für κ_S, das empirische *Kappa* einer Sprache S, spiegeln etwas die Redundanz der Sprachen wider: Die Übersetzung des Markus-Evangeliums, die im Englischen 29000 Silben hat, hat (nach *Mencken*) in den germanischen Sprachen im Mittel 32650 Silben, in den romanischen Sprachen im Mittel 40200 Silben, in den slawischen Sprachen im Mittel 36500 Silben. Aber es besteht kein strenger Zusammenhang.

16.1.2 Evidenterweise hat man

Invarianzsatz 5: Für alle p o l y alphabetischen, funktionalen monographischen Substitutionen , insbesondere für alle linearen polyalphabetischen monographischen Substitutionen gilt:
Das Kappa zweier (gleichlanger) Texte, die mit dem gleichen Schlüssel chiffriert werden, bleibt erhalten.

Invarianzsatz 6: Für alle Transpositionen gilt:
Das Kappa zweier (gleichlanger) Texte, die mit dem gleichen Schlüssel chiffriert werden, bleibt erhalten.

Soweit das *Kappa* also für eine in Frage kommende Sprache kennzeichnend ist, läßt sich die Sprache aus dem Chiffrat erkennen.

16.1.3 Der Erwartungswert für das *Kappa* zweier Sprachen (mit gleichem Alphabet) errechnet sich aus den Wahrscheinlichkeiten p'_i, p''_i des Auftretens der Zeichen in den ‚stochastischen Quellen' Q', Q'' der Sprachen: der Erwartungswert für das Auftreten des Zeichens χ_i an der μ-ten Stelle beider Texte ist $p'_i \cdot p''_i$; es ergibt sich der Erwartungswert für $Kappa(T',T'')$

$$\langle Kappa(T',T'')\rangle_{Q'Q''} = \sum_{i=1}^{N} p'_i \cdot p''_i \ .$$

Sind beide Quellen identisch, $Q' = Q$, $Q'' = Q$, so ist $p'_i = p_i$, $p''_i = p_i$ und

$$(*) \qquad \langle Kappa(T',T'')\rangle_{Q} = \sum_{i=1}^{N} p_i^2 \ .$$

Diese Gleichung setzt die Definition von *Kappa* in Beziehung zum klassischen Urnenexperiment der Wahrscheinlichkeitstheorie.

Satz: Für identische Quellen $Q' = Q$, $Q'' = Q$ gilt

$$\tfrac{1}{N} \leq \langle Kappa(T',T'')\rangle_Q \leq 1 \ ,$$

wobei die linke Grenze angenommen wird für den Fall der Gleichverteilung $Q_\mathrm{R} : p_i = \frac{1}{N}$, und nur dafür; die rechte für jede deterministische Verteilung $Q_j : p_j = 1, p_i = 0$ für $i \neq j$, und für keine andere Verteilung.

Aus der in 15.5.1, Abb. 89 postulierten Wahrscheinlichkeitsverteilung ergibt sich, wie schon gesagt

$$\langle Kappa(T',T'')\rangle_{\mathrm{Deutsch}} = 0.07619 = \kappa_\mathrm{d} \ ,$$

$$\langle Kappa(T',T'')\rangle_{\mathrm{Englisch}} = 0.06577 = \kappa_\mathrm{e} \ .$$

Für die Quelle mit Gleichverteilung Q_R erhält man ($N = 26$)

$$\langle Kappa(T',T'')\rangle_\mathrm{R} = \kappa_\mathrm{R} = 0.03846 = \tfrac{1}{26} \ .$$

Der *Kappa*-Test unterscheidet also deutsche und englische Quellen deutlich von einer gleichverteilten Quelle. Als Faustregel für die gängigen Sprachen mag gelten:

Das Verhältnis $\langle Kappa(T',T'')\rangle_\mathrm{S} / \langle Kappa(T',T'')\rangle_\mathrm{R}$ *liegt nahe bei zwei.*

Es ist (vgl. 16.1.1)

$\kappa_\mathrm{d}/\kappa_\mathrm{R} = N \cdot \kappa_\mathrm{d} = 1.98$, $\kappa_\mathrm{e}/\kappa_\mathrm{R} = N \cdot \kappa_\mathrm{e} = 1.71$.

16.2 Definition und Invarianz von Chi

Vorgelegt seien wieder zwei Texte gleicher Länge M über dem selben Zeichenvorrat von N Zeichen, $T' = (t'_1, t'_2, t'_3, \ldots t'_M)$, $T'' = (t''_1, t''_2, t''_3, \ldots t''_M)$. Die Häufigkeit des Vorkommens des Zeichens χ_i im Text T' sei mit m'_i, im Text T' mit m''_i bezeichnet. Es ist

$$\textstyle\sum_{i=1}^N m'_i = M \ , \ \ \sum_{i=1}^N m''_i = M \ .$$

Als *Chi* wird bezeichnet die *'cross-product sum'* (*Solomon Kullback*, 1935)

$$Chi(T',T'') = (\textstyle\sum_{i=1}^N m'_i \cdot m''_i)/M^2 \ .$$

Homogen geschrieben, lautet die Definition

$$Chi(T',T'') = (\textstyle\sum_{i=1}^N m'_i \cdot m''_i)/(\ (\sum_{i=1}^N m'_i) \cdot (\sum_{i=1}^N m''_i)\ ) \ .$$

Die beiden Texte von 16.1, Beispiel 1 haben folgende Häufigkeiten

	a	b	c	d	e	f	g	h	i	j	k	l	m	n	o	p	q	r	s	t	u	v	w	x	y	z
T'	10	0	4	11	35	4	2	5	15	0	2	10	6	14	7	1	0	15	7	9	9	3	4	1	0	6
T''	11	3	6	6	33	2	7	7	12	1	1	2	2	16	2	2	0	15	18	16	10	1	2	0	0	5

Damit ergibt sich $Chi(T',T'') = \frac{2492}{180 \cdot 180} = 7.69\%$.

Für die beiden Texte von 16.1, Beispiel 2 erhält man

	a	b	c	d	e	f	g	h	i	j	k	l	m	n	o	p	q	r	s	t	u	v	w	x	y	z
T'	15	6	8	9	21	3	4	10	17	0	0	8	2	14	12	6	1	8	11	14	5	2	2	0	1	0
T''	15	6	4	5	30	4	4	9	8	0	0	6	6	15	12	4	0	10	10	17	8	0	4	0	3	0

Damit ergibt sich $\quad Chi(T',T'') = \frac{2139}{180\cdot 180} = 6.60\%$.

16.2.1 Ähnlich wie in 16.1.1 gilt auch

$Chi(T',T'') \leq 1$, wobei

$Chi(T',T'') = 1$ genau dann, wenn T' und T'' aus einem einzigen Zeichen aufgebaut sind.

Dies folgt aus elementaren geometrischen Überlegungen.

Sind alle m'_i gleich, $m'_i = M/N$, so ist (bei beliebigen m''_i)

$$Chi(T',T'') = \frac{1}{N} = \kappa_R \ .$$

Empirisch findet man wieder, daß genügend lange Texte aus ein und derselben Sprache S (bzw. des selben Genres dieser Sprache) nicht nur ziemlich übereinstimmende (von Sprache zu Sprache sich ändernde) Werte von *Chi* haben, sondern daß diese Werte bei den entsprechenden Werten von *Kappa* liegen. Dies wird sich in 16.3. aufklären.

16.2.2 Wichtig ist jetzt der Spezialfall $T' = T'' = T$, $m'_i = m''_i = m_i$. Sei

$$Sigma(T) = Chi(T,T) = \sum_{i=1}^{N} m_i^2/M^2 \ .$$

Es gilt der Steinersche Satz

$$\sum_{i=1}^{N}(m_i - \frac{M}{N})^2/M^2 = \sum_{i=1}^{N} m_i^2/M^2 - \frac{1}{N} \ .$$

Somit gilt

$\frac{1}{N} \leq Sigma(T) \leq 1$, wobei[1]

$Sigma(T) = \frac{1}{N} = \kappa_R$ genau dann, wenn alle m_i gleich sind,

$Sigma(T) = 1$ genau dann, wenn T aus einem einzigen Zeichen aufgebaut ist.

16.2.3 Auch *Chi* und *Sigma* haben Invarianzeigenschaften. Nunmehr gilt jedoch gegenüber *Kappa* nur noch eine schwächere Aussage:

---

[1] Für den extremen Fall $M < N$ gilt schärfer $\frac{1}{M} \leq Sigma(T)$, wobei $\frac{1}{M} = Sigma(T)$ genau dann, wenn $0 \leq m_i \leq 1$.

Invarianzsatz 7: Für alle m o n o alphabetischen, funktionalen monographischen Substitutionen , insbesondere auch für alle linearen monoalphabetischen monographischen Substitutionen gilt:
Das Chi zweier (gleichlanger) Texte, die mit dem gleichen Schlüssel chiffriert werden, wie auch das Sigma eines Textes, bleiben erhalten.

Invarianzsatz 8: Für alle Transpositionen gilt:
Das Chi zweier (gleichlanger) Texte, die mit dem gleichen Schlüssel chiffriert werden, wie auch das Sigma eines Textes, bleiben erhalten.

Soweit das *Chi* bzw. *Sigma* also für eine in Frage kommende Sprache kennzeichnend ist, läßt sich die Sprache aus dem Chiffrat erkennen.

16.2.4 Der Erwartungswert für das *Chi* zweier Sprachen (mit gleichem Alphabet) errechnet sich direkt aus den Wahrscheinlichkeiten p'_i, p''_i des Auftretens der Zeichen in den ‚stochastischen Quellen' Q', Q'' der Sprachen: der Erwartungswert für die Anzahl der Zeichens χ_i ist $p'_i \cdot M$ bzw. $p''_i \cdot M$; es ergibt sich der Erwartungswert für $Chi(T',T'')$

$$\langle Chi(T',T'')\rangle_Q = \sum_{i=1}^{N} p'_i \cdot p''_i \ .$$

Sind beide Quellen identisch, $p'_i = p_i, p''_i = p_i$, so ist (vgl. 16.1.3)

$$(**) \qquad \langle Chi(T',T'')\rangle_Q = \sum_{i=1}^{N} p_i^2 \ .$$

Insbesondere gilt

$$\langle Sigma(T)\rangle_Q = \sum_{i=1}^{N} p_i^2 \ .$$

Satz: Für identische Quellen $Q' = Q$, $Q'' = Q$ gilt

$$\tfrac{1}{N} \le \langle Chi(T',T'')\rangle_Q \le 1 \ ,$$

und speziell

$$\tfrac{1}{N} \le \langle Sigma(T)\rangle_Q \le 1 \ ,$$

wobei die linke Grenze angenommen wird für den Fall der Gleichverteilung $Q_R : p_i = \frac{1}{N} = \kappa_R$, und nur dafür; die rechte für jede deterministische Verteilung $Q_j : p_j = 1$, $p_i = 0$ für alle $i \neq j$, und für keine andere Verteilung.

Überrascht stellt man fest, daß die Erwartungswerte $\langle Kappa(T',T'')\rangle_Q$ und $\langle Chi(T',T'')\rangle_Q$ zusammenfallen. Es wird sich herausstellen, daß sogar zwischen $Kappa(T',T'')$ und $Chi(T',T'')$ ein Zusammenhang besteht.

16.3 Das Kappa-Chi-Theorem

Wir benötigen für das folgende zwei Hilfsfunktionen $g'_{i,\mu}$, $g''_{i,\mu}$.

Sei $g'_{i,\mu} = \begin{cases} 1 & \text{falls } t'_\mu \text{, das } \mu\text{-te Zeichen von } T' = \chi_i \\ 0 & \text{sonst} \end{cases}$;

entsprechend sei $g''_{i,\mu}$ für T'' definiert. Dann ist

$\delta(t'_\mu, t''_\nu) = \sum_{i=1}^N g'_{i,\mu} \cdot g''_{i,\nu}$ und

$m'_i = \sum_{\mu=1}^M g'_{i,\mu}$, $m''_i = \sum_{\nu=1}^M g''_{i,\nu}$.

16.3.1 Sei

$Kappa(T', T'')^r = \sum_{\mu=1}^M \delta(t'_\mu, t''_{(\mu+r) \bmod M})/M$.

Damit ist $Kappa(T', T'')^0 = Kappa(T', T'')$.

$Kappa(T', T'')^r$ ist die Anzahl Koinzidenzen zwischen T' und dem um r Plätze zyklisch verschobenen T'' .

16.3.2 Wir formulieren nun das

Kappa-Chi-**Theorem**:

$$\frac{1}{M} \sum_{\rho=0}^{M-1} Kappa(T', T'')^\rho = Chi(T', T'') .$$

$Chi(T', T'')$ ist also das arithmetische Mittel aller $Kappa(T', T'')^r$.

Korollar:

$$\frac{1}{M} \sum_{\rho=0}^{M-1} Kappa(T, T)^\rho = Sigma(T) .$$

Beweis:

$\frac{1}{M} \sum_{\rho=0}^{M-1} Kappa(T', T'')^\rho =$

$\frac{1}{M} \cdot \frac{1}{M} \cdot \sum_{\rho=0}^{M-1} \sum_{\mu=1}^M \delta(t'_\mu, t''_{(\mu+\rho) \bmod M}) =$

$\frac{1}{M} \cdot \frac{1}{M} \cdot \sum_{\nu=1}^M \sum_{\mu=1}^M \delta(t'_\mu, t''_\nu) =$

$\frac{1}{M} \cdot \frac{1}{M} \cdot \sum_{\nu=1}^M \sum_{\mu=1}^M \sum_{i=1}^N g'_{i,\mu} \cdot g''_{i,\nu} =$

$\frac{1}{M} \cdot \frac{1}{M} \cdot \sum_{i=1}^N \sum_{\nu=1}^M \sum_{\mu=1}^M g'_{i,\mu} \cdot g''_{i,\nu} =$

$\frac{1}{M} \cdot \frac{1}{M} \cdot \sum_{i=1}^N (\sum_{\nu=1}^M g''_{i,\nu}) \cdot (\sum_{\mu=1}^M g'_{i,\mu}) =$

$\frac{1}{M} \cdot \frac{1}{M} \cdot \sum_{i=1}^N m''_i \cdot m'_i =$

$Chi(T', T'')$. ⋈

Es zeigt sich nun, daß in 16.1 die Werte für *Kappa* mit 11.67% bzw. 7.78% gegenüber den Mittelwerten 7.69% bzw. 6.60% in 16.2 (zufällig) sehr hoch ausgefallen sind.

16.4 Das Kappa-Phi-Theorem

Der Fall $T' = T''$ bietet eine Besonderheit: Es ist (16.1.1) $Kappa(T,T) = Kappa(T,T)^0 = 1$. Dagegen ist für $r \neq 0$ mit einem bedeutend kleineren Wert von $Kappa(T,T)^r$ zu rechnen. Somit fällt bei der Mittelbildung der Fall $r = 0$ aus dem Rahmen, und es empfiehlt sich, eine Mittelbildung über $M - 1$ Werte, nämlich

$\frac{1}{M-1} \sum_{\rho=1}^{M-1} Kappa(T,T)^\rho$

zu betrachten.

16.4.1 Nun ist
$\frac{1}{M-1} \sum_{\rho=1}^{M-1} Kappa(T,T)^\rho =$
$\frac{1}{M-1}(\sum_{\rho=0}^{M-1} Kappa(T,T)^\rho - 1) =$
$\frac{1}{M-1}(M \cdot Sigma(T) \; - 1) =$
$\frac{1}{M-1}(\sum_{i=1}^{N} m_i^2/M \; - 1) =$
$\frac{1}{M-1} \cdot \frac{1}{M} \cdot (\sum_{i=1}^{N} m_i^2 \; - M) =$
$\frac{1}{M-1} \cdot \frac{1}{M} \cdot \sum_{i=1}^{N} (m_i^2 \; - m_i) =$
$\frac{1}{M-1} \cdot \frac{1}{M} \cdot \sum_{i=1}^{N} m_i \cdot (m_i - 1)$.
Wir definieren also

$$Phi(T) = (\sum_{i=1}^{N} m_i \cdot (m_i - 1))/(M \cdot (M-1))$$

und haben das *Kappa-Phi*-**Theorem**:

$$\frac{1}{M-1} \sum_{\rho=1}^{M-1} Kappa(T,T)^\rho = Phi(T) \; .$$

Die Berechnung von $Phi(T)$ hat gegenüber der von $Sigma(T)$ den kleinen Vorteil, daß sowohl für den Fall $m_i = 0$ wie für den Fall $m_i = 1$ kein Beitrag zur Summe anfällt, was bei kurzen Texten für die seltenen Buchstaben vorteilhaft ist. Die Literatur arbeitet jedoch nicht nur deshalb überwiegend mit *Phi* statt mit *Sigma*, sondern auch weil der *Phi*-Test (neben dem *Chi*-Test) von *Kullback* zuerst auf der Basis entsprechender Überlegungen aus der Stochastik angegeben wurde.

Beispiel 3: Für den Geheimtext T ($M = 280$) von 15.8.1 ergibt sich mit den dort angegebenen Häufigkeiten

$280^2 \cdot \mathit{Sigma}(T) = 289+16+169+0+49+289+529+676+25+144+9+4+4+1296+625+1+25+0+0+529+400+9+36+81+169+64 = 5438$,

$280 \cdot 279 \cdot \mathit{Phi}(T) = 272+12+156+0+42+272+506+650+20+132+6+2+2+1260+600+0+20+0+0+506+380+6+30+72+156+56 = 5158$,

also $\mathit{Sigma}(T) = 5438/78400 = 6.936\%$; $\mathit{Phi}(T) = 5158/78120 = 6.603\%$.

$\mathit{Phi}(T)$ ist von $\mathit{Sigma}(T)$ nicht sehr verschieden: es ist

$\mathit{Sigma}(T) = \frac{M-1}{M}\mathit{Phi}(T) + \frac{1}{M}$, $\quad \mathit{Phi}(T) = \frac{M}{M-1}\mathit{Sigma}(T) - \frac{1}{M-1}$ und

$\mathit{Sigma}(T) - \mathit{Phi}(T) = \frac{1-\mathit{Phi}(T)}{M} = \frac{1-\mathit{Sigma}(T)}{M-1}$, also $\mathit{Phi}(T) \le \mathit{Sigma}(T)$.

16.4.2 *Phi* hat die gleichen Invarianzeigenschaften wie *Sigma*:

Invarianzsatz 7^φ: Für alle m o n o alphabetischen, funktionalen monographischen Substitutionen , insbesondere auch für alle linearen monoalphabetischen monographischen Substitutionen gilt:
Das Phi eines Textes bleibt erhalten.

Invarianzsatz 8^φ : Für alle Transpositionen gilt:
Das Phi eines Textes bleibt erhalten.

16.4.3 Der Erwartungswert für das *Phi* eines Textes T der Länge M errechnet sich ebenfalls aus der Wahrscheinlichkeit p_i des Auftretens der Zeichen in der ‚stochastischen Quelle' Q der Sprache: er ergibt sich zu

$$\langle \mathit{Phi}(T)\rangle_Q^{(M)} = \frac{M}{M-1} \cdot \left(\sum_{i=1}^N p_i \cdot \left(p_i - \frac{1}{M}\right)\right), \quad \text{wobei}$$

$$\langle \mathit{Phi}(T)\rangle_Q^{(M)} \ge \begin{cases} \frac{M}{M-1} \cdot \left(\frac{1}{N} - \frac{1}{M}\right) = \frac{1}{N} \cdot \frac{M-N}{M-1} & \text{falls } M > N \\ 0 & \text{falls } M \le N \end{cases} .$$

Für größer und größer werdendes M nähert sich der Erwartungswert für $\mathit{Phi}(T)$ dem Erwartungswert für $\mathit{Sigma}(T)$, nämlich

$$\langle \mathit{Phi}(T)\rangle_Q^{(\infty)} = \sum_{i=1}^N p_i^2 .$$

16.5 Symmetrische Funktionen der Zeichenhäufigkeiten

Die Invarianz von *Sigma* in Satz 7 und 8 gilt für alle symmetrischen Funktionen der Zeichenhäufigkeiten. Die einfachste nichtkonstante polynomiale Funktion ist in der Tat $\sum_{i=1}^N m_i^2$. Eine interessante Klasse ist die folgende:

$$\mathit{Sigma}_a(T) = \begin{cases} \left(\sum_{i=1}^N (m_i/M)^a\right)^{1/(a-1)} & \text{falls } 1 < a < \infty \\ \exp\left(\sum_{i=1}^N (m_i/M) \cdot \ln(m_i/M)\right) & \text{falls } a = 1 \\ \max_{i=1}^N (m_i/M) & \text{falls } a = \infty \end{cases}$$

mit der Normierung $\sum_{i=1}^N (m_i/M) = 1$.

Sigma_1 und Sigma_∞ sind stetige Grenzfunktionen, Sigma_2 ergibt *Sigma* von oben. Es gilt für $1 \le a \le \infty$ (vgl. 16.2.2)

$\mathit{Sigma}_a(T) = \frac{1}{N}$ genau dann, wenn alle m_i gleich sind.

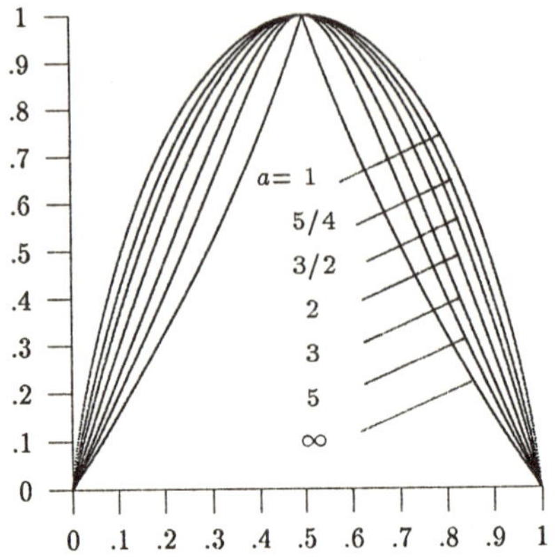

Abb. 105. Verlauf der *Renyi*-a-Entropie für $N = 2$

Die Größe $-\mathrm{ld}\, Sigma_a(T)$ heißt **Renyi-a-Entropie** von T (*Rényi*, 1960) [2] ; man erhält

$$-\mathrm{ld}\, Sigma_a(T) = \begin{cases} -\frac{1}{a-1} \cdot \mathrm{ld}\,(\sum_{i=1}^{N}(m_i/M)^a) & \text{falls } 1 < a < \infty \\ -(\sum_{i=1}^{N}(m_i/M) \cdot \mathrm{ld}\,(m_i/M)) & \text{falls } a = 1 \\ -\max_{i=1}^{N} \mathrm{ld}\,(m_i/M) & \text{falls } a = \infty \end{cases}$$

Die *Renyi*-1-Entropie $-\mathrm{ld}\, Sigma_1$ ist die **Shannon-Entropie** (*Claude E. Shannon*, 1946). Abb. 105 zeigt den Verlauf von $-\mathrm{ld}\, Sigma_a$ für $N = 2$ und für einige Werte von a .

Für den englischen Text T ($M = 280$) von 15.8.1 ergibt sich

$$\begin{array}{llll} Sigma_1(T) & = 5.851\% & -\mathrm{ld}\, Sigma_1(T) & = 4.095 \\ Sigma_2(T) & = 6.936\% & -\mathrm{ld}\, Sigma_2(T) & = 3.850 \quad \text{(vgl. 16.4.1)} \\ Sigma_4(T) & = 8.295\% & -\mathrm{ld}\, Sigma_4(T) & = 3.592 \\ Sigma_\infty(T) & =12.857\% & -\mathrm{ld}\, Sigma_\infty(T) & = 2.959 \quad . \end{array}$$

---

[2] *Alfréd Rényi* (1921-1970), ungarischer Mathematiker.

17 Periodenanalyse

"It may be laid down as a principle that
it is never worth the trouble of trying
any inscrutable cypher unless its author
has himself deciphered
some very difficult cypher."
Charles Babbage 1854

Periodische polyalphabetische Chiffrierung (2.3.3) enthält trotz einer Fülle möglicherweise unabhängiger Alphabete e i n Element, das schwer zu verstecken ist: die Periode der Chiffrierung. Dies beruht auf dem folgenden trivialen Sachverhalt: Ein Text P und der um s Plätze zyklisch verschobene Text P^s stammen aus der selben stochastischen Quelle. Daraus folgt nun

Satz 1: Ist d die Periode einer periodischen polyalphabetischen Chiffrierung, so stammt das Chiffrat T eines Textes P und das um $k \cdot d$ Plätze zyklisch verschobene Chiffrat $T^{k \cdot d}$ von $P^{k \cdot d}$ aus der selben stochastischen Quelle Q,

$$\langle Kappa(T, T^{k \cdot d}) \rangle_Q = \sum_{i=1}^{N} p_i^2 \,.$$

Beweis: P und $P^{k \cdot d}$ werden der selben monoalphabetischen Substitution unterworfen und geben dabei T und $T^{k \cdot d}$. Nach 16.1.3.(*) ist $\langle Kappa(T, T^{k \cdot d}) \rangle_Q = \sum_{i=1}^{N} p_i^2$. ⋈

Hingegen kann man über $\langle Kappa(T, T^u) \rangle_Q$, wo $d \nmid u$, eine solche Aussage nicht machen. In der Regel stammen T und T^u aus voneinander unabhängigen stochastischen Quellen, in diesem Fall ist

$$\langle Kappa(T, T^u) \rangle_Q = \langle Kappa(T', T'') \rangle_{\mathrm{R}} = \tfrac{1}{N} \qquad \text{für } d \nmid u.$$

Dies ist zumindest so, wenn die einzelnen Alphabete eine genügend gründliche Durchmischung der Zeichenhäufigkeiten besorgen und genügend viele Alphabete ins Spiel gebracht werden.

G E I E I	A S G D X	V Z I J Q	L M W L A	A M X Z Y	Z M L W H
F Z E K E	J L V D X	W K W K E	T X L B R	A T Q H L	B M X A A
N U B A I	V S M U K	H S S P W	N V L W K	A G H G N	U M K W D
L N R W E	Q J N X X	V V O A E	G E U W B	Z W M Q Y	M O M L W
X N B X M	W A L P N	F D C F P	X H W Z K	E X H S S	F X K I Y
A H U L M	K N U M Y	E X D M W	B X Z S B	C H V W Z	X P H W L
G N A M I	U K				

Abb. 106. Geheimtext von *G. W. Kulp*

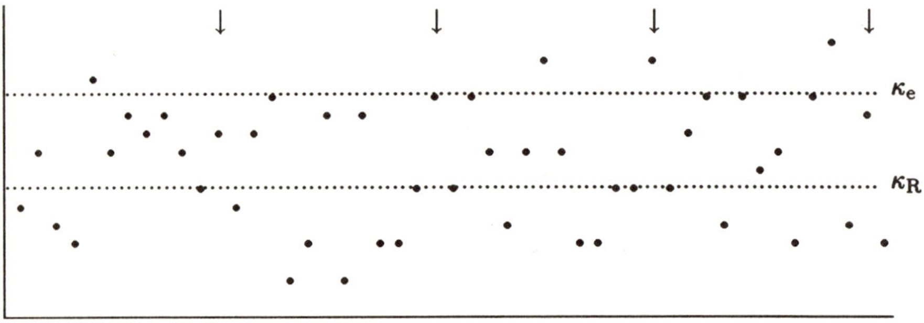

Abb. 107. Kappa-Verlauf für den (englischen) Geheimtext von *G. W. Kulp*

"Ge Jeasgdxv,
Zij gl mw, laam, xzy zmlwhfzek
ejlvdxw kwke tx lbr atgh lbmx aanu
bai Vsmukkss pwn vlwk agh gnumk
wdlnzweg jnbxvv oaeg enwb zwmgy
mo mlw wnbx mw al pnfdcfpkh wzkex
hssf xkiyahul. Mk num yexdm wbxy
sbc hv wyx Phwkgnamcuk?"

Abb. 108. Faksimile des Geheimtextes von *G. W. Kulp* (1840).
(Der Setzer hat, wie man später herausgefunden hat, für etliche Druckfehler gesorgt, z.B. q als g gelesen und auch einen Buchstaben ganz unterschlagen)

17.1 Friedmans Periodenbestimmung durch Kappa-Verlauf

Für den in Abb. 106 aufgeführten Geheimtext ergibt sich, *Friedman* folgend, der in Abb. 107 aufgezeichnete Verlauf von $Kappa(T, T^u)$ in Abhängigkeit von u (für $u = 0$ der Wert 1, der außerhalb des Rahmens liegt).

12	7	2	5	10	4	6	9	6	3	10	12	14	9	2	4	4	2	7	2	7	7	16	15	4	8
A	B	C	D	E	F	G	H	I	J	K	L	M	N	O	P	Q	R	S	T	U	V	W	X	Y	Z

Abb. 109. Häufigkeitsverteilung im Geheimtext von *G. W. Kulp*

17.1.1 Der Geheimtext von Abb. 106 hat eine Geschichte. Er wurde von einem gewissen *G. W. Kulp* einer Wochenzeitung in Philadelphia, *Alexander's Weekly Messenger*, in der *Edgar Allan Poe* eine Kolumne redigierte, eingesandt und erschien am 26. Februar 1840 im Druck — mit Worttrennungen und Interpunktionszeichen (Abb. 108). *Poe* hatte monoalphabetisch chiffrierte Geheimtexte erbeten, und „bewies“ in einer anschließenden Nummer der Zeitschrift, daß das angebliche Chiffrat ein Schwindel war — “a *jargon of random characters having no meaning whatsoever*”. Er hatte nicht so Unrecht — eine Häufigkeitszählung ergibt die in Abb. 109 verzeichneten Werte; die Häufigkeitsmethode mußte versagen. Allerdings wären Worttrennungen und Interpunktionen eine große Hilfe für die Mustererkennungsmethode gewesen. Möglicherweise hat *Poe* sie auch versucht und Schiffbruch erlitten und darauf seine apodiktische Feststellung gegründet.

Die Häufigkeitsverteilung für den Geheimtext von *Kulp* ergibt einen Wert für *Phi* von $\frac{1586}{187 \cdot 186} = 4.56\%$, bzw. für *Sigma* von $\frac{1773}{187^2} = 5.07\%$. Monoalphabetische Substitution hätte für die zu vermutende englische Sprache bedeutend höhere Werte erbracht; *Sigma* liegt näher bei $\kappa_R = \frac{1}{N}$ als bei κ_e . *Kulp* hatte demnach wohl die Bedingung, nur monoalphabetische einfache Substitutionen zu verwenden, nicht eingehalten. In Frage wäre natürlich eine monoalphabetische Bigrammsubstitution gekommen, PLAYFAIR jedoch nicht, denn PLAYFAIR wurde erst 1854 erfunden.

17.1.2 Abb. 107 zeigt nun, daß sich einige Kappa-Werte deutlich in der Nähe von κ_e befinden, die meisten aber über oder auch unter κ_R. Bei kleinen Zahlen sind die Kappa-Werte noch durch die Fernwirkung der Muster beeinflußt. Ist ein hoher Wert durch eine Periode begründet, so müssen auch für alle Vielfachen dieser Periode hohe Kappa-Werte auftreten. Damit scheiden die kleinen Zahlen wie 5 für die Periode aus, während 12 ein guter Kandidat ist. 15 kommt wohl nicht in Frage, da für 45 ein sehr niedriger Kappa-Wert kommt. Im übrigen ist der Geheimtext so kurz, daß beträchtliche Schwankungen der Kappa-Werte zu erwarten sind. Es ist also zunächst nur eine aussichtsreiche Hypothese, für den Geheimtext von *Kulp* monographische polyalphabetische Chiffrierung mit einer Periode Zwölf zu unterstellen.

17.2 Kappa-Verlauf für Multigramme

Der Geheimtext von *Kulp* ist mit 187 Zeichen recht kurz; für längere Texte heben sich die Periodenvielfachen sehr viel besser ab. Dies zeigt ein Vergleich von Abb. 110 für einen Text von 300 Zeichen und Abb. 111 für einen Text von 3000 Zeichen, bei dem die Periode ins Auge springt.

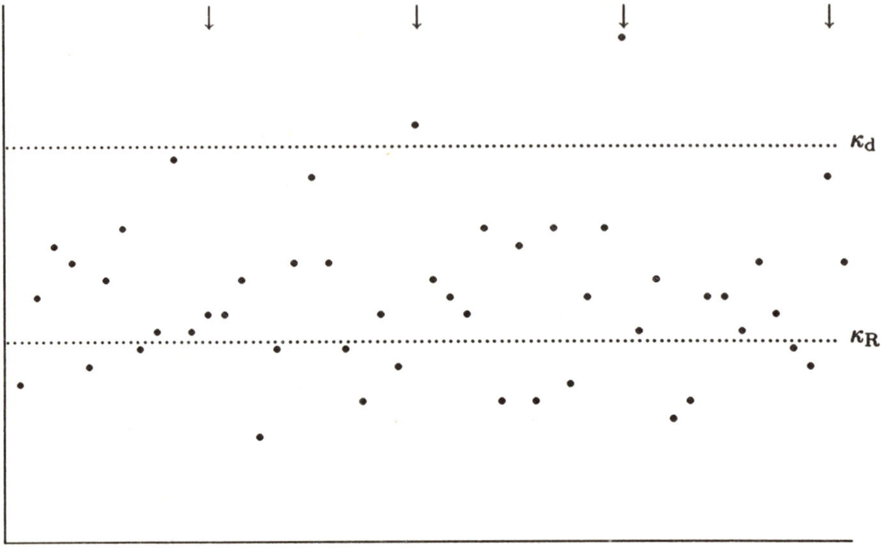

Abb. 110. Kappa-Verlauf für einen (deutschen) Text von 300 Zeichen

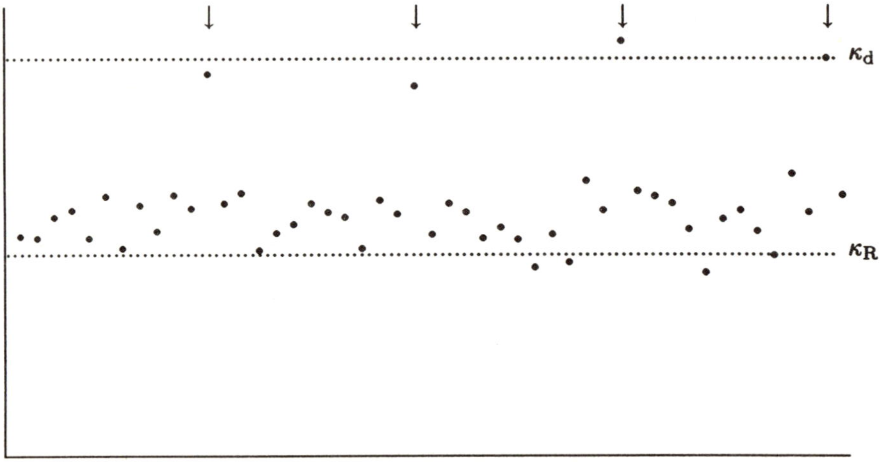

Abb. 111. Kappa-Verlauf für einen (deutschen) Text von 3000 Zeichen

Die Diskussion braucht jedoch nicht auf Einzelzeichen beschränkt zu werden. Bigramme und allgemeiner Multigramme können als Zeichen aufgefaßt werden, wobei allerdings der Zeichenvorrat sehr ansteigt.

Für Bigramme ist $\kappa_{\mathrm{R}}^{(2)} = \frac{1}{N^2} = 14.8\%\%$, für Trigramme $\kappa_{\mathrm{R}}^{(3)} = \frac{1}{N^3} = 0.569\%\%$. Es kommt nur darauf an, wie sich $\kappa_{\mathrm{S}}^{(i)}$ von $\kappa_{\mathrm{R}}^{(i)}$ abhebt, und es zeigt sich, daß der runde Faktor 2 , der bei der Einzelzeichenbetrachtung auftrat, bei

Bigrammen (Abb. 112) durch einen Faktor 4.5 bis 7.5 ersetzt wird: Für das Englische liegt $\kappa_e^{(2)}$ nach *Kullback* bei 69%% , für das Deutsche liegt $\kappa_d^{(2)}$ nach *Kullback* und *Bauer* bei 112%% . Die Niveaus sind also deutlicher getrennt. Andrerseits wird schon beim Übergang zu Trigrammen (Faktor 40 !) die Schwankung auch bei 3000 Zeichen recht beträchtlich (Abb. 113). Es ist also dafür gesorgt, daß die Bäume nicht in den Himmel wachsen.

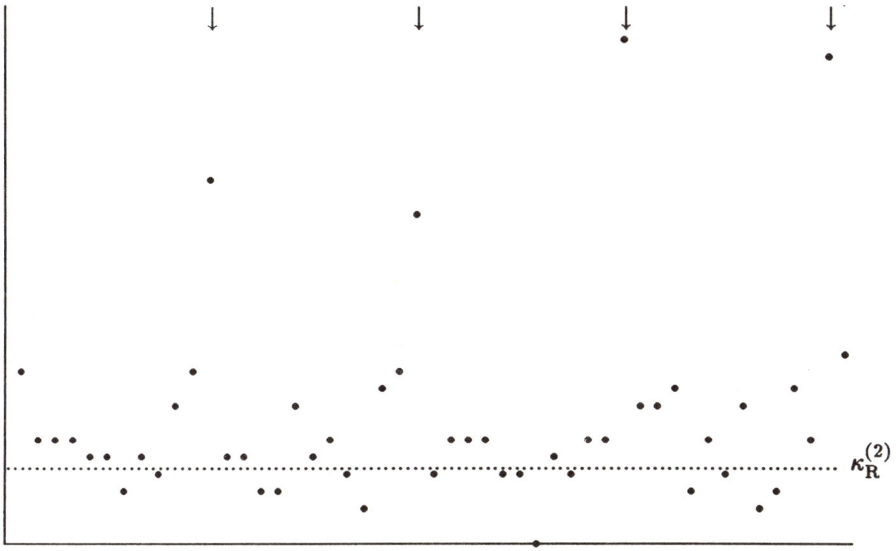

Abb. 112. Koinzidenzen für Bigramme (deutscher Text von 3000 Zeichen)

Daß in den USA während des II. Weltkrieges die Methoden von *Friedman* und *Kullback* maschinell durchgeführt wurden, kann man getrost annehmen. Schon 1932 hatte *Thomas H. Dyer* von der US Navy Lochkartengeräte von I.B.M. zur Beschleunigung der Arbeit eingesetzt, die US Army folgte 1936. 1941, im Jahr von Pearl Harbor, arbeiteten beim Signal Intelligence Service der USArmy 13 Lochkarten-(Tabellier-)maschinen, 1945 waren es 407 Maschinen.

In Deutschland wurden ebenfalls Tabelliermaschinen verwendet. Sie waren besonders nützlich beim ‚Abstreifen‘ der Überchiffrierung von Codes (9.2). Aber sie halfen auch bei der Periodenanalyse durch Kappa-Verlauf. Zu diesem Zweck benützten sie (nach *Kahn und Takagi*) auch die Japaner.

Über amerikanische Spezialgeräte zur Periodenanalyse durch Kappa-Verlauf ist nicht viel bekannt. In der Chiffrierabteilung des OKW, im Jargon Chi genannt, wurde in der Gruppe IV „Analytische Kryptanalyse“, die *Erich Hüttenhain* leitete, ein Spezialgerät zur Feststellung von Koinzidenzen (‚Doppler‘) und ihrer Abstände entwickelt (*Willi Jensen*). Das ‚Perioden-

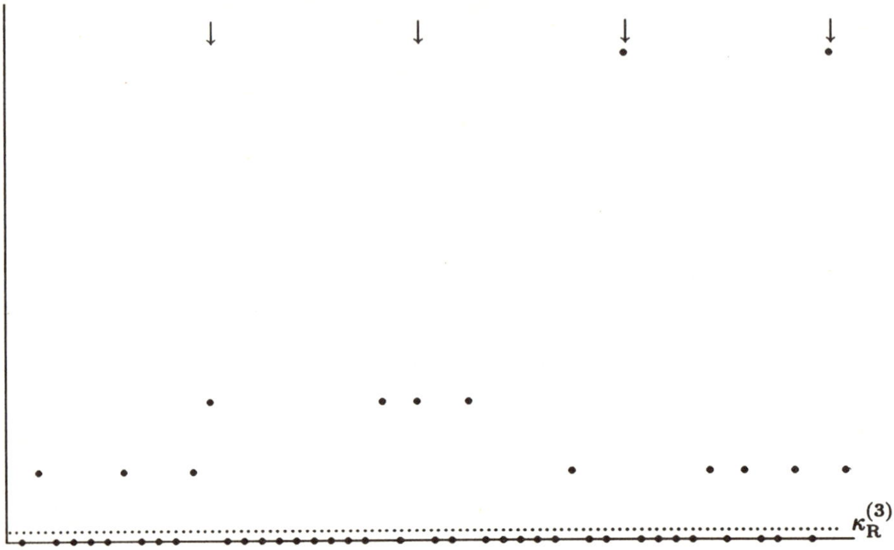

Abb. 113. Koinzidenzen für Trigramme (deutscher Text von 3000 Zeichen)

und Phasensuchgerät' arbeitete mit zwei identischen 5-Kanal-Fernschreiber-Lochstreifen, die zur Schleife geklebt waren, wobei in der einen Schleife eine zusätzliche Leerlochung war. Bei jedem Umlauf durch zwei Abtaster verschoben sich so die Phasenlagen der Streifen gegeneinander um e i n e Stelle. Die Abtaster arbeiteten auf einem ‚Zeichenvergleichslabyrinth' aus Relais, das auf Zeichengleichheit prüfte und im bejahenden Fall eines Dopplers auf einem Schreibwerk einen Strich machte. Traten für eine gegebene Phasenlage mehrere Doppler auf, so wurden ebensoviele Striche gemacht. Nach einem vollständigen Umlauf rückte das Schreibwerk um eine Stelle vor (‚Sägebock-Prinzip'). Ein zweites Schreibwerk zählte die unmittelbar aufeinanderfolgenden Doppler, die Bigrammdoppler, ein drittes die Trigrammdoppler usw. bis hinauf zu Parallelstellen der Länge 10. Das Gerät gab automatisch eine vollständige Friedman-Untersuchung. Bei der Abtastgeschwindigkeit von 7 Zeichen/s geschah dies für einen Text von 500 Zeichen in knapp 10 Stunden. Das Gerät wurde bei Kriegsende zerstört.

Die verfügbaren Unterlagen über Chi enthalten keinen Hinweis auf *Friedman*, doch darf angenommen werden daß zumindest dessen frühe, veröffentlichte Arbeiten *Hüttenhain* bekannt waren. Sein Hauptwerk von 1938-1941[1] war nicht öffentlich zugänglich.

[1] *William F. Friedman*, Military Cryptanalysis, War Department, Office of the Chief Signal Officer. Washington, D.C. : U.S. Government Printing Office. Vol. I: Monoalphabetic Substitution Systems 1938, 1942[3]. Vol. II: Simpler Varieties of Polyalphabetic Substitution Systems 1938, 1943[3]. Vol. III: Simpler Varieties of Aperiodic Substitution Systems 1938, 1939[2]. Vol. IV: Transposition and Fractionating Systems 1941. Eine Kopie befindet sich in der University of Pennsylvania Library, Philadelphia, PA.

17.3 Parallelstellensuche nach Kasiski

Als Grenzfall des Kappa-Verlaufs für Multigramme bestimmt man a l l e echten Multigramme, die sich wiederholen, und die Abstände, in denen sie sich wiederholen. Diese ‚Parallelstellensuche' publizierte 1863 wohl als erster *F. W. Kasiski*; vor *Friedman* und *Kullback* war sie das bevorzugte systematische Angriffsmittel professioneller Entzifferer und machte dem bis dahin weitverbreiteten Glauben an die Unbrechbarkeit polyalphabetischer Chiffrierung (8.4.1) zumindest im periodischen Fall den Garaus.

17.3.1 Doch beginnen die unsystematischen Angriffe auf polyalphabetische Chiffrierungen, kaum nachdem diese erfunden sind. Schon *Porta* hatte gelegentlich Glück mit Probieren — *OMNIA VINCIT AMOR* war der (zu) kurze und keineswegs ausgefallene Schlüssel, den ein Stümper benutzte; es kostete *Porta* weniger als eine Stunde, ihn zu erraten und die Chiffrierung zu brechen. Er selbst benutzte nur lange Schlüssel und riet, belanglose Wörter zu verwenden, die fernab vom täglichen Gebrauch liegen. Und *Giovanni Batista Argenti*, dem sein Dienstherr, *Iacomo Bonpampagni, Herzog von Sora* — Neffe von Papst *Gregor XIII* — folgendes Kryptogramm

Q A E T E P E E E A C S Z MD D F I C T Z A D Q G B P L E A Q T A I U I

gab, um seine Kunstfertigkeit zu testen, löste es, wie er schrieb, am 8. Oktober 1581 in kurzer Zeit; den Schlüssel *INPRINCIPIOERATVERBUM* erratend und die Tatsache, daß der Herzog 10 involutorische Alphabete benutzt hatte von der Art, die *Porta* 1563 beschrieben hatte (7.3.2, Abb. 40) — warum hätte der Herzog sich auch etwas Neues einfallen lassen sollen? Der Klartext war der Beginn der Aeneas des *Vergil*.

Porta hatte jedoch auch schon eine methodische Idee: Wenn in der Frühform polyalphabetischer Chiffrierungen das Alphabet mit jedem Schritt um einen Platz rückwärts verschoben wurde (vgl. 8.1.2), brachten häufig vorkommende Bigramme wie /ab/, /hi/, /op/ oder gar Trigramme wie /def/ (in *deficio*) oder /stu/ (in *studium*) Buchstabenwiederholungen zustande. *Porta* fand einmal MMM und im Abstand von 51 Plätzen nochmals MMM und schloß daraus, daß der Schlüssel die Periode 17 habe und dreimal wiederholt worden sei — die Periode 51 wäre damals zu lange, die Periode 3 für einen gewitzten Chiffrierer zu kurz gewesen.

Um Haaresbreite hätte bereits *Porta Kasiskis* Methode gefunden, hätte er begriffen, daß es gar nicht auf das Wiederholungsmuster *111* ankam, sondern nur auf die Wiederholung selbst irgend eines Geheimtextfragments, einer ‚Parallelstelle', hervorgerufen durch ein Zusammentreffen eines häufig auftretenden Klartextfragments mit ein- und demselben Stück eines Schlüssels, was nur im Abstand eines Vielfachen der Periode möglich ist. Hätte *Porta* das bemerkt und publiziert, wären polyalphabetische Chiffrierungen nicht noch zu Zeiten von *Edgar Allen Poe* unangreifbar gewesen.

Nachfolgendes Beispiel von *Kahn* mag dies erläutern: Angenommen, ein VIGENÈRE-Verfahren in $\mathbb{Z}_{26}$ arbeitet mit einem Schlüssel *RUN* der Länge 3 :

t o b e o r n o t t o b e t h a t i s t h e q u e s t i o n
R U N R U N R U N R U N R U N R U N R U N R U N R U N R U N
K I O V I E E I G K I O V N U R N V J N U V K H V M G Z I A

Hier trifft das Schlüsselfragment *RUNR* im Abstand 9 das gleiche Klartextfragment /tobe/ und ergibt die Parallelstelle KIOV, überdies trifft das Schlüsselfragment *UN* im Abstand 6 das gleiche Klartextfragment /th/ und ergibt die Parallelstelle NU . Die Abstände 9 und 6 müssen Vielfache der Periode sein, die damit nur den Wert 3 (oder 1) haben kann.

Ein ähnliches Beispiel mit einem Schlüssel *COMET* der Länge 5 lautet

t h e r e i s a n o t h e r f a m o u s p i a n o p l a y
C O M E T C O M E T C O M E T C O M E T C O M E T C O M E
V V Q V X K G M R H V V Q V Y C A A Y L R W M R H R Z M C

Hier sind die Abstände der Parallelstellen 10 und 15, die Periode kann damit nur den Wert 5 (oder 1) haben.

17.3.2 Zehn Jahre vor *Kasiski* ahnte vielleicht *Babbage* schon etwas. Er, der gerne die chiffrierten Botschaften in den *'agony columns'* der viktorianischen Londoner Gazetten las, machte sich auch über Polyalphabetisches mit Wortzwischenraum her, unter reichlicher Benutzung wahrscheinlicher Worte. Bei solchen Lösungsversuchen entwickelte er, wie man aus seinen Aufzeichnungen ersehen kann, sicher großes Verständnis für die Periodizität, aber selbst wenn er die Parallelstellensuche benutzt haben sollte — publiziert hat er sie nicht.[2] So fiel das Verdienst, einen systematischen Angriff auf polyalphabetische Chiffrierungen gefunden und verbreitet und damit die moderne Kryptologie eröffnet zu haben, einem pensionierten preußischen Infanteriemajor zu, der jedoch zu seiner Zeit dafür noch nicht berühmt wurde und sich enttäuscht der Naturgeschichte zuwandte.

Friedrich W. Kasiski wurde am 29. November 1805 in Schlochau, Westpreußen geboren. Er trat 1822 ins ostpreußische 33. Füsilier-Regiment Graf Roon ein. Dort diente er bis 1852 und wurde verabschiedet mit dem Rang eines Majors. 1863 erschien bei Mittler & Sohn in Berlin, einem renommierten Verlag, sein Büchlein, 95 Seiten stark „Die Geheimschriften und die Dechiffrirkunst". Sein Werk führte zu einer Revolution in der Kryptologie, aber die setzte erst nach *Kasiskis* Tod am 22. Mai 1881 ein. *Kerckhoffs* würdigt *Kasiski* in einer wichtigen Arbeit von 1883, die Bücher von *de Viaris* 1893 und *Delastelle* 1902 bauen darauf auf. Um die Jahrhundertwende ist die Revolution vollzogen, ist die Angreifbarkeit periodischer polyalphabetischer Chiffrierungen unter Fachleuten allgemein bekannt.

[2] *Babbage* ist zwar ein Vorläufer von *de Viaris* in der Beschreibung von linearen Chiffrierungen durch mathematische Gleichungen (vgl. 7.3.1, Fußnote [4]) und insofern *Kasiski* weit voraus; aber ihn als Erfinder der Parallelstellensuche zu bezeichnen, wie es *Ole Immanuel Franksen* 1984 getan hat und *Beutelspacher* (2. Aufl., 1991) es ungeprüft übernommen hat, ist nicht gerechtfertigt. Wenn *Babbage* 1846 polyalphabetische Chiffren gebrochen hat, dann lineare durch Schlüsselrekonstruktion mit Hilfe eines ‚wahrscheinlichen Worts' (vgl. 14.4), wobei er die von Amateuren beibehaltene Wortfuge heranzog.

Im Licht von *W. F. Friedmans* Entdeckung von 1925 des *index of coincidence* erscheint die *Kasiski*sche Parallelstellenanalyse als ein rohes Verfahren. Bigramm-Parallellen werden, weil sie häufig sind, meist gar nicht beachtet, und Einzelzeichen-Parallelen ohnehin nicht — hingegen mißt das *Kappa* alle Parallelen und fragt nur, ob es überdurchschnittlich viele sind. Daß man Bigramm-Parallelen i.a. nicht beachtet, rührt davon her, daß sie auch „zufällig" zustande kommen können. Selbst bei Trigrammen passiert das noch häufig, es kann aber auch bei höheren Multigrammen vorkommen und stört die Analyse — beim *index of coincidence* kümmert das gar nicht. Die *Kasiski*sche Methode nimmt jedoch als Periode den größten gemeinsamen Teiler der Parallelen-Abstände unter pragmatischer Ausschließung einiger als störend angesehenen „zufälligen" Parallelen. In dieser Hinsicht ist sie sehr intuitiv und nicht mechanisierbar. Überdies erfordert die Kasiski-Untersuchung auch etwas längere Texte, um überhaupt fündig zu werden.

„Zufällige" Parallelen treten gerade bei linearen Substitutionen häufiger auf. Grund dafür ist das Kommutativgesetz, das für die Summenbildung *modulo N* gilt: /anton/ mit dem Schlüssel *BERTA* liefert das gleiche wie /berta/ mit dem Schlüssel *ANTON*. Dieser Effekt tritt also besonders auf, wenn der Schlüsseltext aus dem selben Genre ist wie der Klartext. Auch Parallelstellen im Schlüsseltext können zu „falschen" Geheimtext-Parallelstellen führen — Schlüssel wie *DANSEUSECANCAN*, *VIERUNDVIERZIG* können den unberufenen Entzifferer zum Narren halten.[3]

17.3.3 Die Schulbeispiele in der Literatur für *Kasiskis* Methode sind fast immer aufgemacht und zeigen mehr Parallelstellen, als man im Mittel erwarten darf. Von folgendem Beispiel (*Kahn*) kann man das nicht sagen. Der Klartext ist, wie sich später zeigen wird, ein beherzigenswerter Ratschlag von *Albert J. Myer* (1866). Der Geheimtext lautet

```
ANYVG YSTYN RPLWH RDTKX RNYPV QTGHP
HZKFE YUMUS AYWVK ZYEZM EZUDL JKTUL
JLKQB JUQVU ECKBN RCTHP KESXM AZOEN
SXGOL PGNLE EBMMT GCSSV MRSEZ MXHLP
KJEJH TUPZU EDWKN NNRWA GEEXS LKZUD
LJKFI XHTKP IAZMX FACWC TQIDU WBRRL
TTKVN AJWVB REAWT NSEZM OECSS VMRSL
JMLEE BMMTG AYVIY GHPEM YFARW AOAEL
UPIUA YYMGE EMJQK SFCGU GYBPJ BPZYP
JASNN FSTUS STYVG YS
```

[3] Auf diese Symmetrie werden wir in 18.5 noch zu sprechen kommen.

Die Häufigkeitsverteilung zeigt Abb. 114; sie ist viel zu gleichmäßig, um die einer monoalphabetischen Substitution oder einer Transposition zu sein. Also ist an eine polyalphabetische Substitution zu denken. Darauf deutet auch das reichliche Vorkommen von Parallelstellen hin. Es finden sich neun Parallelstellen der Länge 3 und mehr, darunter sehr lange wie LEEBMMTG und CSSVMRS. Ihre Abstände sind in Abb. 115 aufgelistet.

14	8	7	5	22	6	12	8	5	11	14	13	16	13	4	13	5	11	18	15	14	10	9	7	16	11
A	B	C	D	E	F	G	H	I	J	K	L	M	N	O	P	Q	R	S	T	U	V	W	X	Y	Z

Abb. 114. Häufigkeitsverteilung im Geheimtext von *Kahn*

Fragment	Abstand	Primfaktorzerlegung
YVGYS	280	$2^3 \cdot 5 \cdot 7$
STY	274	$2 \cdot 137$
GHP	198	$2 \cdot 3^2 \cdot 11$
ZUDLJK	96	$2^5 \cdot 3$
LEEBMMTG	114	$2 \cdot 3 \cdot 19$
CSSVMRS	96	$2^5 \cdot 3$
SEZM	84	$2^2 \cdot 3 \cdot 7$
ZMX	48	$2^4 \cdot 3$
GEE	108	$2^2 \cdot 3^3$

Abb. 115. Faktorzerlegung von Parallelstellen-Abständen

Folgt man *Kasiski* wörtlich, so muß man „die Abstände in Faktoren zerlegen, der am häufigsten gefundene Faktor gibt die Periode an“. Die Literatur deutet das, *M. E. Ohaver* folgend, gelegentlich dahingehend, daß alle Faktoren aufzuschreiben sind (Abb. 116). Dabei kann es vorkommen, daß zwei Faktoren gleich oft auftreten und man eine Entscheidung treffen muß. Das ganze Verfahren ist gefühlsbetont. Die richtige Regel lautet, daß man den größten gemeinsamen Teiler der Abstände aller „echten“ Parallelen nehmen muß — aber welche echt sind, weiß man noch nicht. Gerne ließe man „störende“ Parallelstellen weg, also solche, deren Abstand einen sonst vorherrschenden Faktor nicht enthält — in Abb. 114 wäre das STY sowie YVGYS, wobei man nicht geneigt ist, von letzterem wegen seiner Länge 5 anzunehmen, daß es zufällig entstanden ist. Läßt man es jedoch nicht weg, so wäre 2 die Periode, was auch kaum zutreffen kann. Die Periode 12 hätte man, wenn man auch noch annehmen würde daß GHP sowie LEEBMMTG zufällig zustande gekommen wäre. Bei ersterem kann man sich das vorstellen, bei letzterem kaum. Also muß man mit der Vermutung, daß 6 die Periode ist, leben.

Zweifellos zeigt dies eine schwache Seite der Kasiski-Untersuchung. Umso wichtiger ist, daß die Friedmann-Untersuchung und die noch zu besprechende Kullback-Untersuchung zuverlässiger sind. Ein durch eine zufällige Parallelstelle hervorgerufener zu kleiner Wert für die angebliche Periode stört die gesamte Methode. Andrerseits kann es vorkommen, daß der kleinste gemeinsame Teiler aller Parallelstellenabstände ein Vielfaches der Periode ist. In

Fragment	Abstand	2	3	4	5	6	7	8	9	10	11	12	14	16	18	19	20	21	22	24
YVGYS	280	✓		✓	✓		✓	✓		✓			✓				✓			
STY	274	✓																		
GHP	198	✓	✓			✓			✓		✓				✓				✓	
ZUDLJK	96	✓	✓	✓		✓		✓				✓		✓						✓
LEEBMMTG	114	✓	✓			✓											✓			
CSSVMRS	96	✓	✓	✓		✓		✓				✓		✓						✓
SEZM	84	✓	✓	✓		✓	✓					✓	✓					✓		
ZMX	48	✓	✓	✓		✓		✓				✓								
GEE	108	✓	✓	✓		✓			✓			✓			✓					

Abb. 116. Faktoren der Parallelstellen-Abstände

diesem Fall tritt eine unnötige Vermehrung des Arbeitsaufwands ein und eine Erschwerung der nachfolgenden Aufstellung der einzelnen Alphabete.

Der späteren Entzifferung (18.1) vorgreifend, merken wir schon an, daß sich STY und YVGYS als unechte Parallelstellen herausstellen werden, und zwar kommen sie auf grund der Kommutativität einer linearen Substitution über $\mathbb{Z}_{26}$ zustande: Der Schlüssel ist *SIGNAL*, und YVGYS entsteht das erste Mal aus /signa/+*GNALS*, das zweite Mal aus /gnals/+*SIGNA*; STY entsteht das erste Mal aus /als/+*SIG*, das zweite Mal aus /sig/+*ALS*. Man erkennt, daß dieser Effekt durch die Verwendung des Schlüsselworts *SIGNAL* aus dem Genre des Klartextes hervorgerufen wurde. Er bringt für den unberufenen Entzifferer eine Erschwerung und ist deshalb für den Kryptographen erwünscht. Er tritt im übrigen auch bei den Kappa- und Chi-Tests verfälschend in Erscheinung.

Zufällige Parallelstellen können aber auch anders zustande kommen. Der große französische Kryptologe *Étienne Bazeries* hatte einmal Pech mit einer BEAUFORT-Chiffrierung: In einer Depesche von 1898 des aufrührerischen *Herzogs von Orléans*

GNJLN RBEOR PFCLS OKYNX TNDBI LJNZE OIGSS HBFZN ETNDB .....

fand er eine Parallelstelle TNDB der Länge 4 im Abstand 21; sie war aber zufällig entstanden durch *ERVE* −/lesd/ bzw. durch *IERV* −/prou/ (Schlüssel: *VENDREDIDIXSEPTFEVRIER*). Zwei weitere Parallelstellen EO und AQ der Länge 2 traten mit den Abständen 22 und 13 auf — die erstere war echt. *Bazeries* hatte natürlich zu der längeren Parallelstelle größeres Vertrauen. Die weitere Untersuchung mit der angeblichen Periode 21 führte ihn zunächst in die Irre und hielt ihn lange auf. Er bemerkte bitter *«en cryptographie, aucune règle n'est absolu»*.

17.3.4 Die Kasiski-Untersuchung wurde trotz ihrer offensichtlichen Schwächen auch im 2. Weltkrieg noch häufig angewendet. In der Chiffrierabteilung des OKW (im Jargon Chi) wurde ein spezielles Parallelstellensuchgerät entwickelt (*Willi Jensen*) und praktisch eingesetzt. Der Geheimtext wurde auf Filmstreifen gestanzt in doppelter Ausfertigung in einem 2-aus-10-Code, der auch eine Mischung von Buchstaben (Z_{26}) und Ziffern (Z_{10}) zu verarbeiten gestattet. Eine Kopie (A) wurde zum Ring geklebt und lief dauernd an einem Abtaster vorbei, während der zweite Filmstreifen (B) bei jedem Umlauf des ersten um e i n Zeichen in seinem Abtaster vorrückte. Bei Übereinstimmung zweier Zeichen decken sich zwei Löcher, andernfalls eines oder keines. Eine Fotozelle ist in der Lage, den Lichtmengenunterschied zu messen; durch eine Blende verschiebbarer Breite ist es möglich, auch Bigramm-, Trigramm-, Tetragramm- usw. Parallelen festzustellen; innerhalb der verfügbaren Meßgenauigkeit konnten bis zu zehnstellige Parallelstellen gesucht werden. Die Registrierung der Lage einer gefundenen Parallelstelle erfolgte automatisch durch Funkenüberschlag auf einer Aluminiumfolie; die zweidimensionale Aufzeichnung gibt die Lage auf (A) sowie auf (B) wieder. Das Gerät war auf schnelle Bearbeitung großer Mengen von Texten hin entwickelt; durch den Abtaster sollten 10^4 Zeichen/s geschickt werden — in knapp drei Stunden war ein Textkonvolut von 10000 Zeichen, das 10^8 Vergleiche erforderte, behandelt. Das Gerät wurde bei Kriegsende zerstört, bevor es länger praktisch erprobt werden konnte.

Ähnlich gingen möglicherweise die Briten in *Bletchley Park* vor, die bei den COLOSSUS genannten Auswertungsmaschinen $5 \cdot 10^3$ Zeichen/s sicher verarbeiteten, dabei jedoch wesentlich komplexere, speziell auf Chiffrier-Fernschreiber (vgl. 9.1.2) gerichtete Operationen elektronisch durchführen ließen.

Welche weiteren Hilfsmittel der schwedische Mathematiker *Arne Beurling* heranzog, der schon 1940 mit Hilfe nachgebauter T52 in eine über schwedisches Gebiet laufende Fernschreibverbindung eindrang, ist nicht bekannt.

17.4 Kolonnenbildung und Phi-Test nach Kullback

Ein einfaches mechanisches Mittel zur Feststellung von Koinzidenzen besteht darin, den Geheimtext nach einer vermuteten Periode d in Kolonnen T_1, T_2, T_3, ... T_d anzuordnen.

Abb. 117 zeigt das Ergebnis für den Geheimtext von *G. W. Kulp* mit $d = 12$. Die Doppler mit dem Minimalabstand d stehen unmittelbar untereinander und fallen sofort auf, etwa Z ganz rechts in der ersten und der zweiten Zeile. Aber auch Doppler im Abstand von $k \cdot d$ findet man leicht, etwa ein weiteres Z ganz rechts in der drittletzten Zeile. Auch Bigramm-Doppler zeigen sich, etwa das Bigramm WK, das in der vierten und siebten Zeile untereinander steht, das Bigramm MW, das in der zweiten und elften Zeile untereinander steht, das Bigramm WZ, das in der zwölften und vorletzten Zeile untereinander steht, das Bigramm NU, das in der sechsten, achten und drittletzten Zeile zu finden ist.

17.4.1 Macht man sich aber schon die (geringe) Mühe, den Geheimtext in Kolonnen umzuordnen, so kann man sofort mehr herausholen. Jede Kolonne T_ρ ist ja mit dem selben Alphabet chiffriert, wenn die Periode getroffen wurde; andernfalls aber mit verschiedenen Alphabeten. Bildet man also

	G	E	I	E	I	A	S	G	D	X	V	Z
	I	J	Q	L	M	W	L	A	A	M	X	Z
	Y	Z	M	L	W	H	F	Z	E	K	E	J
	L	V	D	X	W	K	W	K	E	T	X	L
	B	R	A	T	Q	H	L	B	M	X	A	A
	N	U	B	A	I	V	S	M	U	K	H	S
	S	P	W	N	V	L	W	K	A	G	H	G
	N	U	M	K	W	D	L	N	R	W	E	Q
	J	N	X	X	V	V	O	A	E	G	E	U
	W	B	Z	W	M	Q	Y	M	O	M	L	W
	X	N	B	X	M	W	A	L	P	N	F	D
	C	F	P	X	H	W	Z	K	E	X	H	S
	S	F	X	K	I	Y	A	H	U	L	M	K
	N	U	M	Y	E	X	D	M	W	B	X	Z
	S	B	C	H	V	W	Z	X	P	H	W	L
	G	N	A	M	I	U	K					
ϕ_r	14	16	12	16	30	16	14	14	18	12	18	10	=190

Abb. 117. Geheimtext, in Kolonnen nach der vermuteten Periode 12

$Phi(T_\rho)$ für $\rho = 1, 2, \ldots, u-1, u$, so sollte man für alle $Phi(T_\rho)$ im ersten Fall ($u = r \cdot d$) Werte nahe κ_S erwarten, im zweiten Fall aber nahe $\kappa_R = \frac{1}{N}$. Tatsächlich ist es am besten, zu mitteln. Man bildet für $\rho = 1, 2, \ldots, u-1, u$

$\phi_\rho = \sum_{i=1}^{N} m_i^\rho \cdot (m_i^\rho - 1)$, wo m_i^ρ die Häufigkeit des i-ten Zeichens in der ρ-ten Kolonne ist, und summiert dann;

$$Phi^{(u)}(T) = u \cdot \sum_{\rho=1}^{u} \phi_\rho / M \cdot (M-1) \ .$$

Der Faktor u dient zur Normalisierung.

17.4.2 Wie in 16.4.1 zeigt man das *Kappa-Phi*$^{(u)}$**-Theorem**:

$$\frac{1}{M-1} \sum_{\rho=1}^{M-1} Kappa(T,T)^{u \cdot \rho} = Phi^{(u)}(T) \ .$$

$Phi^{(u)}(T)$ ist also der Mittelwert aller Kappa-Werte im Abstand u und erweist sich damit als sehr scharfes Instrument.

17.4.3 Für $u = 12$ müssen zwölf Alphabete verwendet werden, auf jedes treffen 16 oder 15 Buchstaben. Für jedes der 12 monoalphabetisch chiffrierten Bruchstücke läßt sich nun das ϕ_ρ und das σ_ρ berechnen:
für die erste Spalte, die S und N dreifach, G doppelt hat,
$\phi_1 = 6+6+2 = 14$ bzw. $\sigma_1 = 9+9+4+1+1+1+1+1+1+1+1 = 30$;
für die zweite Spalte, die N und U dreifach, B und F doppelt hat,
$\phi_2 = 6+6+2+2 = 16$ bzw. $\sigma_2 = 9+9+4+4+1+1+1+1+1+1 = 32$;

	G	E	I	E	I	A	S	G	D	X	V	
	Z	I	J	Q	L	M	W	L	A	A	M	
	X	Z	Y	Z	M	L	W	H	F	Z	E	
	K	E	J	L	V	D	X	W	K	W	K	
	E	T	X	L	B	R	A	T	Q	H	L	
	B	M	X	A	A	N	U	B	A	I	V	
	S	M	U	K	H	S	S	P	W	N	V	
	L	W	K	A	G	H	G	N	U	M	K	
	W	D	L	N	R	W	E	Q	J	N	X	
	X	V	V	O	A	E	G	E	U	W	B	
	Z	W	M	Q	Y	M	O	M	L	W	X	
	N	B	X	M	W	A	L	P	N	F	D	
	C	F	P	X	H	W	Z	K	E	X	H	
	S	S	F	X	K	I	Y	A	H	U	L	
	M	K	N	U	M	Y	E	X	D	M	W	
	B	X	Z	S	B	C	H	V	W	Z	X	
	P	H	W	L	G	N	A	M	I	U	K	
ϕ_r	8	6	8	12	10	8	10	4	8	16	20	=110

Abb. 118. Geheimtext, in Kolonnen nach der vermuteten Periode 11

für die dritte Spalte, die M dreifach, A, B und X doppelt hat,
$\phi_3 = 6+2+2+2 = 12$ bzw. $\sigma_3 = 9+4+4+4+1+1+1+1+1+1+1 = 28$;
für die fünfte Spalte, die I vierfach, M, W und V dreifach hat,
$\phi_5 = 12+6+6+6 = 30$ bzw. $\sigma_5 = 16+9+9+9+1+1+1 = 46$;
für die sechste Spalte, die W vierfach, H und V doppelt hat,
$\phi_6 = 12+2+2 = 16$ bzw. $\sigma_6 = 16+4+4+1+1+1+1+1+1+1+1 = 32$
usw. Abb. 117 zeigt, daß sich die Summe $\sum_{\rho=1}^{12} \phi_\rho$ zu 190 und damit

$Phi^{(12)} = 12 \cdot 190/(187 \cdot 186) = 6.56\%$ ergibt.

Für $u = 11$ zeigt Abb. 118 das Ergebnis der Kolonnenbildung. Jetzt liest man sofort ab, welche Zeichendoppler es im Abstand 11 gibt, etwa W in der zweiten und der dritten Zeile, oder mit einem Vielfachen von 11 als Abstand: V in der ersten, der sechsten und der siebten Zeile. Man findet übrigens keinen Bigrammdoppler mehr.

Bildet man aber mit den 11 Alphabeten (der Länge 17) $\sum_{\rho=1}^{11} \phi_\rho$, so findet man (Abb. 118) den Wert 110 und $Phi^{(11)} = 11 \cdot 110/(187 \cdot 186) = 3.48\%$.

$Phi^{(11)}$ ist deutlich niedriger als $Phi^{(12)}$. Die Hypothese, es handle sich bei dieser Kolonnenbildung zu je elf jeweils um eine monoalphabetische Chiffrierung, erfährt also keine Stützung, wohl aber könnte $d = 12$ die richtige Periode sein.

Für $u = 13$ zeigt Abb. 119 das Ergebnis der Kolonnenbildung und der Bestimmung von $Phi^{(13)} = 13 \cdot 120/(187 \cdot 186) = 4.48\%$.

	G	E	I	E	I	A	S	G	D	X	V	Z	I	
	J	Q	L	M	W	L	A	A	M	X	Z	Y	Z	
	M	L	W	H	F	Z	E	K	E	J	L	V	D	
	X	W	K	W	K	E	T	X	L	B	R	A	T	
	Q	H	L	B	M	X	A	A	N	U	B	A	I	
	V	S	M	U	K	H	S	S	P	W	N	V	L	
	W	K	A	G	H	G	N	U	M	K	W	D	L	
	N	R	W	E	Q	J	N	X	X	V	V	O	A	
	E	G	E	U	W	B	Z	W	M	Q	Y	M	O	
	M	L	W	X	N	B	X	M	W	A	L	P	N	
	F	D	C	F	P	X	H	W	Z	K	E	X	H	
	S	S	F	X	K	I	Y	A	H	U	L	M	K	
	N	U	M	Y	E	X	D	M	W	B	X	Z	S	
	B	C	H	V	W	Z	X	P	H	W	L	G	N	
	A	M	I	U	K									
ϕ_r	4	4	12	10	14	10	8	12	10	8	14	8	6	=120

Abb. 119. Geheimtext, in Kolonnen nach der vermuteten Periode 13

Auf diese Weise kann man den Werteverlauf von $Phi^{(u)}$ für $u = 2, 3, 4, \ldots$ betrachten (Abb. 120). Der Wert für $d = 12$ hebt sich gegenüber Abb. 107 so viel deutlicher heraus, daß die vermutete Periode $d = 12$ durch die Kullback-Untersuchung für die weitere Arbeit gesichert erscheint.Dies bedeutet, verglichen mit der Friedman-Untersuchung, eine Verfeinerung der Periodenanalyse.

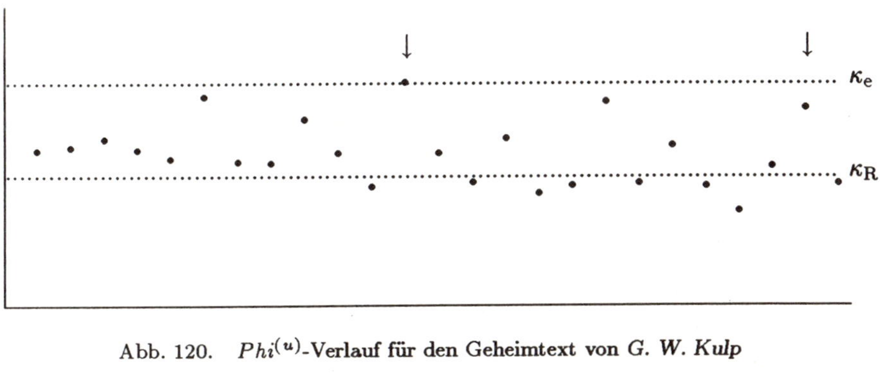

Abb. 120. $Phi^{(u)}$-Verlauf für den Geheimtext von *G. W. Kulp*

Praktikumsaufgabe 8: Schreibe ein Programm, das für eine Textbasis S aus einem gewissen Genre den Wert von κ_S feststellt, sowie für einen chiffrierten Text aus diesem Genre den Kappa-Verlauf.

Praktikumsaufgabe 9: Schreibe ein Programm, das für einen chiffrierten Text aus einem gewissen Genre den Verlauf von $Phi^{(u)}$ feststellt.

17.5 Eine Abschätzung für die Periodenlänge

Aus dem *Kappa-Phi*-Theorem von 16.4.1 ergibt sich für die Erwartungswerte

$$\langle Phi(T)\rangle_Q^{(M)} = \tfrac{1}{M-1}\sum_{\rho=1}^{M-1}\langle Kappa(T,T)^\rho\rangle_Q \; .$$

Zu Beginn des vorliegenden Kapitels wurde darauf hingewiesen, daß

$$\langle Kappa(T,T^{k\cdot d})\rangle_Q = \kappa_S \; ,$$

und des weiteren, daß „in der Regel"

$$\langle Kappa(T,T^u)\rangle_Q = \kappa_R = \tfrac{1}{N} \qquad \text{für } p \not| \, u.$$

Wird der Einfachheit halber angenommen, M sei ein Vielfaches der Periode d, so ergibt sich in der Summe $\frac{M}{d}-1$ mal κ_S, die übrigen Male κ_R; also ist $\langle Phi(T)\rangle_Q^{(M)}$ eine Mittelung aus κ_S und κ_R,

$$(M-1)\cdot\langle Phi(T)\rangle_Q^{(M)} = (\tfrac{M}{d}-1)\cdot\kappa_S + ((M-1)-(\tfrac{M}{d}-1))\cdot\kappa_R \; .$$

Unter der Annahme, daß das beobachtete $Phi(T)$ den Erwartungswert approximiert, gilt also (*Abraham Sinkov*, um 1935)

$$(M-1)\cdot Phi(T) \quad\approx\quad (\tfrac{M}{d}-1)\cdot\kappa_S + ((M-1)-(\tfrac{M}{d}-1))\cdot\kappa_R \; .$$

Diese fundamentale Beziehung zeigt, wie bei gleichbleibender Quelle mit wachsender Periode einer polyalphabetischen Chiffrierung der Wert von *Phi* sich ändert. Für große M und $d \ll M$ kann man mit

$$Phi(T) \approx \frac{1}{d}\cdot\kappa_S + (1-\frac{1}{d})\cdot\kappa_R$$

fast ebenso gut arbeiten.

Die Beziehung von *Sinkov* läßt sich auch nach d auflösen:

$$(\frac{M}{d}-1) \approx \frac{(M-1)\cdot(Phi(T)-\kappa_R)}{\kappa_S-\kappa_R} \quad \text{, d.h.}$$

$$d \approx \frac{\kappa_S-\kappa_R}{(\kappa_S-Phi(T))/M + (Phi(T)-\kappa_R)} \; .$$

Für große M und $d \ll M$ kann man auch benutzen

$$d \approx \frac{\kappa_S-\kappa_R}{Phi(T)-\kappa_R} \; .$$

Beispielsweise hat man für den Geheimtext von *G. W. Kulp* mit $M = 187$, $\kappa_S = \kappa_{\text{englisch}} = 6.58\%$, $\kappa_R = \frac{1}{N} = 3.85\%$ nach 17.1 einen Wert von *Phi* von 4.56% , dies ergibt

$$d \approx \tfrac{2.73\%}{(2.02\%/187)+0.71\%} = 3.79 \quad \text{bzw.} \quad d \approx \tfrac{2.73\%}{0.71\%} = 3.85 \; .$$

Dieser Wert ist gegenüber der wahren Periode $d = 12$ zu niedrig; es wäre auch nicht überraschend wenn er zu hoch ausgefallen wäre. Zur Unterstützung einer Periodenanalyse nach *Kasiski*, *Friedman* oder *Kullback* ist die Abschätzungsformel — insbesondere bei kleinen Perioden — brauchbar, allein wäre sie wegen ihrer großen Instabilität ohne Nutzen.

18 Zurechtrücken begleitender Alphabete

Ist die Periode eines polyalphabetisch chiffrierten Geheimtexts hinlänglich zuverlässig bestimmt, so kann man nun — sofern möglich — versuchen, die einzelnen Alphabete auf ein Referenzalphabet (*primary alphabet*) zu reduzieren. Wenn es sich um VIGENÈRE-Schritte handelt, läge ein Durchprobieren aller begleitenden Standardalphabete (7.1) nahe. Genauso kann man verfahren, wenn es sich um ALBERTI-Schritte handelt und wenn ein Nicht-Standard-Alphabet bekanntgeworden ist. Im allgemeinen muß aber für jedes Alphabet die Verschiebung gegenüber einem unbekannten Referenzalphabet bestimmt werden. Dazu wird sich wiederum eine Kullback-Untersuchung heranziehen lassen. Der Fall unbekannter unabhängiger Alphabete, wo jedes für sich einzeln bestimmt werden muß, erlaubt dieses Vorgehen nicht.

18.1 Durchdecken der Häufigkeitsgebirge

Angesichts der weiten Verbreitung, die VIGENÈRE-Chiffrierung genießt, mag es allemal lohnend sein, den mit geringem Aufwand zu führenden Einstieg zu versuchen. Dazu sind im Fall einer Periode d gerade d Häufigkeitsgebirge zu betrachten. Mustererkennung sowie Exhaustion nach 12.5 für die einzelnen CAESAR-Additionen funktioniert nicht, da die Texte „zerrissen" sind.

2	0	0	0	1	0	2	3	0	6	3	3	3	0	0	0	0	0	6	1	5	2	5	0	2	4
A	B	C	D	E	F	G	H	I	J	K	L	M	N	O	P	Q	R	S	T	U	V	W	X	Y	Z

Abb. 121. Häufigkeitsverteilung in der ersten Kolonne

18.1.1 Im Beispiel von *Kahn* (17.3.3) bringt man am besten den Geheimtext in Sechser-Kolonnen und zählt für jede Kolonne die Häufigkeiten aus. Für die erste Kolonne, also für den Teiltext, der aus dem 1., dem 7., dem 13., dem 19. Zeichen usw. besteht, zeigt Abb. 121 das Ergebnis. Man erkennt sofort das Häufigkeitsgebirge des Englischen: NOPQR ist die v-w-x-y-z-Niederung, links anschließend JKLM ist der r-s-t-u-Kamm. DEFGH müßte dann, im richtigen

Abstand liegend, der l-m-n-o-p-Kamm sein, was nicht deutlich herauskommt. Aber mit solchen Schwankungserscheinungen muß der Kryptanalyst rechnen, und auch damit, daß W nicht ganz die Häufigkeit hat, die man für den e-Gipfel erwartet.

Mit S: s $\hat{=}$ a ist also der erste Schlüsselbuchstabe S eines VIGENÈRE-Schrittes gefunden: es ist daher anzunehmen, daß es sich im ganzen um ein VIGENÈRE-System handelt und auch die anderen Chiffrierschritte auf Verschiebungen des Standardalphabets hinauslaufen. Mit ihnen verfährt man entsprechend und gewinnt Schritt für Schritt den Schlüssel

$$SIGNAL\ ;$$

die Bestätigung findet man durch anschließende Entzifferung. Der Klartext lautet (die zu echten Parallelstellen führenden Teiltexte sind unterstrichen)

```
ifsig nalsa retob edisp layed inthe
prese nceof anene mythe ymust begua
rdedb yciph ersth eciph ersmu stbec
apabl eoffr equen tchan gesth erule
sbywh ichth esech anges arema demus
tbesi mplec ipher sareu ndisc overa
blein propo rtion asthe ircha ngesa
refre quent andas theme ssage sinea
chcha ngear ebrie ffrom alber tjmye
rsman ualof signa ls
```

Man erkennt jetzt sogar, wie die Parallelstellen zustande kamen: Die längste, LEEBMMTG, ergibt sich aus einem wiederholten Zusammentreffen von /frequent/ mit *GNALSIGN*; eine andere, ZUDLJK, aus dem wiederholten Zusammentreffen von /mustbe/ mit *NALSIG*. CSSVMRS entsteht aus /changes/ mit *ALSIGNA*. Andrerseits führte das wiederholte Vorkommen von /cipher/ im Klartext zu keiner Parallelstelle. (S)EZM, ZMX, GEE stammen daher, daß die Formwörter /(s)the/, /her/, /are/ auf *ALSI*, *SIG*, *GNA* treffen.

18.1.2 Bei relativ langen Schlüsseln mag es schwer sein, aus der Auszählung etwas zu erkennen. Am besten und auch am einfachsten ist dann eine graphische Darstellung. Für den Fall des Geheimtextes von *G. W. Kulp* (Abb. 106) sind die Vorarbeiten in Form der Kolonnenbildung in 17.4 bereits getroffen, die Arbeit kann sich unmittelbar an die Periodenbestimmung durch die Kullback-Untersuchung anschließen. Aus Abb. 117 gewinnt man unmittelbar die zwölf Häufigkeitsgebirge, die in Abb. 122 übereinanderstehen. Der Versuch hat sich auch hier gelohnt; Abb. 123 zeigt, wie man sie durch geeignete

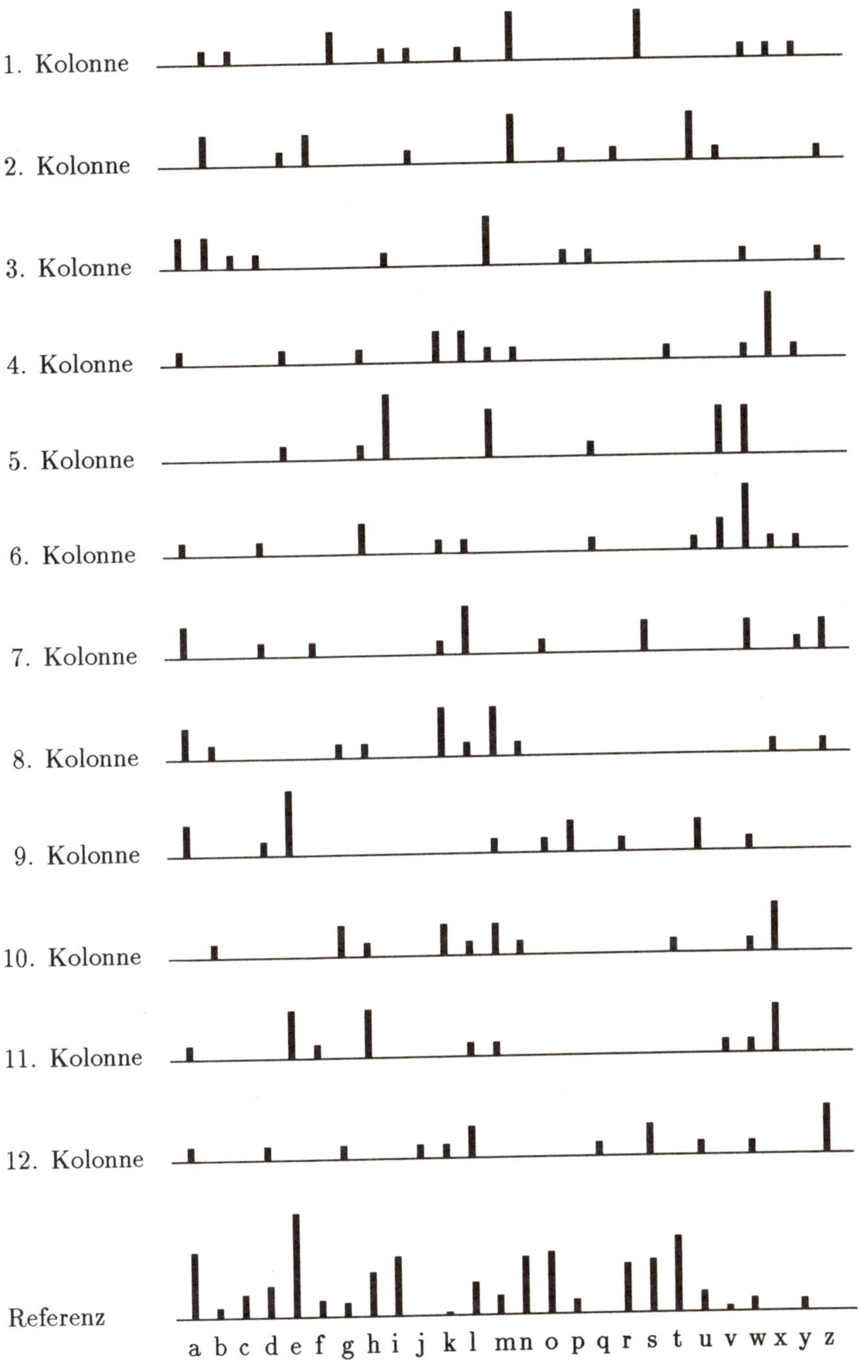

Abb. 122. Häufigkeitsgebirge für den Geheimtext von *G. W. Kulp*

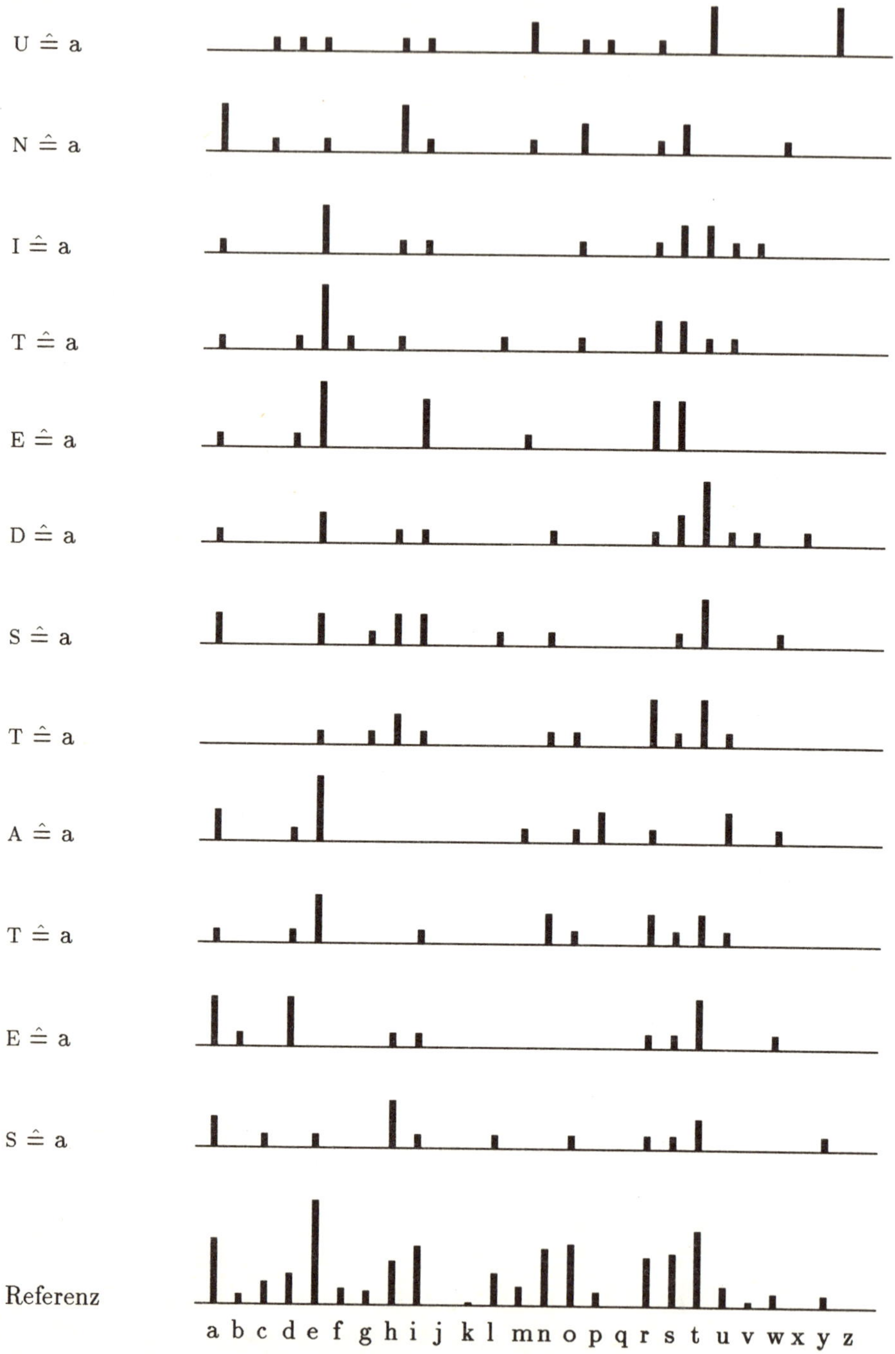

Abb. 123. Durchgedeckte Häufigkeitsgebirge

Verschiebung mit der Häufigkeitsverteilung des Englischen einigermaßen zur Deckung bringen (‚ausrichten') kann.

Allerdings führt die 11. Kolonne etwas in die Irre: /e/, der häufigste Buchstabe, kommt darin gar nicht vor. Allgemein kann man sagen, daß es bei so kleinen Zeichenmengen besser gelingt, zunächst die seltenen Buchstaben zur Deckung zu bringen. Immerhin geben dann die /e/ in der dritten, vierten, fünften, neunten und zehnten Kolonnen einen guten Anhaltspunkt.

Es ergibt sich, daß das Klartext-/a/ im ersten Alphabet U, im zweiten Alphabet N, im dritten Alphabet I, im vierten, im achten und im zehnten Alphabet T, im fünften und im elften Alphabet E, im sechsten Alphabet D, im siebten und im zwölften Alphabet S entspricht. Im neunten Alphabet entspricht dem Klartext-/a/ das A, diese Substitution ist die identische. Sie bei einem VIGÈNERE zu unterdrücken, wäre angesichts von 13.8 ein Kunstfehler.

Zum Ausrichten hilft hier sicher auch, daß der Schlüssel den Buchstaben *T*, wie sich herausstellt, gleich dreimal — im vierten, im achten und im zehnten Alphabet — enthält. Mit anderen Worten, das Schlüsselwort ist

UNITEDSTATES

Das ist den Umständen nach durchaus sinnvoll, und die Entzifferung mag damit nach *Rohrbach*s Maxime als abgeschlossen gelten. Für Neugierige sei noch der entzifferte Text[1] wiedergegeben (Abb. 124).

mrale	xande	rhowi	sitth	atthe	messe
ngera	rrive	shere	atthe	samet	imewi
tthhe	satur	dayco	urier	andot	hersa
turda	ypape	rswhe	nacco	rding	tothe
datei	tispu	blish	edthr	eeday	sprev
iousi	sthef	aultw	ithyo	uorth	epost
maste	rs				

Abb. 124. Klartext von *G. W. Kulp*

18.2 Zurechtrücken gegen bekanntes Alphabet

Das Zurechtrücken des Alphabets „mit bloßem Auge" mag in Abb. 122 etwa bei der ersten oder bei der achten Kolonne schwierig erscheinen.

18.2.1 Rechnerische Methoden erweisen sich als ein schärferes Mittel; es bietet sich an, die Verschiebung einer bestimmten Kolonne gegen das Referenzalphabet zu prüfen durch Berechnung des *Chi*. Abb. 125/126 zeigt dies für das unverschobene und das geeignet verschobene Alphabet der ersten Kolonne.

---

1 Die Entzifferung gelang *Brian J. Winkel* 1975, darüber berichtete zuerst *Martin Gardner* im SCIENTIFIC AMERICAN, August 1977.

0	1	1	0	0	0	2	0	1	1	0	1	0	
A	B	C	D	E	F	G	H	I	J	K	L	M	
8.04	1.54	3.06	3.99	12.51	2.30	1.96	5.49	7.26	0.16	0.67	4.14	2.53	
a	b	c	d	e	f	g	h	i	j	k	l	m	
3	0	0	0	0	3	0	0	0	1	1	1	0	
N	O	P	Q	R	S	T	U	V	W	X	Y	Z	
7.09	7.60	2.00	0.11	6.12	6.54	9.25	2.71	0.99	1.92	0.19	1.73	0.09	64.81
n	o	p	q	r	s	t	u	v	w	x	y	z	

Abb. 125. *Chi* für Referenzalphabet gegen 1. Kolonne

0	0	1	1	1	0	0	1	1	0	0	0	2	
U	V	W	X	Y	Z	A	B	C	D	E	F	G	
8.04	1.54	3.06	3.99	12.51	2.30	1.96	5.49	7.26	0.16	0.67	4.14	2.53	
a	b	c	d	e	f	g	h	i	j	k	l	m	
0	1	1	0	1	0	3	0	0	0	0	3	0	
H	I	J	K	L	M	N	O	P	Q	R	S	T	
7.09	7.60	2.00	0.11	6.12	6.54	9.25	2.71	0.99	1.92	0.19	1.73	0.09	86.03
n	o	p	q	r	s	t	u	v	w	x	y	z	

Abb. 126. *Chi* für Referenzalphabet gegen 1. Kolonne, verschoben

Im ersten Fall (a $\hat{=}$ A) ergibt sich *Chi* zu 64.81/16 % = 4.05%; im zweiten Fall (a $\hat{=}$ U) erhält man den bedeutend größeren Wert 86.03/16 % = 5.37%. Daß sich neben a $\hat{=}$ U auch a $\hat{=}$ J und a $\hat{=}$ F gegenüber allen anderen Verschiebungen auszeichnet, zeigt sich in Abb. 127. Diese drei Wahlmöglichkeiten sind exhaustiv weiterzubehandeln.

Jedenfalls ist gezeigt, daß und wie ein periodisches VIGENÈRE-System unter nicht zu ungünstigen Umständen mechanisch entziffert werden kann. Für ein Problem vom Umfang der Sache *Kulp vs. Poe* reicht die Unterstützung durch einen Arbeitsplatzrechner völlig aus.

18.2.2 Die Grundidee des Zurechtrückens gegen ein Referenzalphabet — sei es, im Fall von VIGENÈRE-Schritten, das Standardalphabet, sei es, im Fall von ALBERTI-Schritten, gegen ein in unberufene Hände gefallenes permutiertes Alphabet als Referenzalphabet — findet sich, ohne rechnerische Bestimmung des *Chi*, schon früh. In einer von *Kahn* 1967 beschriebenen Version[2] verwendet man Streifen mit dem Referenzalphabet, auf denen etwa die neun häufigsten Zeichen (im Englischen e t a o n i r s h) fett gedruckt[3] sind und die fünf seltensten Zeichen (im Englischen j k q x z) ganz fehlen. Stellt man dann eine Kolonne des Geheimtextes als Zeile ein, so muß sich der zugehörige Klartext — der allerdings im Periodenabstand zerrissen ist — in irgendeiner Zeile finden. Plausibel ist es, die „fetteste" Zeile oder eine der fettesten zu nehmen, vorausgesetzt sie hat keines (oder kaum eines) der

---

[2] Die von *Kahn*, [KAHN] p. 1012 angegebenen Quellen *Gaines*, *Givierge*, *Sacco*, *Eyraud* sind jedoch unbefriedigend.

[3] oder rot geschrieben, bei maschinellen Lösungen (im II. Weltkrieg z.B. *Witt*, *Rohrbach*) auch mit halbdurchsichtigem Papier oder Schwärzungen versehen.

Zuordnung	*Chi*	
a ≙ A	4.05%	
a ≙ B	3.54%	
a ≙ C	3.70%	
a ≙ D	2.64%	
a ≙ E	4.38%	
a ≙ F	5.54%	⟵
a ≙ G	4.07%	
a ≙ H	2.97%	
a ≙ I	2.98%	
a ≙ J	5.13%	⟵
a ≙ K	4.43%	
a ≙ L	3.60%	
a ≙ M	1.72%	
a ≙ N	4.30%	
a ≙ O	4.85%	
a ≙ P	4.30%	
a ≙ Q	3.00%	
a ≙ R	2.77%	
a ≙ S	4.71%	
a ≙ T	3.59%	
a ≙ U	5.37%	⟵
a ≙ V	3.71%	
a ≙ W	3.37%	
a ≙ X	2.65%	
a ≙ Y	4.18%	
a ≙ Z	4.62%	

Abb. 127.

Berechnete Werte von *Chi* für Referenzalphabet gegen 1. Kolonne

seltenen Zeichen. In Abb. 128 ist dies für die erste Kolonne des in 17.4 und 18.1.2 behandelten Beispiels durchgeführt. Die mit **a ≙ U** bezeichnete Verschiebung hebt sich deutlich hervor. Zwar hat die mit **a ≙ F** bezeichnete Zeile sogar ein fettes Zeichen mehr, aber auch ein Handicap-x. Die Problematik der Entscheidung zwischen diesen beiden Schlüsseln *U* und *F* für die erste Kolonne tritt wieder auf. Die übrigen Zeilen fallen deutlich ab.

18.2.3 Wird auch für die zweite Kolonne die Verschiebung ermittelt, so kann man darauf hoffen, daß Bigrammhäufigkeiten die Entscheidung zwischen den beiden konkurrierenden Schlüsseln *U* und *F* erleichtern. Die Bestimmung der einzelnen Schlüsselbuchstaben stützt sich so gegenseitig.

18.2.4 Eine verwandte Methode benutzt einen Schieber oder eine Scheibe, genau dem Original entsprechend, also das Standardalphabet oder ein in unberufene Hände gefallenes permutiertes Alphabet aufweisend. Die häufigen Klartextzeichen werden wieder fett geschrieben, die seltensten Zeichen fallen weg. Auf dem Lineal oder auf der Scheibe der Geheimtextzeichen werden die beobachteten Häufigkeiten notiert (Abb. 129). Man verschiebt nun die

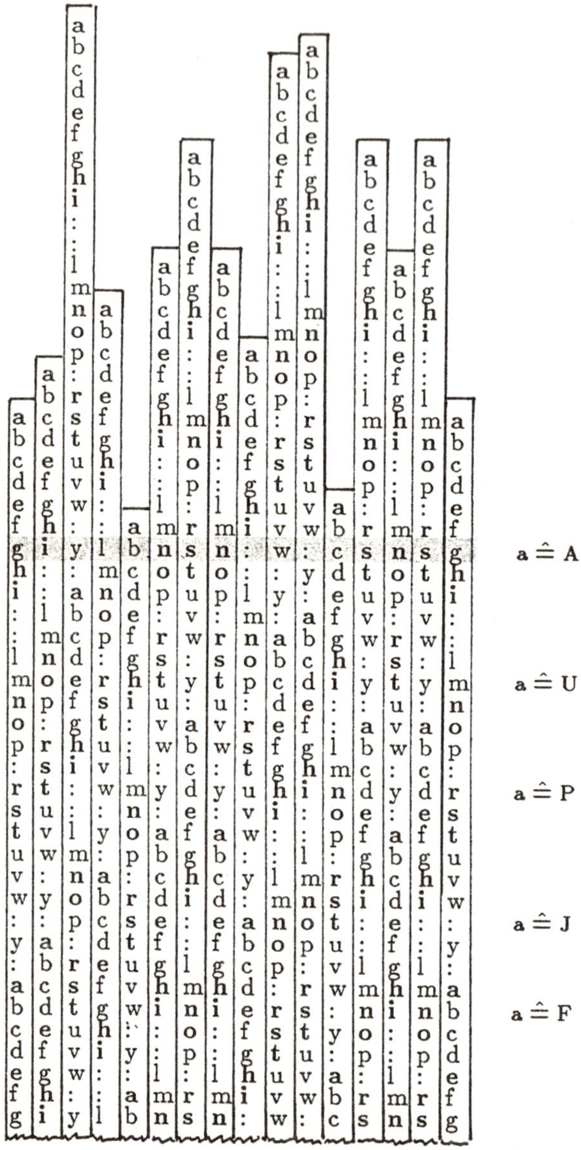

Abb. 128.

Streifenmethode: Suchen der „fettesten“ Zeile für 1. Kolonne in Abb. 117

beiden Schieber oder Scheiben gegeneinander, bis man die „beste“ Zuordnung hat. Für den Fall des Standardalphabets fällt diese Methode mit der unter 18.2.2 geschilderten zusammen. Nach diesem Prinzip kann man jedoch in allen Fällen vorgehen, in denen die Vorschrift bekannt ist, nach der aus einer Referenzsubstitution alle Substitutionen erhalten werden, also beispielsweise auch für ROTOR-Schritte.

a b c d e f g h i . . l m n o p . r s t u v w . y . a b c d e f g h i . . l m n o p . r s t u v w . y

A B C D E F G H I J K L M N O P Q R S T U V W X Y Z

a b c d e f g h i . . l m n o p . r s t u v w . y . a b c d e f g h i . . l m n o p . r s t u v w . y

A B C D E F G H I J K L M N O P Q R S T U V W X Y Z

Abb. 129. Schieber für Entzifferung einer Kolonne

18.2.5 Im übrigen ist die Methode auch für eine polyalphabetische Chiffrierung mit beliebigen unabhängigen Alphabeten brauchbar, wenn — womit man nach *Kerckhoffs* immer rechnen muß — alle Alphabete in unberufene Hände gefallen sind, also etwa ein ganzer Zylinder M-94, oder ein ganzes Streifengerät CSP-642 (vgl. 14.3). Man braucht dann nur einen in der richtigen Periode durch Kolonnenbildung zerrissenen Teiltext gegen jedes einzelne Alphabet durchzuprobieren. Wiederum reicht dazu heute die Unterstützung durch einen Arbeitsplatzrechner völlig aus. Allerdings sind die zerrissenen Teiltexte oft zu kurz, um etwas Brauchbares zu ergeben.

18.3 Gegenseitiges Zurechtrücken begleitender Alphabete

Ist das Referenzalphabet nicht das Standardalphabet, so verbleibt immer noch die Möglichkeit, die einzelnen begleitenden Alphabete gegenseitig zurechtzurücken und damit den polyalphabetisch chiffrierten Geheimtext zu ersetzen durch einen monoalphabetisch chiffrierten Geheimtext, der sodann nach den Methoden des 15. Kapitels zu brechen ist. Dieses Vorgehen ist auch brauchbar, falls das Referenzalphabet das Standardalphabet ist, wenn man das aber bei sehr kleinem Umfang des Geheimtextes nicht erkennt.

11	9	12	9	12	8	3	4	10	21	5	7	19	9	20	10	8	20	12	4	8	14	22	13	7	26
A	B	C	D	E	F	G	H	I	J	K	L	M	N	O	P	Q	R	S	T	U	V	W	X	Y	Z

Abb. 130. Häufigkeitsverteilung im Geheimtext 18.3.1

18.3.1 Nachfolgender Geheimtext (*Sinkov* 1968) hat die in Abb. 130 wiedergegebene Häufigkeitsverteilung, die mit ihrer Ausgeglichenheit nicht auf Monoalphabetizität hindeutet.

```
SWWJR GPRDN FMWJE XEWGR ZJQDN VJZRV
SZXOJ VWWRO VBHRM MOFDL IPAXV EZWUT
CZOZA AQQJL UPKZZ XUMJA PCZOE BAWZR
ZYKZI POFOL UOCRE NYKRI CAMOX IOORR
ZJKOL VWWJN VPKZA AFOCA MZOMR CJZDY
EJXEL XRFQI ZJCMA RJVWI DSWZX ASOTR
BJBZO QPXMI PDJVZ ZXHGQ SZFDQ FJZJR
BMWIC EZMWL MECVY VWZOX TWHSR UUBMT
NSJDW SSOOW CUNJY VJEWI PPFSL MOQVY
CVWRI SMMHW XMEJY NUZMV MXWCR NBRDE
SNB
```

Der *Phi*-Wert ist 4.56% und bestätigt diese Vermutung. Es finden sich neun Parallelstellen der Länge 3, allerdings keine längeren; die Abstände sind für

WWJ	:	$125 = 5 \cdot 5 \cdot 5$
RZJ	:	$100 = 2 \cdot 2 \cdot 5 \cdot 5$
JVW	:	$132 = 2 \cdot 2 \cdot 3 \cdot 11$
VWW	:	$90 = 2 \cdot 3 \cdot 3 \cdot 5$
CZO	:	$21 = 3 \cdot 7$
ZAA	:	$70 = 2 \cdot 5 \cdot 7$
PKZ	:	$60 = 2 \cdot 2 \cdot 3 \cdot 5$
ZZX	:	$121 = 11 \cdot 11$
CAM	:	$28 = 2 \cdot 2 \cdot 11$.

Die Kasiski-Untersuchung vermag nicht, zwischen den möglichen Perioden 5 und 7 zu unterscheiden. Dies gelingt jedoch mit der kolonnenweisen *Phi*-Bestimmung nach *Kullback*: Für eine Anordnung in 7 Kolonnen erhält man den niedrigen Wert $Phi^{(7)} = 4.6\%$; für eine Anordnung in 5 Kolonnen ergibt sich jedoch ein Anhaltspunkt für Monoalphabetizität in jeder Kolonne: Abb. 131 zeigt dies sowohl hinsichtlich der wenig ausgeglichenen Häufigkeiten wie hinsichtlich der Bildung der ϕ_r-Werte, es resultiert $Phi^{(5)} = 6.47\%$. Jedoch scheint keine der monoalphabetisch chiffrierten Kolonnen ein verschobenes Häufigkeitsgebirge für das Englische oder eine andere geläufige Sprache aufzuweisen: Abb. 132 zeigt dies, etwa für die erste Kolonne. Es ist also nicht an ein VIGENÈRE-System zu denken.

18.3.2 Zur Entzifferung jeder einzelnen Kolonne für sich ist die Textbasis zu klein. Wenn es sich um ALBERTI-Schritte handeln würde, könnten die einzelnen, gegenüber einem bestimmten, aber unbekannten Referenzalphabet verschobenen Alphabete gegenseitig durchgedeckt werden; dadurch entstünde ein reduzierter **Zwischentext**, der alle Kolonnen monoalphabetisch umfaßt, also eine wesentlich breitere Textbasis ist und den Kontakt wieder

1. Kolonne

A	B	C	D	E	F	G	H	I	J	K	L	M	N	O	P	Q	R	S	T	U	V	W	X	Y	Z
3	4	5	1	3	2	1	0	2	0	0	0	5	4	0	4	1	1	6	1	3	6	0	4	0	5

$\phi_1 = 190 \quad \sigma_1 = 251$

2. Kolonne

A	B	C	D	E	F	G	H	I	J	K	L	M	N	O	P	Q	R	S	T	U	V	W	X	Y	Z
2	2	1	1	2	1	0	0	0	10	0	0	4	1	5	6	1	1	4	0	4	1	5	2	2	6

$\phi_2 = 234 \quad \sigma_2 = 295$

3. Kolonne

A	B	C	D	E	F	G	H	I	J	K	L	M	N	O	P	Q	R	S	T	U	V	W	X	Y	Z
1	3	3	0	2	5	0	3	0	2	5	0	4	1	6	0	3	2	0	0	0	1	11	3	0	6

$\phi_3 = 258 \quad \sigma_3 = 319$

4. Kolonne

A	B	C	D	E	F	G	H	I	J	K	L	M	N	O	P	Q	R	S	T	U	V	W	X	Y	Z
0	0	2	7	1	0	2	1	1	8	0	0	5	0	7	0	1	7	2	1	1	3	3	1	0	7

$\phi_4 = 262 \quad \sigma_4 = 322$

5. Kolonne

A	B	C	D	E	F	G	H	I	J	K	L	M	N	O	P	Q	R	S	T	U	V	W	X	Y	Z
5	0	1	0	4	0	0	0	7	1	0	7	1	3	2	0	2	9	0	2	0	3	3	3	5	2

$\phi_5 = 240 \quad \sigma_5 = 300$

Abb. 131. Häufigkeitsverteilung in fünf Kolonnen

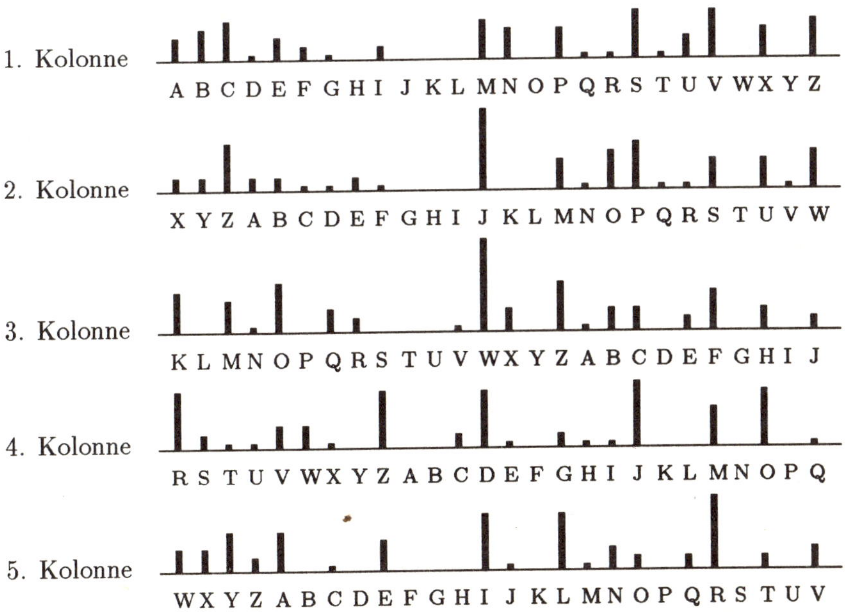

Abb. 132. Durchgedecktete Häufigkeitsgebirge für fünf Kolonnen

herstellt. Eine solche Ausrichtung zeigt Abb. 132. Zur Ausrichtung der i-ten Kolonne gegen die k-te Kolonne berechnet man für $q = 0 \ldots N-1$ das *Chi* der i-ten Kolonne gegen die um q Schritte zyklisch verschobene k-te Kolonne. Normalerweise hebt sich aus einer Reihe um κ_R schwankender Werte ein einziger, in der Nähe von κ_S liegender Wert heraus (Abb. 133), das zugehörige q ergibt die zur Ausrichtung erforderliche Verschiebung.

Sinkov gibt verschiedene Strategien an: die kettenförmige mit einer Ausrichtung der 2. Kolonne gegen die 1., der 3. Kolonne gegen die 2., der 4. Kolonne gegen die 3., der 5. Kolonne gegen die 4. (usw.); eine sternförmige mit einer Ausrichtung der 2. Kolonne gegen die 1., der 3. Kolonne gegen die 1., der 4. Kolonne gegen die 1., der 5. Kolonne gegen die 1. (usw.).

Es kann vorkommen, daß sich nicht ein einziger *Chi*-Wert deutlich hervorhebt, wie es das Beispiel der Ausrichtung der 3. Kolonne gegen die 4. Kolonne zeigt (Abb. 134): $A^{(3)} \hat{=} H^{(4)}$ und $A^{(3)} \hat{=} N^{(4)}$ unterscheiden sich kaum. Dann kann man zunächst eine andere Strategie verfolgen; bei zu kurzen Texten muß man womöglich zur Exhaustion unentschiedener Fälle greifen. In unserem Beispiel stellt sich heraus, daß $A^{(3)} \hat{=} H^{(4)}$ die richtige Zuordnung ist.

18.3.3 In Abb. 132 fällt auf, daß vertikal das Wort ROBIN abgelesen werden kann. Das könnte das Schlüsselwort sein. Im übrigen ist gezeigt, daß und wie ein periodisches ALBERTI-System unter nicht zu ungünstigen Umständen mechanisch bis auf eine monoalphabetische Chiffre entziffert werden kann. Für ein Problem vom Umfang des Beispiels von *Sinkov* reicht die durch einen Arbeitsplatzrechner erzielte Unterstützung völlig aus.

18.4 Wiedergewinnung des Referenzalphabets

Die Herstellung des monoalphabetisch chiffrierten Zwischentextes geschieht durch systematische Substitution, wie sie Abb. 132 festlegt: Das Stück Geheimtext SWWJR erfährt folgende Behandlung:

$$\mathrm{SWWJR} = \mathrm{S}^{(1)}\mathrm{W}^{(2)}\mathrm{W}^{(3)}\mathrm{J}^{(4)}\mathrm{R}^{(5)} = \mathrm{S}^{(1)}\mathrm{Z}^{(1)}\mathrm{M}^{(1)}\mathrm{S}^{(1)}\mathrm{V}^{(1)} = \mathrm{SZMSV}^{(1)}$$

Insgesamt ergibt sich folgender Zwischentext im Alphabet der ersten Kolonne

```
SZMSV GSHMR FPMSI XHMPV ZMGMR VMPAZ
SCNXN VZMAS VEXAQ MRVMP ISQGZ ECMDX
CCEIE ATGSP USAID XXCSE PFPXI BDMIV
ZBAIM PRVXP URSAI NBAAM CDCXB IREAV
ZMAXP VZMSR VSAIE AIELE MCEVV CMPMC
EMNNP XUVZM ZMSVE RMLFM DVMIB AVECV
BMRIS QSNVM PGZED ZAXPU SCVMU FMPSV
BPMRG ECCFP MHSEC VZPXB TZXBV UXRVX
NVZMA SVEXA CXDSC VMUFM PSVBP MRGEC
CYMAM SPCQA XPUSC NXPVZ MAMLV NEHMI
SQR
```

Zuordnung	*Chi*
$A^{(1)} \hat{=} A^{(2)}$	$158/61^2 = 4.25\%$
$A^{(1)} \hat{=} B^{(2)}$	$129/61^2 = 3.47\%$
$A^{(1)} \hat{=} C^{(2)}$	$161/61^2 = 4.33\%$
$A^{(1)} \hat{=} D^{(2)}$	$122/61^2 = 3.28\%$
$A^{(1)} \hat{=} E^{(2)}$	$139/61^2 = 3.74\%$
$A^{(1)} \hat{=} F^{(2)}$	$136/61^2 = 3.65\%$
$A^{(1)} \hat{=} G^{(2)}$	$100/61^2 = 2.69\%$
$A^{(1)} \hat{=} H^{(2)}$	$169/61^2 = 4.54\%$
$A^{(1)} \hat{=} I^{(2)}$	$126/61^2 = 3.39\%$
$A^{(1)} \hat{=} J^{(2)}$	$124/61^2 = 3.33\%$
$A^{(1)} \hat{=} K^{(2)}$	$187/61^2 = 5.03\%$
$A^{(1)} \hat{=} L^{(2)}$	$87/61^2 = 2.34\%$
$A^{(1)} \hat{=} M^{(2)}$	$161/61^2 = 4.33\%$
$A^{(1)} \hat{=} N^{(2)}$	$138/61^2 = 3.71\%$
$A^{(1)} \hat{=} O^{(2)}$	$161/61^2 = 4.33\%$
$A^{(1)} \hat{=} P^{(2)}$	$138/61^2 = 3.71\%$
$A^{(1)} \hat{=} Q^{(2)}$	$115/61^2 = 3.09\%$
$A^{(1)} \hat{=} R^{(2)}$	$172/61^2 = 4.62\%$
$A^{(1)} \hat{=} S^{(2)}$	$129/61^2 = 3.47\%$
$A^{(1)} \hat{=} T^{(2)}$	$122/61^2 = 3.28\%$
$A^{(1)} \hat{=} U^{(2)}$	$185/61^2 = 4.97\%$
$A^{(1)} \hat{=} V^{(2)}$	$136/61^2 = 3.65\%$
$A^{(1)} \hat{=} W^{(2)}$	$149/61^2 = 4.00\%$
$A^{(1)} \hat{=} X^{(2)}$	$234/61^2 = 6.29\%$ ⟵
$A^{(1)} \hat{=} Y^{(2)}$	$97/61^2 = 2.61\%$
$A^{(1)} \hat{=} Z^{(2)}$	$152/61^2 = 4.08\%$

Abb. 133.

Berechnete Werte von *Chi* für 1. Kolonne gegen 2. Kolonne

Die Häufigkeitsverteilung zeigt Abb. 135. Der Einstieg geschieht danach mit
$\text{M}^{(1)} \hat{=}$ e , $\text{V}^{(1)} \hat{=}$ t , $\text{S}^{(1)} \hat{=}$ a .
Aus dem häufig vorkommenden Trigramm VZM$\hat{=}$ tZe erhält man
$\text{Z}^{(1)} \hat{=}$ h .

20	11	21	7	19	6	7	4	14	0	0	3	40	9	0	23	5	13	25	2	8	29	0	20	1	16
A	B	C	D	E	F	G	H	I	J	K	L	M	N	O	P	Q	R	S	T	U	V	W	X	Y	Z

Abb. 135. Häufigkeitsverteilung im Zwischentext

Wenn man im freien Stil arbeitet, kann man aus dem Vorkommen von /heat/ großzügig auf das Vorkommen von /temperature/ schließen, tatsächlich hat die gegen Ende der siebten Zeile und in kurzem Abstand wieder auftretende Parallelstelle VMUFMPSVBP $\hat{=}$ teUFePatBP das verlangte Muster. Damit hat man bereits

Zuordnung	*Chi*	
$A^{(3)} \hat{=} A^{(4)}$	$187/61^2 = 5.03\%$	
$A^{(3)} \hat{=} B^{(4)}$	$86/61^2 = 2.31\%$	
$A^{(3)} \hat{=} C^{(4)}$	$148/61^2 = 3.98\%$	
$A^{(3)} \hat{=} D^{(4)}$	$164/61^2 = 4.41\%$	
$A^{(3)} \hat{=} E^{(4)}$	$165/61^2 = 4.43\%$	
$A^{(3)} \hat{=} F^{(4)}$	$117/61^2 = 3.14\%$	
$A^{(3)} \hat{=} G^{(4)}$	$82/61^2 = 2.20\%$	
$A^{(3)} \hat{=} H^{(4)}$	$231/61^2 = 6.21\%$	⟵
$A^{(3)} \hat{=} I^{(4)}$	$122/61^2 = 3.28\%$	
$A^{(3)} \hat{=} J^{(4)}$	$110/61^2 = 2.96\%$	
$A^{(3)} \hat{=} K^{(4)}$	$143/61^2 = 3.84\%$	
$A^{(3)} \hat{=} L^{(4)}$	$109/61^2 = 2.85\%$	
$A^{(3)} \hat{=} M^{(4)}$	$150/61^2 = 4.03\%$	
$A^{(3)} \hat{=} N^{(4)}$	$228/61^2 = 6.13\%$	⟵
$A^{(3)} \hat{=} O^{(4)}$	$53/61^2 = 1.42\%$	
$A^{(3)} \hat{=} P^{(4)}$	$180/61^2 = 4.84\%$	
$A^{(3)} \hat{=} Q^{(4)}$	$146/61^2 = 3.92\%$	
$A^{(3)} \hat{=} R^{(4)}$	$103/61^2 = 2.77\%$	
$A^{(3)} \hat{=} S^{(4)}$	$206/61^2 = 5.54\%$	
$A^{(3)} \hat{=} T^{(4)}$	$108/61^2 = 2.90\%$	
$A^{(3)} \hat{=} U^{(4)}$	$124/61^2 = 3.33\%$	
$A^{(3)} \hat{=} V^{(4)}$	$190/61^2 = 5.11\%$	
$A^{(3)} \hat{=} W^{(4)}$	$113/61^2 = 3.04\%$	
$A^{(3)} \hat{=} X^{(4)}$	$124/61^2 = 3.33\%$	
$A^{(3)} \hat{=} Y^{(4)}$	$141/61^2 = 3.79\%$	
$A^{(3)} \hat{=} Z^{(4)}$	$124/61^2 = 3.33\%$	

Abb. 134.

Berechnete Werte von *Chi* für 3. Kolonne gegen 4. Kolonne

$\text{U}^{(1)} \hat{=}$ m , $\text{F}^{(1)} \hat{=}$ p , $\text{P}^{(1)} \hat{=}$ r , $\text{B}^{(1)} \hat{=}$ u .

Zu Beginn der fünften Zeile findet sich
VZMAXPVZMSRV $\hat{=}$ theAXrtheaRt $\hat{=}$ thenortheast . Also
$\text{A}^{(1)} \hat{=}$ n , $\text{X}^{(1)} \hat{=}$ o , $\text{R}^{(1)} \hat{=}$ s .

Die Entzifferung gelingt nun, da e t a o n r s h und einige seltenere Zeichen bestimmt sind, fast mühelos:

```
a h e a t   G a H e s   p r e a I   o H e r t   h e G e s   t e r n h
a C N o N   t h e n a   t E o n Q   e s t e r   I a Q G h   E C e D o
C C E I E   n T G a r   m a n I D   o o C a E   r p r o I   u D e I t
h u n I e   r s t o r   m s a n I   N u n n e   C D C o u   I s E n t
h e n o r   t h e a s   t a n I E   n I E L E   e C E t t   C e r e C
E e N N r   o m t h e   h e a t E   s e L p e   D t e I u   n t E C t
u e s I a   Q a N t e   r G h E D   h n o r m   a C t e m   p e r a t
```

u r e s G	E C C p r	e H a E C	t h r o u	T h o u t	m o s t o
N t h e n	a t E o n	C o D a C	t e m p e	r a t u r	e s G E C
C Y e n e	a r C Q n	o r m a C	N o r t h	e n e L t	N E H e I
a Q s					

Man ergänzt der Reihe nach

$G^{(1)} \mathrel{\hat{=}} w$, $H^{(1)} \mathrel{\hat{=}} v$, $I^{(1)} \mathrel{\hat{=}} d$, $C^{(1)} \mathrel{\hat{=}} l$, $N^{(1)} \mathrel{\hat{=}} f$, $E^{(1)} \mathrel{\hat{=}} i$,
$Q^{(1)} \mathrel{\hat{=}} y$, $D^{(1)} \mathrel{\hat{=}} c$, $T^{(1)} \mathrel{\hat{=}} g$, $L^{(1)} \mathrel{\hat{=}} x$, $Y^{(1)} \mathrel{\hat{=}} b$.

und erhält einen Text, der offensichtlich Sinn macht:

a h e a t	w a v e s	p r e a d	o v e r t	h e w e s	t e r n h
a l f o f	t h e n a	t i o n y	e s t e r	d a y w h	i l e c o
l l i d i	n g w a r	m a n d c	o o l a i	r p r o d	u c e d t
h u n d e	r s t o r	m s a n d	f u n n e	l c l o u	d s i n t
h e n o r	t h e a s	t a n d i	n d i x i	e l i t t	l e r e l
i e f f r	o m t h e	h e a t i	s e x p e	c t e d u	n t i l t
u e s d a	y a f t e	r w h i c	h n o r m	a l t e m	p e r a t
u r e s w	i l l p r	e v a i l	t h r o u	g h o u t	m o s t o
f t h e n	a t i o n	l o c a l	t e m p e	r a t u r	e s w i l
l b e n e	a r l y n	o r m a l	f o r t h	e n e x t	f i v e d
a y s					

Damit ist das Referenzalphabet bis auf eine Verschiebung wiedergewonnen. Über /j/, /k/, /q/, /z/ erfährt man nichts. Wenn man annehmen will, daß *ROBIN* tatsächlich der Schlüssel war, so lautet das zum Schlüsselbuchstaben *A* gehörige Referenzalphabet

a	b	c	d	e	f	g	h	i	j	k	l	m	n	o	p	q	r	s	t	u	v	w	x	y	z
B	H	M	R	V	W	C	I	N	*	*	L	D	J	G	O	*	Y	A	E	K	Q	P	U	Z	* ,

zur Dechiffrierung umgeordnet

A	B	C	D	E	F	G	H	I	J	K	L	M	N	O	P	Q	R	S	T	U	V	W	X	Y	Z
s	a	g	m	t	*	o	b	h	n	u	l	c	i	p	w	v	d	*	*	x	e	f	*	r	y .

Jetzt scheint auch der „zweite Schlüssel" zur Festlegung des permutierten Alphabets durch: Schreibt man die Alphabetsequenz in fünf Spalten

s	o	l	v	e
a	b	c	d	f
g	h	i	*	*
m	n	p	*	r
t	u	w	x	y
*				,

so sieht man in der ersten Zeile das Kennwort /solve/ — das permutierte Alphabet ist also nach der in 3.2.4 beschriebenen Methode gebildet. Die Vervollständigung des Alphabets gelingt so auch:

s	o	l	v	e
a	b	c	d	f
g	h	i	j	k
m	n	p	q	r
t	u	w	x	y
z				,

das zum Schlüsselbuchstaben *A* gehörige Referenzalphabet lautet komplett

a	b	c	d	e	f	g	h	i	j	k	l	m	n	o	p	q	r	s	t	u	v	w	x	y	z
B	H	M	R	V	W	C	I	N	S	X	L	D	J	G	O	T	Y	A	E	K	Q	P	U	Z	F .

Damit ist im Sinn von *Rohrbach* die Entzifferung beweiskräftig.

Die echten Parallelstellen RZJ und VWW werden zu /the/, PKZ wird zu /and/ entziffert; WWJ ist /hea/ in hea(t) bzw. (nort)hea(st) , ZAA ist /din/ in (colli)din(g) bzw. (an)d in . Es bestätigt sich auch das unwahrscheinliche Vorkommnis von vier unechten Parallelstellen.

18.5 Kerckhoffs' symétrie de position

Im Abschnitt 18.4 wurde streng nach einer Häufigkeitsanalyse verfahren. Häufig liegen aber Anhaltspunkte für wahrscheinliche Worte vor und es besteht damit die Möglichkeit einer Mustererkennung. Dabei können für jedes der begleitenden Alphabete auch gewisse seltenere Klartext-Buchstaben entziffert werden. *Kerckhoffs* erkannte 1883, daß es in geeigneten Fällen möglich ist, eine solche Entzifferung auch in andere Kolonnen zu übertragen. Er nannte die diesbezügliche, auf der Kommutativität der Addition in $\mathbb{Z}_N$ (vgl. 5. Kap.) beruhende Eigenschaft der verschobenen Alphabete *symétrie de position*. Unter diesem Stichwort läuft insbesondere die nachfolgend an einem Originalbeispiel erläuterte Methode von *Kerckhoffs* .

18.5.1 Der Geheimtext sei

RBNBJ	JHGTS	PTABG	JXZBG	JICEM	QAMUW
IVGAG	NEIMW	REZKZ	SUABR	RBPBJ	CGYBG
JJMHE	NPMUZ	CHGWO	UDCKO	JKKBC	PVPMJ
NPGKW	PWADW	CPBVM	RBZBH	JWZDN	MEUAO
JFBMN	KEXHZ	AWMWK	AQMTG	LVGHC	QBMWE

und eine Kasiski-Untersuchung der Bigramm-Parallelen RB, BJ, BG, RE, MJ, PQ nährt den Verdacht auf eine polyalphabetische Chiffrierung der Periode 5, möglicherweise mit verschobenen Alphabeten. Als «*mots probables*» des angeblich am 2. September 1882 in London aufgegebenen, an die Agence Havas in Le Caire (Kairo) gerichteten chiffrierten Telegramms kommen in Frage *Arabie, Wolseley, Suez, Ismaïlia, canal, général, soldats* . *Kerckhoffs* stellt zunächst durch Häufigkeitsanalyse fest, daß in der ersten Kolonne $\text{J}^{(1)} \hat{=}$ e , in der zweiten und vierten $\text{B}^{(2)} \hat{=} \text{B}^{(4)} \hat{=}$ e , in der dritten $\text{M}^{(3)} \hat{=}$ e , in der fünften $\text{Z}^{(5)} \hat{=}$ e sein möchte. Er findet damit

RBNBJ JHGTS PTABG JXZBG JICEM QAMUW
*e*e* e**** ***e* e**e* e**** **e**

was er unter einiger Überzeugungsarbeit als *le général Wolseley .....* deutet. Das führt zum Einstieg

RBNBJ JHGTS PTABG JXZBG JICEM QAMUW
legen eralw olsel ey*e* e**** **e**

Damit ist auch $\mathrm{G}^{(5)} \mathrel{\hat{=}} \mathrm{l}$ festgelegt und nach den Umständen liegt eine Fortsetzung mit *télégraphie* nahe:

RBNBJ JHGTS PTABG JXZBG JICEM QAMUW
legen eralw olsel eytel egrap hie**

Soweit die Vorgeschichte; die eigentümliche Methode setzt hier ein: Bisher ist (unter üblichem Vorbehalt) entziffert

	a	b	c	d	e	f	g	h	i	j	k	l	m	n	o	p	q	r	s	t	u	v	w	x	y	z
(1)					J			Q				R			P											
(2)					B		I		A			T						H							X	
(3)	G				M		N											C	A	Z						
(4)	E				B							T														
(5)					Z							G		J		M							S			

Die *symétrie de position* kommt jetzt ins Spiel: nicht nur müssen wegen $\mathrm{B}^{(2)} \mathrel{\hat{=}} \mathrm{B}^{(4)} \mathrel{\hat{=}} \mathrm{e}$ die zweite und die vierte Zeile gleich sein, was eine Ergänzung zu

	a	b	c	d	e	f	g	h	i	j	k	l	m	n	o	p	q	r	s	t	u	v	w	x	y	z
(2)	E				B		I		A			T						H							X	
(4)	E				B		I		A			T						H							X	

erlaubt, es muß auch — da J in der ersten und in der fünften Zeile vorkommt und $\mathrm{J}^{(1)} \mathrel{\hat{=}} \mathrm{e}$, $\mathrm{J}^{(5)} \mathrel{\hat{=}} \mathrm{n} = \mathrm{e}+9$ ist — die fünfte Zeile gegenüber der ersten um 9 Plätze nach rechts verschoben sein, was zur Festlegung von 8 Chiffrenzeichen

	a	b	c	d	e	f	g	h	i	j	k	l	m	n	o	p	q	r	s	t	u	v	w	x	y	z
(1)			G		J		M	Q				R		S	P						Z					
(5)					Z							G		J		M	Q				R		S	P		

führt. Aber auch die dritte und die fünfte Zeile sind etwa durch $\mathrm{M}^{(3)} \mathrel{\hat{=}} \mathrm{e}$, $\mathrm{M}^{(5)} \mathrel{\hat{=}} \mathrm{p} = \mathrm{e}+11$ verbunden. Dies führt zu folgender Erweiterung auf 11 Chiffrenzeichen

	a	b	c	d	e	f	g	h	i	j	k	l	m	n	o	p	q	r	s	t	u	v	w	x	y	z
(1)			G		J		M	Q	N			R		S	P					C	A	Z				
(3)	G		J		M	Q	N			R		S	P					C	A	Z						
(5)			C	A	Z					G		J		M	Q	N			R		S	P				

Schließlich ist die zweite und die dritte Zeile verbunden, etwa durch $\mathrm{A}^{(2)} \mathrel{\hat{=}} \mathrm{i}$, $\mathrm{A}^{(3)} \mathrel{\hat{=}} \mathrm{s} = \mathrm{i}+11$. Dies ergibt jetzt eine Verbindung aller fünf Alphabete unter Festlegung von insgesamt 17 Chiffrenzeichen:

	a	b	c	d	e	f	g	h	i	j	k	l	m	n	o	p	q	r	s	t	u	v	w	x	y	z
(1)			G	H	J		M	Q	N		X	R	E	S	P		B		I	C	A	Z		T		
(2)	E	S	P		B		I	C	A	Z		T					G	H	J		M	Q	N		X	R
(3)	G	H	J		M	Q	N		X	R	E	S	P		B		I	C	A	Z		T				
(4)	E	S	P		B		I	C	A	Z		T					G	H	J		M	Q	N		X	R
(5)		I	C	A	Z		T					G	H	J		M	Q	N		X	R	E	S	P		B

Noch fehlen die Entzifferungen für D, F, K, L, O, U, V, W, Y . Man sollte aber mit 17 von 26 Zeichen erwarten, daß die weitere Entzifferung ohne Mühe läuft. In der Tat gibt das bisher Geleistete

RBNBJ	JHGTS	PTABG	JXZBG	JICEM	QAMUW
legen	eralw	olsel	eytel	egrap	hie**
IVGAG	NEIMW	REZKZ	SUABR	RBPBJ	CGYBG
s*ail	iaqu*	latte	n*seu	lemen	tq*el
JJMHE	NPMUZ	CHGWO	UDCKO	JKKBC	PVPMJ
eserv	ice*e	tra**	**r**	e**ec	ommun

Mit dem wahrscheinlichen Wort *Ismaïlia* wird V, W festgelegt; offensichtliche Ausfüllungen geben U, Y ; liest man in der dritten Zeile *transports* heraus, so hat man auch D, K, O . F und L zieren sich am längsten, sie kommen erstmals in der fünften Zeile des Geheimtextes vor. Aber in der Zwischenzeit hat man auch die Bildung des Alphabets durchschaut: das Kennwort ist offenbar RESPUBLICA . Die vervollständigte Chiffriertabelle (*tabula recta*) zeigt Abb. 136. Oben in der entsprechend ergänzten Spalte unter a scheint das Wort DEGEL (frz. *dégel*, Tauwetter) auf, was Sinn ergibt. Mit welcher Zeile man die Chiffriertabelle beginnen soll, bleibt übrigens offen; wir haben, *Kerckhoffs* folgend, diejenige Zeile genommen, in der das Kennwort am Ende steht. Das Schlüsselwort der Länge 5 ist dann *FRHRW*.

Der Flame *Auguste Kerckhoffs* (er hieß mit vollen Vornamen *Jean-Guillaume-Hubert-Victor-François-Alexandre*) wurde am 19. Januar 1835 in Nuth bei Limburg geboren. Er ging nahe Aachen zur Schule, studierte nach einem Englandaufenthalt in Lüttich, wurde Lehrer für moderne Sprachen und arbeitete als Reisesekretär, um sich schließlich in Melun, südöstlich Paris niederzulassen. Er wurde als etwas exzentrischer Mensch mit seiner Schulklasse nicht immer fertig, schlug sich aber wacker in philologischen Zirkeln. 1873 wurde er französischer Staatsbürger, 1873 bis 1876 studierte er an den Universitäten Bonn und Tübingen und promovierte. Nach einigen Umwegen bekam er 1878 eine Professur für deutsche Sprache an der École des Hautes Études Commerciales und an der École Arago zu Paris. 1892 schrieb er den Artikel *La cryptographie militaire* — wann, wo und wie er seine Vorstudien dazu durchführte, ist nicht bekannt. Der Beitrag von 64 Seiten im *Journal des Sciences militaires* vom Januar und vom Februar 1883 und der von *Kasiski* sind jedenfalls die wichtigsten wissenschaftlichen kryptologischen Arbeiten des 19. Jahrhunderts.

	a	b	c	d	e	f	g	h	i	j	k	l	m	n	o	p	q	r	s	t	u	v	w	x	y	z
A	Z	Y	T	V	W	D	F	G	H	J	K	M	Q	N	O	X	R	E	S	P	U	B	L	I	C	A
B	Y	T	V	W	D	F	G	H	J	K	M	Q	N	O	X	R	E	S	P	U	B	L	I	C	A	Z
C	T	V	W	D	F	G	H	J	K	M	Q	N	O	X	R	E	S	P	U	B	L	I	C	A	Z	Y
D	V	W	D	F	G	H	J	K	M	Q	N	O	X	R	E	S	P	U	B	L	I	C	A	Z	Y	T
E	W	D	F	G	H	J	K	M	Q	N	O	X	R	E	S	P	U	B	L	I	C	A	Z	Y	T	V
F	D	F	G	H	J	K	M	Q	N	O	X	R	E	S	P	U	B	L	I	C	A	Z	Y	T	V	W
G	F	G	H	J	K	M	Q	N	O	X	R	E	S	P	U	B	L	I	C	A	Z	Y	T	V	W	D
H	G	H	J	K	M	Q	N	O	X	R	E	S	P	U	B	L	I	C	A	Z	Y	T	V	W	D	F
I	H	J	K	M	Q	N	O	X	R	E	S	P	U	B	L	I	C	A	Z	Y	T	V	W	D	F	G
J	J	K	M	Q	N	O	X	R	E	S	P	U	B	L	I	C	A	Z	Y	T	V	W	D	F	G	H
K	K	M	Q	N	O	X	R	E	S	P	U	B	L	I	C	A	Z	Y	T	V	W	D	F	G	H	J
L	M	Q	N	O	X	R	E	S	P	U	B	L	I	C	A	Z	Y	T	V	W	D	F	G	H	J	K
M	Q	N	O	X	R	E	S	P	U	B	L	I	C	A	Z	Y	T	V	W	D	F	G	H	J	K	M
N	N	O	X	R	E	S	P	U	B	L	I	C	A	Z	Y	T	V	W	D	F	G	H	J	K	M	Q
O	O	X	R	E	S	P	U	B	L	I	C	A	Z	Y	T	V	W	D	F	G	H	J	K	M	Q	N
P	X	R	E	S	P	U	B	L	I	C	A	Z	Y	T	V	W	D	F	G	H	J	K	M	Q	N	O
Q	R	E	S	P	U	B	L	I	C	A	Z	Y	T	V	W	D	F	G	H	J	K	M	Q	N	O	X
R	E	S	P	U	B	L	I	C	A	Z	Y	T	V	W	D	F	G	H	J	K	M	Q	N	O	X	R
S	S	P	U	B	L	I	C	A	Z	Y	T	V	W	D	F	G	H	J	K	M	Q	N	O	X	R	E
T	P	U	B	L	I	C	A	Z	Y	T	V	W	D	F	G	H	J	K	M	Q	N	O	X	R	E	S
U	U	B	L	I	C	A	Z	Y	T	V	W	D	F	G	H	J	K	M	Q	N	O	X	R	E	S	P
V	B	L	I	C	A	Z	Y	T	V	W	D	F	G	H	J	K	M	Q	N	O	X	R	E	S	P	U
W	L	I	C	A	Z	Y	T	V	W	D	F	G	H	J	K	M	Q	N	O	X	R	E	S	P	U	B
X	I	C	A	Z	Y	T	V	W	D	F	G	H	J	K	M	Q	N	O	X	R	E	S	P	U	B	L
Y	C	A	Z	Y	T	V	W	D	F	G	H	J	K	M	Q	N	O	X	R	E	S	P	U	B	L	I
Z	A	Z	Y	T	V	W	D	F	G	H	J	K	M	Q	N	O	X	R	E	S	P	U	B	L	I	C

Abb. 136. Chiffriertabelle zum Beispiel von *Kerckhoffs*

Auguste Kerckhoffs wurde aber nicht wegen dieser Leistung weltberühmt, sondern wegen seines Eintretens für die Welthilfssprache VOLAPÜK, das um 1879 von *Johann Martin Schleyer* ersonnen worden war. *Kerckhoffs* wurde auf dem 2. VOLAPÜK-Weltkongreß in München 1887 zum *Dilekel* (‚Direktor') der Internationalen VOLAPÜK-Akademie ausgerufen. VOLAPÜK war eine Weile in Frankreich sehr geschätzt; wie ESPERANTO (*Ludwig Zamenhof* 1887) oder das von *Guiseppe Peano* 1903 vorgeschlagene INTERLINGUA hat es sich nicht durchsetzen können. *Kerckhoffs* erlebte den Niedergang des VOLAPÜK und starb als gebrochener Mann am 9. August 1903 in seinem Schweizer Urlaubsort.

18.5.2 Selbstverständlich ist die *symétrie de position* auch bei einer VIGENÈRE-Chiffrierung von Nutzen. Wir zeigen dies am Beispiel des Geheimtextes von *G. W. Kulp* (Abb. 106). Wir wollen jedoch nur annehmen, daß eine ALBERTI-Chiffrierung vorliegt, und daß einiges für die Periode 12 spricht. Dann gehen wir von einer Kolonnenbildung wie in Abb. 117 aus:

(1)	(2)	(3)	(4)	(5)	(6)	(7)	(8)	(9)	(10)	(11)	(12)
G	E	I	E	I	A	S	G	D	X	V	Z
I	J	Q	L	M	W	L	A	A	M	X	Z
Y	Z	M	L	W	H	F	Z	E	K	E	J
L	V	D	X	W	K	W	K	E	T	X	L
B	R	A	T	Q	H	L	B	M	X	A	A
N	U	B	A	I	V	S	M	U	K	H	S
S	P	W	N	V	L	W	K	A	G	H	G
N	U	M	K	W	D	L	N	R	W	E	Q
J	N	X	X	V	V	O	A	E	G	E	U
W	B	Z	W	M	Q	Y	M	O	M	L	W
X	N	B	X	M	W	A	L	P	N	F	D
C	F	P	X	H	W	Z	K	E	X	H	S
S	F	X	K	I	Y	A	H	U	L	M	K
N	U	M	Y	E	X	D	M	W	B	X	Z
S	B	C	H	V	W	Z	X	P	H	W	L
G	N	A	M	I	U	K					

und stellen fest, daß die in einer einzelnen Kolonne vorkommenden Chiffren häufig die Abstände 4 oder 7 oder 11 haben. Tatsächlich finden sich sogar sechs Tripel mit diesen drei Abständen:

	(3)	(4)	(6)	(7)	(10)	(12)
	B	M	W	L	M	L
+7						
	I	T	D	S	T	S
+4						
	M	X	H	W	X	W

Dieser Befund deutet auch bereits darauf hin, daß die 4. und die 10. Kolonne, sowie die 7. und die 12. Kolonne dem gleichen Schlüssel unterliegen.

Bei einem systematisch Vorgehen bildet man in jeder Kolonne paarweise die Differenzen zwischen den Chiffren und trägt sie in eine Tabelle ein. Diese ‚Differenzenmethode' ist nur eine Variante der ***symétrie de position***. Sie liefert in unserem Fall ein Vorherrschen der Werte 4, 7, 11 (sowie der Komplemente 22, 19, 15) und damit einige weitere Fälle des Vorkommens der Differenzen 4 oder 7 oder 11. Es gibt auch „falsche" Differenzen: etwa in der 3. Spalte M und X.

Nun trägt man auch in den oben fehlenden Kolonnen diese Vorkommnisse noch ein:

	(1)	(2)	(3)	(4)	(5)	(6)	(7)	(8)	(9)	(10)	(11)	(12)
	N		B	M		W	L	M		M	X	L
+7												
		N	I	T	E	D	S		A	T	E	S
+4												
	Y	R	M	X	I	H	W	X	E	X		W
	0	*19*	*14*	*25*	*10*	*9*	*24*	*25*	*6*	*25*	*10*	*24*

Die zur Deckung notwendigen Verschiebungen der einzelnen Kolonnen gegen die erste sind in einer Fußzeile eingetragen, sie ergeben einen Schlüssel. Den reduzierten, monoalphabetisch chiffrierten Zwischentext erhält man durch Subtraktion dieses Schlüssels, sein Anfang lautet demnach

G	L	U	F	Y	R	U	H	X	Y	L	B
I	Q	C	M	C	N	N	B	U	N	N	B
Y	G	Y	M	M	Y	H	A	Y	L	U	L
L	C	P	Y	M	B	Y	L	Y	U	N	N

Die Entzifferung durch eine Häufigkeitsanalyse bietet kein Problem mehr, die Chiffrierung stellt sich, was wir bisher gar nicht ausgenützt haben, als eine CAESAR-Addition heraus mit U $\hat{=}$ a ; die Dechiffrierung erfolgt durch Weiterzählen um 6 . Der Anfang des Klartextes lautet also (s. a. 18.1.2)

m	r	a	l	e	x	a	n	d	e	r	h
o	w	i	s	i	t	t	h	a	t	t	h
e	m	e	s	s	e	n	g	e	r	a	r
r	i	v	e	s	h	e	r	e	a	t	t

Die Differenzenmethode, die hier angeklungen ist, wird bei der Entzifferung von überchiffriertem Code im nächsten Abschnitt eine Rolle spielen. Sie ist von Häufigkeitsanalysen völlig frei. Würde man Häufigkeitsbetrachtungen bvereits in die *symétrie de position* einbeziehen, so könnte man mutmaßen, daß in den obigen Tripeln die letzte Zeile, die am besten besetzt ist, dem /e/ entspricht und damit die erste Zeile dem /t/, die zweite dem /a/. Letzteres klärt auch auf, warum oben bereits das Schlüsselwort *UNITEDSTATES* durchschimmert.

18.6 Abstreifen einer Überchiffrierung: Differenzenmethode

Wir knüpfen an 18.3 an. Das gegenseitige Zurechtrücken begleitender Alphabete nimmt auf den Klartext gar keinen Bezug; er wird erst aus dem monoalphabetisch chiffrierten, hypothetischen Zwischentext (vgl. 18.4) wiedergewonnen. ALBERTI-Schritte sind nämlich Zusammensetzungen: monoalphabetische funktionale einfache Substitution, gefolgt von polyalphabetischen VIGENÈRE-Schritten (9.1.3).

18.6.1 Damit ist die Technik von 18.3 auch für überchiffrierten Code brauchbar, also für eine Komposition (9.2.2) von Codierung und nachfolgendem VIGENÈRE über $\mathbb{Z}_{26}$ (Buchstabencode) oder $\mathbb{Z}_{10}$ (Zifferncode). Letzteres hieß im englischen Jargon *"stripping off a numerical additive from enciphered code"* (*'encicode'*, der aus dem Codebuch geholte Code ist *'plain code'* oder *'placode'*); bei den deutschen Diensten sprach man von der „Subtraktion einer Überschlüsselungszahl".

Unter der Annahme einer gewissen Codelänge, beispielsweise 5 und einer gewissen Periode, beispielsweise 15, werden wieder Kolonnen von gleich überchiffrierten Codewörtern gebildet (‚Latten'). Häufig vorkommende Klartextworte oder -begriffe führen in jeder dieser Latten zu Häufigkeitsunterschieden, bei genügend Material heben sich in jeder Latte gewisse Codegruppen heraus. Die reine Häufigkeitsuntersuchung, etwa durch Bildung von gegenseitigen *Chi*, mag erfolgreich sein; oft wird sie aber kein gegenseitiges Ausrichten zustande bringen.

18.6.2 Die *symétrie de position* hilft jedoch häufig weiter. Die sich in jeder Latte heraushebenden Codegruppen gehören genau dann zum selben Placode, wenn ihre Differenz die Differenz der zu den betreffenden Latten gehörenden Überchiffrierungszahlen ergibt. Differenzen sind nach *Shannon* die *'residue classes'* der linearen polygraphischen Substitutionen.

Heben sich etwa in den ersten drei Latten die Codegruppen

(1)	(2)	(3)
47965	60597	27904
69451	34689	41537
11057	10056	26443

heraus, und gehören 47965 und 60597 zum selben *placode*, so gehören auch 11057 und 34689 zum selben *placode*, denn

47965 − 11057 = 60597 − 34689 = **36918** .

Um solche Übereinstimmungen systematisch zu finden, bildet man für jede Latte die gegenseitigen Differenzen

	(1)			(2)			(3)	
00000	88514	**36918**	00000	**36918**	50541	00000	86477	25194
22596	00000	58404	74192	00000	**24633**	**24633**	00000	01561
74192	52606	00000	50569	86477	00000	85916	09549	00000

Man findet also auch zwischen der zweiten und der dritten Latte die Beziehung

34689 − 10056 = 41537 − 27904 = 24633 . Es ist aber
47965 − 60597 = 87478 und 11057 − 34689 = 87478 , sowie
34689 − 41537 = 93152 und 10056 − 27904 = 93152 .

Reduziert man die zweite Latte relativ zur ersten, indem man überall die Differenz 87478 addiert, und die dritte Latte relativ zur zweiten, indem man überall die Differenzen 87478 und 93152 addiert, so ergibt sich

(1')	(2')	(3')
47965	47965	97424
69451	11057	11057
11057	97424	96963
0	*87478*	*93152*

Nunmehr sucht man in der ersten Latte nach Vorkommen — wenn auch seltener — von 97424 , ebenso in der (reduzierten) dritten Latte nach Vorkommen von 47965 ; im übrigen nach Vorkommen von 69451 , 97424 , 96963 . Im günstigsten Fall kann man so einige weitere gemeinsam vorkommende *placodes* „entdecken".

Dieses Vorgehen erfordert umfangreiche rechnerische Arbeit, und es ist verständlich, daß man schon in den zwanziger Jahren des 20. Jahrhunderts maschinelle Unterstützung für das Durchdecken suchte. Damals boten sich Lochkartenanlagen an, und insbesondere im 2. Weltkrieg setzten Amerikaner, Briten und Deutsche auf solche Hilfen.

Es wurden auch Spezialgeräte gebaut, so im Oberkommando der Wehrmacht. Das Gerät verarbeitete die auf Lochstreifen gestanzten Codegruppen über mechanische Abtaster und Relaisschaltungen, es lieferte pro Sekunde 7 Differenzenbildungen fünfstelliger Codegruppen und registrierte sie über eine Schreibmaschine. Es war damit fünf- bis zehnmal schneller als ein menschlicher Auswerter in der Spitze.

Zur Feststellung der am häufigsten auftretenden *placodes* wurden sowohl in der Abteilung Chi des Oberkommandos der Wehrmacht wie im Sonderdienst Dahlem des Auswärtigen Amtes mit Lichtmessung arbeitende Analoggeräte (für Tetragramme) eingesetzt. Auch für die Reduktion, die Subtraktion einer Konstanten von allen Codegruppen einer Latte, wurden während des 2. Weltkriegs Spezialgeräte gebaut, die optisch arbeiteten.

18.6.3 Über einschlägige Spezialgeräte bei den Allierten des 2. Weltkriegs ist wenig bekannt, wenn man von den in *Bletchley Park* gebauten, angeblich speziell gegen die Fernschreib-Chiffriermaschine SZ 42 (‚Schlüsselzusatz') von LORENZ (Deckname *'Tunny'*) gerichteten und einigermaßen universellen Geräten wie COLOSSUS mit Vorläufer HEATH ROBINSON[4] absieht. Letztere Maschine (erstes Exemplar fertig Mitte 1943) hatte Vergleicher- und Zählschaltungen und konnte photoelektrisch zwei Lochstreifen mit bis zu 2000 Zeichen pro Sekunde ablesen. Nach *Michie* war die Arbeitsweise des HEATH ROBINSON vergleichbar dem ‚Sägebock-Prinzip' (17.2), es wäre also gut zur Parallelstellen- und Koinzidenzanalyse wie auch zum Aufstellen von Differenzentabellen (s.a. 19.2) zu gebrauchen gewesen.

Im COLOSSUS (erstes Exemplar fertig Dezember 1943) war dann nur mehr e i n Lochstreifen — mit 5000 Zeichen pro Sekunde — photoelektrisch abzulesen, die Rolle des zweiten, kürzeren und ständig zyklisch umlaufenden wurde nach *Good* von internen Röhrenschaltungen übernommen. In der Anwendung gegen die deutschen Fernschreib-Chiffriermaschinen wurden nach *Johnson* deren 10 Chiffrierwalzen durch 10 Thyratron-Ringzähler im 1-aus-n-Code nachgebildet. Die Maschine COLOSSUS erlaubte eine flexible Stecker-

---

[4] nach einem britischen Zeichner, dessen Karikaturen Maschinen für alle möglichen und unmöglichen Aufgaben zeigten. Nachbauten wurden PETER ROBINSON und ROBINSON AND CLEAVER (Namen Londoner Kaufhäuser) genannt.

brett-Programmierung elementarer Boolescher Operationen und binärer (biquinärer) Arithmetik, und zwar in fünffacher Parallelisierung. Es ist aber nicht klar, ob das Gerät auch zur Periodenanalyse, zum Ausrichten der Phase, zum Abstreifen einer Überchiffrierung oder auch anderswie eingesetzt war. Im verbesserten COLOSSUS MARK II (erstes Exemplar fertig Juni 1944) konnten auch Ablaufverzweigungen bewältigt werden, es gab zudem ein *'logic switching panel'*, ein Schalterfeld, auf dem Boolesche Operationen manuell voreingestellt und während des Ablaufs verändert werden konnten.

Welche weiteren maschinellen Hilfsmittel der schwedische Mathematiker *Arne Beurling* heranzog, der 1940 mit Hilfe nachgebauter T52 in eine über schwedisches Gebiet laufende Fernschreibverbindung eindrang, ist nicht bekannt.

Über Spezialgeräte in den USA ist nichts bekannt geworden. Jedoch versichern die Eingeweihten, daß es dort keine dem COLOSSUS vergleichbare Entwicklung gegeben habe. Am ehesten wäre mit HEATH ROBINSON zu vergleichen ein von *Vannevar Bush* 1936 erfundenes, für nicht-kryptanalytische Zwecke bestimmtes Gerät (*'Rapid Selector'*), das ab 1940 gebaut wurde, aber 1942 als nicht kriegswichtig aufgegeben wurde — es teilte das Schicksal von *Bush*s *'Rapid Arithmetical Machine'* und der Maschine von *J. V. Atanasoff*. Mit der Verfügbarkeit elektronischer Universalrechner (DEMON, GOLDBERG) ab Ende der vierziger Jahre und den Atlas I und Atlas II Computern (= ERA 1101, 1103) zu Beginn der fünfziger Jahre verlagerte sich die kryptanalytische Massenarbeit in die Programmierung von Universalrechnern mit schneller Sonderarithmetik. Am Ende dieser Entwicklung steht vorläufig die Architektur der CRAY-Anlagen (ab 1976).

18.7 Entziffern des Codes

Schlußendlich verbleibt natürlich das Entziffern des nach dem Abstreifen der Überchiffrierung erhaltenen Codes. Er ist gegenüber dem *placode* um eine Konstante verschobenen, aber das spielt für die aufzubringende, hauptsächlich philologische Arbeit keine Rolle. Die Arbeit wird sehr erleichtert, wenn es sich um einteilige Codes (4.4) handelt. Dann liegt nämlich für ein Codewort, das lexikographisch zwischen zwei Codeworten mit schon festgestellten Klartextworten liegt, das zugehörige Klartextwort zwischen diesen zwei Klartextworten. Im übrigen hat hier die Phantasie, noch mehr aber auch die Gestalterkennung, ein reiches Betätigungsfeld.

Um eine systematische Behandlung der philologischen Entzifferung von Codes hat sich erstmals (1892) *Paul Louis Eugène Valério* bemüht.

18.8 Rekonstruktion des Kennwortes

Der Vorteil begleitender Alphabete, daß sie sich aus einem einzigen Referenzalphabet ergeben, würde dem „eiligen" Chiffrierer wenig nützen, wenn er sich nicht auch das Referenzalphabet leicht merken oder ableiten kann. Dazu dienen (vgl. 3.2.4) Kennworte oder -sätze. Sie wiederzufinden, gibt dem unberufenen Entzifferer nicht nur zusätzliche Sicherheit, sondern kann methodisch genutzt werden — „memorierbare“ Kennworte sind eine Schwachstelle.

18.8.1 Zunächst wie ein Zaubertrick mutet folgendes Beispiel von *Friedman* (1917) an: Das Referenzalphabet sei

a b c d e f g h i j k l m n o p q r s t u v w x y z
N T U V P W X J F Y Z D K Q C A B O G R L I S H M E

es ist zyklisch mit dem Zyklus

(a n q b t r o c u l d v i f w s g x h j y m k z p e) .

Man bildet nun — etwa von a ausgehend — die Potenzen der Substitution: N Q B T R O C U L D V I F ... E A und schreibt, zyklisch geschlossen, Folgen mit Abständen von 3 , von 5 , von 7 , von 9 , usw., also

N * * Q * * B * * T * * R * * O * * C * . . . ,
N * * * * Q * * * * B * * * * T * * * * . . . , usw. Das ergibt insgesamt

1	N Q B T R O C U L D V I F W S G X H J Y M K Z P E A	;
3	N D J Q V Y B I M T F K R W Z O S P C G E U X A L H	;
5	N K X I C Q Z H F U B P J W L T E Y S D R A M G V O	;
7	N G R Y L P F Q X O M D E W B H C K V A S T J U Z I	;
9	N T C D F G J K P Q R U V W X Y Z A B O L I S H M E	usw.

und liefert beim Abstand 9 eine Folge, die bereits ein Kennwort erscheinen läßt. Nimmt man nun klartextseitig die um neun Plätze nach rechts verschobene Folge, so ergibt sich folgende Substitution:

a b o l i s h m e n t c d f g j k p q r u v w x y z
N T C D F G J K P Q R U V W X Y Z A B O L I S H M E

Man erhält durch Umordnung das obenstehende Ausgangsalphabet.

Der Zaubertrick wird verständlicher, wenn man bedenkt, daß auch für die anderen Abstände sich solcherart ein Alphabet ergibt, aus dem man das Ausgangsalphabet durch Umordnung zurückerhält; etwa für den Abstand 7

a s t j u z i n g r y l p f q x o m d e w b h c k v
N G R Y L P F Q X O M D E W B H C K V A S T J U Z I

wobei allerdings kein vernünftiges Kennwort auftaucht. Tatsächlich ist der Zyklus des Ausgangsalphabets gewonnen worden durch neunfache Potenzierung eines Zyklus mit dem memorierbaren Kennwort *abolishment*:

(a b o l i s h m e n t c d f g j k p q r u v w x y z) .

18.8.2 *Friedman* hat auch angegeben (1918), wie man für den sehr allgemeinen Fall (3.2.4) der Konstruktion eines ALBERTI-Systems mittels Kennwörtern für die Klartext- und für die Geheimtext-Seite die Kennwörter wiederauffinden kann. Wir werden darauf in 19.3.4 zurückkommen.

Praktikumsaufgabe 10: Schreibe ein Programm, das zu einem chiffrierten Text den Verlauf von $Chi^{(q)}$ für ein Referenzalphabet gegen eine Kolonne und zweier Kolonnen gegeneinander feststellt.

19 Superimposition

Polyalphabetische Chiffrierung mit periodischem Schlüssel bietet — selbst bei unbekannten unabhängigen Alphabeten — keine Sicherheit gegen unberufene Entzifferung: Die Periode ist nach den Methoden des 16. Kapitels feststellbar, und dies erlaubt die Bildung von Kolonnen oder Latten jeweils monoalphabetisch chiffrierten Textes — allerdings zerrissenen Textes, der nur mit der Einzelzeichenhäufigkeit angegangen werden kann, und oft zu kurz ist, wie schon in 17.2.5 und 17.3.2 angesprochen wurde.

Aber auch wenn der Schlüssel nicht periodisch ist, oder jedenfalls so lang, daß er länger ist als die Nachricht, besteht die gleiche Einbruchsmöglichkeit, sofern mehrere Klartexte mit dem selben Schlüssel chiffriert werden: Diese ‚Klartext-Klartext-Kompromittierung' des Schlüssels erlaubt bei phasenrichtiger Überlagerung ebenfalls die Bildung von Kolonnen (‚Latten') jeweils monoalphabetisch chiffrierten, zerrissenen Textes. *Kerckhoffs* beschäftigte sich 1883 in seiner schon für die *symétrie de position* genannten Arbeit mit diesem Fall, für den die anzuwendende Technik in der angelsächsischen Literatur *superimposition* genannt wird. Selbstverständlich ist die Superimposition nur brauchbar, wenn genügend viele Nachrichten betroffen sind, aber dies ist gerade beim Einsatz von Chiffriermaschinen häufig genug der Fall: die logistischen Probleme der Schlüsselzuweisung und -verwaltung führen dazu.

Es ist klar, daß die Verwendung eines kurzen Schlüssels, der zu mehrmaliger Wiederholung führt, ebenfalls eine Klartext-Klartext-Kompromittierung darstellt — weil das aber recht üblich war, hat man es selten so genannt. Anders gesagt: Technisch ist die Anordnung eines periodisch chiffrierten Geheimtextes in Kolonnen nach der Periode, die *Kasiski* schon angepriesen hatte, ebenfalls eine phasenrichtige Überlagerung, eine *superimposition*.

19.1 Kerckhoffs' Superimposition

Kerckhoffs gibt folgendes einfaches (und recht günstig gelagertes) Beispiel einer Superimposition von dreizehn chiffrierten Texten (Chiffrierfehler, die ihm unterlaufen sind, sind bereinigt)

	1 2 3 4 5	6 7 8 9 10	1112131415	1617181920	2122232425	26272829
(i)	U H Y B R	J I M B C	F A M M F	J H D M R	I Q	
(ii)	U H W P R	B Q L K I	B L W R E	J R B K L	H I X B Q	E X H M
(iii)	I E W H C	H Q K Q M	T M V G J	J E D Z V	A	
(iv)	U W V R R	H I K M C	W W R G H	D C X S R	Q H	
(v)	U H S H A	H K S V C	J W Z V X	J Y N D M	Q Q N	
(vi)	Y H V H M	A G Q K C	W X P V I	H H W L Z	V L T H V	
(vii)	L H V H A	A G R L P	F M S O H	I P W Z Z	J E L Q R	B W
(viii)	S W U I R	X I C J U	F S H G W	R S Z B A	A L	
(ix)	U H W H V	A Y U L C	J W O U K	D E B K Q		
(x)	Y W X H Y	H B A L G	B V P S W	I W W J R	R H	
(xi)	W Q R E X	B I E N H	M V Y M H	S I Y M		
(xii)	S W U H D	H P J J C	K X G M H	L		
(xiii)	G Q V Q R	V O T Q Q	S P W R			

Er beginnt mit Feststellungen wie, daß vermutlich $H^{(2)} \,\hat{=}\,$ e , $H^{(4)} \,\hat{=}\,$e , $R^{(5)} \,\hat{=}\,$ e , $H^{(6)} \,\hat{=}\,$ e , $I^{(7)} \,\hat{=}\,$ e , $L^{(9)} \,\hat{=}\,$ e , $C^{(10)} \,\hat{=}\,$ e , und daß die zweite, vierte und sechste Stelle dem selben Alphabet unterliegen (klugerweise wird nicht $U^{(1)} \,\hat{=}\,$ e angenommen). Die vierte Nachricht hätte dann die Entzifferung
(iv) ∗∗∗∗eee∗∗..... , was nach einem Wort suchen läßt, das mit ée endet; l' armée wäre passend:
(iv) larmeee∗∗..... . Die fünfte Nachricht mit (v) le∗e∗e∗∗∗..... läßt auf
(v) legeneral..... schließen. Die sechste Nachricht bietet dann bereits
(vi) ∗ere∗v∗∗∗....., was (vi) serezvous..... oder (vi) ferezvous..... sein könnte. Die siebte Nachricht mit (vii) ∗erenvo∗e∗..... deutet *Kerckhoffs* einigermaßen überzeugend mit
(vii) nerenvoyez..... . Dann wendet er sich weiteren Nachrichten zu.

superimposition ist als methodische Idee auch für den Fall unabhängiger Alphabete geeignet. Sofern die Anzahl verwendeter verschiedener Alphabete nicht über gute zwei Dutzend hinausgeht, etwa bei Bezeichnung durch Buchstaben, kommen bei nicht allzukurzen Nachrichten jeweils mehrere dieser Alphabete vor, die sich durch gleiche Häufigkeitsmerkmale verraten; die effektive Tiefe des Materials wird dadurch vervielfacht. Stammt der Schlüssel aus einem Text etwa in deutscher Sprache, so ist im Durchschnitt jedes sechste Schlüsselzeichen ein E und damit jedes sechste Alphabet das selbe.

Im vorliegenden Fall würde die Entzifferung trotzdem weiterhin mühevolle philologische Kleinarbeit sein, würde *Kerckhoffs* nicht die zusätzliche Annahme machen, daß die Alphabete nur gegenseitig verschoben sind und daß die *symétrie de position*, der Kernpunkt seiner Arbeit, herangezogen werden kann. Damit läuft dann alles wie am Schnürchen; einige der entzifferten Nachrichten (das Umfeld ist Nordafrika) lauten

(i) leprefetdepoliceestici *«le préfet de police est ici»*
(ii) lespertesdelennemisontgrandes *«les pertes de l' ennemi sont grandes»*
(iv) larmeeestentreeaucaire *«l' armée est entrée au Caire»*

(v) legeneralestaalexandrie «*le général est à Alexandrie*»
(vii) nerenvoyezpaslesprisonniers «*ne renvoyez pas les prisonniers*» .

Es stellt sich heraus, daß *Kerckhoffs* dabei das gleiche ALBERTI-Alphabet verwendet wie in 18.5.1, der Schlüssel läßt sich mit der Chiffriertabelle von Abb. 136 rekonstruieren zu

JEMEMETSSURLADEFENSIVE .

19.2 Phasenrichtige Superimposition von überchiffriertem Code

Sofern man bei der Überchiffrierung von Code einen vorbereiteten Schlüssel verwendet, der etwa täglich wechselt, wehrt man den Angriff mit banaler Superimposition gern dadurch ab, daß man für jeden Spruch einen anderen Beginn im Schlüsselmaterial nimmt. Um dazu nicht von vornherein eine Prozedur festlegen zu müssen, hat es sich mancherorts eingebürgert, dem Spruch eine Kenngruppe, den **Indikator**, voranzuschicken, aus dem der Start — sei es Seite, Zeile und Spalte in einem Buch, sei es eine Grundstellung einer Überchiffrierungsmaschine — hervorgeht. Dies ist natürlich nur eine *complication illusionaire*: Wenn aus dem Indikator die Phasenlage des Schlüssels festgestellt werden kann, so ist die phasenrichtige Ausrichtung der einzelnen Sprüche ohne weiteres möglich. *Kahn* gibt hierfür ein Beispiel: Die Überchiffrierungszahlen für einen vierstelligen Code seien vierstellig, ein ebenfalls vierstelliger Indikator ist jedem Spruch vorangestellt, wobei etwa 6218 bedeute Seite 62, Zeile 1, Spalte 8. Dann werden die nachrichtentragenden Teile der folgenden fünf Sprüche

(i)	6218	6260	7532	8291	2661	6863	2281	7135	5406	7046	9128	....
(ii)	6216	3964	3043	1169	5729	3392	1952	7572	2754	7891	6290	....
(iii)	6218	4061	6509	4513	1881	0398	3402	8671	4326	8267	6810	....
(iv)	6218	5480	9325	3811	4083	5373	4882	8664	8891	6337	5914	....
(v)	6217	7260	8931	8100	5787	6807	2471	0480	9892	1199	8426	....

phasenrichtig ausgerichtet, wie es Abb. 137 zeigt.

			1	2	3	4	5	6	7	8	9	10	
(i)			6260	7532	8291	2661	6863	2281	7135	5406	7046	9128	....
(ii)	3964	3043	1169	5729	3392	1952	7572	2754	7891	6290	6719	7529	....
(iii)			4061	6509	4513	1881	0398	3402	8671	4326	8267	6810	....
(iv)			5480	9325	3811	4083	5373	4882	8664	8891	6337	5914	....
(v)		7260	8931	8100	5787	6807	2471	0480	9892	1199	8426	1710	.... .

Abb. 137. Ausgerichtete Nachrichten

Für eine Häufigkeitsanalyse der einzelnen Latten reicht das Material meist nicht aus. Im Falle linearer Substitutionen, insbesondere im vorliegenden Fall einer additiven Überchiffrierung von $\mathbb{Z}_{10}$, ist jedoch — wie schon in 18.6.2 — die *symétrie de position* heranziehbar. Die Differenzenmethode bildet dazu

1

0000	5101	2209	1880	8339
5909	0000	7108	6789	3238
8801	3902	0000	9681	6130
9220	4321	1429	0000	7559
2771	7872	4970	3551	0000

5

0000	9391	6575	1590	4492
1719	0000	7284	2209	5101
4535	3826	0000	5025	8927
9510	**8801**	5085	0000	3902
6618	5909	2183	7108	0000

Abb. 138. Differenzentafeln

wieder Differenzentafeln für jede Latte, etwa für die erste und für die fünfte Latte nach Abb. 138.

Angesichts des Umfangs von acht Differenzentafeln mit je 20 wesentlichen Einträgen ist es angebracht, alle Differenzen zu ordnen, um mehrfach vorkommende aufzufinden. Abb. 139 zeigt einen geeigneten Ausschnitt aus einer solchen Tabelle.

Subtrahiert man nun in jeder Latte jeweils die Subtrahenden der wiederholt auftretenden Differenzen, so erhält man aus Abb. 137 die teilweise reduzierten Nachrichten (Abb. 140) in einem monoalphabetisch chiffrierten Zwischentext (vgl. 18.3.2); in einem relativen *placode*, der die Übereinstimmungen aufzeigt (kursiv sind die bereits bestimmten relativen Schlüssel angegeben). Die wiederholt auftretenden *placodes* sind **0000**, **9391**, **5909**, **8801**, **9220**, **9391**.

	Differenz	Latte	Nachrichten
	⋮	⋮	⋮
	8209 = 0480 − 2281	6	(v)−(i)
→	8801 = 4061 − 6260	1	(iii)−(i)
→	8801 = 5373 − 7572	5	(iv)−(ii)
	9077 = 6509 − 7532	2	(iii)−(i)
	9106 = 5914 − 6810	10	(iv)−(iii)
→	9220 = 5480 − 6260	1	(iv)−(i)
→	9220 = 1881 − 2661	4	(iii)−(i)
	9308 = 3811 − 4513	3	(iv)−(iii)
→	9391 = 1952 − 2661	4	(ii)−(i)
→	9391 = 6337 − 7046	9	(iv)−(i)
→	9391 = 6810 − 7529	10	(iii)−(ii)
	9510 = 5373 − 6863	5	(iv)−(i)
	⋮	⋮	⋮

Abb. 139. Differenzentabelle

Nicht immer verläuft die Differenzenmethode so erfolgreich wie in diesem Beispiel, in dem die ganze Nachricht — mit Ausnahme der unvollständigen Latten — in relativen *placode* überführt werden kann. Oft entstehen zunächst nur Inseln, die sich bei Vorliegen weiteren Materials zu Archipeln zusammenschließen. Es kann trotzdem vorkommen, daß nur partielle Lösungen erzielbar sind; auch können falsche Übereinstimmungen auftreten und

	1'	2	3	4'	5'	6	7	8	9'	10'	
(i)	**0000**	7532	8291	**0000**	**9391**	2281	7135	5406	**0000**	2609	....
(ii)	**5909**	5729	3392	**9391**	**0000**	2754	7891	6290	9773	**0000**	....
(iii)	**8801**	6509	4513	**9220**	3826	3402	8671	4326	1221	**9391**	....
(iv)	**9220**	9325	3811	2422	**8801**	4882	8664	8891	**9391**	8495	....
(v)	2771	8100	5787	4246	**5909**	0480	9892	1199	1480	4291	....
	6260			*2661*	*7572*				*7046*	*7529*	

Abb. 140. Teilweise reduzierte Nachrichten

den Entzifferer zum Narren halten. Beispielsweise ergibt sich die Differenz 1480 nicht nur aus der Latte 9: 1480 = 8426 – 7046, sondern auch aus der Latte 6 : 1480 = 4882 – 3402 . Würde man aber die Latte 6 mittels *3402* reduzieren, so bekäme man einen falschen *placode* — der allerdings beim Vorliegen von mehr Material wieder ausgejätet würde.

19.3 Geheimtext-Geheimtext-Kompromittierung

Bei einer Geheimtext-Geheimtext-Kompromittierung wird ein und dieselbe Nachricht zweimal oder öfter chiffriert. Eine gefährliche Einbruchsmöglichkeit für den unberufenen Entzifferer entsteht, wenn dies im gleichen System geschieht: dann sind die entstehenden ‚isomorphen' Geheimtexte (14.4.1) gleich lang, was sehr leicht auffällt.

Eine Geheimtext-Geheimtext-Kompromittierung des Schlüssels liegt praktisch auch vor, wenn die zweite Nachricht nur geringfügig gegen die erste geändert ist, etwa infolge Korrektur eines Tippfehlers oder Änderung einer Zahlenangabe. Ein klassisches Beispiel für einen solchen Angriff boten im Dezember 1938 und Januar 1939 Funksprüche des rumänischen Militärattaches in Paris mit seinem Außenministerium, die sich in der Länge nur um zwei Fünfergruppen unterschieden. Nach *Hüttenhain* gelang es, die Sprüche zu entziffern, wobei sich herausstellte, daß lediglich das Textstück /Heft 17/ des ersten Textes durch das Textstück /Heft 15 statt 17/ im zweiten Text ersetzt war.

Geheimtext-Geheimtext-Kompromittierung des Schlüssels ist geradezu systemimmanent bei vernetzten Nachrichtenverbindungen, wenn ein „Rundschreiben" abgesetzt wird, möglicherweise an Dutzende oder Hunderte von Empfängern, von denen jeder seinen eigenen Schlüssel hat. Allerdings kann von einer ‚Kompromittierung' des Schlüssels keine Rede mehr sein, wenn der Schlüssel ohnehin öffentlich ist (11.1.2). In 11.4.3 ist geschildert, wie beim RSA-Verfahren ein Angriff möglich ist, sofern der Chiffrier-Exponent e klein ist. Daß keine anderen Angriffsmöglichkeiten publiziert wurden, beweist nicht, daß keine existieren.

Im Jargon von Bletchley Park hieß eine Geheimtext-Geheimtext-Kompromittierung des Schlüssels ein *'kiss'*. Besser hätte man das Entzücken der Entzifferer über einen solchen Glücksfall nicht ausdrücken können. Die Briten profitierten unter anderem davon, daß kleinere Boote der deutschen Kriegsmarine nicht mit ENIGMAs ausgerüstet waren, sondern auf eine einfache Bigramm-Chiffrierung (‚Werftschlüssel‘) angewiesen waren. Die großen Schiffe dagegen hatten diese Chiffre nicht verfügbar. Wenn nun gewisse Warnungen — beispielsweise vor Treibminen — schnell abzusetzen waren, nahm sich niemand die Mühe, die Klartexte umzuformulieren. Die Briten provozierten gelegentlich solche Vorfälle, um die Geheimtext-Geheimtext-Kompromittierung der schwierig zu brechenden Marine-ENIGMA durch die inzwischen gebrochene simple Bigrammsubstitution herbeizuführen; humorvoll nannten sie das *'gardening'* („Gartenpflege“) .

19.3.1 Im Falle einer Chiffrierung mit VIGENÈRE-Schritten, insbesondere auch für überchiffrierten Code, führt eine Geheimtext-Geheimtext-Kompromittierung sofort auf eine Klartext-Klartext-Kompromittierung: man betrachtet den Klartext als Schlüssel und die Schlüssel als Klartexte. Damit sind die Methoden der Superimposition und der ***symétrie de position*** anwendbar. Die polyalphabetische Chiffrierung braucht dabei nicht einmal periodisch zu sein. Voraussetzung für einen Erfolg dieses „Rollenwechsels“ ist allerdings, daß die Schlüssel in Prosa sind und Häufigkeitsmerkmale zeigen.

Beispielsweise seien die folgenden fünf gleichlangen Nachrichten aufgefangen worden

	1 2 3 4 5	6 7 8 9 10	11 12 13 14 15	16 17 18 19 20	21 22 23 24 25	26 27 28 29 30
(i)	T C C V L	E S K P T	X M P V W	H Y M V G	X B O R V	C W A R F
(ii)	V L L B V	C K W F P	E H E C F	C G N Z E	K K K V I	H D D I D
(iii)	M Y Y R D	M J W M C	U I G L O	K M X L R	E W H X M	R J H A S
(iv)	B K Q T Z	B Z W K W	Z X G Z O	V T B A T	K W M G M	R J K L P
(v)	M Y Y V H	B W J D X	C P C Z O	H V T S I	V M E B S	O H R A U

	31 32 33 34 35	36 37 38 39 40	41 42 43 44
(i)	R R D Y C	T K L B L	M G L W
(ii)	S V F K Q	A J V C R	F K L K
(iii)	H B R N U	T R V G J	X J P W
(iv)	K O W H U	C B D U F	T V E F
(v)	S D A N I	T Y H F K	Z Z W G

Es werden nun in den einzelnen Latten die Differenzen über $\mathbb{Z}_{26}$ aufgestellt. Sechs dieser Aufstellungen zeigen insbesondere Übereinstimmungen in den Differenzen 4, 7 und 11, wie Abb. 141 zeigt.

Dabei kommt für Latte 18 nur die fett angegebene 11 als Summe von 4 und 7 in Frage, in Latte 1 kommt 11 nicht in Frage, da 11 und 19, das Komplement von 7, in einer Zeile stehen.

Von den in Latte 36 weiter auftretenden Differenzen finden sich 2 und 9 auch in Latte 1, 2 überdies in Latte 13, 9 in Latte 22. In der Differenzentafel von

1

0	24	**7**	18	**7**
2	0	**9**	20	**9**
19	17	0	11	0
8	6	15	0	15
19	17	0	11	0

13

0	11	9	9	13
15	0	24	24	**2**
17	**2**	0	0	**4**
17	**2**	0	0	**4**
13	24	22	22	0

18

0	25	15	11	19
1	0	16	12	20
11	10	0	22	**4**
15	14	4	0	8
7	6	22	18	0

22

0	17	5	5	15
9	0	14	14	24
21	12	0	0	10
21	12	0	0	10
11	**2**	16	16	0

27

0	19	13	13	15
7	0	20	20	22
13	6	0	0	**2**
13	6	0	0	**2**
11	**4**	24	24	0

36

0	19	0	17	0
7	0	**7**	24	**7**
0	19	0	17	0
9	**2**	**9**	0	**9**
0	19	0	17	0

Abb. 141. Sechs Differenzentafeln

Latte 13 sind die beiden Differenzen 2 in der zweiten Spalte von der Differenz 2 in der fünften Spalte zu unterscheiden; eine dieser Differenzen tritt in der Latte 22 auf. Überdies stellt sich heraus daß die Differenzen 9 und 11 in der ersten Zeile von Latte 13 zufällig zustande kommen.

Nimmt man nun die erste Latte als Bezugspunkt und rückt die anderen fünf Latten aufgrund der festgestellten Differenzen zurecht, so ergibt sich das Grundgerüst

	1′	13′	18′	22′	27′	36′
(i)	T	G	M	M	M	M
(ii)	V	V	N	V	T	T
(iii)	M	X	X	H	Z	M
(iv)	B	X	B	H	Z	V
(v)	M	T	T	X	X	M
	0	*9*	*0*	*15*	*10*	*7*

Dieses Grundgerüst kann nun überprüft werden mittels der Latten 30 und 5, 6, 7, 10, 12, 19, 20, 24, 31 33, 37 38 : es ergibt sich

	5′	6′	7′	10′	12′	19′	20′	24′	30′	31′	33′	37′	38′
(i)	X	P	T	X	B	H	Z	X	X	W	V	M	B
(ii)	H	N	L	T	W	L	X	B	V	X	A	L	L
(iii)	P	X	K	G	X	X	K	D	K	M	M	T	L
(iv)	L	M	A	A	M	M	M	M	H	P	R	D	T
(v)	T	M	X	B	E	E	B	H	M	X	V	A	X
	14	*15*	*25*	*22*	*11*	*14*	*7*	*20*	*8*	*21*	*5*	*24*	*10*

Das gehäufte Auftreten von vier Zeichen M, T, V, X zeigt, daß wir auf dem richtigen Weg sind. Die weiteren häufig auftretenden Zeichen B, L, A, G, K kann man zur Fortsetzung der Differenzenbildung heranziehen. Damit ergibt sich bereits für 40 der 44 Latten eine Zurechtrückung:

	1'	2'	3'	4'	5'	6'	7'	8'	9'	10'	11'	12'	13'	14'	15'	16'	17'	18'	19'	20'	21'	22'
(i)	T	E	B	V	X	P	T	L	U	X	Z	B	G	G	B	G		M	H	Z	X	M
(ii)	V	N	K	B	H	N	L	X	K	T	G	W	V	N	W	B		N	L	X	K	V
(iii)	M	A	X	R	P	X	K	X	B	G	W	X	X	W	T	J		X	X	K	E	H
(iv)	B	M	P	T	L	M	A	X	P	A	B	M	X	K	T	U		B	M	M	K	H
(v)	M	A	X	V	T	M	X	K	I	B	E	E	T	K	T	G		T	E	B	V	X
	0	*24*	*1*	*0*	*14*	*15*	*25*	*25*	*21*	*22*	*24*	*11*	*9*	*15*	*21*	*1*		*0*	*14*	*7*	*0*	*15*

	23'	24'	25'	26'	27'	28'	29'	30'	31'	32'	33'	34'	35'	36'	37'	38'	39'	40'	41'	42'	43'	44'
(i)	O	X	K		M	B	K	X	W	H	V	L	B	M	M	B	G	Z			A	X
(ii)	K	B	X		T	E	B	V	X	L	A	X	P	T	L	L	H	F			A	L
(iii)	H	D	B		Z	I	T	K	M	R	M	A	T	M	T	L	L	X			E	X
(iv)	M	M	B		Z	L	E	H	P	E	R	U	T	V	D	T	Z	T			T	G
(v)	E	H	H		X	S	T	M	X	T	V	A	H	M	A	X	K	Y			L	H
	0	*20*	*11*		*10*	*25*	*7*	*8*	*21*	*10*	*5*	*13*	*1*	*7*	*24*	*10*	*21*	*12*			*11*	*25*

Die in den Fußzeilen angegebenen Verschiebungen sind zum Zwischentext zu addieren, um den Geheimtext zu ergeben. Sie stellen also selbst eine CAESAR-Chiffrierung des Pseudo-Schlüssels (des ursprünglichen Klartextes) dar, die da lautet:

```
1 2 3 4 5   6 7 8 9 10   1112131415   1617181920   2122232425   2627282930
A Y B A O   P Z Z V W    Y L J P V    B * A O H    A P A U L    * K Z H I
3132333435  3637383940   41424344
V K F N B   H Y K V M    * * L Z
```

Jetzt ist Exhaustion angezeigt: Von den 26 Verschiebungen gibt die folgende, durch Addition von 19 erhaltene den fragmentarischen englischen Klartext

```
1 2 3 4 5   6 7 8 9 10   1112131415   1617181920   2122232425   2627282930
t r u t h   i s s o p    r e c i o    u * t h a    t i t n e    * d s a b
3132333435  3637383940   41424344
o d y g u   a r d o f    * * e s
```

Wer Schwierigkeiten bei der Ergänzung des Textes hat, muß bei *Winston Churchill* nachsehen. Die fünf Pseudo-Klartexte (die fünf ursprünglichen Schlüssel) können leicht rekonstruiert werden, sie finden sich in einem nicht für Kinder geschriebenen „Kinderbuch".

19.3.2 Im Falle periodischer Chiffrierung ist auch bei unabhängigen Alphabeten eine Methode von *Sinkov* anwendbar, die bereits beim Vorliegen von zwei Nachrichten mit gleichem Klartext funktionieren kann.

Folgendes Beispiel von *Sinkov* zeigt das Vorgehen: Die beiden aufgefangen Nachrichten seien:

```
(i) WCOAK  TJYVT  VXBQC  ZIVBL  AUJNY  BBTMT
    JGOEV  GUGAT  KDPKV  GDXHE  WGSFD  XLTMI
    NKNLF  XMGOG  SZRUA  LAQNV  IXDXW  EJTKI
    YAOSH  NTLCI  VQMJQ  FYYPB  CZOPZ  VOGWZ
    KQZAY  DNTSF  WGOVI  IKGXE  GTRXL  YOIP
```

(ii) TXHHV JXVNO MXHSC EEYFG EEYAQ DYHRK
EHHIN OPKRO ZDVFV TQSIC SIMJK ZIHRL
CQIBK EZKFL OZDPA OJHMF LVHRL UKHNL
OVHTE HBNHG MQBXQ ZIAGS UXEYR XQJYC
AIYHL ZVMQV QGUKI QDMAC QQBRB SQNI

Da die beiden Geheimtexte gleich lang sind, drängt sich ein Verdacht auf gleichen Klartext auf. Zunächst ist aber eine Periodenanalyse angebracht: sie ergibt, daß der erste Geheimtext vermutlich die Periode sechs, der zweite die Periode fünf hat.

In diesem Fall ist 30 eine beiden (unbekannten) Schlüsseln gemeinsame Periode. Damit sollte mit jeder Zeichenkoinzidenz zwischen den beiden Texten auch im Abstand von 30 eine Zeichenkoinzidenz auftreten. Tatsächlich zeigt sich in der obigen Aufschreibung in 30 Kolonnen eine Übereinstimmung der beiden 12. Kolonnen und der beiden 15. Kolonnen. Diese Beobachtung stärkt die Vermutung, daß beiden Geheimtexten ein und der selbe Klartext zugrunde liegt, sehr.

Nun ist aber $12+30i = \begin{cases} 6 \pmod 6 \\ 2 \pmod 5 \end{cases}$, $15+30i = \begin{cases} 3 \pmod 6 \\ 5 \pmod 5 \end{cases}$.

Damit steht zu vermuten, daß das 6. Alphabet der ersten Nachricht mit dem 2. Alphabet der zweiten Nachricht und das 3. Alphabet der ersten Nachricht mit dem 5. Alphabet der zweiten Nachricht übereinstimmt. Eine Berechnung von *Chi* gibt hohe Werte, die das erhärten.

Sinkovs Methode zerlegt nun die beiden Nachrichten nach den verwendeten Schlüsseln, die mit α, β, γ, δ, ϵ, ζ und ι, κ, λ, μ, ν bezeichnet werden sollen — der Anfang dieser Zerlegung lautet

	1	2	3	4	5	6	7	8	9	10	11	12	13	14	15	16	17	18	19	20	21	22	23	24	25	26	27	28	29	30
α	W						J						B						B						Y					
β		C						Y						Q						L						B				
γ			O						V						C						A						B			
δ				A						T						Z						U						T		
ϵ					K						V						I						J						M	
ζ						T						X						V						N						T
ι	T					J					M					E					E					D				
κ		X					X					X					E					E					Y			
λ			H					V					H					Y					Y					H		
μ				H					N					S					F					A					R	
ν					V					O					C					G					Q					K

In dieses Diagramm können nun weitere Einträge gemacht werden: Da beide Chiffren zum selben Klartext gehören, können die zweite, die siebte und die zwölfte Spalte, die übereinstimmend X für den Schlüssel κ zeigen, überlagert werden. Ebenso können die dritte, die dreizehnte und die achtundzwanzigste Spalte, die übereinstimmend H für den Schlüssel λ zeigen, überlagert werden, desgleichen die sechzehnte und die einundzwanzigste Spalte (E für den Schlüssel ι), die siebzehnte und die zweiundzwanzigste Spalte (E für den

Schlüssel κ), die achtzehnte und die dreiundzwanzigste Spalte (Y für den Schlüssel λ). Damit ergibt sich bereits folgendes Bild

	1	2	3	4	5	6	7	8	9	10	11	12	13	14	15	16	17	18	19	20	21	22	23	24	25	26	27	28	29	30
α	W	J	B				J					J	B						B						Y			B		
β		C					C	Y				C		Q						L						B				
γ			O						V				O		C	A					A						B	O		
δ			T	A						T			T			Z	U				Z	U						T		
ϵ					K						V						I	J				I	J						M	
ζ		X				T	X					X						V					V	N						T
ι	T					J					M					E					E					D				
κ		X					X					X					E					E					Y			
λ			H					V					H					Y					Y					H		
μ				H					N					S					F					A					R	
ν					V					O					C					G					Q					K

Diese **Überlagerung** erstreckt sich natürlich auf die ganze Länge der beiden Nachrichten. In gleicher Weise kann die Überlagerung auch in die Zeilen ι, κ, λ, μ, ν gehen: Die dreizehnte und die neunzehnte Spalte, die übereinstimmend B für den Schlüssel α zeigen, können überlagert werden usw. Insgesamt ergibt sich so über die volle Länge 149 der Nachrichten folgende Aufstellung

	1	2	3	4	5	6	7	8	9	10	11	12	13	14	15	16	17	18	19	20	21	22	23	24	25	26	27	28	29	30
α	W	J	B	M		D	J	P		B		J	B	W	M	J		N	B	U	J		N	X	Y		L	B	J	D
β	Q	C	K	E	X		C	Y	X	K		C	K	Q	E	C		A	K	L	C		A		T	B		K	C	
γ	L	A	O	C	V	K	A	W	V	O	N	A	O	L	C	A		Z	O	G	A		Z		Q	S	B	O	A	K
δ	G	Z	T	A	F		Z		F	T		Z	T	G	A	Z	U	X	T	I	Z	U	X		L			T	Z	
ϵ	Y	M	D	R	K	F	M		K	D	V	M	D	Y	R	M	I	J	D	W	M	I	J		S			D	M	F
ζ	I	X	Q	Z	D	T	X		D	Q		X	Q	I	Z	X	E	V	Q	P	X	E	V	N	G		Y	Q	X	T
ι	T	E		U	Z	J	E	S	Z		M	E		T	U	E		C		Q	E		C	H	O	D			E	J
κ	I	X	Q	Z	D	T	X		D	Q		X	Q	I	Z	X	E	V	Q	P	X	E	V	N	G		Y	Q	X	T
λ	J	S	H	B			S	V		H	I	S	H	J	B	S		Y	H	N	S		Y		M		A	H	S	
μ	S	R	F	H	N		R	G	N	F		R	F	S	H	R		M	F	Y	R		M	A	B	Q		F	R	
ν	L	A	O	C	V	K	A	W	V	O	N	A	O	L	C	A		Z	O	G	A		Z		Q	S	B	O	A	K
$\rightarrow$	A	B	C	H	D	E	B	F	D	C	G	B	C	A	H	B	I	J	C	K	B	I	J	L	Q	M	N	C	B	E

	31	32	33	34	35	36	37	38	39	40	41	42	43	44	45	46	47	48	49	50	51	52	53	54	55	56	57	58	59	60
α	J		B			Y	U		J	B			P	B		W	B	J	H	M	P	W	Y		D		W	B	J	W
β	C	G	K			T	L	G	C	K	X	X	Y	K	X	Q	K	C		E	Y	Q	T			X	Q	K	C	Q
γ	A		O		N	Q	G		A	O	V	V	W	O	V	L	O	A		C	W	L	Q		K	V	L	O	A	L
δ	Z		T	E		L	I		Z	T	F	F		T	F	G	T	Z	E	A		G	L			F	G	T	Z	G
ϵ	M		D	P	V	S	W		M	D	K	K		D	K	Y	D	M	P	R		Y	S		F	K	Y	D	M	Y
ζ	X	H	Q			G	P	H	X	Q	D	D		Q	D	I	Q	X		Z		I	G	F	T	D	I	Q	X	I
ι	E				M	O	Q		E		Z	Z	S		Z	T		E		U	S	T	O		J	Z	T		E	T
κ	X	H	Q			G	P	H	X	Q	D	D		Q	D	I	Q	X		Z		I	G	F	T	D	I	Q	X	I
λ	S	K	H			M	N	K	S	H			V	H		J	H	S		B	V	J	M				J	H	S	J
μ	R		F	I		B	Y		R	F	N	N	G	F	N	S	F	R	I	H	G	S	B	J		N	S	F	R	S
ν	A		O		N	Q	G		A	O	V	V	W	O	V	L	O	A		C	W	L	Q		K	V	L	O	A	L
$\rightarrow$	B	O	C	P	G	Q	K	O	B	C	D	D	F	C	D	A	C	B	P	H	F	A	Q	R	E	D	A	C	B	A

	6162636465	6667686970	7172737475	7677787980	8182838485	8687888990
α	N B Y D	J M B W	Y M R J	Y B N	N B J W	M B W
β	A K T	C E G K Q	T E U C	T K A V	A K C Q	E K X Q
γ	Z O N Q K	A C O L	Q C A	Q O Z F	I Z O A L	C J O V L
δ	X T L	Z A T G	L A Z	L T X	X T Z G	A T F G
ε	J D V S F	M R D Y	S R M	D A D J	J D M Y	R D K Y
ζ	V Q G T	X Z H Q I	G Z X	G J Q V	V Q X I	Z K Q D I
ι	C M O J	E U T	O U E	O C X	L C E T	U Z T
κ	V Q G T	X Z H Q I	G Z X	G J Q V	V Q X I	Z K Q D I
λ	Y H I M	S B K H J	M B D S	M H Y	Y H S J	B H J
μ	M F B	R H F S	B H P R	B F M K	M F R S	H F N S
ν	Z O N Q K	A C O L	Q C A	Q O Z F	I Z O A L	C J O V L
→	J C G Q E	B H O C A	Q H S T B	Q U C J V	W J C B A	H X C D A

	9192939495	9697989900	0102030405	0607080910	1112131415	1617181920
α	Y N B	X T U M U	B M Y	W L P	M J U Z	B W U M
β	T A K	L E L	K E J T	X Q Y B	E C L	V K Q L E
γ	Q Z O E	G C G	N O C Q	V L B W S	C A G R	F O L G C
δ	L X T S	I A I	T A L	F G	A Z I	T G I A
ε	S J D H	W R W	V D R S	K Y	R M O W	D Y W R
ζ	G V Q	N B P Z P	Q Z G	D I Y	Z X P	Q I P Z
ι	O C	H Q U Q	M U O	Z T S D	U E Q	X T Q U
κ	G V Q	N B P Z P	Q Z G	D I Y	Z X P	Q I P Z
λ	M Y H	N B N	I H B M	J A V	B S E N	H J N B
μ	B M F T	A Y H Y	F H X B	N S G Q	H R Y	K F S Y H
ν	Q Z O E	G C G	N O C Q	V L B W S	C A G R	F O L G C
→	Q J C Y Z	L 1 K H K	G C H 2 Q	D A N F M	H B 3 K 4	V C A K H

1.	2122232425	2627282930	3132333435	3637383940	4142434445	46474849
α	K W N M W	N Y	U Y O	U Y X M	U B M J L	P B U
β	Q A E Q	X A T B X	L T V G	L X T E	L K E C	Y K L
γ	L Z C L	V Z Q S V	G Q F I	G V Q C	G O C A B	W O G
δ	G X A G	F X L F	I L	I F L A	I T A Z	T I E
ε	Y J R Y	K J S K	W S	W K S R	W D R M	D W P
ζ	I V Z I	D V G D	P G H	P D G N Z	P Q Z X Y	Q P
ι	A T C U T	Z C O D Z	Q O X	Q Z O H U	Q U E	S Q
κ	I V Z I	D V G D	P G H	P D G N Z	P Q Z X Y	Q P
λ	J Y B J	Y M	N M U K	N M B	N H B S A	V H N
μ	S M H S	N M B Q N	Y B K	Y N B A H	Y F H R	G F Y I
ν	L Z C L	V Z Q S V	G Q F I	G V Q C	G O C A B	W O G
→	5 A J H A	D J Q M D	K Q 6 V O	K D Q L H	K C H B N	F C K P

Erwartungsgemäß sind die mit den Schlüsseln γ und ν bezeichneten Zeilen identisch, desgleichen die mit den Schlüsseln ζ und κ bezeichneten[1] . Nicht alle Felder sind ausgefüllt, gewisse Spalten wie die achte und die siebzehnte könnten eventuell zusammenfallen. In der Tat kommen 32 verschiedene Spalten vor, die in der mit dem Pfeil $\rightarrow$ gekennzeichneten Zeile mit den Zeichen

[1] Bei manueller Arbeit wird man diese Zeilen nur einmal anschreiben, bei programmierter Durchführung ist es dagegen organisatorisch einfacher, sie zu wiederholen.

A ... Z und 1 ... 6 bezeichnet werden. 32 Spalten — das sind mehr als zu den höchstens 26 Alphabetzeichen gehören. Gewisse Spalten bedeuten also das selbe Klartextzeichen: Wir haben eine monoalphabetische Chiffrierung erreicht, aber eine mit Homophonen.

Glücklicherweise wird sich herausstellen, daß nicht — wie es zur Erschwerung der unberufenen Entzifferung gemacht wird — die häufigen Zeichen von der Homophonie betroffen sind, sondern gerade die seltenen; sie bieten nämlich mit ihrem seltenen Vorkommen nicht genügend Material zur Auffüllung der Felder.

19.3.3 Die monoalphabetische Chiffre

A B C H D	E B F D C	G B C A H	B I J C K	B I J L Q	M N C B E
B O C P G	Q K O B C	D D F C D	A C B P H	F A Q R E	D A C B A
J C G Q E	B H O C A	Q H S T B	Q U C J V	W J C B A	H X C D A
Q J C Y Z	L 1 K H K	G C H 2 Q	D A N F M	H B 3 K 4	V C A K H
5 A J H A	D J Q M D	K Q 6 V O	K D Q L H	K C H B N	F C K P

zeigt deutlich die Häufigkeitsverteilung des Englischen, mit einem herausragenden C und etwa gleichhäufigen B, A, H, D, O, N . Als Einstiegshilfe mag nun dienen das wahrscheinliche Wort /treasurysecretary/ mit dem Muster *12345627538231427* . Es paßt genau auf den Anfang. Damit hat man mit 8 Buchstaben schon viel erreicht:

t r e a s	u r y s e	c r e t a	r I J e K	r I J L Q	M N e r u
r O e P c	Q K O r e	s s y e s	t e r P a	y t Q R u	s t e r t
J e c Q u	r a O e t	Q a S T r	Q U e J V	W J e r t	a X e s t
Q J e Y Z	L 1 K a K	c e a 2 Q	s t N y M	a r 3 K 4	V e t K a
5 t J a t	s J Q M s	K Q 6 V O	K s Q L a	K e a r N	y e K P

Sofort ins Auge springt das Wort /yesterday/ in der zweiten Zeile, was aber nicht viel bringt, und davor das Wort /congress/ . Damit sind vier weitere Buchstaben bestimmt und vom *etaonirsh* fehlen nur noch das /i/ und das /h/. Es ergibt sich

t r e a s	u r y s e	c r e t a	r I J e n	r I J L o	M N e r u
r g e d c	o n g r e	s s y e s	t e r d a	y t o R u	s t e r t
J e c o u	r a g e t	o a S T r	o U e J V	W J e r t	a X e s t
o J e Y Z	L 1 n a n	c e a 2 o	s t N y M	a r 3 n 4	V e t n a
5 t J a t	s J o M s	n o 6 V g	n s o L a	n e a r N	y e n d

Nun bedeutet vermutlich I homophon mit F den Buchstaben /y/ , in der ersten Zeile liest man dann /henry/ . Mit dem /i/ hat man Schwierigkeiten, in der letzten Zeile könnte man /no signs/ lesen, wenn 6 homophon mit D den Buchstaben /s/ bedeutete. Jetzt hat man

t r e a s	u r y s e	c r e t a	r y h e n	r y h L o	M N e r u
r g e d c	o n g r e	s s y e s	t e r d a	y t o R u	s t e r t

h e c o u r a g e t o a S T r o U e h i W h e r t a X e s t
o h e Y Z L 1 n a n c e a 2 o s t N y M a r 3 n 4 i e t n a
5 t h a t s h o M s n o s i g n s o L a n e a r N y e n d

und liest in der zweiten Zeile /to muster/, in der dritten Zeile /approve higher taxes/ (S und T homophon), in der vierten Zeile /help finance a costly war in vietnam/ , womit sich schließlich in der ersten Zeile der Name /henry h fowler/ und insgesamt als Klartext ergibt

t r e a s u r y s e c r e t a r y h e n r y h f o w l e r u
r g e d c o n g r e s s y e s t e r d a y t o m u s t e r t
h e c o u r a g e t o a p p r o v e h i g h e r t a x e s t
o h e l p f i n a n c e a c o s t l y w a r i n v i e t n a
m t h a t s h o w s n o s i g n s o f a n e a r l y e n d

Die Chiffriertabelle lautet unter Einbeziehungen der Überlagerungen, die sich aus den festgestellten Homophonen ergeben, aber unter Offenlassung der fehlenden Buchstaben — aus den 32 Spalten werden 21 Zeichen:

	a	b	c	d	e	f	g	h	i	j	k	l	m	n	o	p	q	r	s	t	u	v	w	x	y	z
α	M				B	X		N	T			L	K	U	Y	R		J	O	W	D	Z			P	
β	E		J		K		G	A	V					L	T	U		C	X	Q			B		Y	
$\gamma=\nu$	C		N		O		I	Z	F			B		G	Q	E		A	V	L	K	R	S	J	W	
δ	A			E	T			X						I	L			Z	F	G					U	
ϵ	R		V	P	D			J	O					W	S	H		M	K	Y	F	A			I	
$\zeta=\kappa$	Z				Q	N	H	V	B			Y	F	P	G			X	D	I	T	J		K	E	
ι	U		M			H	L	C	X				A	Q	O			E	Z	T	J		D		S	
λ	B		I		H		K	Y	E			A		N	M	D		S	U	J					V	
μ	H		X	I	F	A		M	K				J	Y	B	P		R	N	S			Q		G	
	H		G	P	C	L	O	J	V			N	R	K	Q	S		B	D	A	E	U	M	X	F	
$\longrightarrow$			2				W		1				5			T			6			4			I	
									3							Z										

19.3.4 Die vollständige Chiffriertabelle kann man gewinnen, wenn es sich um verschobene Alphabete handeln sollte. Dies ist tatsächlich der Fall, und mit der in 18.7.2 angesprochenen Methode von *Friedman* gelingt es, das Referenzalphabet zu rekonstruieren. Zur Entzifferung brauchte man aber von dieser speziellen Eigenschaft gar keinen Gebrauch zu machen.

Zunächst geht *Friedman* von der Beobachtung aus, daß in der zu suchenden Chiffriertabelle alle Spalten aus einer einzigen durch zyklische Verschiebung hervorgehen (7.2.1, 8.2.1). Greift man nun etwa die Zeilen λ und μ heraus, so finden sich in einem noch unbekannten Abstand k unter /t/ die Buchstaben J und S , unter /r/ S und R , ferner N und Y , Y und M , M und B , B und H , H und F , V und G . Wir haben also bereits drei Ketten

J-S-R , N-Y-M-B-H-F und V-G

von Buchstaben im Abstand k. Aber auch in den Zeilen α und λ finden sich unter /r/ die Buchstaben J und S; somit stehen im gleichen Abstand k auch die Buchstaben W und J, R und D, O und U, U und N, P und V, L und A.

Die vorhandenen Ketten lassen sich verlängern, neue lassen sich bilden; wir haben jetzt

W-J-S-R-D , O-U-N-Y-M-B-H-F , P-V-G und L-A .

J und D haben den Abstand $3k$; in den Zeilen ι und α finden sich unter /u/ die Buchstaben J und D , also haben nicht nur U und M, O und Y, sondern auch C und N, X und T, A und K, Q und U, E und J, Z und O, T und W, S und P diesen Abstand. Damit ergeben sich die Ketten

T-E-*-W-J-S-R-D-P-V-G , Q-C-O-U-N-Y-M-B-H-F-*-X , L-A-*-*-K .

Der Zusammenschluß dieser Ketten gelingt nun mit der Beobachtung, daß W und G , die sich in den Zeilen α und δ finden, den Abstand $7k$ haben, damit haben diesen Abstand auch J und Z, B und T, M und A, U und I, H und E, Y und L, womit sich der Zykel schließt:

T-E-K-W-J-S-R-D-P-V-G-Z-Q-C-O-U-N-Y-M-B-H-F-I-X-L-A- .

Dies braucht jedoch, vgl. 18.7.1, noch nicht die ursprüngliche Reihenfolge zu sein. Bildet man potenzierte Zyklen, so wird man mit der fünften Potenz

T-S-G-U-H-A-J-V-O-B-L-W-P-C-M-X-K-D-Q-Y-I-E-R-Z-N-F-

fündig: sie ergibt sich — spaltenweise — aus dem Kennwort HOPKINS durch die in 3.2.4 beschriebene Methode:

H	O	P	K	I	N	S
A	B	C	D	E	F	G
J	L	M	Q	R	T	U
V	W	X	Y	Z		

Die Chiffriertabelle (Abb. 142) erhält damit die Form einer *tabula recta* mit einer permutierten Kopfzeile; sie umfaßt auch die noch fehlenden fünf seltenen Klartextzeichen.

Die Kopfzeile verrät schließlich auch ihr Kennwort: sie entsteht, mit /a/ beginnend, aus der Konstruktion von 3.2.4 mit dem Kennwort /johns/

j	o	h	n	s
a	b	c	d	e
f	g	i	k	l
m	p	q	r	t
u	v	w	x	y
z				

Die Schlüssel selbst scheinen keinen mnemonischen Hintergrund zu haben.

Praktikumsaufgabe 11: Schreibe ein Programm, das für eine Menge von Nachrichten in einem überchiffrierten Code die Differenzentabelle aufstellt und unter Verwendung der *symétrie de position* die Nachrichten zurechtrückt.

Praktikumsaufgabe 12: Schreibe ein Programm, das zu zwei mit den Perioden d_1 und d_2 polyalphabetisch chiffrierten Geheimtexten einen Zwischentext findet, der den gemeinsamen Klartext, falls es ihn gibt, monoalphabetisch mit Homophonen chiffriert.

		a	f	m	u	z	o	b	g	p	v	h	c	i	q	w	n	d	k	r	x	s	e	l	t	y	j
μ	*A*	H	A	J	V	O	B	L	W	P	C	M	X	K	D	Q	Y	I	E	R	Z	N	F	T	S	G	U
δ	*B*	A	J	V	O	B	L	W	P	C	M	X	K	D	Q	Y	I	E	R	Z	N	F	T	S	G	U	H
	C	J	V	O	B	L	W	P	C	M	X	K	D	Q	Y	I	E	R	Z	N	F	T	S	G	U	H	A
	D	V	O	B	L	W	P	C	M	X	K	D	Q	Y	I	E	R	Z	N	F	T	S	G	U	H	A	J
	E	O	B	L	W	P	C	M	X	K	D	Q	Y	I	E	R	Z	N	F	T	S	G	U	H	A	J	V
λ	*F*	B	L	W	P	C	M	X	K	D	Q	Y	I	E	R	Z	N	F	T	S	G	U	H	A	J	V	O
	G	L	W	P	C	M	X	K	D	Q	Y	I	E	R	Z	N	F	T	S	G	U	H	A	J	V	O	B
	H	W	P	C	M	X	K	D	Q	Y	I	E	R	Z	N	F	T	S	G	U	H	A	J	V	O	B	L
	I	P	C	M	X	K	D	Q	Y	I	E	R	Z	N	F	T	S	G	U	H	A	J	V	O	B	L	W
$\gamma=\nu$	*J*	C	M	X	K	D	Q	Y	I	E	R	Z	N	F	T	S	G	U	H	A	J	V	O	B	L	W	P
α	*K*	M	X	K	D	Q	Y	I	E	R	Z	N	F	T	S	G	U	H	A	J	V	O	B	L	W	P	C
	L	X	K	D	Q	Y	I	E	R	Z	N	F	T	S	G	U	H	A	J	V	O	B	L	W	P	C	M
	M	K	D	Q	Y	I	E	R	Z	N	F	T	S	G	U	H	A	J	V	O	B	L	W	P	C	M	X
	N	D	Q	Y	I	E	R	Z	N	F	T	S	G	U	H	A	J	V	O	B	L	W	P	C	M	X	K
	O	Q	Y	I	E	R	Z	N	F	T	S	G	U	H	A	J	V	O	B	L	W	P	C	M	X	K	D
	P	Y	I	E	R	Z	N	F	T	S	G	U	H	A	J	V	O	B	L	W	P	C	M	X	K	D	Q
	Q	I	E	R	Z	N	F	T	S	G	U	H	A	J	V	O	B	L	W	P	C	M	X	K	D	Q	Y
ʒ	*R*	E	R	Z	N	F	T	S	G	U	H	A	J	V	O	B	L	W	P	C	M	X	K	D	Q	Y	I
ϵ	*S*	R	Z	N	F	T	S	G	U	H	A	J	V	O	B	L	W	P	C	M	X	K	D	Q	Y	I	E
$\zeta=\kappa$	*T*	Z	N	F	T	S	G	U	H	A	J	V	O	B	L	W	P	C	M	X	K	D	Q	Y	I	E	R
	U	N	F	T	S	G	U	H	A	J	V	O	B	L	W	P	C	M	X	K	D	Q	Y	I	E	R	Z
	V	F	T	S	G	U	H	A	J	V	O	B	L	W	P	C	M	X	K	D	Q	Y	I	E	R	Z	N
	W	T	S	G	U	H	A	J	V	O	B	L	W	P	C	M	X	K	D	Q	Y	I	E	R	Z	N	F
	X	S	G	U	H	A	J	V	O	B	L	W	P	C	M	X	K	D	Q	Y	I	E	R	Z	N	F	T
	Y	G	U	H	A	J	V	O	B	L	W	P	C	M	X	K	D	Q	Y	I	E	R	Z	N	F	T	S
ι	*Z*	U	H	A	J	V	O	B	L	W	P	C	M	X	K	D	Q	Y	I	E	R	Z	N	F	T	S	G

Abb. 142. Chiffriertabelle mit permutierter Kopfzeile

19.4 Geheimtext-Geheimtext-Kompromittierung bei der Rotor-Chiffrierung

Ein geradezu klassischer Fall einer Geheimtext-Geheimtext-Kompromittierung ermöglichte ab 1932 dem polnischen Biuro Szyfrów (*Gwido Langer*, 'Luc') mit seinem Dechiffrierdienst BS4 (*Maksymilian Ciężki* und die jungen mathematischen Mitarbeiter *Marian Rejewski*, *Jerzy Różicki*, *Henryk Zygalski*) das Eindringen in die ENIGMA-Chiffrierung der deutschen Wehrmacht. (Funksprüche wurden in den östlichen Provinzen Preußens übungshalber reichlich in den Äther gesetzt.) Der Ansatz lag zunächst in einer betrieblichen Schwäche der Schlüsselverwaltung, die nicht der ENIGMA anzulasten war: Weil es zu schwierig und fehleranfällig war, für jede Verbindung eine individuelle Grundstellung der an ihr beteiligten zwei oder mehr ENIGMAs vorzusehen, die außerdem jeweils nach relativ kurzer Zeit hätte gewechselt werden müssen, führte man sogenannte **Spruchschlüssel** ein: Mit einer für den betreffenden Tag gültigen *allgemeinen* ‚Grundstellung' (‚Tagesschlüssel') — die die Reihenfolge der drei Walzen (‚Walzenlage'), die interne ‚Ringstellung' auf jeder einzelnen Walze und eine allgemeine Ausgangsstellung der drei Walzen beinhaltete[2] — wurde vom Sender eine frei gewählte 3-Buchstaben-Gruppe abgegeben, die vom Empfänger dechiffriert wurde und für den anschließenden Spruch sender- wie empfängerseitig als Ausgangsstellung der drei ENIGMA-Walzen diente. Diese Offenlegung des Spruchschlüssels wurde von den Deutschen als unbedenklich angesehen, da sie unter dem Schutz der als unüberwindbar angesehenen ROTOR-Chiffrierung stand. Obschon man diese Sicherheit anzweifeln kann — es gelang dem polnischen Dienst zunächst nicht, den 1930 einsetzenden ENIGMA-Funkverkehr mitzulesen, obwohl er sich mit dem Arbeitsprinzip der kommerziellen ENIGMA, die auf dem offenen Markt war, seit 1926 vertraut gemacht hatte. (Die inneren Verbindungen der Walzen in der militärischen ENIGMA I von 1930 waren anders als in der kommerziellen Ausführung.)

Weil man aber im unsicheren, störungsanfälligen Funkverkehr nicht sicher sein konnte, daß der Spruchschlüssel korrekt übertragen würde, übertrug man ihn zweifach. Hätte man das Chiffrat zweimal nacheinander übertragen, so wäre nicht zu vermeiden gewesen, daß dies dem Gegner auffallen würde und er den Charakter der Spruchschlüsselgruppe erkennen und darauf seinen Angriff richten würde. So chiffrierte man den verdoppelten Spruchschlüssel — und handelte sich damit eine viel schwererwiegende Geheimtext-Geheimtext-Kompromittierung ein.

Der polnische Dienst hatte nämlich rasch herausgefunden, daß zwei Sprüche, die mit der selben 6-Buchstaben-Gruppe begannen, eine erhöhte Zeichenkoinzidenz nahe κ_d aufwiesen, also *superimposition* erlaubten. Somit war durch die 6-Buchstaben-Gruppe die Ausgangsstellung der Walzen festgelegt.

Überdies hatte der bis 1938 in der Chi(ffrier)-Stelle des Reichswehrministeriums tätige Spion *Hans-Thilo Schmidt* (mit dem Decknamen ASCHE, frz. H.E.), der später entdeckt und im Juli 1943 hingerichtet wurde, seit Oktober 1931 Gebrauchsanleitungen, Schlüsselanleitungen und auch die Tagesschlüssel für September und Oktober 1932 (inklusive der Ringstellungen und Steckerverbindungen für diese beiden Monate) an den französischen Chiffrierdienstchef, den damaligen Oberstleutnant, späteren General *Gustave Bertrand* ('Bolek') verraten, der das Material an den polnischen Dienst weitergab.

19.4.1 *Ciężki*s junger Mitarbeiter, der geniale *Marian Rejewski* (1905 - 1980) hatte nun jedenfalls herauszufinden, wie man daraus Nutzen ziehen konnte. Folgt man [KOZACZUK] 1984, so ging er folgendermaßen vor: Er hatte schnell erraten, daß am Anfang eines jeden Funkspruchs der mit einer Grundstellung zweimal verschlüsselte Spruchschlüssel stand. Zu Hilfe kam ihm nun, daß es den Anschein hatte, daß die ihrem Sinn nach frei zu wählenden Spruchschlüssel gewisse charakteristische Abweichungen von der Gleichverteilung aufwiesen — nicht viel anders als die vom Publikum tatsächlich benutzten Lottozahlen. (Die Anweisungen der Deutschen zur

[2] Die Ausgangsstellung der drei Walzen wurde im Krieg sogar alle 8 Stunden gewechselt.

Chiffriersicherheit waren in diesem Punkt mangelhaft; so konnte sich ein Nachrichtenoffizier, der den Befehl gegeben hatte, als Spruchschlüssel jeweils die Endstellung der Walzen nach dem vorangegangenen Spruch zu nehmen, darauf hinausreden, er habe ja dafür gesorgt, daß der Spruchschlüssel stets gewechselt wurde.) Tatsächlich kamen als Spruchschlüssel häufig vor stereotype Dreiergruppen wie aaa , bbb , sss . Als die reine Buchstabenwiederholung später (1933) von den Deutschen explizit verboten wurde, war es zu spät. Außerdem kam jetzt die Unsitte auf, waagrecht, senkrecht und diagonal auf dem Tastenfeld zu tippen: qwe , asd (horizontal!), qay , cde (vertikal!) etc., womit wieder eine Einbruchmöglichkeit bestand.

1.	AUQ	AMN	14.	IND	JHU	27.	PVJ	FEG	40.	SJM	SPO	53.	WTM	RAO
2.	BNH	CHL	15.	JWF	MIC	28.	QGA	LYB	41.	SJM	SPO	54.	WTM	RAO
3.	BCT	CGJ	16.	JWF	MIC	29.	QGA	LYB	42.	SJM	SPO	55.	WTM	RAO
4.	CIK	BZT	17.	KHB	XJV	30.	RJL	WPX	43.	SUG	SMF	56.	WKI	RKK
5.	DDB	VDV	18.	KHB	XJV	31.	RJL	WPX	44.	SUG	SMF	57.	XRS	GNM
6.	EJP	IPS	19.	LDR	HDE	32.	RJL	WPX	45.	TMN	EBY	58.	XRS	GNM
7.	FBR	KLE	20.	LDR	HDE	33.	RJL	WPX	46.	TMN	EBY	59.	XOI	GUK
8.	GPB	ZSV	21.	MAW	UXP	34.	RFC	WQQ	47.	TAA	EXB	60.	XYW	GCP
9.	HNO	THD	22.	MAW	UXP	35.	SYX	SCW	48.	USE	NWH	61.	YPC	OSQ
10.	HNO	THD	23.	NXD	QTU	36.	SYX	SCW	49.	VII	PZK	62.	YPC	OSQ
11.	HXV	TTI	24.	NXD	QTU	37.	SYX	SCW	50.	VII	PZK	63.	ZZY	YRA
12.	IKG	JKF	25.	NLU	QFZ	38.	SYX	SCW	51.	VQZ	PVR	64.	ZEF	YOC
13.	IKG	JKF	26.	OBU	DLZ	39.	SYX	SCW	52.	VQZ	PVR	65.	ZSJ	YWG

Abb. 143. 65 aufgefangene chiffrierte Spruchschlüssel zum gleichen Tagesschlüssel

19.4.1.1 Mit $P_1, P_2, P_3, P_4, P_5, P_6$ seien die Permutationen bezeichnet, denen bei fester Grundstellung die 1., 2., 3., ...6. Zeichen unterliegen. Der involutorische Charakter der ENIGMA-Chiffrierung war den Polen bekannt. Gilt deshalb aP_i =X, so gilt auch XP_i =a, und umgekehrt. Damit folgt aber aus aP_i =X und aP_{i+3} =Y ($i = 1, 2, 3$), daß X$P_i P_{i+3}$ =Y . Die bekannten, an jeweils 1. und 4., 2. und 5., 3. und 6. Stelle des Chiffrats stehenden Zeichen X, Y legen also die drei Produkte $P_i P_{i+3}$ der unbekannten Permutationen fest.

Abb. 143 zeigt 65 chiffrierte doppelte Spruchschlüssel. Aus ihnen entnimmt man, daß für $P_1 P_4$ das Zeichen a in sich übergeht (nr 1.), ebenso das Zeichen s (nr 35.). Ferner geht das Zeichen b in c über und umgekehrt (nr 2. , nr 4.), ebenso das Zeichen r in das Zeichen w und umgekehrt (nr 30. , nr 53.). Von den übrigen Zeichen findet man, daß sie unter $P_1 P_4$ in den Zyklen (d v p f k x g z y o) (etwa nr 5. , nr 49. , nr 27. , nr 7. , nr 17. , nr 57. , nr 8. , nr 63. , nr 61. , nr 26.) und (e i j m u n q l h t) (etwa nr 6. , nr 12. , nr 15. , nr 21. , nr 48. , nr 23. , nr 28. , nr 19. , nr 9. , nr 45.) liegen. Es handelt sich also um zwei Einerzyklen, zwei Zweierzyklen und zwei Zehnerzyklen. Die Zyklenbestimmung ist vollständig möglich, sobald jedes Zeichen an 1., an 2. und an 3. Stelle mindestens einmal aufgetreten ist; in der Regel ist das der Fall, sobald fünfzig bis hundert Sprüche vorliegen — das warf ein heißer Manövertag schon ab.

Insgesamt ergibt sich

$P_1P_4=$ (a) (s) (b c) (r w) (d v p f k x g z y o) (e i j m u n q l h t)
$P_2P_5=$ (a x t) (b l f q v e o u m) (c g y) (d) (h j p s w i z r n) (k)
$P_3P_6=$ (a b v i k t j g f c q n y) (d u z r e h l x w p s m o)

Die Einerzyklen[3] spielen eine besondere Rolle: Da die einzelnen Substitutionen P_1, P_2, P_3, P_4, P_5 und P_6 wegen ihres echt involutorischen Charakters nur aus Zweierzyklen bestehen, wird P_iP_{i+3} ein Zeichen x genau dann als Einerzyklus haben, wenn es ein Zeichen y gibt derart daß sowohl P_i wie P_{i+3} das Paar $(x\ y)$ als Zweierzyklus haben. Ein Satz der Gruppentheorie besagt nun, daß bei geradem Alphabetumfang N die Zyklen jeweils paarweise auftreten müssen, wobei einer der Zyklen in revertierter Reihenfolge (←) angeschrieben werden muß, um die Paarungen zu Zweierzyklen zu ergeben. Wie nun die Zyklen aneinander zu heften sind, verbleibt als Frage.

Hier kommt erstmals ein Häufigkeitsargument ins Spiel. Wenn man die Faulheit der Chiffrierer richtig einschätzt, dann müßte die fünfmal (nr 35. - nr 39.) auftretende identische Gruppe SYX SCW dem gängigsten Spruchschlüssel aaa entsprechen. Das legt in P_1 den Zweierzyklus (a s), in P_2 den Zweierzyklus (a y), in P_3 den Zweierzyklus (a x) fest, sowie in P_4 den Zweierzyklus (a s), in P_5 den Zweierzyklus (a c), in P_6 den Zweierzyklus (a w) . Damit steht für P_3 und P_6 bereits die Paarung der beiden Teilzyklen

```
   ↓
→( a b v i k t j g f c q n y )
←( x l h e r z u d o m s p w )
```

fest; explizit kann man, mit (a x) beginnend, auch im Zickzack ausrechnen daß

$P_3=$ (a x) (b l) (v h) (i e) (k r) (t z) (j u) (g d) (f o) (c m) (q s) (n p) (y w)
$P_6=$ (x b) (l v) (h i) (e k) (r t) (z j) (u g) (d f) (o c) (m q) (s n) (p y) (w a)

P_3 enthält insbesondere auch den Zyklus (q s). Somit hat der Spruchschlüssel zu nr 1. AUQ AMN die Gestalt **s . Wenn man jetzt noch errät, daß der Spruchschlüssel zu nr 1. sss lautet, so ist in P_2 neben (a y) auch (s u) festgelegt. Damit steht auch die Paarung für die Teilzyklen von P_2 und P_5

```
   ↓                 ↓
→( a x t ) ( b l f q v e o u m ) ( d )
←( y g c ) ( j n h r z i w s p ) ( k )
```

fest; es ergibt sich

$P_2=$ (a y) (x g) (t c) (b j) (l n) (f h) (q r) (v z) (e i) (o w) (u s) (m p) (d k)
$P_5=$ (y x) (g t) (c a) (j l) (n f) (h q) (r v) (z e) (i o) (w u) (s m) (p b) (k d)

[3] In den Jargon von Bletchley Park übernahm man den von dem polnischen Wortspiel *te same* („die selben") — *samiczki* („Weibchen") herrührenden Ausdruck *'females'* .

Betrachtet man ferner noch die viermal (nr 30. - nr 33.) identisch auftretende Gruppe RJL WPX , so muß ihr Spruchschlüssel die Gestalt $*$bb haben. P_1 und P_4 kann nur die Paarung von r mit b oder von r mit c haben; im ersteren Fall ergibt sich der wahrscheinlichere Spruchschlüssel bbb . Damit ist auch für P_1 und P_4 die Paarung der Zweierzyklen (b c) und (r w) bestimmt. Um auch die Zehnerzyklen richtig zu paaren, muß eine weitere Gruppe herangezogen werden, etwa (nr 19. - nr 20.) LDR HDE . Da P_3 und P_6 (r k) bzw. (k e) enthalten, sowie P_2 und P_5 (d k) bzw. (k d), muß der Spruchschlüssel die Gestalt $*$kk haben. Das legt die Stereotype kkk nahe, aus der sich ergibt, daß P_1 und P_4 die Zweierzyklen (l k) bzw. (k h) enthalten. Damit ist auch die Paarung der Zehnerzyklen erledigt, es ergibt sich

$$\begin{array}{l} \downarrow \downarrow \\ \rightarrow (\ a\ )\ (\ b\ c\ )\ (\ d\ v\ p\ f\ k\ x\ g\ z\ y\ o\ ) \\ \leftarrow (\ s\ )\ (\ r\ w\ )\ (\ i\ e\ t\ h\ l\ q\ n\ u\ m\ j\ )\quad \text{und damit} \end{array}$$

$$P_1 = (a\,s)\ (b\,r)\ (c\,w)\ (d\,i)\ (v\,e)\ (p\,t)\ (f\,h)\ (k\,l)\ (x\,q)\ (g\,n)\ (z\,u)\ (y\,m)\ (o\,j)$$
$$P_4 = (s\,a)\ (r\,c)\ (w\,b)\ (i\,v)\ (e\,p)\ (t\,f)\ (h\,k)\ (l\,x)\ (q\,g)\ (n\,z)\ (u\,y)\ (m\,o)\ (j\,d)$$

Insgesamt ergibt sich also für die ersten drei Permutationen in geordneter Form

$$P_1 = (a\,s)\ (b\,r)\ (c\,w)\ (d\,i)\ (e\,v)\ (f\,h)\ (g\,n)\ (j\,o)\ (k\,l)\ (m\,y)\ (p\,t)\ (q\,x)\ (u\,z)$$
$$P_2 = (a\,y)\ (b\,j)\ (c\,t)\ (d\,k)\ (e\,i)\ (f\,h)\ (g\,x)\ (l\,n)\ (m\,p)\ (o\,w)\ (q\,r)\ (s\,u)\ (v\,z)$$
$$P_3 = (a\,x)\ (b\,l)\ (c\,m)\ (d\,g)\ (e\,i)\ (f\,o)\ (h\,v)\ (j\,u)\ (k\,r)\ (n\,p)\ (q\,s)\ (t\,z)\ (w\,y)$$

19.4.1.2 Die Entzifferung aller Spruchschlüssel ist damit auch geleistet (Abb. 144); die schlechten Angewohnheiten der ENIGMA-Chiffrierer werden augenfällig, wenn man die Liste der Spruchschlüssel auf der Schreibmaschinentastatur betrachtet: nur drei von vierzig, nämlich ikl , nml und pyx , sind nicht völlig stereotyp.

AUQ	AMN	: sss	IKG	JKF	: ddd	QGA	LYB	: xxx	VQZ	PVR	: ert
BNH	CHL	: rfv	IND	JHU	: dfg	RJL	WPX	: bbb	WTM	RAO	: ccc
BCT	CGJ	: rtz	JWF	MIC	: ooo	RFC	WQQ	: bnm	WKI	RKK	: cde
CIK	BZT	: wer	KHB	XJV	: lll	SYX	SCW	: aaa	XRS	GNM	: qqq
DDB	VDV	: ikl	LDR	HDE	: kkk	SJM	SPO	: abc	XOI	GUK	: qwe
EJP	IPS	: vbn	MAW	UXP	: yyy	SUG	SMF	: asd	XYW	GCP	: qay
FBR	KLE	: hjk	NXD	QTU	: ggg	TMN	EBY	: ppp	YPC	OSQ	: mmm
GPB	ZSV	: nml	NLU	QFZ	: ghj	TAA	EXB	: pyx	ZZY	YRA	: uvw
HNO	THD	: fff	OBU	DLZ	: jjj	USE	NWH	: zui	ZEF	YOC	: uio
HXV	TTI	: fgh	PVJ	FEG	: tzu	VII	PZK	: eee	ZSJ	YWG	: uuu

Abb. 144. Die 40 verschiedenen Spruchschlüssel entziffert

Da die Analyse auf sechs Zeichen am Anfang beschränkt war, wurde im wesentlichen nur die Eingangswalze bewegt, die übrigen ENIGMA-Walzen blieben in 20 von 26 Fällen unbewegt. Das genügte, zusammen mit ASCHEs Material, um auch die innere Verdrahtung der jeweiligen Eingangswalze zu rekonstruieren, und da die Walzenlage damals alle Vierteljahre (ab 1936 monatlich, später täglich) wechselte, kam auch jede Walze in den Genuß der polnischen Untersuchung. Mit der Verfügbarkeit aller Spruchschlüssel eines Tages ließ sich der gesamte aufgefangene ENIGMA-Verkehr mit von den Polen nachgebauten Maschinen dechiffrieren. 1939 bekamen sowohl die Franzosen wie die Briten polnische Repliken der ENIGMA mit 5 Walzen.

19.4.1.3 Um auch die Grundstellung des Tagesschlüssels zu rekonstruieren, machten sich die Polen zunutze, daß die Zyklenlängen in den drei $P_i P_{i+3}$ von der Wahl der Steckerverbindung unabhängig sind. Die Anzahl verschiedener Zyklenaufteilungen ist wegen der Paarigkeit gleich der Anzahl der Partitionen von 13 und beträgt 101; für die $6 \times 26 \times 26 \times 26 = 105436$ Grundstellungen reichen drei solche Partitionen — im obigen Beispiel 10+2+1, 9+3+1, 13 — im allgemeinen zur eindeutigen Charakterisierung aus. *Rejewski*, unterstützt von *Rózicki* und *Zygalski*, stellten mit Hilfe der rekonstruierten ENIGMAs nun einen Katalog auf, der zu allen Grundstellungen die Partition der Zyklen enthielt. Wichtig war, daß diese Untersuchung von der gewählten Steckerverbindung unabhängig war. Um sie zu mechanisieren, wurde in der Fabrik AVA in der Stepinska-Straße ein ‚Zyklometer' genanntes Gerät gebaut. Das Biuro Szyfrów hatte 1937 den Katalog fertig; die Tagesschlüssel waren damit in 10 bis 20 Minuten zu lösen.

19.4.2 Als Problem verblieb, die Ringstellung herauszufinden. Das exhaustive Vorgehen konnte wesentlich erleichtert werden durch eine Beobachtung, die *Rejewski* schon 1932, dank des Materials von ASCHE, gemacht hatte: daß die meisten Klartexte mit /anx/ begannen — wobei /x/ als Ersatz für Zwischenraum diente. Nach *Kerckhoffs* Maxime mußte man damit rechnen, daß die Maschine kompromittiert war; um so unvernünftiger war es, einen stereotypen Anfang zuzulassen. Dieser triviale Fall einer Geheimtext-Klartext-Kompromittierung (vgl. 10.1) wird in 19.5 wieder aufgegriffen werden.

All diese Erfolge waren nur möglich dank des e c h t involutorischen Charakters der Rotorchiffrierung der ENIGMA; die Umkehrwalze von *Scherbius* und *Korn* erwies sich als grandiose ***complication illusionaire.*** Die Chiffriermaschinen von *Boris Hagelin* litten nicht unter d i e s e m Mangel. Aber auch die in Amerika nachgebaute M-209 wurde von den Deutschen ab 1942 in Nordafrika gebrochen.

19.4.3 1938 verschärfte sich die Situation. Die Deutschen änderten am 15. September 1938 das Schlüsselverfahren und führten am 15. Dezember 1938 eine vierte und eine fünfte Chiffrierwalze ein, was zu 60 möglichen Walzenlagen führte.

Mit der letzteren Komplikation wurden die Polen rasch fertig, denn es kam ihnen ein glücklicher Zufall zu Hilfe. Der SD (‚Sicherheitsdienst') hatte den Einfall, seine Funksprüche erst mit einem einfachen Verfahren von Hand zu chiffrieren, bevor sie mit der ENIGMA chiffriert wurden — man wollte sich offenbar von den ENIGMA-Chiffrierern nicht in die Karten schauen lassen.

Die Polen konnten die ENIGMA-Chiffrierung zwar abstreifen, erzielten aber damit einen ‚sinnlosen' Text. Sie dachten zunächst an das nächstliegendste, daß der SD ein besonderes Verfahren verwende. Als aber eines Tages in dem Gestammel das klar lesbare Wort /eins/ auftauchte, erkannte man den wahren Sachverhalt: der ENIGMA-Chiffrierer hatte einen Text bekommen, der versehentlich die Ziffer 1 enthielt und hatte diese — was sollte er sonst tun — als /eins/ eingegeben. Die einfache Chiffrierung des SD konnten die Polen unschwer abstreifen und somit Sprüche des SD lesen. Der SD änderte nun im September 1938 das Schlüsselverfahren nicht, führte aber im Dezember 1938 die vierte und fünfte Walze ein. Damit kamen diese Walzen unter Beobachtung und nach kurzem waren ihre inneren Verbindungen aufgedeckt.

Es verblieb, mit dem neuen Schlüsselverfahren zurechtzukommen. Dieses benutzte nicht mehr die selbe Grundstellung für den ganzen Tag, sondern der Chiffrierer sollte willkürlich für jeden Spruch seine eigene wählen. Diese wurde u n c h i f f r i e r t dem Funkspruch vorangestellt, sodann folgte der mit dieser individuellen Grundstellung chiffrierte, immer noch verdoppelte Spruchschlüssel. Beginnt also ein Spruch mit RTJWA HWIK..... , so ist rtj die Grundstellung, WAH WIK ist der mit dieser Grundstellung chiffrierte Spruchschlüssel, wofür wir im folgenden rtj | WAH WIK schreiben werden.

Mit der Grundstellung rtj ermittelt der Dechiffrierer aus WAH WIK den Spruchschlüssel (von dem er weiß, daß er das Muster *123123* haben muß); mit ihm dechiffriert er den restlichen Spruch.

Da die Ringstellung und die Walzenlage unbekannt waren, konnte der Feind mit der vorangestellten Grundstellung unmittelbar nichts anfangen: Der Suchraum enthielt noch 1 054 560 Fälle (26^3 Ringstellungen, 6 Walzenlagen, ab Dezember 1938 10 Auswahlmöglichkeiten der drei Walzen aus fünf).

19.4.3.1 Immerhin war das ein Fall für eine Mustersuche, und zwar nach dem Muster *123123* . Eine Mechanisierung lag nahe. *Rejewski* ließ noch im Oktober 1938 bei AVA sechs Maschinen bauen, die, um einen gemeinsamen Antrieb herum, die sechs Walzenlagen simulierten, und spielte die 17576 Ringstellungen durch, wozu man maximal 110 Minuten brauchte. Die ‚richtige' Ringstellung fand man unter Benutzung der Einerzyklen folgendermaßen: Man baute die Maschine aus drei Paaren von ENIGMA-Walzensätzen auf; in jedem Paar waren die Stellungen der Walzensätze um drei Positionen versetzt, die Stellung der Walzensätze des ersten Paars war gegen die des zweiten Paares um eine Position versetzt und die des zweiten Paares gegen die des dritten Paares ebenfalls um eine Position. Sobald genügend Material vorlag, um über drei chiffrierte verdoppelte Spruchschlüssel zu verfügen, von denen der erste an der ersten und vierten Stelle, der zweite an der zweiten und fünften Stelle, der dritte an der dritten und sechsten Stelle ein und denselben Einerzyklus (‚Fixpunkt') aufzeigte, — etwa den Buchstaben W in

rtj | WAH WIK
dqx | DWJ MWR
hpl | RAW KTW

— war ein erfolgreicher Angriff möglich: Man startete nun die Maschine mit den drei Voreinstellungen rtj, dqx und hpl und hatte nur abzuwarten, bis sich in jedem der drei Paare jeweils ein gleicher Buchstabe einstellte — welcher, konnte man nicht wissen, da das von der Steckerverbindung T abhing. Eine solche Koinzidenz führte über eine einfache Relais-Schaltung in einem Testregister zum Anhalten der ganzen Apparatur, die die Polen wegen ihres Aussehens *Bomba* nannten.[4] Gelegentlich gab es auch falschen Alarm.

Nach der Ermittlung der Ringstellung konnte man durch Vergleich der chiffrierten Spruchschlüssel mit den auf der ENIGMA-Replik (mit den ermittelten Ringeinstellungen) angezeigten Chiffrierungen auch die Steckerverbindung rekonstruieren. Damit waren alle Sprüche des betreffenden Tages (später der betreffenden Acht-Stunden-Schicht) aus dem jeweiligen ‚Netz' (es gab im Krieg bis zu 120 solche Netze) bloßgestellt.

Ironischerweise sei bemerkt, daß die Deutschen stets versucht hatten, durch geeignete Vorschriften zur Chiffriersicherheit eine *Kerckhoffs*sche Superimposition unmöglich zu machen, und nun doch Opfer einer Vorgehensweise wurden, die eine Superimposition der Spruchanfänge vornimmt.

19.4.3.2 Eine andere Art der Mechanisierung entwickelte zur selben Zeit *Henryk Zygalski* (1907 - 1978): Ein Lochblattverfahren zur Ermittlung der Tagesschlüssel aus etwa zehn bis zwölf (beliebigen) Fixpunkten. Für 6 Walzenlagen wurde bezüglich der Positionen 1.-4., 2.-5. und 3.-6. festgestellt, ob für eine Grundstellung X, Y, Z ein Einerzyklus möglich ist. Für jeden der 26 Buchstaben X wurde dies in einer $Y \times Z$ -Matrix durch eine Lochung festgehalten (Abb. 146). Durch Übereinanderlegen der betreffenden Blätter konnte die Koinzidenz festgestellt werden.

19.4.3.3 Schon im Januar 1939 hatte *Gwido Langer* seine französischen Kontakte durch Fühlungnahme mit seinen britischen Kollegen abgerundet. Mit steigender Kriegsgefahr war weitere Zusammenarbeit angezeigt. An einem Treffen Ende Juli 1939 in Warschau nahm neben *Alfred Dyllwyn Knox*, dem führenden britischen Kryptanalysten im Foreign Office, und seinem Chef *Alastair Dennison* auch *Bertrand* teil. Die Polen, mit *Ciężki*, *Langer*, dem Grand Chef *Stefan Mayer* und den jungen mathematischen Mitarbeitern *Rejewski*, *Różicki*, *Zygalski*) zeigten ihnen in Pyry, nahe Warschau, stolz ihre Ergebnisse.

Die Briten (Government Code and Cypher School, Bletchley Park) übernahmen mit den Erkenntnissen der Polen die Lochblattverfahren; die Lochblätter nannten sie *'canvasses'* oder nach *John Jeffreys*, der ihre Herstellung zu überwachen hatte, *'Jeffery sheets'*.

Die Briten beschäftigten sich auch mit der polnischen *Bomba* — sie sprachen ebenfalls von *'bombs'* . *Oliver Strachey* hatte den jungen *Alan Mathison Turing*, der sich bereits als Logiker einen Namen gemacht hatte, der aber von

[4] Ursprünglich Bezeichnung für eine Eistorte („Eis-Bombe").

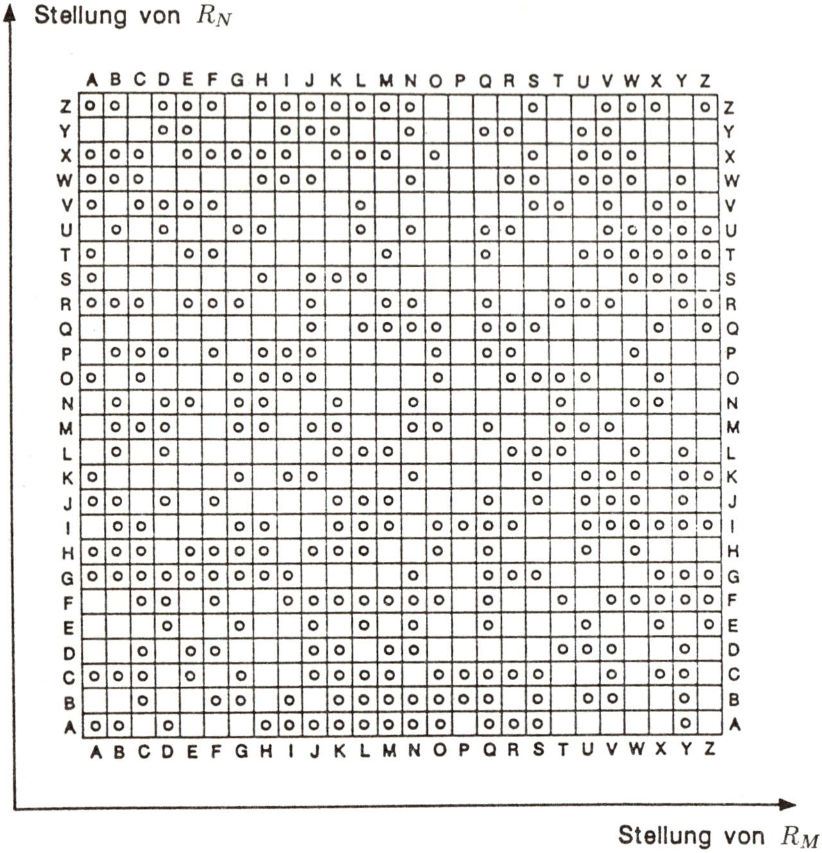

Abb. 145. Lochblatt K_{14}^{312} für Walzenfolge III-I-II,
Fixpunkte von $P_1 P_4$, erster Buchstabe X = K

Kindheit an an Chiffrierung interessiert war, mehrfach in Kontakt mit der Government Code and Cipher School gebracht. Dieser Dienst stand unter der Leitung von *Knox*, einem Altphilologen, der schon 1915 den Room 40 der Navy dem Fellow des Kings College in Cambridge vorgezogen hatte und der sich bereits mit der kommerziellen ENIGMA, die die Italiener benutzten, herumgeschlagen hatte. Mit Kriegsbeginn begann *Turing* dort seine Arbeit. Unter ihm und dem Mathematiker *Gordon Welchman* wurden die Bomben weiterentwickelt. Die Polen waren im wesentlichen dem elektrischen Aufbau der ENIGMA gefolgt, der über die Rückkehrwalze einen hin- und zurücklaufenden Strompfad vorsah. Solange nur jeweils eine Alphabettaste gedrückt wurde und nur eine Lampe aufleuchten sollte, war diese Idee recht praktisch. Die Briten wollten jedoch von dieser direkten technischen Realisierung der polnischen *Bomba* abweichen, um schnelleres und zuverlässigeres *26-fach paralleles* Arbeiten zu erzielen. Sie ersetzten die Rotoranordnung durch einen **Vertauscher** (*'scrambler'*), der eine Eingangsseite und eine Ausgangsseite hatte, im übrigen aber die klassische ENIGMA-Substitution P_i nachbildete, die der i-ten Stellung der drei Walzen der Rotoranordnung entsprach, dem i-ten von insgesamt 26^3 Zuständen. Dabei war, wegen des involutorischen Charakters der ENIGMA-Substitution, ein solcher Vertauscher symmetrisch bezüglich Eingangs- und Ausgangsseite aufgebaut. Eine ganze Batterie von Vertauschern sollte simultan fortgeschaltet werden können.

Turing wäre damit in der Lage gewesen, durch geeignete Zusammenschaltung von Vertauschern die Wirkungsweise der polnischen *Bomba* nachzubilden. Die Entwicklung nahm jedoch einen anderen Verlauf. *Turing* erkannte, daß die Einerzyklen, die besagten *females*, die natürlich Fixpunkte einer Abbildung waren, auch durch einen rückgekoppelten Iterationsprozeß bestimmt waren, der entweder konvergieren konnte und dann Fixpunkte lieferte, oder der divergierte und damit anzeigte, daß die betreffende Walzenstellung keinen Fixpunkt erlaubte. Er wandte sich damit dem allgemeineren Prinzip der Rückkopplung zu.

Welchman kam übrigens im November 1939, als er sich noch in der Schulung befand, unabhängig zu ähnlichen Gedankengängen, obwohl er zunächst mit der maschinellen ENIGMA-Entzifferung nicht betraut war. Er erfand auch die Lochblätter von *Zygalski* wieder — nicht wissend, daß *John Jeffreys* in einem anderen Gebäude schon an ihrer Herstellung arbeitete. Ebensowenig wußte er zunächst von *Turings* Absichten.

Die Briten waren 1940 jedenfalls so tief in die Details der ENIGMA und der Gewohnheiten der Deutschen eingedrungen, daß ihnen auch der (erwartete) nächste Schlag nicht mehr viel zu schaffen machte: als nämlich am 1. Mai 1940, kurz vor dem Beginn des Feldzugs in Frankreich, die Deutschen von der Doppelchiffrierung des Spruchschlüssels abgingen und damit die bisherigen Methoden wertlos wurden. Da inzwischen das System offen lag, konnte man hoffen, die gewünschten Rückkopplungen mittels Geheimtext-Klartext-Kompromittierungen zu bekommen — die Vorliebe der Deutschen für stereotype Wendungen war nur zu gut bekannt, und die Briten waren gewillt, täglich das Menü, *'crib'* genannt, für die Suche zu bereiten.

Unterstützt wurden sie durch fortgesetzte Verstöße auf deutscher Seite gegen die Regeln der Chiffriersicherheit. *John Herivel* fiel auf, daß beim Schlüsselwechsel die neue Grundstellung häufig nahe an der vorherigen Ringstellung lag oder gar mit ihr übereinstimmte — eine Folge schlampiger Hantierung. Außerdem hielt der Gebrauch stereotyper Spruchschlüssel an — die Briten reihten sie unter der Rubrik *'cillies'* ein.[5] Wiederum war der Schaden bereits

[5] *cilly* vielleicht burlesk für *'silly'* .

angerichtet, als es der deutschen Überwachung allmählich gelang, die Chiffrierfehler einzudämmen. Übrigens war die Luftwaffe des Parvenüs *Göring* am nachlässigsten in der Chiffriersicherheit. Die Leute von Bletchley Park konnten schon im April 1940 regelmäßig den ENIGMA-Verkehr der Luftwaffe brechen, während sie mit den Sprüchen der Kriegsmarine erst Mitte 1941 einigermaßen zurechtkamen.

19.4.3.4 Wenn aber die Suche mittels wahrscheinlicher Worte vergeblich blieb, bestand immer noch die Möglichkeit einer phasenrichtigen Superimposition. Dazu wurden Parallelstellen gesucht — die verwendete Methode wurde *'banburism'* genannt, weil die Testblätter in Banbury, einer Kleinstadt nahe Oxford, hergestellt wurden. Die darauf beruhende Ausrichtung ergab die Differenz der Phasenlagen der unchiffrierten Spruchschlüssel. Nach dieser Methode, die schon die Polen benutzt hatten (19.4.1.2), war wenigstens der schnelle Rotor (der durch die dritte Stelle des Spruchschlüssels bezeichnet wird) aufzuklären. *Deavours* und *Kruh* geben dazu folgendes Beispiel: Aus hundert phasenrichtig ausgerichteten Paaren von aufgefangenen Sprüchen ergaben sich modulo 26 folgende Werte

3. Stelle des Spruchschlüssels		Differenz der Phasenlage *mod.* 26
R	F	7
F	K	12
D	Y	4
T	Y	2
N	Q	14
M	Q	21
K	O	6
B	Y	11
M	C	6
N	K	3

Diese Daten schließen sich zu zwei Ketten

1	2	3	4	5	6	7	8	9	10	11	12	13	14	15	16	17	18	19	20	21	22	23	24	25	26
R				Q			F		M						C	N			K						O
D		T		Y															B						

Fährt man an der ersten Kette mit dem Klartextalphabet entlang, so kommt eine Involution (k n) zustande für folgende Lage

a	b	c	d	e	f	g	h	i	j	k	l	m	n	o	p	q	r	s	t	u	v	w	x	y	z
	F		M						C	N			K						O	R				Q	

Alle Möglichkeiten für Involutionen ausnützend, erhält man die Hülle

	F	J	M		B				C	N		D	K	T		Y	U		O	R				Q	

die mit der zweiten Kette

					B							D		T		Y									

verträglich ist. Damit sind 7 der 13 Zweierzyklen des schnellen Rotors aufgeklärt.

19.5 Geheimtext-Klartext-Kompromittierung bei der Rotor-Chiffrierung

Die Geräte und die algebraischen Methoden, die man seit der Jahreswende 1939/1940 in Bletchley Park verfügbar hatte, waren, wie gesagt, zu dem Zweck geeignet, auf wahrscheinliche Worte zu prüfen. Damit wurde methodisch der Ansatz wieder aufgenommen, den schon 1932 *Rejewski* (vgl. 19.4.2) benutzt hatte . Systematisch gehörte deshalb der folgende Abschnitt eigentlich an den Schluß des Kapitels 14.

19.5.1 Die von *Turing* entwickelte Technik der Rückkoppelpläne für die Vertauscher erinnert den Informatiker heute sehr an Übergangsdiagramme der Automatentheorie. Folgendes Beispiel geht auf *Cipher A. Devours* und *Louis Kruh* zurück.

Als wahrscheinliches Wort sei /oberkommandoderwehrmacht/ vermutet. Es soll gegen den Geheimtext

U L O E B Z M G E R F E W M L K M T A W X T S W V U I N Z

geprüft werden. Nach 14.1 kann nicht jede Lage vorkommen, da kein Zeichen durch das selbe Zeichen chiffriert werden kann. Von den nicht allzuvielen verbleibenden Lagen, insbesondere am Anfang oder am Schluß, soll die erste ausgewählt und überprüft werden. Das ergibt den Ansatz (die *'crib'*)

```
               1  2  3  4  5  6  7  8  9  10 11 12 13 14 15 16 17 18 19 20 21 22 23 24
               o  b  e  r  k  o  m  m  a  n  d  o  d  e  r  w  e  h  r  m  a  c  h  t
U  L  O  E  B  Z  M  G  E  R  F  E  W  M  L  K  M  T  A  W  X  T  S  W  V  U  I  N  Z
```

wobei die Rotorstellungen von 1 bis 24 numeriert sind.

Die Stellungen 14, 9, 7 bilden eine ‚Schleife' : es gilt (die inneren Kontakte seien mit $a, b, c, \ldots y, z$ bezeichnet, T bezeichne die Steckerverbindung, P_i die Rotor-Substitution an der i-ten Stelle)

$eT = mTP_7$, $mT = aTP_9$, $aT = eTP_{14}$, und damit $eT = eTP_{14}P_9P_7$.

eT ist also ein Fixpunkt von $P_{14}P_9P_7$.

Aber auch die Stellungen 4, 15, 8, 7 bilden eine Schleife: es ist zwar zunächst

$eT = rTP_4$, $wT = rTP_{15}$, $wT = mTP_8$, $eT = mTP_7$;

da aber die Substitutionen *involutorisch* sind, ist auch

$eT = mTP_7$, $mT = wTP_8$, $wT = rTP_{15}$, $rT = eTP_4$, somit
$eT = eTP_4P_{15}P_8P_7$. eT ist also auch ein Fixpunkt von $P_4P_{15}P_8P_7$.

Ferner bilden auch die Stellungen 4, 5, 11, 13, 17 eine ‚Schleife' : es gilt nach geeigneten Involutionen

$eT = rTP_4$, $rT = kTP_5$, $kT = dTP_{11}$, $dT = tTP_{13}$, $tT = eTP_{17}$. Damit hat auch $P_{17}P_{13}P_{11}P_5P_4$ den Fixpunkt eT .

Diese und weitere Beziehungen kann man in ein ungerichtetes Übergangsdiagramm eintragen, das Abb. 146 (rechts oben) zeigt. Der echt involutorische

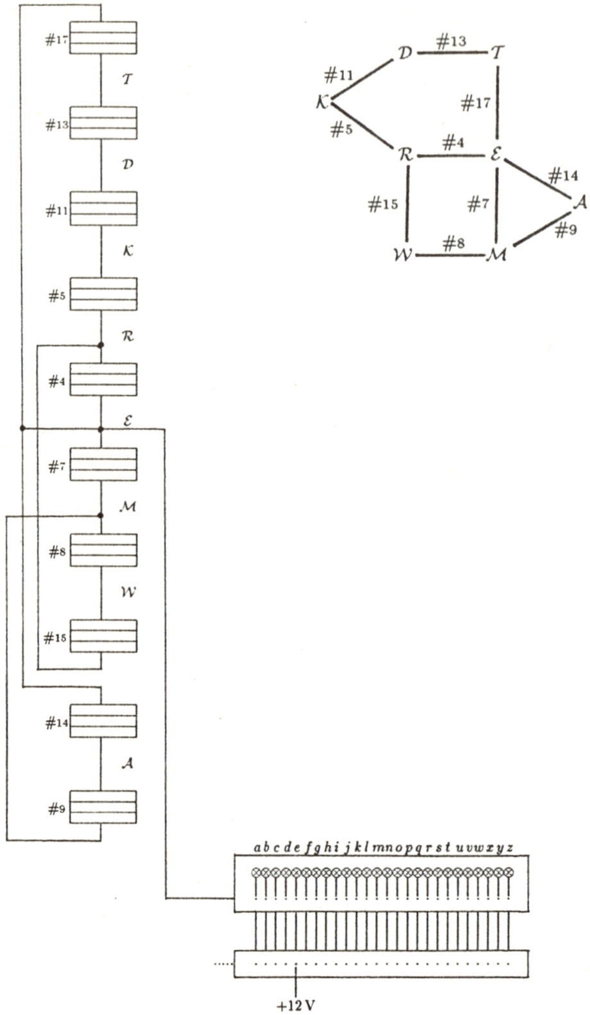

Abb. 146. Turing-Rückkoppelplan für Beispiel /oberkommandoderwehrmacht/

Charakter der Vertauscher kommt auch in der galvanischen Verbindung ihrer Ein- und Ausgänge zum Ausdruck. Gemäß einem solchen Diagramm werden nun genügend viele Vertauscher rückgekoppelt zusammengeschaltet (mit 26-adrigen Leitungsschnüren verbunden), ein ‚Testregister' wird irgendwo angeschlossen, etwa bei $\mathcal{E}$ (Abb. 146). Irgend ein Eingang wird unter Spannung gesetzt.

Angenommen, die Steckerbrettsubstitution sei richtig getroffen: der unter Spannung gesetzte Eingang sei e. Außerdem sei die Rotorstellung die, mit der chiffriert wurde (wobei also der Vertauscher #4 rT=/r/ in eT=E überführt). Die Spannung breitet sich dann nur in einem Durchlauf aus und

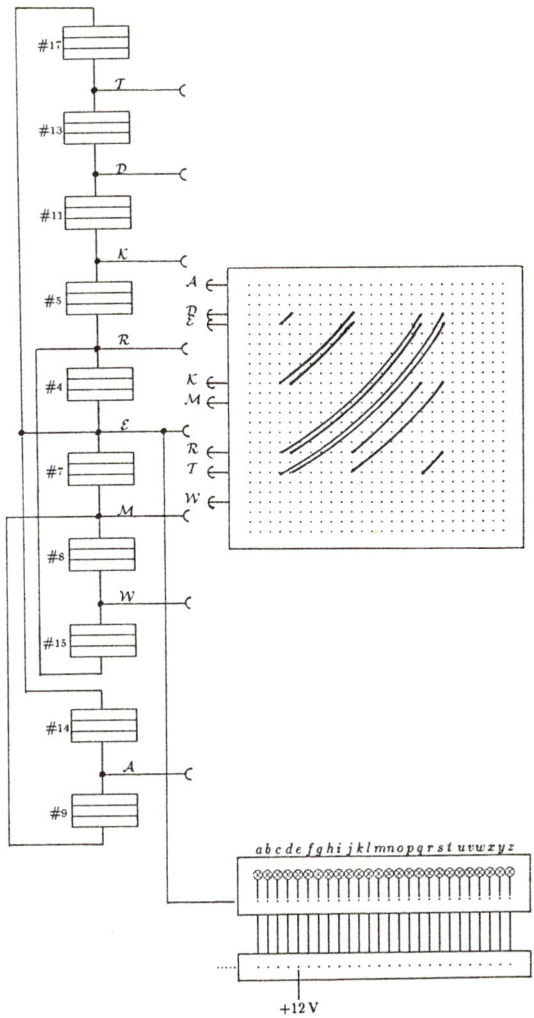

Abb. 147. Welchman-Rückkoppelplan für Beispiel /oberkommandoderwehrmacht/

läßt außer der zu e gehörigen keine Lampe des Testregisters aufleuchten. Eine Relais-Vergleichsschaltung bringt die Maschine zum Anhalten; die Bediener können die Stellung notieren und die weitere Entzifferung versuchen.

Ist das aber nicht der Fall, so breitet sich, durch die Rückkopplung, die Spannung meistens — wenn nämlich genügend viele Schleifen vorliegen — lawinenartig in einer Vielzahl von Durchläufen aus; es werden dadurch nacheinander alle Ausgänge ebenfalls unter Spannung gesetzt, die dort angebrachten Lämpchen leuchten auf. Das ist der Divergenzfall, der anzeigt, daß die Stellung widersprüchlich ist. Gelegentlich aber bleibt lediglich eine Lampe aus. In diesem Fall war nur die richtige Steckerbrettsubstitution nicht getrof-

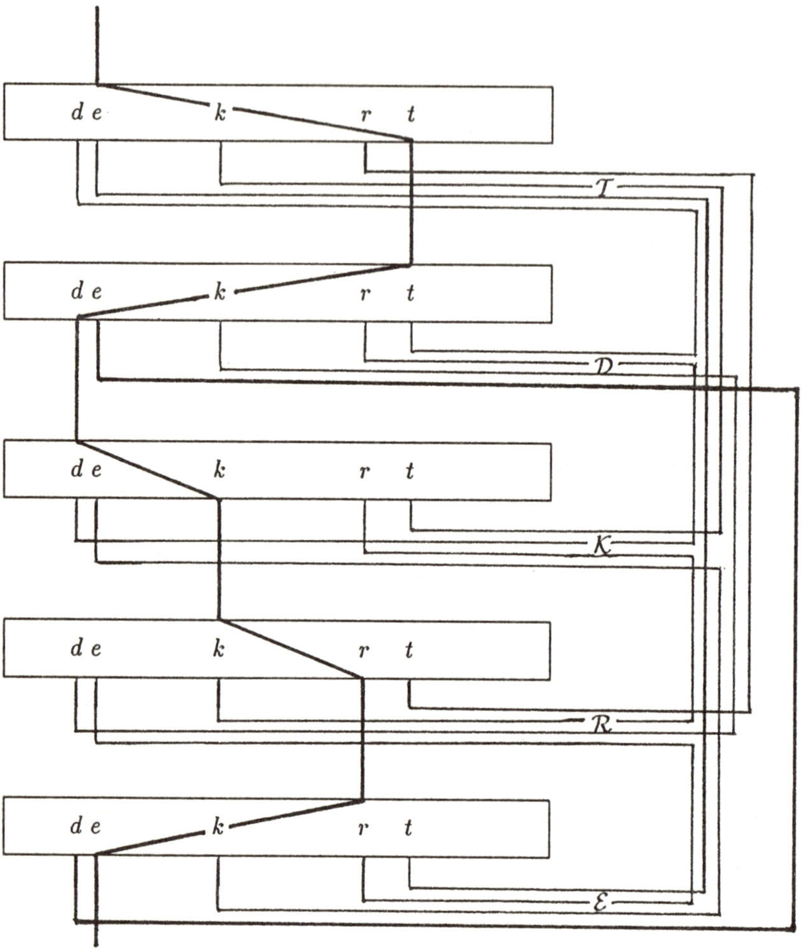

Abb. 148. Wirkungsweise des *'diagonal board'* von *Welchman*

fen, die Rotorstellung ist aber richtig. Auch dann läßt man die Maschine anhalten. Hat man Glück, ist im Haltefall eine passende Walzenlage gefunden – es kann allerdings auch ein Blindtreffer sein. Das entscheidet sich schnell, wenn man versuchsweise die weitere Umgebung des Chiffrats mit dieser Einstellung entziffert.

Der Turingsche Rückkopplungsangriffs wird, wie oben gezeigt, in starkem Maße durch den echt involutorischen Charakter der ENIGMA-Chiffrierung begünstigt. Die Möglichkeit dieser Art des Angriffs wurde von *Gisbert Hasenjäger*, dem für die Sicherheit der ENIGMA zuständigen jungen Mann im Referat IVa (*Karl Stein*) der Chiffrierabteilung des OKW, nicht gesehen.

19.5.2 *Gordon Welchman* verbesserte *Turings* Rückkoppelpläne ganz entscheidend, indem er alle Beziehungen, die durch den involutorischen Charakter der ENIGMA-Walzen zustandekommen, explizit berücksichtigte.

Welchman fand im Frühjahr 1940 eine einfache schaltungsmässige Realisierung einer solchen Hüllenbildung hinsichtlich der Involution, das *'diagonal board'* (Abb. 147). Zu seiner Wirkungsweise sei auf Abb. 148 verwiesen: Es gilt beispielsweise $e\,T = d\,T\;P_{11}P_5P_4$. Der Ausschnitt aus der Schaltung zeigt, wie etwa neben die durch die Vertauscher zustande kommende galvanische Verbindung von e im Bus $\mathcal{E}$ mit d im Bus $\mathcal{D}$ durch das *diagonal board* eine feste galvanische Verbindung von d im Bus $\mathcal{E}$ mit e im Bus $\mathcal{D}$ tritt.

Erst *Welchmans* Verbesserung brachte die Rückkoppelpläne von *Turing* zur vollen Wirksamkeit und erhöhte die Effizienz der Suche drastisch. Bedeutend weniger Schleifen waren bereits in der Lage, das Testregister aufzufüllen. Das sparte nicht nur Vertauscher, sondern erlaubte auch kürzere Menüs und erhöhte dadurch die Chance, daß die mittlere der drei Walzen unbewegt blieb. *Welchman* ist so der eigentliche Held der ENIGMA-Geschichte. *Cipher A. Devours* und *Louis Kruh*, 1985, formulieren es so:

> "It is doubtful that anyone else would have thought of Welchman's idea because most persons, including Turing, were initially incredulous when Welchman explained his concept".

Die Zusammenschaltung der Vertauscher zusammen mit dem Testregister und dem *diagonal board* nannten die Leute in Bletchley Park ebenfalls *'bomb'* , ohne sich tiefere Gedanken über Herkunft des Namen machen zu können. Die erste Turing-Welchman-Bombe taufte man AGNES, sie war Mitte 1940 betriebsbereit und brauchte 11 Minuten für einen Durchlauf. Im Frühjahr 1941 arbeiteten 8 Bomben, Ende 1941 deren 12. Sie wurden von der British Tabulating Machine Company gefertigt. August 1942 waren 30, März 1943 60 und bei Kriegsende 200 Bomben im Einsatz.

Später entwickelten Briten und Amerikaner Hochgeschwindigkeitsbomben, die auch in der Nachkriegszeit noch ihren Dienst taten. Die Version der US Army wurde als 'MADAME X' bekannt; sie verwendete Schrittschalter und erlaubte damit eine rasche Veränderung des Menüs.

Praktikumsaufgabe 13: Schreibe ein Programm, das zu einem ENIGMA-Menü den Koppelplan aufstellt und durchspielt. Die Schaltung der fünf Walzen und der Umkehrwalze ist (*Cipher A. Devours, Louis Kruh*) :

Eingang	a b c d e f g h i j k l m n o p q r s t u v w x y z
Ausgang Rotor 1	E K M F L G D Q V Z N T O W Y H X U S P A I B R C J
Ausgang Rotor 2	A J D K S I R U X B L H W T M C Q G Z N P Y F V O E
Ausgang Rotor 3	B D F H J L C P R T X V Z N Y E I W G A K M U S Q O
Ausgang Rotor 4	E S O V P Z J A Y Q U I R H X L N F T G K D C M W B
Ausgang Rotor 5	V Z B R G I T V U P S D N H L X A W M J Q O F E C K
Ausgang Involutor	Y R U H Q S L D P X N G O K M I E B F Z C W V J A T

20 Lineare Basisanalyse

"It would not be an exaggeration to state that abstract cryptography is identical with abstract mathematics."

A. Adrian Albert 1941

20.1 Reduktion linearer polygraphischer Substitutionen

Für lineare polygraphische Substitutionen einer Chiffrierbreite n gelingt in günstigen Fällen eine Reduktion auf eine Exhaustion der Breite n, wenn nämlich eine Zuordnung einer Menge von n häufig auftretenden n-grammen zu einer Menge von n Klartext-n-grammen vermutet werden kann. Insbesondere ist das der Fall, wenn ein längeres wahrscheinliches Wort angenommen wird, das jedoch in n verschiedenen Phasenlagen getroffen wird.

20.1.1 Um die Rechnungen überprüfbar zu halten, beschränken wir uns auf ein Beispiel mit $n = 3$. Es liege folgender Geheimtext vor:

FDYSW IJXNZ NSNRE NHUWA WMQEI EXWSX
ISIGQ JNTAD BWDPU ....

Es sei angenommen, daß den gegebenen Umständen nach eine lineare polygraphische Substitution der Breite 3 vorliegt — eventuell als zweiter Versuch in einer Reihe von Versuchen mit aufsteigender Breite. Der Geheimtext lautet entsprechend in Trigrammen über $\mathbb{Z}_{26}$

5 3 24 18 22 8 9 23 13 25 13 18 **13 17 4** 13 7 20 **22 0 22** 12 16 4
8 4 23 22 18 23 8 18 8 **6 16 9** 13 19 1 3 1 22 3 15 20 ....

und es sei angenommen, daß die (fett gedruckten) Trigramme **13 17 4** , **22 0 22** und **6 16 9** im weiteren Verlauf des Geheimtextes überaus häufig vorkommen. Angesichts des vorherrschenden Auftretens von /ation/ im Französischen und Englischen kann vermutet werden, daß es sich um die drei Klartext-Trigramme /ati/, /tio/ und /ion/ handelt, bei noch offener Reihenfolge.

In $\mathbb{Z}_{26}$ sind das die Trigramme **0 19 8** , **19 8 14** und **8 14 13** , so daß die Matrix X der linearen Substitution folgendermaßen bestimmt ist, wobei P eine noch unbekannte Permutation ist:

$$\begin{pmatrix} 0 & 19 & 8 \\ 19 & 8 & 14 \\ 8 & 14 & 13 \end{pmatrix} X \;=\; P \begin{pmatrix} 13 & 17 & 4 \\ 22 & 0 & 22 \\ 6 & 16 & 19 \end{pmatrix} .$$

Von den sechs Lösungen in $\mathbb{Z}_{26}$ für die $6 = 3!$ Permutationen ergibt nur eine einen vernünftigen Klartext, nämlich

$$\begin{pmatrix} 0 & 19 & 8 \\ 19 & 8 & 14 \\ 8 & 14 & 13 \end{pmatrix} X = \begin{pmatrix} 22 & 0 & 22 \\ 6 & 16 & 19 \\ 13 & 17 & 4 \end{pmatrix} \qquad \text{mit} \qquad X = \begin{pmatrix} 12 & 8 & 17 \\ 8 & 18 & 24 \\ 13 & 19 & 14 \end{pmatrix} .$$

Die Auflösung lautet

8 13 5   14 17 12   3 8 17   4 2 19   8 14 13   14 5 13   0 19 8   14 13 0
11 17 0   3 8 14   18 19 0   19 8 14   13 0 1   14 20 19   14 20 17   .... ,

in Klartext

i n f o r   m d i r e   c t i o n   o f n a t   i o n a l   r a d i o
s t a t i   o n a b o   u t o u r   ....

20.1.2 Die Matrix X hat das alphabetische Äquivalent

M I R
I S Y
N T O ,

entsteht also mit dem Kennwort MINISTRYO(F). Das bestätigt im Sinn von *Rohrbach* die Entzifferung.

20.2 Rekonstruktion eines durch lineare Iteration erzeugten Schlüssels

Wird ein quasi-nichtperiodischer Schlüssel einer polyalphabetischen linearen polygraphischen Substitution der Breite n durch Iteration einer regulären n-reihigen Matrix A über $\mathbb{Z}_{26}$ generiert (8.4.3), so läßt sich der Rollenwechsel zwischen Nachricht und Schlüssel vornehmen: Ein wahrscheinliches Wort einer Länge k, $k \geq n^2 + n$ wird am Geheimtext entlanggeführt und subtrahiert. Was dabei verbleibt, ist im günstigen Fall ein Stück Schlüssel $(s_{M+1}, s_{M+2}, \ldots s_{M+n^2+n}, s_{M+k})$ einer Länge $k \geq n^2+n$. Die n Gleichungen

$$\begin{aligned}
(s_{M+1}, s_{M+2}, \ldots s_n)\; A &= (s_{M+n+1}, s_{M+n+2}, \ldots s_{M+2n}) \\
(s_{M+n+1}, s_{M+n+2}, \ldots s_{M+2n})\; A &= (s_{M+2n+1}, s_{M+2n+2}, \ldots s_{M+3n}) \\
(s_{M+2n+1}, s_{M+2n+2}, \ldots s_{M+3n})\; A &= (s_{M+3n+1}, s_{M+3n+2}, \ldots s_{M+4n}) \\
&\;\vdots \\
(s_{M+n^2-n+1}, s_{M+n^2-n+2}, \ldots s_{M+n^2})\; A &= (s_{M+n^2+1}, s_{M+n^2+2}, \ldots s_{M+n^2+n})
\end{aligned}$$

in $\mathbb{Z}_{26}$ reichen aus, um A zu bestimmen — für $k > n^2 + n$ ergibt sich sogar ein überbestimmtes Gleichungssystem.

Beispielsweise seien die drei Zahlenpaare $(1\ \ 0), (3\ \ 5), (23\ \ 22)$ aus $(1\ \ 0)$ durch zwei Iterationen mit einer Matrix A erhalten; A ist bestimmt durch

$(1\ \ 0)\,A\ = (3\ \ 5)$ und $(3\ \ 5)\,A\ = (23\ \ 22)$ und ergibt sich in $\mathbb{Z}_{26}$ zu

$$A = \begin{pmatrix} 3 & 5 \\ 8 & 17 \end{pmatrix} .$$

Wenn im günstigen Fall die Lage des wahrscheinlichen Wortes paßt, ist das Gleichungssystem sicher auflösbar, für den überbestimmten Fall $k > n^2 + n$ sind mehrere solche Gleichungssysteme auflösbar und geben übereinstimmende Lösungen. Tritt so etwas auf, so liefert es natürlich einen starken Anhaltspunkt. Im ungünstigen Fall, d. h. wenn die Lage des wahrscheinlichen Wortes nicht paßt, ist das Gleichungssystem oder eines der Gleichungssysteme womöglich gar nicht lösbar; ist es jedoch lösbar, so läßt sich der Schlüssel fortsetzen und vom Geheimtext subtrahieren, wobei in aller Regel unvernünftiger Text entsteht und auf diese Weise der Fehlschlag angezeigt wird. Kommt ein genügend langes wahrscheinliches Wort tatsächlich vor, so wird der gesamte Schlüssel bloßgelegt. Blindtreffer sind selten.

20.3 Rekonstruktion eines linearen Schieberegisters

Lineare Schieberegister im weiteren Sinn fallen als Spezialfall unter die Angriffsmöglichkeit von 20.2 . Für sie ist die Matrix A (vgl. 8.4.3) eine n-reihige Begleitmatrix,

$$A = \begin{pmatrix} 0 & 0 & 0 & \ldots & 0 & t_1 \\ 1 & 0 & 0 & \ldots & 0 & t_2 \\ 0 & 1 & 0 & \cdots & 0 & t_3 \\ & & \vdots & & & \\ 0 & 0 & 0 & \ldots & 0 & t_{n-1} \\ 0 & 0 & 0 & \ldots & 1 & t_n \end{pmatrix} .$$

Wird ein Schlüssel durch Iteration mit einer solchen Begleitmatrix erzeugt, so genügt nunmehr bereits ein Stück der Länge $2n$ des Schlüssels, um die Begleitmatrix zu rekonstruieren und damit den ganzen Schlüssel erzeugen zu können.

Um die Rechnungen überprüfbar zu halten, beschränken wir uns auf ein Beispiel mit $n = 4$. Es liege folgender Geheimtext vor:

B G V J F M B I H T X U F S D Y V L M R ... ...

Es sei angenommen, daß den gegebenen Umständen nach die Chiffrierung ein VIGENÈRE ist, wobei der Schlüssel quasiperiodisch ist und durch eine lineare polygraphische Substitution der Breite 4 in $\mathbb{Z}_{26}$ erzeugt wird. Als wahrscheinliches Wort komme den Umständen nach /broadcast/ in Frage.

20.3.1 Die Annahme, das wahrscheinliche Wort liege ganz am Anfang, führt zu dem Ansatz

B	G	V	J	F	M	B	I	H	T	X	U	F	S	D	Y	V	L	M	T	...
2	6	21	9	5	12	2	8	7	19	23	20	5	18	3	24	21	11	12	17	...
b	r	o	a	d	c	a	s	t												
1	17	14	0	3	2	0	18	19												
1	*15*	*7*	*9*	*2*	*10*	*2*	*16*	*14*												

Dies ergibt die Iterationsgleichung in $\mathbb{Z}_{26}$

$$\begin{pmatrix} 1 & 15 & 7 & 9 \\ 15 & 7 & 9 & 2 \\ 7 & 9 & 2 & 10 \\ 9 & 2 & 10 & 2 \\ 2 & 10 & 2 & 16 \end{pmatrix} \begin{pmatrix} 0 & 0 & 0 & t_1 \\ 1 & 0 & 0 & t_2 \\ 0 & 1 & 0 & t_3 \\ 0 & 0 & 1 & t_4 \end{pmatrix} = \begin{pmatrix} 15 & 7 & 9 & 2 \\ 7 & 9 & 2 & 10 \\ 9 & 2 & 10 & 2 \\ 2 & 10 & 2 & 16 \\ 10 & 2 & 16 & 14 \end{pmatrix}$$

und das überbestimmte Gleichungssystem

$$\begin{pmatrix} 1 & 15 & 7 & 9 \\ 15 & 7 & 9 & 2 \\ 7 & 9 & 2 & 10 \\ 9 & 2 & 10 & 2 \\ 2 & 10 & 2 & 16 \end{pmatrix} \begin{pmatrix} t_1 \\ t_2 \\ t_3 \\ t_4 \end{pmatrix} = \begin{pmatrix} 2 \\ 10 \\ 2 \\ 16 \\ 14 \end{pmatrix},$$

das nicht lösbar ist: die ersten vier Zeilen lassen sich durch Gaußsche Elimination umformen zu

$$\begin{pmatrix} 1 & 15 & 7 & 9 \\ 0 & 1 & 9 & 9 \\ 0 & 0 & 1 & 17 \\ 0 & 0 & 0 & 1 \end{pmatrix} \begin{pmatrix} t_1 \\ t_2 \\ t_3 \\ t_4 \end{pmatrix} = \begin{pmatrix} 2 \\ 18 \\ 0 \\ 8 \end{pmatrix},$$

mit der durch Rückwärtseinsetzen sich ergebenden Lösung

$$t_4 = 8, t_3 = 20, t_2 = 0, t_1 = 24,$$

die aber die fünfte Gleichung offensichtlich nicht erfüllt.

20.3.2 Die nächste zu überprüfende Annahme, das wahrscheinliche Wort beginne mit der zweiten Stelle, führt zu dem Ansatz

B	G	V	J	F	M	B	I	H	T	X	U	F	S	D	Y	V	L	M	T	...
2	6	21	9	5	12	2	8	7	19	23	20	5	18	3	24	21	11	12	17	...
	b	r	o	a	d	c	a	s	t											
	1	17	14	0	3	2	0	18	19											
	5	*4*	*21*	*5*	*9*	*0*	*8*	*15*	*0*											

und zu der Iterationsgleichung in $\mathbb{Z}_{26}$

$$\begin{pmatrix} 5 & 4 & 21 & 5 \\ 4 & 21 & 5 & 9 \\ 21 & 5 & 9 & 0 \\ 5 & 9 & 0 & 8 \\ 9 & 0 & 8 & 15 \end{pmatrix} \begin{pmatrix} 0 & 0 & 0 & t_1 \\ 1 & 0 & 0 & t_2 \\ 0 & 1 & 0 & t_3 \\ 0 & 0 & 1 & t_4 \end{pmatrix} = \begin{pmatrix} 4 & 21 & 5 & 9 \\ 21 & 5 & 9 & 0 \\ 5 & 9 & 0 & 8 \\ 9 & 0 & 8 & 15 \\ 0 & 8 & 15 & 0 \end{pmatrix};$$

ergibt also das überbestimmte Gleichungssystem

$$\begin{pmatrix} 5 & 4 & 21 & 5 \\ 4 & 21 & 5 & 9 \\ 21 & 5 & 9 & 0 \\ 5 & 9 & 0 & 8 \\ 9 & 0 & 8 & 15 \end{pmatrix} \begin{pmatrix} t_1 \\ t_2 \\ t_3 \\ t_4 \end{pmatrix} = \begin{pmatrix} 9 \\ 0 \\ 8 \\ 15 \\ 0 \end{pmatrix},$$

das lösbar ist: die ersten vier Zeilen lassen sich durch Gaußsche Elimination umformen zu

$$\begin{pmatrix} 1 & 6 & 25 & 1 \\ 0 & 1 & 23 & 7 \\ 0 & 0 & 1 & 4 \\ 0 & 0 & 0 & 1 \end{pmatrix} \begin{pmatrix} t_1 \\ t_2 \\ t_3 \\ t_4 \end{pmatrix} = \begin{pmatrix} 7 \\ 18 \\ 23 \\ 3 \end{pmatrix},$$

mit der durch Rückwärtseinsetzen sich ergebenden Lösung

$$t_4 = 3, t_3 = 11, t_2 = 4, t_1 = 17,$$

die die fünfte Gleichung offensichtlich erfüllt.

Die Iterationsmatrix zur Fortsetzung des Schlüssels ist somit in $\mathbb{Z}_{26}$

$$A = \begin{pmatrix} 0 & 0 & 0 & 17 \\ 1 & 0 & 0 & 4 \\ 0 & 1 & 0 & 11 \\ 0 & 0 & 1 & 3 \end{pmatrix} \quad \text{mit der Inversen} \quad A^{-1} = \begin{pmatrix} 12 & 1 & 0 & 0 \\ 7 & 0 & 1 & 0 \\ 9 & 0 & 0 & 1 \\ 23 & 0 & 0 & 0 \end{pmatrix}.$$

Der Schlüssel kann also ergänzt werden zu

2 5 4 21 5 9 0 8 15 0 15 7 25 4 24 23 20 9 19 3 ...

und führt zu folgender Entzifferung

B	G	V	J	F	M	B	I	H	T	X	U	F	S	D	Y	V	L	M	T	...
2	6	21	9	5	12	2	8	7	19	23	20	5	18	3	24	21	11	12	17	...
2	*5*	*4*	*21*	*5*	*9*	*0*	*8*	*15*	*0*	*15*	*7*	*25*	*4*	*24*	*23*	*20*	*9*	*19*	*3*	...
0	1	17	14	0	3	2	0	18	19	8	13	6	14	5	1	1	2	19	14	...
a	b	r	o	a	d	c	a	s	t	i	n	g	o	f	b	b	c	t	o	... .

("A broadcasting of BBC tonight announced the Allied invasion to be expected within fortyeight hours".)

Die Iterationsmatrix ist aus dem Kennwort (*FID*)*DLER* $\doteq$ (5 8 3) 3 11 4 17 hergeleitet.

Für eine binäre lineare Schieberegister-Chiffrierung in Verbindung mit einem VIGENÈRE über $\mathbb{Z}_2$ gelten entsprechende Überlegungen. Eine Schieberegister-Chiffrierung sollte also nichtlinear sein, um diese Angriffsmöglichkeit zu vermeiden (*Beth* et al. 1982).

21 Anagrammieren

«Abandonner les méthodes de substitution pour celles de transposition a été changer son cheval borgne pour un aveugle.»
Étienne Bazeries 1901

Transpositionen erfreuten sich gelegentlich großer Beliebtheit bei den Militärs, im ausgehenden 19. und angehenden 20. Jahrhundert sowohl bei den preußischen wie bei den französischen Chiffrierdiensten. Sie schienen als 'trench codes' besonders für die unteren militärischen Stäbe geeignet zu sein. *Bazeries* machte sich darüber zu recht lustig und schrieb Transpositionssystemen, die auf den ersten Blick schwierig erschienen, generell eine *«complication illusionaire»* zu. Kryptanalysten liebten zu allen Zeiten Gegner, die Transposition verwendeten, weil sie ihnen leichte Beute versprachen, gleichzeitig behandelt die Literatur die unberufene Entzifferung von Transpositionen eher mehr stiefmütterlich.

21.1 Einfache Transposition

Einfache Transposition (6.2.1), d.h. Verwürfelung von Einzelzeichen, mit kurzer Periode kann bei bekannter Periodenlänge durch gezielte Betrachtung des Kontakts, also von Bigramm-Häufigkeiten, angegangen werden. Für eine halbautomatische Lösung von einfacher Spalten-Transposition und einfacher Block-Transposition gab es im 2. Weltkrieg bei den deutschen Diensten im Auswärtigen Amt (Pers Z) und im OKW Maschinen, genannt ‚Spezialvergleicher' und ‚Bigrammbewertungsgerät' (*Rohrbach, Jensen*). Dazu wurde ein Textstück (mit einer die Spaltenlänge möglichst nicht übertreffenden Länge) am gesamten Text vorbeigeführt, wobei die auftretenden Bigramme mit eingestellten Bigramm-Häufigkeiten verglichen wurden; in Positionen, in denen die Bigramme besonders gut paßten, hatte man vermutlich aneinanderpassende Textstücke vor sich. Das Verfahren ist im Prinzip auch brauchbar, wenn die permutierten Spalten nicht gleich lang sind.

21.1.1 Als Beispiel mag folgender Geheimtext dienen

SSNKL HONIW MMEUN TAHUL INNAH NCINF CIERO
NACBA MZGHN KTHWC DESIN KCAIE ANIM

Häufigkeitszählung ergibt eine gute Annäherung an die Häufigkeiten der deutschen Sprache und legt den Verdacht auf eine Transposition nahe.

Die Gesamtzahl von 64 Zeichen läßt an eine Spalten-Transposition der Periode 8 mit einer 8×8-Anordnung

S	I	A	H	E	M	W	C
S	W	H	N	R	Z	C	A
N	M	U	C	O	G	D	I
K	M	L	I	N	H	E	E
L	E	I	N	A	N	S	A
H	U	N	F	C	K	I	N
O	N	N	C	B	T	N	I
N	T	A	I	A	H	K	M

denken. Nimmt man deshalb eine Achterspalte, die viele häufige Zeichen enthält, wie etwa ERONACBA, und stellt man sie den anderen Achterspalten gegenüber, so ergeben sich folgende Bigramme (angegeben ist ihre Häufigkeit in %%; wo eine Angabe fehlt, liegt diese unter 0.5%%)

ES 140	EI 193	EA 26	EH 57	EM 55	EW 23	EC 25
RS 54	RW 17	RH 19	RN 31	RZ 14	RC 9	RA 80
ON 64	OM 17	OU 3	OC 15	OG 5	OD 7	OI 1
NK 25	NM 23	NL 10	NI 65	NH 17	NE 122	NE 122
AL 59	AE 64	AI 5	AN 102	AN 102	AS 53	AA 8
CH 242	CU	CN	CF	CK 14	CI 1	CN
BO 8	BN 1	BN 168	BC	BT 4	BN 1	BI 12
AN 102	AT 46	AA 8	AI 5	AH 20	AK 7	AM 28

Die erste Gegenüberstellung hat deutlich höhere Bigrammhäufigkeiten als die anderen: Bildet man das Produkt aller Häufigkeiten, so ergibt sich der Wert 1.41×10^{14}, während die übrigen Gegenüberstellungen alle Werte unter 3.74×10^{9} ergeben. Wegen der guten Bigramm-Übereinstimmung wird man als nächste die Achterspalte SSNKLHON betrachten. Jetzt erhält man mit den übrigen Achterspalten

SI 65	SA 36	SH 9	SM 12	SW 10	SC 89
SW 10	SH 9	SN 7	SZ 7	SC 89	SA 36
NM 23	NU 33	NC 5	NG 94	ND 187	NI 65
KM 1	KL 10	KI 7	KH 1	KE 26	KE 26
LE 65	LI 61	LN 4	LN 4	LS 22	LA 45
HU 11	HN 19	HF 2	HK 3	HI 23	HN 19
ON 64	ON 64	OC 15	OT 9	ON 64	OI 1
NT 59	NA 68	NI 65	NH 17	NK 25	NM 23

Diesmal hebt sich die fünfte Gegenüberstellung mit einem Produkt der Häufigkeiten von 3.50×10^{12} nicht mehr so deutlich heraus, aber immerhin noch merklich gegenüber den anderen Gegenüberstellungen, deren Werte alle unter 5.39×10^{11} liegen. Wagt man es, mit der Achterspalte WCDESINK fortzufahren, so ergibt die nächste Gegenüberstellung eine Auszeichnung der Achterspalte AHULINNA. Wenn man die gefundenen Achterspalten sofort auflistet, hat man bis jetzt

ESWA
RSCH
ONDU
NKEL
ALSI
CHIN
BONN
ANKA

und liest flüssig den Klartext. Offensichtlich fügen sich bereits vier der Spalten zusammen, es handelte sich also sogar um eine Transposition der Periode 4. Unterwirft man die verbleibenden Achterspalten der selben Permutation, so erhält man

MICH
ZWAN
GMIC
HMEI
NEAN
KUNF
TNIC
HTMI

und damit den gesamten Text

eswarschondunkelalsichinbonnankamichzwangmichmeineankunftnichtmi [tderautomatikablaufenzulassendiesichinfuenfjaehrigemunterwegsseinher ausgebildethat] (*Heinrich Böll*, ‚Ansichten eines Clowns', 1963).

21.1.2 Im behandelten Beispiel ergab sich (nicht ganz zufällig) mit der ersten herausgegriffenen Spalte die Anfangsspalte. Das wird im allgemeinen nicht so sein, und man tut gut daran, nach beiden Seiten anschließende Spalten zu suchen. Hat man dabei den Verdacht, auf die End- oder Anfangsspalte gestoßen zu sein, so muß man die Fortsetzung mit einer um einen Platz verschobenen Spalte versuchen. Im übrigen mag es sich lohnen, auch Trigrammhäufigkeiten heranzuziehen.

21.1.3 Einfache (periodische) Transposition bietet nach dem Geschilderten keine Sicherheit, wenn die Periode nicht nahe an die Länge des Textes herankommt. Transposition ohne Periodizität ist dagegen in aller Regel auch bei beliebig langem Text mehrdeutig lösbar. Ein gewiegter Anwalt könnte also *Brother Tom* von *Jonathan Swift* (6.3) herauspauken, wenn er eine andere Lösung des Anagramms fände.

21.1.4 Auch Code, der einer einfachen Tranposition unterworfen wurde, kann so behandelt werden, wenn man Kenntnisse über die Häufigkeit von Bigrammen in den Codegruppen hat. Dies ist beispielsweise der Fall, wenn alle Codewörter, um „aussprechbar" zu sein, nach einem Vokal-Konsonant-System gebaut, sind, etwa vom Typ CUCUC (4.4.2) — wie der GREEN Code des US State Department von 1914 . Noch im 2. Weltkrieg verwendete das State Department Codes vom CUCUC und CUCCU Typ, die Pers Z

(*Hans-Kurt Müller, Asta Friedrichs*) das Abstreifen einer Überchiffrierung sehr erleichterten.

21.1.5 Weiterhin funktioniert die Methode auch bei gemischter Zeilen-Spalten-Transposition und bei gemischter Zeilen-Block-Transposition (6.2.3) — der Kontakt ist nur gelegentlich zerrissen —, wobei sie zunächst einen zeilenweise permutierten Text ergibt, aus dem sich der Klartext unter Heranziehung des semantischen Inhalts ohne große Mühe ablesen läßt: in unserem Beispiel (bei einer 8 × 8-Anordnung) nach Unterteilung in Achtergruppen

MICHZWAN ALSICHIN ONDUNKEL NEANKUNF
GMICHMEI ESWARSCH TNICHTMI BONNANKA.

Givierge und *Eyraud* haben darauf hingewiesen, daß diese «transposition double» im wesentlichen nicht mehr Schwierigkeiten macht als eine einfache Transposition. Speziell läßt sich die ‚Nihilistenchiffre' (6.2.3) so behandeln, das «double» ist eine *complication illusionaire.*

21.2 Doppelte Spaltentransposition

Die doppelte Spaltentransposition (6.2.2) bereitet — außer in Ausnahmefällen (6.2.5) — dem unberufenen Entzifferer mehr Schwierigkeiten. Das liegt daran, daß nach der ersten Transposition die Kontakte bereits völlig zerrissen sind. *Eyraud* behandelt den Fall recht ausführlich. *Kahn* schreibt *"in theory the cryptanalyst merely has to build up the columns of the second block by twos and threes so that their digraphs and trigraphs would in turn be joinable into good plaintext fragments. But this is far more easily said than done. Even a gifted cryptanalyst can accomplish it only on occasion; and even with help, such as a probable word, it is never easy"*.

21.3 Multiples Anagrammieren

Für den allgemeinsten Fall der Transposition, sogar ohne periodische Wiederholung, gibt es eine allgemeine Methode, die nur die Voraussetzung hat, daß zwei oder mehr Geheimtexte gleicher Länge vorliegen, die nach dem selben Schlüssel chiffriert wurden. Diese Situation einer Klartext-Klartext-Kompromittierung des Schlüssels zeigt eine Parallele zur Methode der *superimposition* von *Kerkhoffs*.

21.3.1 Die Methode beruht darauf, daß gleiche Schlüssel die gleiche Permutation des Klartextes bewirken — das gilt auch für Raster und Würfel. Man schreibt also die Nachrichten untereinander und faßt die dabei auftretenden Kolonnen zusammen. Für die beiden Geheimtextfragmente

GHINT und OWLCN

bedeutet das, daß die Paare

G	H	I	N	T
O	W	L	C	N

anagrammiert werden. Von den zwanzig Kombinationen zu je zweien zeigen nur die zehn Kombinationen

TH	NG	GT	TI	NI	GH	HI	IG	HT	GI
NW	CO	ON	NL	CL	OW	WL	LO	WN	OL

hinreichend großen Kontakt in beiden Zeilen. Mit vieren dieser Paare, die die besten Kontakte zeigen, läßt sich allerdings nur das semantisch sinnlose

NGTHI
CONWL

bilden. Vorzuziehen ist die Lösung

NIGHT
CLOWN

die einen Sinn ergibt. *"There will be one order – and only one – in which the two messages will simultaneously make sense"* (*Edward S. Holden* 1879).

21.3.2 Multiples Anagrammieren ist eine besonders auch für Raster geeignete Methode. Diese werden ja in aller Regel vorgefertigt und sind damit zu mehrmaligem Gebrauch bestimmt. Transposition mit festem Schlüssel, und sei sie noch so kompliziert, ist nur der Extremfall von periodischer Transposition, die bereits nicht sicher ist, wenn sie auf Klartext oder auf Text, der noch Häufigkeits merkmale zeigt, wie Placode, angewandt wird. Transposition, angewandt auf polyalphabetisch chiffrierten Text (*chiffre à triple clef* von *Kerkhoffs*) widersteht allerdings den besprochenen Methoden — womit nicht gesagt sein soll, daß sie sicher sei.

21.3.3 Multiples Anagrammieren wurde erfunden oder doch wenigstens zum ersten Mal der Öffentlichkeit bekanntgemacht 1878 — fünf Jahre vor *Kerckhoffs* — von *John R. G. Hassard* und *William M. Grosvenor*, zwei Herausgebern der New York Tribune, die zusammenarbeiteten, und unabhängig davon von dem schon erwähnten *Holden*, einem Mathematiker des US Naval Observatory in Washington. Der Grund für eine solche massive Anstrengung war ein Skandal im US Senate, dem einige Hundert chiffrierter Telegramme zugrundelagen. Verwendet wurde ein amateurhaftes System von Klartext mit verkleideten Eigennamen und verräterischen Worten, der wortweise in ein Raster geschrieben wurde; benützt wurden vier solcher Raster mit 15, 20, 25 und 30 Worten. Die Telegramme wurden unabhängig angegangen und übereinstimmend entziffert, was die Authentizität belegte. Die Aufdeckung des Skandals hatte tiefgreifende politische Wirkungen, überdies wurde die amerikanische Öffentlichkeit intensiv mit Geheimschriften und ihrer Entzifferung vertraut gemacht. Vielleicht rührt davon die in den Vereinigten Staaten zu beobachtende Vorliebe für Amateurkryptologie her.

Die Franzosen unter dem damaligen Hauptmann, späteren Oberst und General *François Cartier* hatten jedenfalls ihre Lektion gelernt, als sie sich 1914 dem deutschen Heer gegenübersahen, das als 'trench code' eine doppelte Transposition verwendete. Im Jargon der Franzosen hieß diese Chiffre, die übungshalber schon im Frieden verwendet worden war, *übchi*, weil die

Deutschen den Sprüchen stets die Codegruppe ÜBCHI vorangestellt hatten. Den Franzosen gelang es mit multipler Anagrammierung schnell, einzelne Sprüche wenigstens teilweise zu entziffern. Am 1. Oktober 1914 hatten *Cartier* und seine Gehilfen *Adolphe Olivary*, *Henri Schwab* und *Gustave Freyss* erstmals bereits den Schlüssel rekonstruiert. Sie gaben ihn an die französischen Frontstellen weiter, die damit die deutschen Funksprüche so schnell lesen konnten wie die Deutschen selbst. Diese vorteilhafte Situation dauerte bis Mitte November 1914. Dem Kaiserlichen Heer unterlief dann ein grandioser kryptologischer Fehler: es wechselte von der widerspenstigen doppelten Transposition (vgl. 12.4) zur einfachen Transposition in Verbindung mit einer CAESAR-Addition. Diese *complication illusionaire* — das Abstreifen der CAESAR-Addition erforderte nur die Betrachtung des Häufigkeitsgebirges, es verblieb also effektiv lediglich eine einfache Transposition — dauerte bis Mai 1915 und kam den Franzosen sehr zustatten.

22 Abschließende Bemerkungen

> „Die ungenügende Zusammenarbeit auf dem Gebiet der Entwicklung der eigenen Verfahren, die fehlerhafte Herstellung und Verteilung von Schlüsselunterlagen, unvollständige Schlüsselvorschriften, übersehene Möglichkeiten der Kompromittierung bei der Einführung von Schlüsselverfahren und viele andere Ursachen können dem unbefugten Entzifferer die Möglichkeiten zur Entzifferung fremder Geheimschriften liefern.“
>
> *Erich Hüttenhain* 1978

Die Geschichte der Kryptologie lehrt, daß der unberufene Entzifferer von den Fehlern des Gegners lebt (vgl. 10.2.5). Chiffrierfehler werden von *cipher clerks* begangen. Taktische und strategische kryptologische Fehler unterlaufen hingegen den Nachrichtenführungsstäben bis hin zu deren Generälen und Direktoren. Dazu gehören auch politische Fragen der Organisation. Die Aufsplitterung der Dienste in Deutschland vor und während des 2. Weltkriegs, nicht zuletzt eine Folge der Rivalitäten zwischen *Ribbentrop*, *Göring* und *Himmler* (Sonderdienst Dahlem in der Abteilung Pers Z des Auswärtigen Amtes, Chiffrierabteilung im Oberkommando der Wehrmacht, xB-Dienst der Kriegsmarine, Forschungsamt des Reichsluftfahrtministeriums, Amt VI E des Reichssicherheitshauptamts) war äußerst nachteilig; die Briten konzentrierten demgegenüber von Anfang an ihre Dienste unter dem *Foreign Office* in der *Government Code and Cipher School* und sogar die Militärs fühlten sich nicht schlecht bedient, von den Geheimdiensten MI-6 und OSS nicht zu reden; die Beteiligten saßen in der geheimen *"London Controlling Section"* zusammen.
Aber bei den Deutschen wie bei den Alliierten bestanden auch aus Gründen nachrichtendienstlicher Sicherheit Abschottungen; sie bewirkten, daß eine Abteilung von den anderen weniger lernen konnte, als es nützlich gewesen wäre. Zu beurteilen, wie weit solche Umstände den Verlauf von Krieg und Frieden beeinflußt haben, ist mehr Sache der Historiker als der Kryptologen.[1] Eine umfangreiche Publizistik zeigt alle Übergänge von seriösen Berichten bis zu enthüllenden Artikeln der Sensationspresse.

---

[1] Für eine seriöse Darstellung siehe etwa *Jürgen Rohwer* und *Eberhard Jäckel* (Hsgb.), ‚Die Funkaufklärung und ihre Rolle im 2. Weltkrieg‘, Stuttgart 1979.

22.1 Arbeitsweise des unberufenen Entzifferers

„Die Erfahrung im Entziffern muß ..... durch langjährige Übung erworben werden. Hierbei wird sich der Entzifferer je nach Anlage und Neigung zu einem mehr sprachlich oder zu einem mehr mathematisch geschulten entwickeln. Lösungen von genügend komplizierten Verfahren sind Gemeinschaftsarbeit mehrerer Entzifferer beider Richtungen, deren jede wieder besondere Spezialisten hat. ..... Die Mathematiker benötigen insbesondere Spezialisten für maschinelle ..... Methoden.“

Hans Rohrbach 1949

Da ich kein professioneller Entzifferer bin, fällt es mir schwer und leicht, mich abschließend über die Arbeitsweise des unberufenen Entzifferers zu äußern. Schwer, weil es mir an eigener Erfahrung, mit Schweiß und Tränen, mangelt. Leicht, weil ich nicht in Gefahr bin, durch Erfolge geblendet oder durch Mißerfolge verbittert zu sein. Jedenfalls kann man der Literatur entnehmen, daß berufsmäßige Entzifferer kein leichtes Leben haben. Trotzdem sind einige offenbar fröhliche Menschen geblieben.

Schwierig finde ich es, allgemeine Aussagen über anzuwendende Methoden zu machen. Der Rat von *Bazeries*, der ein sehr erfolgreicher Kryptanalyst war, ≪*changer son fusil d'épaule*≫, ist allerdings nur für Leute bestimmt, die genügend Phantasie haben. Man darf keine Scheuklappen haben, keine eingefahrenen Geleise benutzen. Das Beispiel von *Turing* und *Welchman* zeigt es: in ihrer Unerfahrenheit lag ihre Stärke. Damit waren sie besser als *Dillwyn Knox*, der viel erfahrener war, aber auch weniger wagemutig.

Eines wird jedenfalls dem erfolgreichen unberufenen Entzifferer nicht passieren: er wird sich nicht abschrecken lassen von der angeblichen Komplexität der Aufgabe. Die Polen waren erfolgreich, weil sie eine von Hand zu zeitraubende Analyse automatisierten und damit die Erwartungen von Chi, wie lange es dauern würde, durch Parallelisierung um den Faktor sechs und durch Mechanisierung mindestens um den Faktor zwanzig unterboten. Die Welchman-Bombe gar macht, wie *Welchman* nicht ohne Stolz sagt, Trillionen von Möglichkeiten der Steckerverbindungen belanglos, weil sich die lawinenartige Ausbreitung der Spannung in einer vergleichsweise einfachen Schaltung mit einem Zeitgewinn von sicher dem Faktor Zehntausend bewerkstelligen läßt.

Im Prinzip gibt es unendlich viele kryptanalytische Methoden. Nachfolgend nun eine zusammenfassende Übersicht über die Strategie des Angriffs.

22.1.1 Die reinste Form der unberufenen Entzifferung (*'ciphertext-only attack'*, *'known ciphertext attack'*) macht keinerlei Voraussetzungen. Beispielsweise wird zunächst nur die Verteilung der Einzelzeichen-Häufigkeiten festgestellt. Ist es die einer bekannten natürlichen Sprache, können alle Chiffrierverfahren ausgeschlossen werden, die Häufigkeiten nivellieren, insbesondere echt polygraphische (sofern sie nicht Häufigkeiten vortäuschen, vgl. 4.1.2, Fußnote [1]) und echt polyalphabetische Chiffrierungen; unter den verbleibenden sind funktionale einfache Substitutionen, Transpositionen und deren Kompositionen. Sind sogar die einzelnen Häufigkeiten die einer natürlichen Sprache, können auch echte einfache Substitutionen ausgeschlossen werden, unter den verbleibenden sind die echten Transpositionen (vgl. 9.1.2). Die Häufigkeitsuntersuchung eignet sich auch zum Abstreifen einer einfachen Substitution von einer Transposition.

Ist aber die Verteilung der Einzelzeichen-Häufigkeiten nivelliert, so besteht umgekehrt (wenn man den Gebrauch von Homophonen ausschließen kann) V e r d a c h t auf eine polyalphabetische Chiffrierung und/oder auf eine polygraphische Chiffrierung. Beiden Möglichkeiten muß nachgegangen werden. Für den ersten Fall ist (vgl. Kap. 17) Periodenbestimmung angezeigt – mit der Aussicht auf Reduktion zu einer monoalphabetischen einfachen oder auch echt polygraphischen Substitution. Gelingt dies nicht, so könnte bereits eine monoalphabetische polygraphische Substitution vorliegen; es könnte sich aber auch um eine fortlaufende polyalphabetische Chiffrierung handeln. In diesem, unter den heutigen Umständen realistischen Fall ist *superimposition* angezeigt, sofern eine Klartext-Klartext-Kompromittierung vorliegt.

Diese reinste Form der Entzifferung führt auf eine Zwischensprache, die anschließend mit Häufigkeitsargumenten gebrochen werden kann (vgl. Kap. 15). Sie funktioniert im Prinzip auch für eine Sprache, die der unberufene Entzifferer gar nicht kennt, beispielsweise für den Zwischentext einer Komposition zweier Verfahren, insbesondere für überchiffrierten Code; in diesem Fall wird der Code den Philologen als Beute überlassen.

22.1.2 Die Methoden der Mustererkennung (Kap. 13, Kap. 14) verlangen zumindest Hinweise auf wahrscheinliche Worte oder Phrasen; im besten Fall erhält man solche aus einer Geheimtext-Klartext-Kompromittierung. Zur Erzielung einer solchen ist List und Schläue angebracht. Schläue ist erforderlich beim Finden guter wahrscheinlicher Worte. Dazu gehört auch Einfühlungsvermögen in die Denk- und Redensarten des Gegners. Bei den Briten in *Bletchley Park* waren Champions bei der Zubereitung der *cribs* (vgl. 19.4.3.3) der linguistisch orientierte Mathematiker *Shaun Wylie* und die Philologin *Hilary Brett-Smith* (während der Schachchampion *Hugh Alexander* und die formal begabte Germanistin *Mavis Lever*[2] mit großem Geschick dem *banburismus* (19.4.3.4) huldigten). Es gehört aber auch dazu, daß der unberufene Entzifferer über alle Erkenntnisse der Aufklärung verfügt, auch

---

[2] Ihre Fähigkeiten können damit illustriert werden, daß ihr eines Tages auffiel, daß in einem ENIGMA-Chiffrat ein langer Teiltext kein L enthielt. Dies überhaupt zu bemerken, war reinster Banburismus. Sie zog aber auch den raffinierten Schluß, beim Klartext handle es sich um einen langen Füller mit lauter /l/, was sich bestätigte und zum Sieg der britischen Flotte über die italienische bei Kap Matapan vor Griechenland beitrug.

über solche, die durch andere unberufene Entzifferer erzielt wurden, und vor allem über solche, die durch andere Methoden — Befragung von Gefangenen, Aushorchung der Bevölkerung, Abhören und Spionage erzielt wurden. Diese Forderung läßt sich kaum mit allgemeinen Sicherheitsmaßnahmen verbinden und schon gar nicht unter politischen Maßstäben realisieren — im 2. Weltkrieg hätte dann *Churchill* am besten selbst die *cribs* zubereitet.

Diesem Normalfall des *'known plaintext attack'* steht gegenüber die Herbeiführung einer Geheimtext-Klartext-Kompromittierung durch List (*'chosen plaintext attack'*). List ist unerschöpflich: Vorfälle, über die berichtet wurde, variieren von solchen, bei denen ein bestimmter Vorfall ausgelöst wurde („erloschen ist leuchttonne", 10.1.3), bis zu solchen, bei denen dem Gegner eine Nachricht unterschoben wurde (das japanische Kuckucksei, 10.1.2; *Figl*s Zeitungsfutter, 10.1.2). Auch der umgekehrte Fall, daß zu einem Stück Geheimtext durch List der Klartext beschafft wurde, kam vor (*'chosen ciphertext attack'*). Sogar eine Geheimtext-Geheimtext-Kompromittierung ist in dieser Weise nützlich, wenn das eine System schon gebrochen ist (‚Gartenpflege', 19.3), weil dann eine Zurückführung auf eine Geheimtext-Klartext-Kompromittierung gelingt.

22.1.3 Geheimtext-Geheimtext-Kompromittierung ist besonders tückisch, weil man sie so leicht übersieht; sie entsteht auch als Folge kryptologischer Gedankenlosigkeit (Spruchschlüssel-Wiederholung bei der ENIGMA bis Mai 1940, 19.4). Spezifische Angriffsmethoden sind in 19.3.1 und 19.3.2 diskutiert. Öffentliche Schlüssel tragen von vornherein die Möglichkeit einer Geheimtext-Geheimtext-Kompromittierung in sich und sollten dagegen gesichert sein; die Gefahr schärft hier hoffentlich das Bewußtsein.

22.1.4 Nicht mehr ins Gebiet der reinen Kryptanalysis gehört die Beschaffung von gegnerischen Chiffrier- und Schlüsselunterlagen jeder Art bis hin zu ganzen Maschinen: durch illegalen Kauf, durch Ausspähung beim Zoll, durch Diebstahl und Einbruch, durch Kampfhandlungen. Die Erfahrungen des 2. Weltkriegs haben *Kerckhoffs* Maxime „der Feind kennt das benutzte System" voll bestätigt. Die SIGABA der U. S. Army war eines der wenigen Geräte des 2. Weltkriegs, das allem Anschein nach nicht in gegnerische Hände fiel, und dies wohl auch nur, weil die Invasion erst 1944 stattfand.

22.1.5 Bei zusammengesetzten Verfahren versucht man, eine Chiffrierung nach der anderen abzustreifen. Dies ist besonders dann einfach, wenn über ein schon länger gebrauchtes, zwischenzeitlich gebrochenes Verfahren ein neues gelegt wird: der Zwischentext ist dann als bekannte Sprache anzusehen; oder wenn ein schon länger gebrauchtes, zwischenzeitlich gebrochenes Verfahren als Überchiffrierung für eine neu eingeführte Chiffrierung benutzt wird (SD, 19.4.3). Überhaupt hätten die deutschen Dienste die Fähigkeiten des polnischen Büros, ihre ENIGMA zu brechen, gar nicht besser fördern können: Sie führten schrittweise neue Schikanen ein, die jedesmal zu spät kamen; so spät, daß die Polen wie die Briten nur jeweils einen Schritt bewältigen mußten.

22.2 Perfekte Sicherheit und praktische Sicherheit

Perfekte Sicherheit wurde seit jeher gerne von den Erfindern von Chiffriersystemen, im besonderen von Chiffriermaschinen, versprochen (*Bazeries*: *je suis indéchiffrable*, 2.1.1 Abb. 16). Jedoch gab erst 1949 *Claude E. Shannon* eine saubere Definition, was mit perfekter Sicherheit gemeint sei; er gab sie im allgemeinen Rahmen seiner Informationstheorie. Da der wahrscheinlichkeitstheoretische Apparat, den sie benutzt, außerhalb des Rahmens dieses Buches liegt, geben wir nur eine verkürzte, dafür aber axiomatische Übersicht.

22.2.1 (Axiomatische Informationstheorie) Man geht zweckmäßigerweise aus von der **Unsicherheit** (engl. *uncertainty, equivocation*) über eine Menge $\mathcal{X}$ von Ereignissen, der „Entropie" von $\mathcal{X}$ — eine reelle Zahl . Auch $\mathcal{Y}$ und $\mathcal{Z}$ seien Mengen von Ereignissen.

$H_{\mathcal{Y}}(\mathcal{X})$ bezeichne die Unsicherheit über $\mathcal{X}$, falls $\mathcal{Y}$ bekannt ist.

Intuitiv einleuchtende Axiome sind[3]

(1) $0 \leq H_{\mathcal{Y}\cup\mathcal{Z}}(\mathcal{X}) \leq H_{\mathcal{Z}}(\mathcal{X})$

(„Die Unsicherheit verringert sich, wenn mehr bekannt ist")

(2) $H_{\mathcal{Z}}(\mathcal{X}\cup\mathcal{Y}) = H_{\mathcal{Y}\cup\mathcal{Z}}(\mathcal{X}) + H_{\mathcal{Z}}(\mathcal{Y})$ (daraus $H_{\mathcal{Z}}(\emptyset) = 0$)

(„Die Unsicherheit kann additiv aufgebaut werden")

Für $0 = H_{\mathcal{Y}}(\mathcal{X})$ soll die Redeweise „$\mathcal{Y}$ bestimmt eindeutig $\mathcal{X}$",
für $H_{\mathcal{Y}\cup\mathcal{Z}}(\mathcal{X}) = H_{\mathcal{Z}}(\mathcal{X})$ die Redeweise[4] „$\mathcal{Y}$ sagt nichts über $\mathcal{X}$ aus" gelten.

Aus (1) und (2) ergibt sich beispielsweise

(3) $H_{\mathcal{Z}}(\mathcal{Y}) \leq H_{\mathcal{Z}}(\mathcal{X}\cup\mathcal{Y}) \leq H_{\mathcal{Z}}(\mathcal{X}) + H_{\mathcal{Z}}(\mathcal{Y})$

(„Die Unsicherheit ist subadditiv")

Unter Benutzung der Kommutativität von $.\cup.$ erhält man aus (2)

(4) $H_{\mathcal{Z}}(\mathcal{X}) - H_{\mathcal{Y}\cup\mathcal{Z}}(\mathcal{X}) = H_{\mathcal{Z}}(\mathcal{Y}) - H_{\mathcal{X}\cup\mathcal{Z}}(\mathcal{Y})$

(4) zusammen mit (1) legt folgende Definition nahe

---

[3] Das klassische stochastische Modell für diese axiomatische Informationstheorie geht aus von $p_X(a) = \Pr[X = a]$, der Wahrscheinlichkeit, daß die Zufallsvariable X den Wert a annimmt, und definiert

$$H_{\emptyset}(\{X\}) = -\sum_{s:p_X(s)>0} p_X(s)\cdot \mathrm{ld}\, p_X(s)$$

$$H_{\emptyset}(\{X\}\cup\{Y\}) = -\sum_{\substack{s:p_X(s)>0\\ t:p_Y(s)>0}} p_{X,Y}(s,t)\cdot \mathrm{ld}\, p_{X,Y}(s,t)$$

$$H_{\{Y\}}(\{X\}) = -\sum_{\substack{s:p_X(s)>0\\ t:p_Y(s)>0}} p_{X,Y}(s,t)\cdot \mathrm{ld}\, p_{X/Y}(s/t)$$

wobei $p_{X,Y}(a,b) =_{def} \Pr[(X=a)\wedge(Y=b)]$ und $p_{X/Y}(a/b)$ der Bayesschen Regel für bedingte Wahrscheinlichkeiten genügt:

$p_{X,Y}(s,t) = p_Y(t)\cdot p_{X/Y}(s/t)$, also $-\mathrm{ld}\, p_{X,Y}(s,t) = -\mathrm{ld}\, p_Y(t) - \mathrm{ld}\, p_{X/Y}(s/t)$.

[4] Im Modell: X, Y sind unabhängige Zufallsvariable: $p_{X,Y}(s,t) = p_X(s)\cdot p_Y(t)$.

Die **gegenseitige Information** (*'mutual information'*) von $\mathcal{X}$ und $\mathcal{Y}$ bei Kenntnis von $\mathcal{Z}$ ist definiert als

$$I_{\mathcal{Z}}(\mathcal{X},\mathcal{Y}) =_{def} H_{\mathcal{Z}}(\mathcal{X}) - H_{\mathcal{Y}\cup\mathcal{Z}}(\mathcal{X}) .$$

Die Information $I_{\mathcal{Z}}(\mathcal{X},\mathcal{Y})$ ist somit eine nichtnegative und symmetrische Funktion der Mengen von Ereignissen $\mathcal{X}$ und $\mathcal{Y}$.

$I_{\mathcal{Z}}(\mathcal{X},\mathcal{Y}) = 0$ besagt, daß $\mathcal{Y}$ nichts über $\mathcal{X}$ aussagt (bei Kenntnis von $\mathcal{Z}$) und umgekehrt[5], also daß $\mathcal{X}$ und $\mathcal{Y}$ **gegenseitig unabhängig** sind.

$I_{\mathcal{Z}}(\mathcal{X},\mathcal{Y}) = 0$ ist wegen (2) gleichwertig mit der Additivität von H:

(5) $I_{\mathcal{Z}}(\mathcal{X},\mathcal{Y}) = 0$ genau dann, wenn $H_{\mathcal{Z}}(\mathcal{X}) + H_{\mathcal{Z}}(\mathcal{Y}) = H_{\mathcal{Z}}(\mathcal{X}\cup\mathcal{Y})$.

22.2.2 (Klassische Chiffriersysteme) Für ein Chiffriersystem **X** seien Ereignisse im Sinne der abstrakten Informationstheorie Mengen von endlichen Texten, über Z_m als Alphabet. Es sei P ein Klartext(-Ereignis), C ein Geheimtext(-Ereignis), K ein Schlüssel(-Ereignis).[6]

22.2.2.1 Ist **X** funktional, so ist C durch P und K eindeutig bestimmt, es gilt also in der axiomatischen Informationstheorie

(CHIFF) $H_{P,K}(C) = 0$ d.h. $I_K(P,C) = H_K(C)$, $I_P(K,C) = H_P(C)$

(„Klartext und Schlüssel zusammen lassen keine Unsicherheit über den Geheimtext zu").

Aus (4) folgt sofort

$$H_K(C) + H_{K,C}(P) = H_K(P) , \quad H_P(C) + H_{P,C}(K) = H_P(K) .$$

Mit (1) erhält man daraus

Satz 1^C: (CHIFF) impliziert $H_K(C) \leq H_K(P)$, $H_P(C) \leq H_P(K)$.

22.2.2.2 Ist **X** injektiv, so ist P durch C und K eindeutig bestimmt, es gilt also in symmetrischer Weise

(DECHIFF) $H_{C,K}(P) = 0$ d.h. $I_K(P,C) = H_K(P)$, $I_C(K,P) = H_C(P)$

(„Geheimtext und Schlüssel zusammen lassen keine Unsicherheit über den Klartext zu").

Aus (4) folgt ebenfalls sofort

$$H_K(P) + H_{K,P}(C) = H_K(C) , \quad H_C(P) + H_{C,P}(K) = H_C(K) .$$

Mit (1) erhält man daraus

Satz 1^P: (DECHIFF) impliziert $H_K(P) \leq H_K(C)$, $H_C(P) \leq H_C(K)$.

22.2.2.3 In einem **klassischen Chiffriersystem**, d.h. einem ohne Homophone und Polyphone, gelten (CHIFF) und (DECHIFF).

---

[5] Im stochastischen Modell: X, Y sind unabhängige Zufallsvariable.

[6] Einem weitverbreiteten notationellen Mißbrauch folgend, ersetzen wir im folgenden $\{X\}$ durch X und $\{X\} \cup \{Y\}$ durch X,Y ; auch lassen wir $\emptyset$ als Subskript weg.

Satz 2^K: (CHIFF) $\wedge$ (DECHIFF) impliziert $H_K(P) = H_K(C)$

(„Die Unsicherheit über den Geheimtext bei Kenntnis des Schlüssels ist gleich der Unsicherheit über den Klartext bei Kenntnis des Schlüssels“).

22.2.3 (Shannonsche Chiffriersysteme) Ein klassisches Chiffriersystem **X** soll **Shannonsches Chiffriersystem** heißen, wenn **X** nicht nur eineindeutig ist, sondern auch der Schlüssel K durch Klartext und Geheimtext eindeutig bestimmt ist:

(SHANN) $H_{C,P}(K) = 0$ d.h. $I_P(K,C) = H_P(K)$, $I_C(K,P) = H_C(K)$

(„Klartext und Geheimtext zusammen lassen keine Unsicherheit über den Schlüssel zu“).

Aus (4) folgt wieder sofort

$$H_P(K) + H_{P,K}(C) = H_P(C) \; , \quad H_C(K) + H_{C,K}(P) = H_C(P) \; .$$

Mit (1) erhält man

Satz 1^K: (SHANN) impliziert $H_P(K) \leq H_P(C)$, $H_C(K) \leq H_C(P)$.

Ferner gilt analog

Satz 2^C: (DECHIFF) $\wedge$ (SHANN) impliziert $H_C(P) = H_C(K)$,

Satz 2^P: (CHIFF) $\wedge$ (SHANN) impliziert $H_P(C) = H_P(K)$.

Monoalphabetische einfache Substitution und Transposition sind triviale, VIGENÈRE, BEAUFORT und speziell VERNAM sind ernsthafte Beispiele Shannonscher Chiffriersysteme.

22.2.4 (Perfekte Chiffriersysteme) Ein Chiffriersystem **X** soll **perfekt** heißen, wenn Klartext und Geheimtext gegenseitig unabhängig sind: $I(P,C) = 0$.

Dies ist äquivalent zu $H(P) = H_C(P)$ und zu $H(C) = H_P(C)$

(„Ohne Kenntnis des Schlüssels ändert die Kenntnis des Geheimtextes nichts an der Unsicherheit über den Klartext, und umgekehrt“),

wie auch nach (5) äquivalent zu $H(P,C) = H(P) + H(C)$.

Satz 3^K: (*Shannons* pessimistische Ungleichung)
In einem perfekten Chiffriersystem gilt

$$H(P) \leq H_C(K) \leq H(K) \quad \text{und} \quad H(C) \leq H_P(K) \leq H(K) \; .$$

Bew.: $H(P) = H_C(P)$ (*ist perfekt*)
$H_C(P) \leq H_C(K)$ (DECHIFF), Satz 1^P
$H_C(K) \leq H(K)$ (1) .

Analog mit (CHIFF) und Satz 1^C für $H(C)$. ⋈

In einem perfekten Chiffriersystem ist also die Unsicherheit über den Schlüssel nicht kleiner als die Unsicherheit über den Klartext sowie nicht kleiner als die Unsicherheit über den Geheimtext.

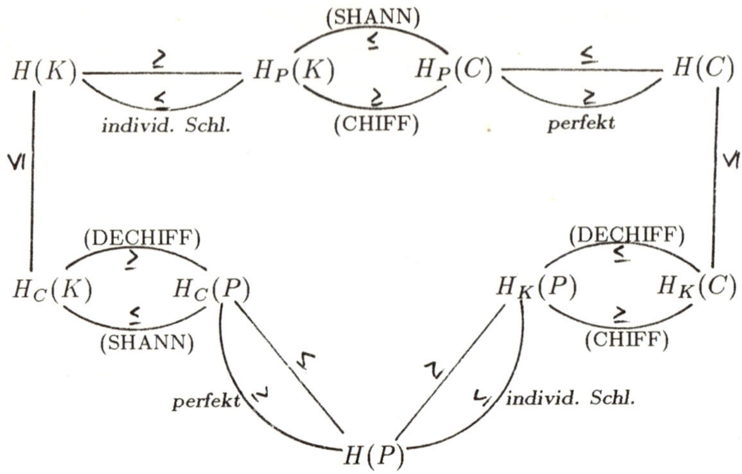

Abb. 149. Grundbeziehungen der axiomatischen Informationstheorie

Nun sei $H(P,C) = H(P) + H(C)$; mit (DECHIFF) und (SHANN) folgt aus Satz 2^C nach beidseitiger Addition von $H(C)$
$H(P,C) = H(K,C)$; mit (2) erhält man
$H(K,C) = H(K) + H_K(C)$, also
$H_K(C) = H(P) - (H(K) - H(C))$, wobei wegen (CHIFF) $H(K) - H(C) \geq 0$.
Ähnlich folgt mit (CHIFF) und (SHANN) aus Satz 2^P nach beidseitiger Addition von $H(P)$
$H(P,C) = H(K,P)$; mit (2) erhält man
$H(K,P) = H(K) + H_K(P)$, also
$H_K(P) = H(C) - (H(K) - H(P))$, wobei wegen (DECHIFF)
$H(K) - H(P) \geq 0$. Insgesamt ergibt sich

Satz 4^K :
In einem perfekten Shannonschen Chiffriersystem gelten

$$H(P) = H_C(P) = H_C(K) \quad \text{und} \quad H(C) = H_P(C) = H_P(K)$$

$$\text{sowie} \quad H(P) + (H(C) - H(K)) = H_K(C) = H_K(P) \ .$$

22.2.5 (Chiffriersysteme mit individuellem Schlüssel) Ein Chiffriersystem **X** soll **Chiffriersystem mit individuellem Schlüssel** heißen, wenn Klartext und Schlüssel gegenseitig unabhängig sind: $I(K,P) = 0$.

Dies ist äquivalent zu $H(K) = H_P(K)$ und zu $H(P) = H_K(P)$

(„Ohne Kenntnis des Geheimtexts ändert die Kenntnis des Schlüssels nichts an der Unsicherheit über den Klartext, und umgekehrt"),

wie auch nach (5) äquivalent zu $H(K,P) = H(K) + H(P)$.

Satz 3^C :
In einem Shannonschen Chiffriersystem mit individuellem Schlüssel gilt

$$H(K) \leq H_P(C) \leq H(C) \quad \text{und} \quad H(P) \leq H_K(C) \leq H(C) .$$

Bew.: $H(K) = H_P(K)$ — (*hat individuellen Schlüssel*)
$H_P(K) \leq H_P(C)$ — (SHANN), Satz 1^K
$H_P(C) \leq H(C)$ — (1) .

Analog mit (DECHIFF) und Satz 1^P für $H(P)$. ⋈

In einem Shannonschen Chiffriersystem mit individuellem Schlüssel ist also die Unsicherheit über den Schlüssel wie auch über den Klartext kleiner oder gleich der Unsicherheit über den Geheimtext.

Analog zu Satz 4^K beweist man

Satz 4^C :
In einem Shannonschen Chiffriersystem mit individuellem Schlüssel gelten

$$H(K) = H_P(K) = H_P(C) \quad \text{und} \quad H(P) = H_K(P) = H_K(C)$$

$$\text{sowie} \qquad H(P) - (H(C) - H(K)) = H_C(K) = H_C(P) .$$

22.2.6 (Shannonscher Hauptsatz) Ein Chiffriersystem soll **Chiffriersystem vom Vernamschen Typ** heißen, wenn $H(K) = H(C)$.[7]

Beispiele liefern VIGENÈRE, BEAUFORT und speziell VERNAM, desgleichen lineare polygraphische Blockchiffrierungen.

Shannonscher Hauptsatz (*Claude E. Shannon 1949*):

In einem Shannonschen Chiffriersystem ziehen je zwei der drei Eigenschaften
ist perfekt , *hat individuellen Schlüssel* , *ist vom Vernamschen Typ*
die dritte nach sich.

Bew.: Sei $H(K) = H(C)$. Wegen (CHIFF) und (SHANN) ist nach Satz 2^P $H_P(C) = H_P(K)$. Dann zieht *ist perfekt* : $H(K) = H_P(K)$ nach sich *hat individuellen Schlüssel* : $H(C) = H_P(C)$, und umgekehrt. Gelte nun *ist perfekt* und *hat individuellen Schlüssel*. Wieder ist nach Satz 2^P $H_P(C) = H_P(K)$, also $H(C) = H(K)$. ⋈

Um einem Shannonschen Chiffriersystem perfekte Sicherheit zu geben, ist es also hinreichend, daß es vom Vernamschen Typ ist und daß der Schlüssel individuell ist; beides sind Bedingungen, die von außen gewährleistet werden können. Nach Satz 3^K gilt dann $H(P) \leq H(K) = H(C)$. Diese perfekte Sicherheit verlangt aber, daß eine sichere Verteilung eines Schlüssels gewährleistet ist, der für jedes Zeichen des Klartexts ein Schlüsselzeichen bereitstellt — eine extreme Forderung, die unter praktischen Gesichtspunkten

---

[7] Im Modell ist diese Bedingung erfüllt, wenn C und K Texte von k Zeichen mit maximalem $H(K) = k \cdot \mathrm{ld}\, N$ und maximalem $H(C) = k \cdot \mathrm{ld}\, N$ sind.

oft nicht erfüllbar ist.[8] Praktische Sicherheit, die nicht perfekt ist, ist nur durch den Zeitaufwand, den das Brechen erfordert, gewährleistet.

22.2.7 (Code-Komprimierung) Obschon *Shannon* durch seine Beschäftigung mit kryptologischen Fragen während des 2. Weltkriegs zu seiner Informationstheorie geführt wurde, hat diese in der dem Kommunikationstechniker geläufigen und ihn interessierenden Form keine kryptologischen Aspekte. Ihre praktische Bedeutung liegt hauptsächlich in der Steigerung der Übertragungsrate durch geeignete Codierung, bis hin zu einem Grenzwert, der nicht überschritten werden kann und der sich auf eine Nachricht P ohne jede Redundanz bezieht[9]. Gewöhnliche natürliche Sprache ist redundant; ein 5-Bit-Code für das einzelne Alphabetzeichen von Z_{26} läßt sich im Falle der englischen Sprache reduzieren zu einer Codierung, die im Mittel ungefähr 1.20 [*bit/char*] erfordert — also erheblich weniger als die obere Schranke von $\mathrm{ld}\, 26 = 4.70$ [*bit/char*] . Allerdings ist die Annäherung an diesen theoretischen Wert nur mit einigem Schaltaufwand erzielbar. Eine Huffman-Codierung der Einzelzeichen, die Binärworte verschiedener, optimal gewählter Länge unter Beachtung der Rekonstruierbarkeit der Zeichenfuge benutzt — je seltener das Einzelzeichen, desto länger das Binärwort — reduziert die Übertragungsrate nur auf etwa 4.1 [*bit/char*] . Huffman-Codierung für m-gramme approximiert mit wachsendem m den Grenzwert nur langsam: 3.6 [*bit/char*] für Bigramme, 3.2 [*bit/char*] für Trigramme. In der Tat ist die bei gewöhnlichen Sprachtexten erzielbare Komprimierung der Nachricht ohnehin nicht so groß, um besondere Aufwendungen zu rechtfertigen. Huffman-Tetragramm-Codierung sollte jedoch mit Hilfe spezieller Chips wirtschaftlich durchführbar sein.

Anders ist es bei Sprachübertragung und noch mehr so bei Bildübertragung, wo die erzielbare Komprimierung beträchtlich ist. Für diese Anwendungen kommt also der Binsenweisheit der Nach-Shannonschen Kryptologie „*Code-Komprimierung des Klartextes ist ein nützlicher Schritt zur Verbesserung der praktischen Sicherheit eines Chiffriersystems*“ besondere Bedeutung zu.

22.2.8 (Unizitätslänge) $H_C(P) > 0$ bedeutet, daß über den Klartext bei bekanntem Geheimtext noch eine Unsicherheit herrscht. Für Shannonsche Chiffriersysteme mit individuellem Schlüssel bedeutet das nach Satz 4^C

$$H(K) > H(C) - H(P).$$

Unter der Annahme, daß es von der Länge k nur N_0^k sinnvolle Klartexte gibt, ist $H(P) = k \cdot \mathrm{ld}\, N_0$; mit $H(C) = k \cdot \mathrm{ld}\, N$ ergibt sich (*Hellman* 1975)

$$k < H(K)/(\mathrm{ld}\, N - \mathrm{ld}\, N_0)\ .$$

Mit $N_0 = 2.3$ und $\mathrm{ld}\, N_0 = 1.20$, $N = 26$ und $\mathrm{ld}\, N = 4.70$ sowie mit $H(K) = \mathrm{ld}\, Z$ erhält man für die Unizitätslänge U (vgl. 12.6)

$$(*) \qquad U \approx \tfrac{1}{3.5}\, \mathrm{ld}\, Z\ .$$

---

[8] Perfekte Sicherheit verlangt also mit $H(P) \leq H(K)$, daß im Modell der Schlüssel mindestens so viele Zeichen enthält als der Klartext , daß also auch jede Beschreibung des Schlüssels mindestens so lang ist wie der Schlüssel — vgl. *Chaitins* Forderung, 8.6.2.

[9] Also eine Nachricht P von k Zeichen mit der maximalen Unsicherheit $H(P) = k \cdot \mathrm{ld}\, N$.

22.3 Unmöglichkeit einer vollständigen Unordnung

Als in den zwanziger Jahren der Gebrauch individueller Schlüssel empfohlen wurde, schien ihre Herstellung kein besonderes Problem zu sein. Daß ein individueller Schlüssel eine Zufallsfolge einzelner Schlüsselzeichen sein sollte, leuchtete unmittelbar ein. Nach den Arbeiten von *Shannon* und insbesondere von *Chaitin* 1974 mußte man aber alle Versuche, eine echte Zufallsfolge algorithmisch zu fabrizieren, aufgeben; danach waren gerade ‚Pseudozufallsfolgen' mit langer Periode verdächtig, innere Gesetzmässigkeiten zu haben, die kryptanalytischen Nutzen bringen könnten – wenn auch konkrete Beispiele fehlten und bis heute fehlen. Mehr und mehr mußten jedenfalls die für die Sicherheit der eigenen Systeme verantwortlichen Kryptologen Kopfschmerzen hinnehmen, während die eigentlichen Codebrecher sich in der Hoffnung auf unerwartete Einbrüche wiegen konnten.

Etwa um diese Zeit begann auch in der Mathematik eine einschlägige Entwicklung. So schrieben *H. Burkill* und *L. Mirsky* 1973

> *"There are numerous theorems in mathematics which assert, crudely speaking, that every system of a certain class possesses a large subsystem with a higher degree of organization than the original system."*

Beispiele sind

(1) „Jeder Graph von n Knoten enthält entweder einen großen Teilgraph von k Knoten, der zusammenhängend ist, oder einen großen Teilgraph von k Knoten, der unzusammenhängend ist."
(Ramsey-Zahl, z.B. $k = 6$ für $n = 102$, *Frank Ramsey* 1930)

(2) „Jede beschränkte unendliche Folge komplexer Zahlen enthält eine konvergente unendliche Teilfolge." (*Karl Weierstraß* 1865)

(3) „Wenn man die natürlichen Zahlen in zwei Klassen teilt, enthält mindestens eine eine beliebig lange arithmetische Reihe."
(*Issai Schur* um 1925, *B. L. van der Waerden* 1927)

(4) „Jede partielle Ordnung von $n^2 + 1$ Elementen enthält entweder eine Kette der Länge $n + 1$ oder eine Menge von $n + 1$ nicht vergleichbaren Elementen." (*R. P. Dilworth* 1950)

(5) „Jede Folge von $n^2 + 1$ natürlichen Zahlen enthält entweder eine aufsteigend monotone oder eine absteigend monotone Teilfolge der Länge $n + 1$."
(*P. Erdős, G. Szekeres* 1950)

Zwischen diesen und einigen anderen Beispielen schien zunächst kein Zusammenhang zu herrschen; besser gesagt, es wurde keiner bemerkt. Erst *P. Erdős* begann um 1950 mit einer Zusammenschau und gab ein allgemeines Theorem an, aus dem viele einzelne Ergebnisse durch Spezialisierung erhältlich waren. Unter dem Namen *'Ramsey Theory'* hat dies seit etwa 1970 zu vielen scharfsinnigen mathematischen Arbeiten geführt. Es sieht so aus, als ob es abzählbar viele Beispiele von Theoremen gäbe über unordentliche Systeme mit ordentlichen Subsystemen. Das muß aber als eine Mahnung an die Kryptologie verstanden werden, beim Gebrauch von Pseudozufallsfolgen noch vorsichtiger zu sein – eine derzeit lediglich theoretische, aber nichtsdestoweniger ernstzunehmende und untersuchungswerte Warnung.

22.4 Bedeutung der Kryptologie

Der Leser, der dieses Buch von vorne las, mag es zunächst schwer gefunden haben, ein gelegentliches Lächeln zu unterdrücken. Die historische Kryptologie ist voller spannender, lustiger, anzüglicher Geschichten. Das macht sie selbst für den Laien so reizvoll.

Schritt für Schritt jedoch zieht der Ernst in die Geschichte der Kryptologie ein. Tannenberg ist ein Beispiel. Die Ereignisse aus dem 2. Weltkrieg spielen vor einem Hintergrund des Grauens. Die Zeit des Kalten Krieges hat ebenfalls ihre fürchterlichen Züge gezeigt, die zwar durch Spionageromane verniedlicht wurden, aber nicht zu vergessen sind.

Kryptanalyse wurde von vielen Beteiligten als schwere Last empfunden, nicht so sehr der Nervenbelastung wegen, sondern unter dem Druck des Gewissens. Diese Beschwernis teilt aber die Kryptologie nicht nur mit anderen Zweigen der Mathematik und der Informatik, die dem Mißbrauch offenstehen, sondern ganz besonders mit naturwissenschaftlichen Disziplinen wie Physik, Chemie und Biologie – es wird genügen, als Stichworte *Kernenergie, Giftgas, Genmanipulation* zu nennen. Der Preis, den unser Jahrhundert für die enormen Fortschritte der Wissenschaft – die ja niemand missen möchte – bezahlt, wird auch den Forschern selbst abverlangt: Sie müssen sich hohen Anforderungen an Menschlichkeit gewachsen zeigen. Der Zusammenbruch einiger Unrechtssysteme und die wachsende Betroffenheit der Menschen über ihre unbegrenzten Möglichkeiten läßt hoffen, daß die Forscher Einsicht und Zurückhaltung zeigen werden.

Die Kryptologie braucht also ebensowenig wie die Naturwissenschaften verteufelt zu werden. Mit einer positiven Sicht steht im Klappentext zu [M-M]:

> *"Cryptography is the only known practical means for protecting information transmitted through large communication networks such as telephone lines, microwave, or satellite."*

und anderswo ist zu lesen

> *"Cryptology has metamorphosized from an arcane art to a respectable subdiscipline of Computer Science."*

Die Folklore drückt es auch so aus

> *"Today, code-making and code-breaking are games anybody can play."*

In diesem Sinne ist dieses Buch geschrieben. *Babbage* ("Passages from the Life of a Philosopher") folgend, habe ich dabei keine Mühe gescheut:

> *"Deciphering is, in my opinion, one of the most fascinating of arts, and I fear I have wasted upon it more time than it deserves."*

Anhang
Kryptologische Geräte und Maschinen im Deutschen Museum München

(Auszug aus dem Führer durch die Ausstellung „Informatik und Automatik“, Abschnitt 5.1 – Texte: Joachim Fischer)

1 **Chiffrierstäbchen in Holzschatulle** 1473

Satz mit 143 Stäbchen
Herkunft unbekannt; wohl 17. Jh.
Stifter: Mathematisch-Physikalische Sammlung des Staates Bayern

Mit Hilfe dieser Chiffrierstäbchen konnten polyalphabetische Chiffren „gelegt“ werden. Ein Satz enthält 143 Stäbchen, jedes Stäbchen ist auf zwei Seiten beschriftet.

2 **Chiffrierstäbchen in Holzschatulle** 1474

Satz mit 143 Stäbchen
Herkunft unbekannt; wohl 17. Jh.
Stifter: Mathematisch-Physikalische Sammlung des Staates Bayern

3 **Chiffrierscheibe** L 32/87;1

Messing, zum Teil versilbert; 18./19. Jh.
Stifter: Bayerisches Nationalmuseum, München (Leihgabe)

Die Chiffrierscheibe enthält neben den Alphabetzeichen auch häufig vorkommende Zeichengruppen des (deutschen) Klartextes, die Chiffren sind zweistellige Zahlen. Die Scheibe wurde vermutlich im diplomatischen Dienst in der ersten Hälfte des 19. Jh. gebraucht.

4 **Chiffrierscheibe** L 32/87;2

Messing, zum Teil versilbert; 18./19. Jh.
Stifter: Bayerisches Nationalmuseum, München (Leihgabe)

5 **Règle St-Cyr** 88/132

(Nachbildung, 1987)

Schieber dieser Bauart waren im 19. Jh. in Gebrauch.

6 **Chiffriergerät M-94 der US-Army**

Chiffriergerät in zylindrischer Form, 25 gravierte Aluminiumscheiben von 35 mm Durchmesser. Die M-94 geht auf die Vorbilder von Jefferson und Bazeries zurück. Sie wurde 1922 unter dem Einfluß von Friedmann für den Truppendienst eingeführt und war bis etwa 1942 in der amerikanischen Armee weithin in Gebrauch, teilweise noch im Koreakrieg.

7 **Chiffriergerät mit mehreren Schiebern** 87/736

(Nachbau, 1987)
Original im Besitz der Crypto AG, Zug
südamerikanisch; um 1920

Chiffriergerät in Schieberform, mit 7 verschiedenen Schiebern.

8 **Chiffrier-Zusatzgerät (Lochstreifenleser)** 87/1

Siemens & Halske T send 77 f
(als Zusatz zum Fernschreiber T 100 oder T 37 i)
Siemens & Halske, Wernerwerk München, 1964

Aus einem Lochstreifen mit Klartext und einem weiteren Lochstreifen, auf dem sich der fortlaufende Schlüssel befindet, wird ein dritter Lochstreifen erzeugt, der die Chiffre enthält. Zur Dechiffrierung wird auf die umgekehrte Weise aus der Chiffre und dem Schlüssel der Klartext hergestellt.

9 **Zeigerschreibmaschine** 86/431

„Diskret“, ohne Nr.
vermutlich Friedrich Rehmann, Karlsruhe; um 1900

10 **Chiffriermaschine „Kryha“** 62797

A. v. Kryha, Berlin-Charlottenburg; um 1926
Stifter: A. v. Kryha, Berlin-Charlottenburg

Polyalphabetische Chiffriermaschine mit festem periodischem Schlüssel der Länge 442. Trotz ihrer kryptologischen Mängel wurde die Maschine in viele Länder verkauft.

11 **Schlüsselfernschreibmaschine** 84/337;1-2

Siemens & Halske SFM T 52 e, Nr. 53260
Siemens & Halske, Wernerwerk Berlin, 1944

Chiffriermaschine für Fernschreibzeichen, im Jargon „Geheimschreiber“, britischer Deckname 'Sturgeon'. Erfinder: August Jipp und Ehrhard Roßberg. Deutsches Patent Nr. 615016, angemeldet am 18. Juli 1930. Durch zehn Stiftwalzen mit 73-,71-,69-,67-,65-,64-,61-,59-,53-,47-Teilung und unregelmäßig verteilten Stiften wird ein Schlüssel mit einer Periode von knapp 10 hoch 18 erzeugt. Fünf der Stiftwalzen steuern Vernam-Substitutionen des 5-Bit-Codes; die restlichen fünf bewirken Transpositionen der fünf Bits. Die Verteilung der Walzen auf diese Funktionen kann durch eine Stecktafel ausgewählt werden.

12 **Schlüsselfernschreibmaschine**

Schlüsselzusatz Lorenz SZ 42
C. Lorenz AG, Berlin, um 1943
Stifter: Standard Elektrik Lorenz AG, Stuttgart

Chiffriermaschine für Fernschreibzeichen, Britischer Deckname 'Tunny'. Einsatzfeld: Heer-Armeehauptquartiere.
Durch zwölf Walzen mit 43-,47-,51-,53-,59-,37-,61-,41-,31-,29-,26-,23-Teilung und unregelmäßig verteilten Nocken wird ein Schlüssel mit hoher Periode erzeugt. Fünf Walzenpaare steuern Vernam-Substitutionen des 5-Bit-Codes; zwei Walzen dienen lediglich der unregelmäßigen Fortschaltung.
Die Chiffrierung der SZ 42 wurde von den Briten unter Einsatz der elektronischen COLOSSUS-Anlagen gebrochen.

13 **Rotor-Chiffriermaschine** 87/104

Enigma, 3-Walzen-Ausführung, Metallgehäuse,
Nr. A 021976; um 1943
Stifter: Siemens AG, Siemens Museum, München

Rotor-Chiffriermaschine mit Glühlampen-Anzeige, Einsatzfeld Heer/Luftwaffe („Wehrmacht-Enigma“). Nur die drei im Gerät befindlichen Walzen (von ingesamt vermutlich fünf) sind vorhanden.

14 **Rotor-Chiffriermaschine** 84/584;1-3

Enigma, 4-Walzen-Ausführung, Holzgehäuse,
Nr. M 7972; um 1944

Rotor-Chiffriermaschine mit Glühlampenanzeige, Ausführung für die Marine. Drei der vier Walzen konnten aus insgesamt acht vorhandenen ausgewählt werden, die vierte war eine der sogenannten „Griechenwalzen", die mit „Alpha", „Beta" und „Gamma" bezeichnet waren.

15 **Chiffriergerät** 73800

Hagelin Cryptographer C-36, Nr. 702
Aktiebolaget Cryptoteknik, Stockholm, 1937
Stifter: Boris Hagelin, Zug

Bei allen C-Typen der HAGELIN-CRYPTOS basiert die Chiffrierung auf der Verwendung von Schlüsselrädern unterschiedlicher Teilung. Im Gegensatz zu späteren Ausführungen sind hier jedoch nur 5 Schlüsselräder mit 17-, 19-,21-,23- und 25-Teilung einsetzbar, was eine Periodenlänge („Schlüssellänge") von nur 3900225 ergibt. Für rein mechanisch arbeitende Maschinen bedeutete dies jedoch eine Pionierleistung.

16 **Verschlüsselungsgerät** 87/180

Hagelin-Cryptos CX-52, Serie D, Nr. 33244
Crypto AG, Zug; ab 1952
Stifter: Crypto AG, Zug

Chiffriermechanismus mit 6 Schlüsselrädern, deren Umfang jeweils verschieden geteilt ist; insgesamt steht ein Satz von 12 Rädern mit 25-,26-,29-, 31-,34-,37-,38-,41-,42-,43-,46- und 47-Teilung zur Verfügung, von denen 6 ausgewählt werden können. Da (vom Faktor 2 abgesehen) die Teilungszahlen keinen gemeinsamen Teiler besitzen, ist die Periodenlänge sehr groß. Durch Zusatzgeräte zu diesem rein mechanischen Gerät ist die Bedienung als „elektrische Schreibmaschine" möglich.

17 **Taschenchiffriergerät** 87/42

Hagelin-Cryptos CD-57, Nr. 3004061
Crypto AG, Zug; ab 1957
Stifter: Crypto AG, Zug

Chiffriergerät, das aufgrund seiner handlichen Größe vielfältigen Einsatz erlaubte; die Chiffrierung erfolgt wie bei der schweren Ausführung CX-52 mittels Schlüsselrädern verschiedener Teilung.

18 **Chiffriergerät mit Zusatz-Lochstreifengerät** 87/181;1-2

Hagelin-Cryptos Type H-4605-3/X, Nr. 4.000.815;
Hagelin-Cryptos Type PEH-72 antr. 2022a-2
Crypto AG, Zug; hergestellt von 1963 bis 1965
Stifter: Crypto AG, Zug

Die Maschinen der „H-460"er-Reihe sind autonome, elektrisch angetriebene Verschlüsselungsmaschinen für linienunabhängigen ('off-line') Betrieb. Nach Eingabe eines Grundschlüssels von 25 Buchstaben ist das Gerät „voreingestellt"; die Grundschlüsselinformation bleibt gespeichert. Jede Nachricht, die chiffriert werden soll, benötigt darüber hinaus die Eingabe eines weiteren, 5 Buchstaben umfassenden sogenannten Spruchschlüssels.

Literatur

Gute amateurhafte Einführungen in die klassische Kryptographie geben:

[GAINES]:

Gaines, H. F., Cryptanalysis. Dover, New York 1956

[SMITH]:

Smith, L. D., Cryptography. Dover, New York 1955

Eine Einführung, die auch mathematisch orientierte Leser anspricht, ist:

[SINKOV]:

Sinkov, A., Elementary Cryptanalysis. Mathematical Association of America, Washington 1966

Dieses Buch ist von einem professionellen Kryptologen geschrieben und gibt sicher nicht den vollen Wissensstand des Verfassers wieder.

Ein Klassiker der Kryptanalysis ist:

[FRIEDMAN]:

Friedman, W. F., Military Cryptanalysis. Part I, II, III, IV. Washington, 1938, 1938, 1938, 1942.

Neuerdings auch als Reprint erhältlich.

Eine umfassende geschichtliche Darlegung der Kryptologie nach dem Stand der offenen Literatur von 1967 findet sich in:

[KAHN]:

Kahn, D., The Codebreakers. Macmillan, New York 1967

Dort findet man auch Hinweise auf spezielle, schwer zugängliche, insbesondere historische Literatur vor dem 19. Jahrhundert. Mit journalistischer Verve von einem Historiker geschrieben.

Nach 1967 bekanntgewordene Ergebnisse der englischen Entzifferer, einschließlich Einzelheiten über die „Kolosse“, stehen in:

[R-J]:

Rohwer, J., Jäckel, E., Die Funkaufklärung und ihre Rolle im Zweiten Weltkrieg. Motorbuch-Verlag, Stuttgart 1979

[BERTRAND]:
Bertrand, Gustave, Enigma ou la plus grande énigme de la guerre 1939-1945. Librairie Plon, Paris 1973

[WINTERBOTHAM]:
Winterbotham, Frederick W., The Ultra Secret. Weidenfeld and Nicolson, London 1974

[LEWIN]:
Lewin, Ronald, Ultra Goes to War. Hutchinson, London 1978

[JOHNSON]:
Johnson, B., The Secret War. Methuen, London 1978

Neuere aufschlußreiche Berichte über die ENIGMA sind:

[WELCHMAN]:
Welchman, Gordon., The Hut Six Story: Breaking the Enigma Codes. McGraw-Hill, New York 1982

[GARLINSKI]:
Garliński, Józef, The ENIGMA War, Scribner, New York 1980

[KOZACZUK]:
Kozaczuk, Władisław, ENIGMA. Arms and Armour Press, London 1984 (Polnische Originalausgabe: 1979)

[BLOCH]:
Bloch, Gilbert, Enigma avant Ultra. Manuskript, September 1988

[K-ENI]:
Kahn, David, Seizing the Enigma. Houghton-Mifflin, Boston 1991

Über statistische Methoden unterrichtet aus erster Hand:

[KULLBACK]:
Kullback,Solomon, Statistical Methods in Cryptanalysis, Aegean Park Press, Laguna Hills CAL 1976

Über kryptologische Geräte und Maschinen gibt Auskunft:

[TÜRKEL]:
Türkel, Siegfried, Chiffrieren mit Geräten und Maschinen, Graz 1927

[D-K]:
Deavours, C. A. und Kruh, L., Machine Cryptography and Modern Cryptanalysis, Artech House, Dedham MA 1985

Über moderne Kryptographie orientiert zuverlässig:

[KONHEIM]:
Konheim, A. G., Cryptography. Wiley, New York 1981

[M-M]:
Meyer, C. H. and Matyas, St. M., Cryptography. Wiley, New York 1982

Weitere Literatur:

[R-H]:
Ryska, N., Herda, S., Kryptographische Verfahren in der Datenverarbeitung. Springer, Berlin Heidelberg New York 1980

[HORSTER]:
Horster, P., Kryptologie. BI, Mannheim 1985

[SALOMAA]:
Salomaa, A., Public-Key Cryptography. Springer, Berlin 1990

Von den Spezialzeitschriften sei erwähnt:

Cryptologia. A Quarterly Journal Devoted to Cryptology. Editors: David Kahn, Louis Kruh, Cipher A. Deavours, Brian J. Winkel, Greg Mellen. ISSN 0161-1194. Terre Haute, Indiana, USA.

Journal of Cryptology. The Journal of the International Association for Cryptologic Research. Editor-in-Chief: Gilles Brassard
ISSN 0933-2790. Springer, New York, USA.

Eine ausführliche Bibliographie bietet:

[SHULMAN]:
Shulman, D., An Annotated Bibliography of Cryptography. Garland, New York 1976

Nur für Historiker interessant sind die Werke von

Vesin de Romanini 1838, 1844; Kasiski 1863; Myer 1866; Fleißner von Wostrowitz 1881; Kerckhoffs 1883; Josse 1885; de Viaris 1888, 1893; Valério 1892; Carmona 1894; Gioppi di Türkheim 1897; Bazeries 1901; Delastelle 1902; Meister 1902, 1906; Schneickert 1900, 1905, 1913; Hitt 1916; Langie 1918; Friedman 1918, 1922, 1924, 1925; Givierge 1925; Lange & Soudart 1925; Sacco 1925, 1947; Figl 1926; Gyldén 1931; Yardley 1931; Ohaver 1933; Baudouin 1939; Gaines 1939; d'Agapayeff 1939; Pratt 1939; Smith 1943; Eyraud 1953; Weiss 1956; Muller 1971.

Über Grundbegriffe der Informatik kann sich der Leser informieren in:

[B-G I]:
Bauer, F. L., Goos, G., Informatik 1. 4. Aufl. Springer, Berlin 1991

[B-G II]:
Bauer, F. L., Goos, G., Informatik 2. 4. Aufl. Springer, Berlin 1992

[B-G-H]:
Bauer, F. L., Gnatz, R., Hill, U., Informatik — Aufgaben und Lösungen. 2 Bde. Springer, Berlin 1975 und 1976

Die Werke von Hitt, Kullback, Friedman, Sacco, Gyldén, Givierge, Lange-Soudart, Ohaver, Langie *sind als Reprints erhältlich von*
AEGEAN PARK PRESS, P.O.B. 2837, Laguna Hills, CAL 92654-0837, USA.

Namen- und Sachverzeichnis

Springer-Verlag und Umwelt

Als internationaler wissenschaftlicher Verlag sind wir uns unserer besonderen Verpflichtung der Umwelt gegenüber bewußt und beziehen umweltorientierte Grundsätze in Unternehmensentscheidungen mit ein.

Von unseren Geschäftspartnern (Druckereien, Papierfabriken, Verpackungsherstellern usw.) verlangen wir, daß sie sowohl beim Herstellungsprozeß selbst als auch beim Einsatz der zur Verwendung kommenden Materialien ökologische Gesichtspunkte berücksichtigen.

Das für dieses Buch verwendete Papier ist aus chlorfrei bzw. chlorarm hergestelltem Zellstoff gefertigt und im pH-Wert neutral.

55 x 235 mm / Satzspiegel 108 x 190 mm